国家出版基金项目

教育部文科重点研究基地重大项目

叶朗 主编　朱良志 副主编

中国美学通史

HISTORY

OF

CHINESE

AESTHETICS

现代卷

彭锋 著

江苏人民出版社

图书在版编目(CIP)数据

中国美学通史. 现代卷 / 叶朗主编；彭锋著. --
南京：江苏人民出版社，2021.3
ISBN 978 - 7 - 214 - 23588 - 6

Ⅰ. ①中… Ⅱ. ①叶… ②彭… Ⅲ. ①美学史－中国
－现代 Ⅳ. ①B83 - 092

中国版本图书馆 CIP 数据核字(2020)第 036307 号

中国美学通史

叶　朗　主编　朱良志　副主编
第八卷　现代卷
彭　锋　著

项 目 策 划	王保顶	
项 目 统 筹	胡海弘	
责 任 编 辑	张晓薇	
装 帧 设 计	周伟伟	
出 版 发 行	江苏人民出版社	
地　　　址	南京市湖南路 1 号 A 楼，邮编：210009	
网　　　址	http://www.jspph.com	
照　　　排	江苏凤凰制版有限公司	
印　　　刷	苏州市越洋印刷有限公司	
开　　　本	652 毫米×960 毫米　1/16	
印　　　张	214.75　插页 32	
字　　　数	2 980 千字	
版　　　次	2021 年 3 月第 2 版	
印　　　次	2021 年 3 月第 1 次印刷	
标 准 书 号	ISBN 978 - 7 - 214 - 23588 - 6	
总 定 价	880.00 元(全八册)	

江苏人民出版社图书凡印装错误可向承印厂调换

总　序

一

　　中国历史上有极为丰富的美学理论遗产。继承这份遗产，对于我国当代的美学学科建设，对于我国当代的审美教育和审美实践，对于 21 世纪中华文化的伟大复兴，有着重要的意义。近代以来，梁启超、王国维、蔡元培、朱光潜、宗白华等前辈学者对这份美学理论遗产进行了整理和研究，取得了重要的成果。20 世纪 80 年代以来，学术界开始尝试对中国美学的发展历史进行系统的研究，出版了一批中国美学史的著作。我们试图在前辈学者和学术界已有研究成果的基础上，写出一部更具整体性和系统性的中国美学通史，力求勾勒出中国美学思想发展的内在脉络，呈现中国美学的基本精神、理论魅力和总体风貌。

二

　　我们在《中国美学通史》的写作中注意以下几点：

　　一、《中国美学通史》是关于中国历史上美学思想的发展史。美学是对审美活动的理论性思考，是表现为理论形态的审美意识，所以这部美学通史不同于审美文化史、审美风尚史等著作。

二、中国美学史的发展,在一定程度上体现为美的核心范畴和命题的发展史。一个时代美学的核心范畴和命题的形成和发展,反映那个时代美学的基本精神和总体风貌。这部通史重视研究各个时期的重要美学概念、范畴和命题,力求通过这样的研究勾勒出一个理论形态的中国美学发展的历史。

三、这部通史注意在历史发展过程中把握中国美学的内在逻辑线索,不同于孤立地介绍单个的美学家和单本的美学著作。

四、中国美学的一个重要特点是它不限于少数学者在书斋中做纯学术的研究,而是与人生紧密结合,与各个门类的艺术实践紧密结合,它渗透到整个民族精神的深处。因此,我们这部通史既注意在哲学、宗教等相关著作中发现有价值的思想,又注意发掘艺术理论、艺术批评中所蕴涵的丰富的美学思想,同时还注意到各个时代的社会生活中寻找美学理论与现实人生相互联结的各种材料,以更深一层地显示美学理论的时代特色。

五、这部通史注意新材料的发现,同时力求以研究者独特的眼光去发现和照亮历史材料中的新的意蕴。这部通史的写作还力求体现我们这个时代的时代精神。这部通史从上古时期的商代开始一直写到1949年,反映中国美学从上古时代到近现代的全幅波动,但并不意味着把它写成过往时代历史材料的堆积,我们力求使这部通史反映当代的理论关注点,反映当代的美学理论的追求,从而在某种程度上使它成为一部闪耀着当代光芒的美学史。

三

这部《中国美学通史》是由教育部文科重点研究基地北京大学美学与美育研究中心组织编写的。由叶朗任主编,朱良志任副主编。全书由江苏人民出版社出版。

这部美学通史共有八卷,分别是先秦卷、汉代卷、魏晋南北朝卷、隋唐五代卷、宋金元卷、明代卷、清代卷、现代卷。

这部书的著者以北京大学的学者为主,同时邀请了国内其他高校的一批有成就的中青年学者参加。本书从 2007 年启动,前后经过六年多时间。全书初稿完成后,又组织几位学者进行统稿。参加统稿的学者为:叶朗、朱良志、彭锋、肖鹰。统稿时对各卷文稿作了若干修改,其中对个别卷作了较大的修改。

这部美学通史被列入教育部文科基地重大项目,并获得国家出版基金资助,我们对此表示深深的谢意。本书编写过程中得到北京大学相关部门的帮助,很多学者参加过本书从提纲到初稿的讨论,在此一并表示谢意。

由于多方面的原因,全书还存在着很多缺点,敬请读者提出批评意见。

目　录

导论：中国美学的现代进程

　　什么是中国现代美学？它是如何产生和发展的？这是我们在撰写中国现代美学史时，首先需要思考的问题。我们希望将中国现代美学放在整个中国社会的现代性进程中来考察，力图揭示它的独特性和复杂性，并进一步揭示出某种发展规律。我们还希望这种研究的成果，对于我们理解中国社会现代性进程的各个方面有所裨益。

　　我们需要对"中国现代美学"这个概念做些思考。什么是中国现代美学？我们能否用现代美学来取代它？更准确地说，中国现代美学与西方现代美学有何不同？难道中国现代美学不是整个现代美学进程中的一部分吗？要回答这些问题，就必须弄清楚什么是现代美学，或者西方现代美学，甚至还会涉及整个现代性的问题。围绕这些问题的思考，并不是不切实际的玄想。相反，如果没有对这些问题的回答，要写出一部中国现代美学史，是难以想象的。

第一节　什么是现代美学？

　　要澄清中国现代美学的内涵，需要先澄清现代美学或者西方现代美学的内涵。要澄清现代美学的内涵，需要先澄清现代或者现代性的内涵。

1. 历史学家和哲学家心目中的现代

如果我们是用"现代"来翻译英文的 modern,那么它至少有两层含义:"一层是作为时间尺度,它泛指从中世纪结束以来一直延续到今天的一个'长时程'……;一层是作为价值尺度,它指区别于中世纪的新时代精神与特征。"①

作为时间尺度的现代,显然不具有普遍性。欧洲以外的现代,很可能就不是从 16 世纪或更早的时候算起的。但是,作为价值尺度的现代,就应该具有普遍性。即使是一种存在于 21 世纪的现象,如果它不符合现代的"新的时代精神与特征",也不能算是现代的。

现代的"新的时代精神与特征",也就是所谓的现代性。什么是现代性呢? 根据韦伯和哈贝马斯等人的理解:"现代性是与西方合理化、世俗化和分门别类的整个工程连在一起的,它不再对传统的宗教世界观着迷,将传统的宗教世界观的统一整体切割为三个分离的和自律的世俗文化圈:科学、艺术和道德,每个文化圈分别由它自己的理论的、审美的或道德—实践判断的内在逻辑所管制。"②

历史学家更喜欢将现代与传统对比起来界定,将它们视为两种不同的社会类型。现代性指的是现代社会所具有的一系列特征,"它是社会在工业化推动下发生全面变革而形成的一种属性,这种属性是各发达国家在技术、政治、经济、社会发展等方面所具有的共同特征。这些特征大致可以概括为:(1) 民主化;(2) 法制化;(3) 工业化;(4) 都市化;(5) 均富化;(6) 福利化;(7) 社会阶层流动化;(8) 宗教世俗化;(9) 教育普及化;(10) 知识科学化;(11) 信息传播化;(12) 人口控制化;等等"③。

---

① 罗荣渠:《现代化新论——世界与中国的现代化进程》,第 6 页,北京:北京大学出版社,1993 年。
② 关于现代性的这种说明,见 Jürgen Habermas, *The Philosophical Discourses of Modernity* (Cambridge, Mass.: MIT Press, 1987), pp. 1 - 22. 转引自舒斯特曼《实用主义美学》,彭锋译,第 280 页,北京:商务印书馆,2002 年。
③ 杨国枢:《现代化的心理适应》,第 24 页,台北:巨流图书公司,1978 年。转引自罗荣渠《现代化新论——世界与中国的现代化进程》,第 14 页。

从现代的"新的时代精神与特征"的角度来说,中国的现代比欧洲要晚得多。中国社会的现代性特征大约发生于19世纪中期,而直至今天,某些现代性特征在中国仍然不太明显。由此可以说,中国社会的现代性进程并没有完成。

中国现代性进程的后发性,或者中国现代性进程的非完成性,或者中国现代性的非纯粹性,在今天也许具有特别的意义。由于现代性自身存在弊端,未完成的中国现代性就有可能避免这些弊端,或者为克服这些弊端提供启示。比如,20世纪风行一时的法兰克福学派,就对现代性的弊端有深刻的揭示。在阿多诺看来,现代性的核心就是所谓的启蒙理性,而启蒙理性不可避免地会导致不公正和虚无主义。因为启蒙理性在本质上是一种工具理性,它以同一性思维为基本特征,通过将概念从它所描述的对象中抽象出来,而宣称认识获得了完全独立自足的地位;进一步又反过来用抽象概念组成的知识,对所有认识对象进行掌握和控制。这种工具理性,是现代资产阶级的具有支配地位的意识形态。在这种意识形态中,主体和客体截然分离,主体利用意义自律的概念和知识对客体进行任意支配,本来连接认识主体和认识对象的感觉等因素,被意义独立的概念完全抑制住了。启蒙工具理性的这种同一性思维,不可避免地会造成不公正性和虚无主义。不公正性主要体现在意义独立的概念对偶然的事物本身的压迫和强制,牺牲事物的多样性以便服从同一性的概念的统摄。这种用概念对事物的强制性认识,必然会造成认识对象的异化乃至彻底的无意义,从而表现为现代性的虚无主义。阿多诺认为,传统马克思主义在一定程度上克服了现代性的不公正性,尼采和海德格尔等人的哲学在一定程度上克服了现代性的虚无主义,而他则要从根本上同时克服现代性所造成的这两方面的困境。①

对于现代性弊端的反思,形成20世纪后半期的一种重要思潮,这种

①这里关于阿多诺的一般哲学思想的叙述,参见 J. M. Bernstein, "Adorno," in Edward Craig (ed.), *Routledge Encyclopedia of Philosophy* (London: Routledge, 1999), vol. 1, pp. 43-44.

思潮通常被称之为"后现代"。阿多诺最终求助具有不妥协的批判性的否定辩证法和现代主义艺术,来克服现代性的弊端。其他思想家则看到了中国思想和文化,在克服现代性弊端上所具有的启示意义。一些思想家据此认为,21世纪将是中国文化或者东方文化复兴的世纪。总之,由于出现了后现代这种新的思潮和新的社会形态,今天的现代就不只是在与传统的对照中来界定自己,而是在与前现代和后现代的对照中来界定自己。

2. 对现代美学的结构主义分析

究竟什么是前现代、现代和后现代呢?在我们看来,如果不是从时间断代的角度、而是从理论类型或者思想类型的角度来看,这个问题可能会更有意义。在这里,我们想借用梅勒的结构主义符号学的图式,对于作为思想类型的前现代、现代和后现代加以说明。

在梅勒的理论框架中,核心概念是代表性。① 所谓代表性,根据梅勒的解释:

> 首先表示能指与所指之间的一种特殊关系。它描述一个符号学结构:如果能指是被理解为所指的某种"代表",并且仅仅被理解为某种"代表",我就称它们之间的关系为"代表性"的关系。许多以往的哲学和人文科学方面的构想,我们都可以用"代表性"的结构加以解释。例如,某些语言哲学中词语与其所代表者的关系,西方形而上学中事物与观念、物自身与现象、自主创生者与依存者之间的关系,基督教关于上帝与人世间的分别,政治生活中选民与其代表者之间的关系,都包含了某种"代表性"的设想。在此种关系中,代表者与所代表者之间被理解为一种既相互联系、又具有某种实质性的区别的关系。②

---

① "representation"在哲学和心理学中有时被译为"表象",在美学和艺术学中被译为"再现",在政治学中被译为"代表"。这里用的是梅勒自己的译法。

② 梅勒:《冯友兰新理学与新儒家的哲学定位》,《哲学研究》,1999年第2期,第54—55页。

与代表性结构相对的,是两种非代表性结构:一种是存有性结构,一种是标记性结构。前者也可以说是前代表性结构,后者也可以说是后代表性结构。梅勒进一步指出:

> 存有性的符号结构在于肯定能指与所指的同样真实性,就是说能指与所指合成事物的整体,正如形式与颜色合成绘画的整体一样。中国传统哲学中的形名关系或名实关系,社会生活方面的知行关系,都体现了存有性的结构。……在此种结构中,你不能够说"名"与"实"之间只有"代表"的关系,因为它们具有同样的真实性,"名"不只是某种符号,它同时体现了事物之理。"名"与"实"同样的真实,它们都是存有的一部分。而标记性的结构中没有真正的存有领域,可以说,一切都在"代表"的领域中。就是说,在存有性结构中,所指与能指都在存有的领域;在代表性结构中,所指在存有的领域,而能指在"代表"的领域;而在标记性的结构中,只有"代表"而没有所代表者,所代表者也只是某种"标记"而已。[①]

梅勒用一个图表直观地例示了这三种不同的符号学结构之间的关系[②]:

	存有领域	标记领域
存有性结构	能指—所指	
代表性结构	所指	能指
标记性结构		能指—所指

梅勒的这个模式,可以用来很好地说明前现代、现代和后现代之间的区分。简单地说,所谓存有领域就是实在领域,标记领域就是虚拟领域。在前现代思想的存有性结构中,符号的能指与所指都属于实在领

---

① 梅勒:《冯友兰新理学与新儒家的哲学定位》,第55页。
② 有关这三种结构的更详细的分析,见 Hans-Georg Moeller, "Before and After Representation," *Semiotica* 143 - 1/4(2003), pp. 69 - 77.

域,都具有现实存在的意义。在后现代思想的标记性结构中,能指与所指都属于虚拟领域,都只有语言记号的意义。尽管这两种结构完全属于不同的领域,但是它们具有一个共同的特征,那就是能指与所指都属于同一个领域。在现代思想的代表性结构中,能指属于虚拟的标记领域,所指属于实在的存有领域,能指与所指所属的领域具有类型上的差异。进一步说,前代表性思维或者前现代思维,在宗教中非常明显。将符号当作符号所代表的实在,是所有宗教生活中都可以发现的一种现象。科学就要理性得多,能够将符号与符号所代表的实在区别开来,把它们当作两种在本体论上全然不同的事物来对待,因此代表性思维或者现代思维在科学中非常明显。在后代表性思维或者后现代思维中,整个现实被当作像符号一样的虚拟现实,这正是艺术或者审美的一般特征。从这种意义上来说,与前现代、现代和后现代相对应的,是宗教、科学和审美三种生活类型和社会类型。尽管梅勒本人没有做这方面的发挥,但是他的理论中暗含着这个方面的意思。

只要我们做一点适当的语言转换,梅勒的这种结构主义符号学模式,就可以用来很好地区分三种不同形态的美学。我们可以用艺术来代替能指和标记,用现实来代替所指和存有。于是,我们就会看到一种这样的情形:在前现代美学中,艺术与现实同属于现实领域,它们之间存在着密切的关系,艺术是现实的一部分,但艺术所发挥的作用不会特别重要,因为艺术同现实一样都服从现实原则;在后现代美学中,艺术与现实同属于艺术领域,它们之间也存在着密切关系,现实在某种意义上具有了艺术的特性,艺术所发挥的作用特别重要,因为现实同艺术一样都服从艺术原则,出现了所谓的日常生活审美化的现象;在现代美学中,艺术属于艺术的领域,现实属于现实的领域,它们之间不存在直接的关系,只能发生间接的作用。经过这样的区分之后,前现代、现代和后现代美学的基本情形就显得清晰起来。

如此说来,前现代美学、现代美学和后现代美学,就不仅是处于三种不同历史时期的美学,而且是三种理论形态迥异的美学。简要地说,前现代美学视域中的审美和艺术,并没有完全独立于日常生活,审美、艺术与宗教、政治、伦理等有着密切的关系;现代美学则以强调审美和艺术的自律性而区别于前现代美学;后现代美学又以突破审美和艺术的自律性而区别于现代美学。由此可见,前现代美学与后现代美学可能具有某种程度的相似性,即它们都强调艺术与生活的关联性,从而可以结成联盟共同反对现代美学。① 当然,前现代美学与后现代美学之间的差别也是显而易见的②,如果因为表面相似就将它们简单等同起来,就会犯弄错时代的错误。

3. 现代美学在欧洲的起源

这种意义上的现代美学,在西方也并不是自古有之。根据美学史家们的研究,直到18世纪欧洲才有现代美学。

关于现代美学的起源,不少美学史家认为应该追溯到18世纪德国美学家鲍姆嘉通的开创性的工作。1735年,鲍姆嘉通在其博士论文《关于诗的哲学默想录》中,首先使用了"美学"(aesthetica)这个名称,用来指称"一门关于事物是如何通过感官被认知的科学"。1739年,鲍姆嘉通在《形而上学》中,对美学做了更详细的界定,从而使其包括关于低级认识能力的逻辑学、关于优雅及沉思的哲学、低级认识论、优美地思维的艺术、类理性艺术。1750年,鲍姆嘉通用美学作为他的著作的名称,并给它下了一个更加精确的定义:"美学(自由艺术理论、低级认识论、优美地思维的艺术、类理性艺术)是感性认知的科学。"正因为如此,鲍姆嘉通被公认为是现代美学的创始人。

然而,盖耶通过考证指出,尽管鲍姆嘉通首先给美学命名,并且在大学开设美学课程并撰写美学教材,但他绝不是这门学科的发明者。因为

---

① 关于前现代美学与后现代美学结成联盟反抗现代美学的构想,见 Peng Feng, "Against Aesthetic Modernity: A Combined Action between Pragmatism and Confucianism," *Sungkyun Journal of East Asia Studies*, September 2003.

② 关于前现代与后现代的区别的详细论述,见 Peng Feng, "Perfectionism between Pragmatism and Confucianism," *Journal of Comparative Literature and Aesthetics*, Vol. XXXL, Nos. 1 - 2(2008).

在 18 世纪的前 30 年,欧洲兴起了一股关于美的特性、价值以及表现形态的讨论热潮,形成了现代美学的雏形。在鲍姆嘉通发表他的著作之前,已经有一大批蕴涵现代美学思想的著作出版。比如,1711 年夏夫兹伯利的《论人、习俗、见解及时代的特征》,1712 年艾迪生的《论想象的快乐》系列短文,1719 年法国批评家杜博斯的《关于诗歌、绘画和音乐的批判性反思》,1725 年哈奇森的《对我们的美与德行观念之起源的探询》。由此,盖耶认为,现代美学不是在 1735 年由鲍姆嘉通突然提出来的,在 1711—1735 年之间,现代美学就已经差不多形成了,剩下的只是更加细致化的理论工作。①

当然,也有人把时间上限推到更早的文艺复兴时期。比如,汤森德就将现代美学起源的期间确定为从文艺复兴至第一次世界大战。由于文艺复兴的起源很难确定,在不同国家和地区的时间上限也不尽相同,比如在意大利 14 世纪就有了文艺复兴的萌芽,在英国和德国直到 17 世纪才出现文艺复兴的某些特征,由此,在现代美学的起始时间问题上,不同美学史家有不同的看法。②

我们这里不想在时间分界上做更多的考证,而采取通行的看法,将现代美学起源的关键时期确定在 18 世纪上半期。对于我们来说,更重要的问题不是现代美学的时间分界,而是现代美学的核心概念。究竟是什么思想让现代美学区别于古典美学?③ 现代美学究竟由哪些基本概念构成?

对于这个问题,有许多不同的答案。现代美学确立的关键,在浪漫

---

① 有关考证,见盖耶:《现代美学的缘起》,载基维主编:《美学指南》,彭锋等译,第 13—34 页,南京:南京大学出版社,2008 年。

② Dabney Townsend(ed.), *Aesthetics: Classic Readings from Western Tradition* (Beijing: Peking University Press, 2002), p.81.

③ 这里不太严格地将 17—18 世纪欧洲确立起来的美学称作现代美学,而将此之前的美学称之为古典美学。塔塔凯维奇将我这里所说的古典美学分为古代美学(Ancient Aesthetics)、中世纪美学(Medieval Aesthetics)和部分现代美学(Modern Aesthetics)。塔塔凯维奇的现代美学比我们所说的现代美学稍早,但有交叉。见 W. Tatarkiewicz, *History of Aesthetics* (Bristol: Thoemmes Press, 1999).

主义批评家艾布拉姆斯看来,是具有浪漫主义色彩的天才概念的出现;①在蒙克等人看来,是突破古典主义美的范畴的崇高范畴的盛行;②在费里看来,主体性和个体性观念在现代美学的确立中扮演了至关重要的角色;③在伊格尔顿看来,伴随现代美学的确立,实际上是资产阶级意识形态的确立,这种意识形态力图将阶级统治掩盖在虚假的普遍有效性之下;④在盖耶看来,现代美学诞生的关键,是自由的想象概念的确立。⑤不过,在我们看来,现代美学确立的关键,是无利害性、趣味和美的艺术这三个概念的确立。下面我们将分别予以讨论。

4. 无利害性

斯托尼兹认为,现代美学的标志,就是"无利害性"概念的出现。"如果不理解'无利害性'概念,就无法理解现代美学。"⑥因为现代美学与古典美学的一个重要区别,就在于前者强调审美经验和审美态度,而后者强调美的特性和艺术法则。换句话说,古典美学侧重客体研究,现代美学侧重主体研究;古典美学侧重普遍性研究,现代美学侧重个体性研究。无利害性在这里不仅指一种观察态度,一种观察方式,而且指通过这种态度和方式而获得的一种经验结果。将无利害性的态度作为美学的首要原理,在许多现代美学家那里都可以看到。比如,康德、叔本华、克罗齐等现代美学家的美学体系,都是围绕无利害性来建构的。但是,美学领域中的无利害性概念并不是他们的发明,而是更早的英国经验主义美学家们的发明,是夏夫兹伯里、哈奇森、艾迪生、博克、艾利森等人的发明。当然,如果就概念本身来说,无利害性早在新柏拉图主义哲学中就

---

① 艾布拉姆斯:《镜与灯》,郦稚牛等译,北京:北京大学出版社,1989 年。

② Samuel Monk, *The Sublime: A Study of Critical Theories in XVIII-Century England*, 2nd eds(Ann Arb-or: University of Michigan Press, 1960).

③ Luc Ferry, *Homo Aestheticus: The Invention of Taste in the Democratic Age*, Robert de Loaiza(trans.)(Chicago: University of Chicago Press, 1993).

④ 伊格尔顿:《审美意识形态》,王杰等译,桂林:广西师范大学出版社,2001 年。

⑤ 盖耶:《现代美学的缘起》,载基维主编:《美学指南》。

⑥ Jerome Stolnitz, "On the Origins of 'Aesthetic Disinterestedness'," *Journal of Aesthetics and Art Criticism*, 20(winter 1961), p. 131.

已经存在了，更早的源头还可以追溯到柏拉图本人的思想那里。但是，将无利害概念从宗教的、认识论的、伦理学的概念转变为美学概念，最初是由18世纪英国美学家完成的。康德只是利用了英国经验主义美学家的成果，对它们做了更加精致的哲学论证工作，将它们纳入更加严密的哲学体系之中。我这里并不是想为英国人去争美学的发明权。在通常情况下，我们认为现代美学是由德国人发明的。鲍姆嘉通被认为是"美学之父"，而美学在哲学学科中的合法地位，是经过康德的工作而确立起来的。但是，如果我们将无利害性视为美学独立的标志的话，就不能不将现代美学的起源，回溯到稍早的英国经验主义美学家那里。因此，准确的说法是，现代美学的核心思想由英国经验主义美学家提出，最终在康德那里获得了成熟的表达。

根据斯托尼兹的考察，无利害性是18世纪美学家用来标明审美经验的独特特征的专有名词，最初是由夏夫兹伯里提出来的。[①] 不过，夏夫兹伯里最初引进无利害概念，并不是专门用来概括审美经验的特征，而是用来概括一切与有目的地使用对象的态度相对立的行为的特征。审美、伦理和科学活动，都可以是无利害性的。哈奇森对夏夫兹伯里的这个概念做了进一步的提炼和限制，不仅把个人的实用兴趣排除在外，而且排除了一般地对待自然的兴趣，特别是认知的兴趣，由此，科学和伦理活动就不再是无利害性的了。最后，到了艾利森那里，无利害概念达到了最高的理论高度，被用来指称一个特殊的"心灵状态"，也就是所谓的"空灵闲逸"状态。

不过，对无利害性概念做出系统阐述的不是英国经验主义者，而是德国批判哲学家康德。在康德看来，审美经验中的愉快是不带任何利害的。所谓不带有利害，也就是只与对象的表象、不与对象的存在发生联系。康德说：

---

① 对"无利害"概念的历史追述，见 Jerome Stolnitz, "Of the Origins of 'Aesthetic Disinterestedness'," *The Journal of Aesthetics and Art Criticism*, vol. 20(1961 – 1962), pp. 131 – 143.

我们可以很容易地看出,对我来说,为了说一个对象是美的并证明我有趣味,要紧的东西是我与内心中的表象的关系,而不是我依赖于对象存在的[方面]。每个人都必须承认,如果关于美的判断只要夹杂着丝毫的利害,那么它就是非常片面的,且不是纯粹的趣味判断了。为了在有关趣味的事物中担任评判员,我们必须对事物的存在不能有哪怕一丁点偏爱,而必须对它抱彻底的漠不关心的态度。①

只有这种不与对象的存在发生关系的愉快,才有可能是自由的和无利害的,才是审美经验中的愉快。康德以此明确地将审美愉快与具有感官利害的愉快和具有理性兴趣的愉快区别开来:

我们可以说,在所有这三种愉快之中,只有涉及有关美的趣味愉快是无利害的和自由的,因为我们不受任何利益的强迫去做出我们的赞许,无论是感官的利害还是理性的兴趣。因此我们可以说,在上述提及的三种情形中,愉快[一词]要么与自然倾向相关联,要么与喜爱相关联,要么与敬重相关联。只有喜爱是唯一的自由愉悦。自然倾向的对象和由理性规律作为欲求对象颁发给我们的对象,都不能留给我们自由去使某物成为我们自身的愉快对象。所有利害不是以需要为前提,就是引起某种需要;而由于利害是决定赞许的基础,因此它使得关于对象的判断不再自由。②

经过康德的分析,将审美经验视为无利害的快感成了现代美学的第一原理。由美的本质问题向审美经验问题的转向,可以视为西方古典美学向现代美学转向的标志。正如朱光潜所总结的那样:"近代美学所侧重的问题是:'在美感经验中我们的心理活动是什么样?'至于一般人所

---

① Immanuel Kant, *Critique of Judgment*, Werner S. Pluhar (trans.) (Hackett Publishing Company, 1987), p. 46.

② Immanuel Kant, *Critique of Judgment*, p. 52.

喜欢问的'什么样的事物才能算是美'的问题还在其次。"①

5. 趣味

与斯托尼兹不同,在汤森德看来,现代美学的标志是趣味,或者以趣味为代表的个体经验和个体感受。关于现代美学,汤森德做了一个简要的概括:"现代美学……是一种对个别事物的个体经验的美学。"②对于个体审美经验最重要的,是一种特别的审美感官,哈奇森等人称之为内感官。不过,更多的美学家称之为趣味,或者趣味判断。正如汤森德指出的那样:

> 审美感官的典范不像在古典世界中的通常情形那样是眼睛,而是舌头。趣味转变成了一个美学术语;这种转变的诸原因中最重要的原因是,趣味表现出的特征类似于艺术和美产生的经验的多样性、私密性和即刻性。当我品味某种东西时,我无须思考它就能经验那种味道。这是我的味觉,它在某种程度上是不能否定的。如果某种东西给我咸味,没有人能够使我相信它不给我咸味。不过,别人可以有不同的经验。一个人觉得愉快的味道可能不能令另一个人感到愉快,而且我不能说或做任何事情来改变这种情况。对于许多早期现代哲学家和批评家来说,艺术和美的经验恰好就像这种味觉。③

如同无利害性概念一样,趣味也是逐渐发展成为现代美学概念的。趣味概念的历史,最早可以追溯到亚里士多德的共通感。在《形而上学》中,亚里士多德描述了知识的形成过程。我们首先拥有的是由各种外感官提供的零碎感觉,再通过内感官将五种外感官所获得的数据收集起来,加以组织整理,形成共通感觉。这种共通感,比如对大小、形状和运动等等的感觉,不是由某一单个的外感官完成的,而牵涉到不同感官之

---

① 朱光潜:《文艺心理学》,第 9 页,合肥:安徽教育出版社,1996 年。
② Dabney Townsend(ed.), *Aesthetics: Classic Readings from Western Tradition*, p.83.
③ Ibid., p.84.

间的协同合作,这就需要一种似乎更高的感官来完成这种组织整理工作。这种更高的共通感仿佛是对感觉的意识,一种反思性的感觉,一种看见我们所看的能力。从这种意义上说,共通感也就是一种将感觉联系起来赋予它们以意义的能力。只有通过共通感,个别的感觉才能形成经验。根据亚里士多德的说法,我们是"从感觉进入记忆和共通感,由此再进入经验,最后或许进入指导生产技艺的知识和智慧。理论和判断伴随技艺,而不是感官。在这个等级的进程中,经验起一种中介作用,而感官尽管在这个等级结构中位处更低,但它却提供了一个起点。共通感的引入,将个别感觉与经验联系起来了"①。

亚里士多德认为,在各种外感官中,视觉处于最高位置,直接与想象相连;不过,触觉有时也被认为是主要的感觉,"没有触觉就不可能有任何其他感觉;因为就像我们已经说过的那样,每个有灵魂的人都一定有触觉能力……毫无疑问,所有其他感官都必须通过接触来感知,但接触只是起中介作用:惟有触觉通过直接接触来感知……没有触觉就不可能有其他感觉"②。触觉又特别与味觉相连。味觉是一种附属于触觉的感觉,因为没有触觉就不可能有味觉。由于味觉与触觉的紧密关系,触觉又是最具分辨力的感官,因此味觉比其他感官如嗅觉具有更精确的识别力;而识别力又是智力的一个重要因素,由此"当味觉最终成为艺术判断的隐喻时,它作为有识别力的和'灵敏'的感官所具有的那些能力是至关重要的"③。总之,当后来的美学家将趣味作为审美判断的时候,他们暗中将亚里士多德的共通感与味觉结合起来了,趣味由此成了一种直接的然而却又通向更高层次的认识的辨别力。

在趣味成为一个美学概念之前,有许多理论上的铺垫。比如,文艺

---

① Dabney Townsend, *Hume's Aesthetic Theory*: *Taste and Sentiment* (London and New York: Routledge, 2001), p. 48.

② Aristotle, *De Anima*, quoted by Dabney Townsend, *Hume's Aesthetic Theory*: *Taste and Sentiment*, p. 48.

③ Dabney Townsend, *Hume's Aesthetic Theory*: *Taste and Sentiment*, p. 49.

复兴时期以来的艺术实践对个性的推崇,就为趣味成为一个美学概念提供了很好的理论上的和实践上的支持。"当艺术家的个性和表现成为中心的时候,趣味开始扮演艺术家的气质的标志,并成为将艺术家的感觉转变为一种表现形式的手段。"①尤其是 17 世纪的后期样式主义在将趣味转变成美学概念上起了重要的作用。

> 对于后期样式主义来说,样式或风格起了亚里士多德的共同感的作用,可以将个别感知要素统一为观念化的整体。因此,一个具有风格的人可以将要素统一起来而超过模仿,就像一个具有共通感的人可以将五种感觉统一为一个感觉印象一样。这使得风格成了一种感觉。它起到了像共通感一样的结构作用。由于对古典作家来说趣味与风格最为类似,因此将具有趣味与具有样式主义的风格等同起来就是一种自然的过渡。②

对于样式主义者来说,趣味在隐喻的意义上就是一种直接的判断和辨别形式。

趣味作为美学概念,最终是在 18 世纪英国经验主义美学家那里形成的,其中夏夫兹伯里起了开创性的作用。夏夫兹伯里尤其强调情感在道德和审美活动中的重要作用,在这一点上他与康德非常不同。"根据夏夫兹伯里,即使某人在尽自己的义务,他也不是在做一种有道德的行为,除非他的情感支持他的行为。康德当然会宣称,最高的美德就是根据义务行事,即使某人的情感与之相对。"③在夏夫兹伯里看来,我们的敏感本身就具有判断能力,"情感判断的直接形式就是趣味"④。这种情感判断或趣味是德行和美的基础,是形成有教养的性格的核心。夏夫兹伯里注意到,趣味具有一些相互矛盾的特征:一方面趣味仿佛是人的自然

① Dabney Townsend, *Hume's Aesthetic Theory*: *Taste and Sentiment*, p. 53.
② Ibid., p. 60.
③ Ibid., p. 20.
④ Ibid., p. 27.

特征,另一方面又是教养的结果;一方面趣味是一种个人偏好,总是处于不稳定和受误导的变化之中,另一方面趣味又是一种直接的判断,一种感觉形式,一种对艺术和美的评判。为此,夏夫兹伯里区分了三种不同的趣味:"坏的趣味是'做作的'趣味。好的趣味是'得体的'趣味。在这二者之间是一种自然的趣味。"①自然的趣味如果没有得到好的培养,就会变得平庸和做作,成为最差的趣味;相反如果得到良好的和真正的塑造,就会成为好的趣味,在道德上和审美上都值得称道。由于趣味是直接进行评判,无须推理和思考,因此它就像感官一样起作用,但它不是一般的外在感官,而是内在感官,由此夏夫兹伯里将趣味与他的内感官思想联系起来了,这一点得到了哈奇森的继承和发扬。

受经验主义哲学家洛克的影响,哈奇森主张一切知识起源于感觉。为了更加全面地解释知识的起源,洛克允许两种不同的观念起源方式。一种是由感觉直接提供的简单观念,一种是由心灵对于自身有关简单观念的能力的意识所提供的反思观念。比如,我不仅能够意识到红这种颜色,而且能够意识到我记住红看起来像是什么样子的那种记忆能力。对红色的记忆就是洛克所说的反思观念。如果没有感觉提供的原初或简单观念比如红色,我们就不可能有反思观念比如对红色的记忆。在洛克看来,有了这两种观念的起源,就可以解释所有经验和知识的起源了。这就是所谓的经验主义哲学的主张,它反对任何先天的、内在的东西。人除了认识能力之外,没有任何与生俱来的观念。哈奇森接受了洛克的简单观念的主张,但反对他的反思观念的主张,而是主张用内感官来取代洛克的反思观念。

红色是由感官获得的观念,对红色的记忆可以说是观念的观念。哈奇森所谓的美就类似于这种观念的观念,他称之为心灵的观念。对于美这样的心灵观念的认识,既不能靠外感官,也不能靠思维,只能靠内感官。内感官与外感官一样,都是对感觉对象的直接反应,但它们至少在

---

① Dabney Townsend, *Hume's Aesthetic Theory: Taste and Sentiment*, p. 35.

这样两个方面非常不同:第一,没有一个外感官可以与内感官相对应,内感官属于心灵而不属于视听味嗅触等任何一种外感官;第二,内感官不是直接应用于事物,而是应用于事物的观念,主要是指心灵对外感官提供的各种简单观念的复合体的反应。从这里可以看出哈奇森的内感官在一定程度上类似于洛克的反思观念,它们都是心灵的作用,唯一不同的地方是,哈奇森的内感官强调的是对其他简单观念的感受,洛克的反思观念强调的是对心灵能力如记忆的感受。

哈奇森之所以主张审美经验是一种内感官的感觉,原因在于他反对古典美学将美视为外在事物的性质比如比例、和谐和合适等,而将美视为观念之间的复合关系,他称之为"多样统一"。观念之间的这种复合关系,只有通过内感官才能把握。正是在这种意义上,我们可以将内感官视为联系感觉与知性之间的纽带,因为它一方面与外感官提供的简单观念相连系,另一方面又与更高层次的观念复合体即意象相连系。我们对于事物的感觉是个体性的,但我们对于事物的整体看法却具有一定的普遍性,作为连接个体感觉与普遍看法的内感官在一定程度上调和了审美经验中普遍性与特殊性之间的矛盾。①

对于哈奇森用内感官来解决审美经验中的普遍性与特殊性的矛盾的策略,休谟并不满意。用感官感觉来表达审美判断的直接性,这是休谟乐于接受的;但将审美判断等同于内感官就势必会排斥对趣味的教养,同时掩盖趣味的多样性,进而掩盖如何为多样的趣味寻找共同标准的问题,这是休谟不赞同将审美判断等同于内感觉的主要原因。比如,当哈奇森说美是"多样统一"的时候,尽管这种美需要内感官来把握,但对于具有内感官或趣味的人来说,在对这种美的把握上应该是毫无争议的,就像我们的眼睛对事物的识别那样。更重要的是,从观念的多样统一可以推论出事物本身的多样统一,由此哈奇森就可以通过事物的形式

①上述关于哈奇森的描述,参见 Dabney Townsend, *Aesthetics: Classic Readings from Western Tradition*, pp. 88-91.

分析来确定该事物的美丑,而无需讨论主体的趣味问题,美学研究就又有可能走回古典主义的形式研究的老路。休谟从根本上反对美有任何客观标准,关于美的评判的标准不在客体,而在主体,因此他不是从客体的形式,而是从主体的趣味中去寻找审美判断的标准。要表达这方面的意思,趣味比内感官更准确。由此,休谟的趣味概念取代了哈奇森的内感官感念,成为现代美学的核心概念。

总之,对于 18 世纪美学家来说,现代美学的关键的问题是:依赖趣味的完全多样的、私密的、即刻的审美经验为什么又是普遍可传达的?如何克服审美经验中这种个体性与普遍性的矛盾,是现代美学给自己提出的一项重要任务。休谟和康德给出的经典解释,至今仍然具有启示意义。[①]

6. 美的艺术

与斯托尼兹和汤森德从审美经验方面来寻找现代美学的标志性特征不同,克里斯特勒从艺术作品方面找到了现代美学区别于古典美学的标志。在克里斯特勒看来,现代美学的标志,就是现代艺术系统的确立。在其著名的《现代艺术系统:一种美学史研究》一文中[②],克里斯特勒对西方艺术概念的演变做了详细的考证。所谓现代艺术系统,通常指的是包括绘画、雕塑、建筑、音乐和诗歌等艺术形式在内的美的艺术系统。这个系统直到 18 世纪才开始确立起来。

古希腊的艺术泛指人的一切活动,包括我们今天所说的手艺和科学在内。这种意义上艺术既与自然对立,也与我们今天所说的艺术有所不同。我们今天所说的艺术,大致相当于古希腊的模仿。古希腊有诗歌、音乐、舞蹈、绘画、雕塑、悲剧等概念,但没有将它们统一起来的艺术概

---

① 有关趣味的讨论,参见 Dabney Townsend, *Hume's Aesthetic Theory: Taste and Sentiment* (Routledge, 2001).

② Paul O. Kristeller, "The Modern System of the Arts: A Study in the History of Aesthetics," in Peter Kivy(ed.), *Eassys on the History of Aesthetics* (Rochester: University of Rochester Press, 1992), pp. 3 - 64.

念。除了用模仿来统称各种艺术形式之外,古希腊人常常将用缪斯女神来概说艺术。缪斯是宙斯和记忆女神的女儿,一共有九个,她们分别掌管历史、音乐和诗歌、喜剧、悲剧、舞蹈、抒情诗、颂歌、天文、史诗。即使我们忽略这里所列举的音乐、诗歌、戏剧和舞蹈等艺术形式可能具有的特殊含义,缪斯女神所掌管的东西与我们今天所说的艺术之间还是有很大的差异。比如,无论做怎样的理解,历史与天文在今天都很难说得上是艺术;同时,所有的视觉艺术都在缪斯女神掌管的范围之外。

古罗马时期出现了另一个与现代艺术有关的概念,即"自由艺术"。比如,西塞罗就经常谈及自由艺术以及各种自由艺术之间的相互关系。虽然西塞罗没有明确规定他所说的自由艺术中究竟包含哪些具体的科目,但我们可以有把握地认为,西塞罗所说的自由艺术与我们今天所说的艺术是非常不同的。因为在那些明确说出具体科目的自由艺术系统中,没有一种与今天所说的艺术类似。比如,法罗的自由艺术系统由九个科目组成,它们是语法、修辞、辩证法、几何、算术、天文、音乐、医学和建筑。凯培拉的系统中则少了医学和建筑,只有语法、修辞、辩证法、几何、算术、天文、音乐等七种。塞克斯图斯的系统中又少了逻辑,只有语法、修辞、算术、几何、音乐和天文等六种。大约自公元4世纪起,语法、修辞、逻辑、算术、几何、音乐和天文被固定为"七艺",成为欧洲高等教育的标准课程。

由此可见,古希腊罗马时代的艺术概念与今天的艺术概念很不相同。许多今天被当做科学的东西,在当时被称作艺术。许多今天被当作艺术的东西,在当时并没有归在艺术的名目之下,或者并没有获得艺术的身份。正如克里斯特勒指出的那样:

> [古希腊罗马时代]没有留下关于审美性质的系统或精心说明的概念,留下来的只不过是许多分散的观念和意见,它们一直影响到现代时代,但必须经过被仔细地遴选、脱离语境、重新整理、重新强调以及重新解释或误解之后,它们才能够被用作美学系统的建筑

材料。我们必须同意这个……结论:古代作者和思想家们尽管面对杰出的艺术作品且的确受到它们魅力的感染,但他们既不能够也不急于将这些艺术作品的审美性质从它们的智识的、道德的、宗教的和实践的功能或内容中区别出来,抑或用一种审美性质作为标准将美的艺术集合起来或将它们当做全面的哲学解释的对象。①

中世纪接受了古罗马的七艺概念,后来又将它们进一步区分为三大学科(语法、修辞、逻辑)和四大学科(算术、几何、天文、音乐)。圣维克托的雨果最早在七种自由艺术的基础上,又增加了七种手工艺术,它们包括毛纺、军事装备、航海、农艺、狩猎、医术和戏剧。今天所谓美的艺术被归在不同的类下,如建筑、各种不同形式的雕塑和绘画,以及其他几种手艺,被归在军事装备之下,音乐与算术、几何、天文并列,诗歌接近语法、修辞和逻辑。诗歌和音乐两种艺术形式似乎享有较高的地位,因为它们通常是学校里面的教学科目,而绘画、雕塑和建筑则是在工匠的指导下学习,就像药剂师、金匠、木匠和泥瓦匠的学徒在师傅的作坊里接受教育那样。中世纪的艺术家概念所指甚广,既可以指自由艺术的学习者,也可以指一般的工匠。

文艺复兴时期出现了在三大学科基础上扩充起来的人文学科研究,其中包括语法、修辞、历史、希腊文、道德哲学和诗歌,从前曾经作为三大学科之一的逻辑被排除在外。特别值得注意的是,诗歌的地位有了前所未有的提升。在中世纪的三大学科系统中,诗歌被归属在语法和修辞之下,而在人文学科研究中,诗歌不仅成为一门独立的学科,而且在整个系统中处于至关重要的地位。文艺复兴时期的一个最重要的变化,是绘画、雕塑和建筑等视觉艺术的地位的持续上升。绘画、建筑和雕塑开始组成一个介于自由艺术与手工艺术之间的群体,有了自己的协会和学院。达·芬奇等人不仅将绘画等视觉艺术的地位从手工艺术提高到自

---

① Paul O. Kristeller, "The Modern System of the Arts: A Study in the History of Aesthetics," in Peter Kivy ed., *Eassys on the History of Aesthetics*, p. 13.

由艺术,而且特别推崇绘画,甚至将绘画提高到超过诗歌、音乐和雕塑的高度,而与数学等科学联系起来。瓦萨里为绘画、雕塑和建筑等视觉艺术创造了一个新的概念,即"图画艺术"。这个概念成为后来美的艺术概念的原型。由于诗歌与绘画之间的地位竞争,以及对诗歌、绘画和音乐等艺术形式的业余兴趣的兴起,人们开始在这些艺术之间进行比较。通过这种比较,人们发现这些不同门类艺术之间具有两个相同的特征,即模仿和追求愉快。对不同门类艺术之间的相同特征的发现,为后来将它们统一归结在美的艺术之下奠定了基础。

17世纪开始,欧洲文化中心逐渐从意大利转移到法国。在法国成立了许多学院,其中包括绘画、雕塑、建筑、音乐和舞蹈等学院,但也包括科学和其他文化分支的学院。随着自然科学的独立,人们逐渐意识到艺术与科学的区别:建立在数学演算和知识积累之上的科学可以不断进步,今天的科学一定比过去的科学高明;但建立在个人天才和趣味基础上的艺术则没有进步的历史,今天的艺术不一定比过去的艺术强。在17世纪末,佩罗明确将美的艺术与自由艺术区别开来,将艺术与科学区别开来。在佩罗的美的艺术系统中,包括雄辩术、诗歌、音乐、建筑、绘画、雕塑,以及光学和机械力学等。如果没有后两种科目,佩罗的系统就非常接近现代艺术系统了。

18世纪随着对视觉艺术、音乐和诗歌的业余兴趣的兴起,逐渐出现了将不同的艺术形式统一为一个总类的现代美的艺术概念。

1714年克鲁萨关于美的论文被认为是法语最早的现代美学论文。他讨论了视觉艺术、诗歌和音乐,并且力图从哲学上解释美与善的不同。但他并没有确立现代美的艺术的系统,而且对美与善、艺术与手艺的区别也不是很清楚,比如他明确提到宗教的美。

1719年杜博斯的著作《对诗歌、绘画和音乐的批判反思》在现代美学的历史上具有重要的意义。首先,杜博斯不仅讨论了诗歌与绘画之间的相似,而且讨论了它们之间的差异,更重要的是,他的讨论的目的不是证明哪种艺术更高明,就像以前讨论这个主题的所有作者那样,而是证明艺术的共同本性。其次，杜博斯开始用业余爱好者的眼光来讨论绘画，他强调在对绘画和诗歌等的评判中，有教养的公众比职业艺术家更准确。这为从鉴赏者的角度寻找艺术的共同本质奠定了基础。再次，虽然杜博斯没有发明美的艺术这个概念，也不是首先将它运用在视觉艺术之外的人，但他的确让诗歌也是一种美的艺术这个观念变得更加普遍了。最后，杜博斯明确将艺术与科学区别开来，认为前者有赖于天才，后者有赖于知识的累积。

不过，尽管杜博斯在现代艺术系统的确立过程中起了很大的推动作用，但他并没有确立完善的现代艺术系统。现代艺术系统的雏形，在安德烈于1741年发表的关于美的论文中可以找到。安德烈分别讨论了视觉美（包括自然和视觉艺术）、道德美、精神作品的美（包括诗歌和雄辩术），以及音乐美。如果没有道德美，安德烈的艺术系统就是标准的现代美的艺术系统。

在现代艺术系统的确立过程中迈出关键一步的，是巴特发表于1746年的著作《内含共同原理的美的艺术》。在这部著作中，巴特差不多确立了标准的现代美的艺术系统。这个系统包括音乐、诗歌、绘画、雕塑和舞蹈五种艺术形式。巴特将美的艺术确立为以愉快为目的的艺术，以此与手工艺术区别开来；同时将雄辩术和建筑视为包括愉快和有用性的第三类艺术；戏剧被认为是所有艺术的综合。

百科全书派的代表人物狄德罗并不赞同巴特的美的艺术概念，而沿用自由艺术与手工艺术的区别，但他十分强调手工艺术的重要性。百科全书派的另一位代表人物达兰贝特在哲学与模仿知识之间作了区别，前者包括自然科学、语法、雄辩术和历史，后者包括绘画、雕塑、建筑、诗歌和音乐。他反对自由艺术与手工艺术的区别，将自由艺术区分为以愉快为目的的美的艺术和以有用为目的的自由艺术如语法、逻辑和道德。他还将所有的知识区别为哲学、历史和美的艺术三大类。经过达兰贝特的区分，现代艺术体系最终确立起来了。

在18世纪中期百科全书的出版以后，美的艺术概念在法国乃至整个欧洲流行开来。比如，当时还出版了拉孔布的袖珍美的艺术词典，其中涉及的艺术门类有建筑、雕塑、绘画、镌刻、诗歌和音乐等；同时，各种不同的艺术学院合并成为美的艺术学院；1781 年百科全书再版时，在艺术条目下补充了美学和美的艺术条目。①

有多种不同的因素导致现代艺术概念的确立，其中有两个相互联系的要素值得特别注意：一个是业余爱好者对艺术兴趣的兴起，一个是新的艺术市场体制的确立。克里斯特勒尤其注重对艺术的业余兴趣在现代艺术概念和现代美学的确立过程中所扮演的重要角色，他明确指出：

> 在 18 世纪的上半期，业余爱好者、作家和哲学家们对视觉艺术和音乐的兴趣不断增长。这个时期不仅由外行和为外行创作对这些艺术的批评著述，而且创作出一些专业论文，其中在不同的艺术之间进行比较，在艺术与诗歌之间进行比较，因而最终达到了现代的美的艺术系统的确定。②

克里斯特勒还特别指出，当时法国著名批评家杜博斯尤其重视有教养的公众对艺术的评价，认为他们的意见比行家的意见更重要。跟在某种艺术领域工作的行家容易囿于该种艺术的局限不同，浅尝辄止的业余爱好者具有自身的优势，他可以做到不受该种艺术的限制，在不同的艺术门类之间进行比较，寻找所有艺术的共同性质。正是对不同艺术之间的共有性质的探求，最终导致现代艺术概念的确立。

与业余爱好者对艺术的兴趣的兴起相应，是新的艺术市场体制的确立，即资本主义艺术生产和消费体制的确立。很多人都注意到了，资本主义生产和消费方式的确立，对现代艺术概念的确立和美学独立产生了巨大影响。比如，贝克指出，现代艺术概念与艺术品市场之间有着密切

---

① 除了法国的情况外，克里斯特勒还讨论的英国和德国的情况，不过它们的现代艺术概念的确立过程大致类似。鉴于上述法国的情况已经能够表明现代艺术概念是一定历史阶段的产物，我们就不再讨论英国和德国的情形。

② Paul O. Kristeller, "The Modern System of the Arts: A Study in the History of Aesthetics," in Peter Kivy (ed.), *Eassys on the History of Aesthetics*, p. 35.

的关系。随着艺术品市场由私人委托体制向匿名的潜在购买体制的转变,艺术家只是针对市场工作,而不再直接针对消费者工作,不用考虑消费者的具体要求,从而可以按照自己心目中的美的理想进行创造。由此,一种脱离实际考虑的、以美的表现和自由创造为核心的现代艺术观念便应运而生。[1]

随着无利害性、趣味判断和美的艺术这些概念的确立,再加上崇高、天才、想象、主体性等概念的兴起,完整的现代美学系统确立起来了。在现代美学系统中,审美经验和美的艺术占据核心部分。没有无利害的审美经验,没有自律的美的艺术,就没有现代美学。

第二节　什么是中国现代美学?

什么是中国现代美学? 如果说中国现代美学,就是上述西方现代美学的翻版,讨论中国现代美学,就没有多大的意义。对于中国现代美学的讨论,一方面要注重其中的现代性,另一方面要注重其中的中国性。中国现代美学之所以体现出明显的中国性,一方面是中国传统美学具有不同于西方古典美学的特征,另一方面是中国美学的现代性进程不是自发的,而是外来冲击的结果。因此,要弄清楚中国现代美学中的中国性,需要先弄清楚中国传统美学的特征,进而需要弄清楚中国美学家在接受西方现代美学思想时所做出的选择。

1. 中国传统美学的特征

与西方古典美学强调美的形式特征和艺术的法则不同,中国传统美学推崇超越规则和形式之上的境界和感受。从某种意义上来说,中国传统美学已经具有西方现代美学的某些特征。我们可以结合上述讨论过的西方现代美学的核心概念来加以说明。

---

[1] Annie Becq, "Creation, Aestheitcs, Market," in Paul Mattick (ed.), *Eighteenth-Century Aesthetics and the Reconstruction of Art* (Cambridge: Cambridge University Press, 1993), p. 252.

尽管中国传统美学中没有像西方现代美学中的美的艺术或者艺术这样的概念,可以将各个门类的艺术统一为一个整体,并且为不同门类的艺术寻找共同的理论,但是中国传统美学中的诗、书、画等概念,与西方现代美学中的艺术概念具有许多相似的地方。中国古代美学家很早就认识到这些艺术形式与其他知识形式之间的区别。如果说西方现代美学的最终确立得益于康德的理论化工作,而康德的最大贡献在于将审美与科学和伦理区别开来,为美学找到独立的领地,那么在中国古代美学家的著述中,我们可以发现同样的论述,尽管这种论述不是以体系化哲学论证的方式进行的。

比如,王夫之就明确将诗歌与哲学和历史区别开来,认为后者的目的在于"意"的表达,前者的目的在于"兴"的唤起。王夫之说:"诗之广大深远,与夫舍旧趋新也,俱不在意。唐人以意为古诗,宋人以意为律诗绝句,而诗遂亡。如以意,则直须赞《易》陈《书》,无待诗也。"①"诗言志,歌永言。非志即为诗,言即为歌也。或可以兴,或不可以兴,其枢机在此。"②王夫之还发表过许多评点,批评以意、理、事、史为诗的倾向,这充分表明在王夫之那里,诗的独立性已经得到了明确的认识,而且是明确的美学认识,因为王夫之所说的作为诗的本质的兴和意象,与西方现代美学所说的审美经验和审美对象密切相关。

同样的情况,在叶燮的论述中也可以发现。叶燮对理事情的论述,显示了中国传统美学对艺术和审美的深刻认识。甚至可以说,这种认识的某些方面,18世纪确立的西方现代美学都没有达到。众所周知,康德将人的内心的全部能力区分为知情意。如果不太严格地说,康德的知情意与叶燮的理事情存在对应关系。知与理对应,意与事对应,情与情对

---

① 王夫之:《明诗评选》卷八高启《凉州词》评语,载《船山全书》第十四册,第 1576—1577 页,长沙:岳麓书社,1998 年。

② 王夫之:《唐诗评选》卷一孟浩然《鹦鹉州送王九之江左》评语,载《船山全书》第十四册,第 897 页。

应。① 与康德将情划分为美学研究的领域不同,叶燮在理事情之外另辟一种状态或者境界,作为美学的研究领域,这就是所谓"不可名言之理,不可施见之事,不可径达之情,则幽渺以为理,想象以为事,惝恍以为情"②。叶燮的这种认识,就将审美与艺术从其他知识和行为中分离出来而言,一点也不亚于康德做出的区分。

而且,在叶燮那里,关于诗歌的这种认识,也可以适用于其他艺术形式,特别是绘画。在《赤霞楼诗集序》一文中,叶燮指出:"画与诗初无二道也。……故画者天地无声之诗,诗者天地无色之画。……乃知画者形也,形依情则深;诗者情也,情附形则显。"③叶燮在诗歌与绘画这两种不同的艺术门类之间发现了共同的特点,尽管这种共同特点与西方现代美学家在不同门类的艺术中发现的共同特点有所不同,但它表明中国古代美学家很早就开始在不同门类的艺术之间进行比较,将它们归在一起来进行思考。将不同艺术门类归在一起来进行思考,正是西方现代美学诞生的重要标志。

叶燮和王夫之等人的这些论述,并不是他们的发明。中国传统美学很早就有这种认识,只不过叶燮和王夫之二人做了更加清晰的表述而已。换句话说,如果像克里斯特勒那样,将自律的美的艺术视为现代美学的标志,那么中国传统美学思想与西方现代美学之间已经有了某种程度的相似性。与其说中国传统美学与西方传统美学相似,不如说它跟西方现代美学相似。这正是中国美学中明显的中国性之所在。

---

① 当然,这种对比是十分勉强的。叶燮的理事情不是从主体内心能力的角度做出的区分,而是从客体存在形态的角度做出的区分。叶燮以草木为例,做了清楚的说明:"譬之一草一木,其能发生者,理也。其既发生,则事也。既发生之后,夭乔滋植,情状万千,咸有自得之趣,则情也。"(见叶燮:《原诗·内篇上》,载《中国历代美学文库》清代卷中,北京:高等教育出版社,第50页,2003年)这里的理事情,指的是同一事物不同的存在样态。与康德的知情意对应的,不是同一事物的不同的存在样态,而是不同的事物,即自然、艺术和自由。(见康德:《判断力批判》,邓晓芒译,第5—33页,北京:人民出版社,2002年。)
② 叶燮:《原诗·内篇下》,载叶朗总主编:《中国历代美学文库》清代卷中,第59页,北京:高等教育出版社,2003年。
③ 转引自叶朗:《中国美学史大纲》,第495页,上海:上海人民出版社,1985年。

现在，让我们来检查西方现代美学的另一个重要特征，即无利害的审美态度。如上所述，西方现代美学与古典美学的区别，在于前者强调主体的审美态度和审美经验，后者强调客体的形式和法则。在中国传统美学中，很早就有对审美态度的重要性的认识。叶朗从老子的"涤除玄鉴"，庄子的"心斋"、"坐忘"，管子和荀子的"虚壹而静"，以及宗炳的"澄怀观道"，郭熙的"林泉之心"等等观念和论述之中，发现中国很早就有一种审美心胸理论，"强调审美观照和审美创造的主体必须超脱利害观念"。① 叶朗所说的审美心胸理论，与西方现代美学中的审美态度理论十分接近，它们都强调无利害性，都强调无利害的态度所具有的"变容"作用，即将事物由日常状态变容为审美状态，将日常事物变容为审美对象。

叶朗还发现，柳宗元的"美不自美，因人而彰"的说法，是对这种审美态度理论的经典概括。对柳宗元的这个命题，叶朗做了三个层面的阐发：

> 第一，美不是天生自在的，美离不开观赏者，而任何观赏都带有创造性。第二，美并不是对任何人都是一样的。同一外物在不同人的面前显示为不同的景象，生成不同的意蕴。第三，美带有历史性。在不同的历史时代，在不同的民族，在不同的阶级，美一方面有共同性，另一方面又有差异性。把这三个层面综合起来，我们可以对"美不自美，因人而彰"这个命题的内涵得到一个认识，那就是：不存在一种实体化的、外在于人的"美"，"美"离不开人的审美活动。②

用审美态度或者审美活动来消解实体化的、外在于人的美，这也是西方现代美学的惯用策略。对于西方古典美学中流行的美的理论，比如美在比例、美在和谐、美在合适等等，现代美学家用不同的方式进行了批驳。其中有经验主义的批驳，即通过给出反例来驳斥；有现象学上的批驳，即审美态度是无利害的，不仅去掉了功利考虑，而且去掉了知识考

---

① 叶朗：《中国美学史大纲》，第 119 页。
② 叶朗：《美学原理》，第 51—52 页，北京：北京大学出版社，2009 年。

虑，而有关美的定义都涉及知识，对无论比例、和谐还是合适的感知，都依赖知识，从而与无利害的审美态度相矛盾，因此有关美的定义在审美经验中是不可靠的；还有逻辑上的批驳，即通过证明美是一个范围极广的概念，它的所有成员之间不具有任何共性，因此有关美的任何定义都注定是错误的。①

叶朗从柳宗元的命题中所阐发的消解实体化的、外在于人的美的思想，与西方现代美学家对于美的定义做出的现象学批判十分类似。它们都是用审美态度、审美经验或者审美活动，来消解实体化的、外在于人的美。从这个角度来说，中国传统美学中源远流长的审美心胸理论与西方现代美学中的审美态度理论之间，存在着惊人的相似性。

需要补充的是，对于审美态度的认识的深度，中国古代美学家要远胜于18世纪的西方现代美学家。中国古代美学家不仅认识到要对日常事物保持超然的态度，而且对于艺术本身也要保持超然的态度，后者正是许多西方现代美学家和艺术家所忽略的。比如，在《宝绘堂记》一文中，苏轼就指出：

> 君子可以寓意于物，而不可以留意于物。寓意于物，虽微物足以为乐，虽尤物不足以为病。留意于物，虽微物足以为病，虽尤物不足以为乐。……凡物之可喜，足以悦人而不足以移人者，莫若书与画。然至其留意而不释，则其祸有不可胜言者。钟繇至以此呕血发冢，宋孝武、王僧虔至以此相忌，桓玄之走舸，王涯之复壁，皆以儿戏害国，凶其身。此留意之祸也。始吾少时，尝好此二者，家之所有，惟恐其失之，人之所有，惟恐其不吾予也。既而自笑曰：吾薄富贵而厚于书，轻生死而重于画，岂不颠倒错缪失其本心也哉？自是不复好。见可喜者虽时复蓄之，然为人取去，亦不复惜也。譬之烟云之

① 有关分析，见 Jerome Stolnitz, " 'Beauty': Some Stage in the History of an Idea," in Peter Kivy(ed.), *Eassys on the History of Aesthetics* (Rochester: University of Rochester Press, 1992).

过眼,百鸟之感耳,岂不欣然接之,然去而不复念也。于是乎二物者常为吾乐而不能为吾病。[1]

无利害性的审美态度,不仅要用来针对有利害的日常事物,而且要用来针对无利害的艺术作品。一般人容易陷入这样的误区:以有利害的态度对待无利害的艺术作品。这在苏轼看来,实在是颠倒错谬,可笑之极。

就"美不自美,因人而彰"中蕴涵"美并不是对任何人都是一样的"这层意思来说,它也可以支持现代西方美学中的审美趣味理论。如上所述,审美趣味理论尤其突出了审美经验中的主体和个体因素,或者可以说突出了审美经验中的非逻辑因素。对此中国传统美学也有深刻的认识。严羽在《沧浪诗话》中就指出:

> 夫诗有别材,非关书也;诗有别趣,非关理也。然非多读书,多穷理,则不能极其至。所谓不涉理路,不落言筌者,上也。诗者,吟咏性情也。盛唐诸人惟在兴趣,羚羊挂角,无迹可求。故其妙处透彻玲珑,不可凑泊,如空中之音,相中之色,水中之月,镜中之象,言有尽而意无穷。近代诸公乃作奇特解会,遂以文字为诗,以才学为诗,以议论为诗,夫岂不工,终非古人之诗也。盖于一唱三叹之音,有所欠焉。且其作多务使事,不问兴致;用字必有来历,押韵必有出处,读之反复终篇,不知着到何在。其末流甚者,叫噪怒张,殊乖忠厚之风,殆以骂詈为诗。诗而至此,可谓一厄也。[2]

严羽在这里所推崇的"别材"和"别趣",跟 18 世纪西方美学家所推崇的天才和趣味概念有许多相似的地方。18 世纪西方美学家在为审美和艺术争得独立地位的时候,多半强调它们是天才和趣味的结果,超越知识积累和算计之上,而后者正是科学和其他日常活动的特征。叶燮关

---

[1] 叶朗总主编:《中国历代美学文库》宋辽金卷上,第 315—316 页,北京:高等教育出版社,2003 年。
[2] 同上书,第 418 页。

于才胆识力的论述,也与此有关。① 总之,对于诗人和书画家为代表的艺术家所需要的一种特别的趣味和能力,中国古代美学家有许多深入的论述,它们多半指向某种特别的创作状态,通常用兴、兴趣、兴致、兴会等词语来描绘,②与前面讲的无利害性密切相关。

由于有了无利害的态度,有了相对自律的艺术概念,有了特别的趣味,古代中国人很早就能够欣赏除了优美之外的其他风格的事物,比如沉郁、飘逸、空灵,甚至丑。③ 如果说崇高是西方现代美学的标志之一的话,那么中国传统美学很早就有了现代的特征了,因为包括崇高在内的诸多审美风格,很早就成了中国美学的讨论对象。中国传统美学中有大量涉及琴诗书画的品评,它们的重要内容就是风格鉴别。

由此可见,西方现代美学的那些标志性特征,在中国传统美学中都已经具备。尽管我们不能因此就说中国传统美学已经是现代美学了,但是中国传统美学与西方现代美学的亲缘关系显然要胜于与西方传统美学的亲缘关系。用梅勒的术语来说,中国传统美学其实已经是某种形态的代表型美学了。如果这个判断是合理的话,那么中国传统美学的现代性转向,就有可能与西方传统美学的现代性转向不同。换句话说,如果说西方传统美学的现代性转向是由存有型美学转向代表型美学,那么中国传统美学的现代性转向是否可能是由代表型美学转向存有型美学或者由代表型美学转变为标记型美学?④ 我们认为这个假设的问题不是没有意义的。

张世英在对中西方哲学进行比较研究时发现,西方哲学占主导地位的思想是主客二分,中国哲学占主导地位的思想是天人合一。西方哲学的发展是由主客二分走向天人合一,中国哲学的发展是由天人合一走向

---

① 参见叶朗:《中国美学史大纲》,第 507—513 页。
② 详细论述,参见彭锋:《诗可以兴》,合肥:安徽教育出版社,2003 年。
③ 详细论述,见叶朗:《美学原理》,第十一、十二、十三章。
④ 这里采用梅勒的术语,只是为了表述的方便,实际情况要复杂得多。

主客二分。① 由此可见，中西方的现代性进程是有差别的。这种差别必然表现在美学的现代转型之中。如果说西方现代美学是以审美无利害性、艺术自律、趣味的精英化等概念为主导的，那么中国现代美学可能刚好走向西方现代美学的反面，强调审美的功利性、艺术的政治性和趣味的大众化等等。

当然，对于中国美学的现代性转向至关重要的因素，是西方现代美学的强势影响。这种外来文化的强势影响，改变了中国文化自身的发展轨迹，从而让中国美学的现代性转向表现得尤为复杂。有鉴于此，我们将按照中国传统美学的内部变革和西方现代美学的强势影响两条线索，来叙述中国美学的现代性进程，希望对中国现代美学的独特性和复杂性有所揭示。②

2. 中国传统美学的内部变革

如果说由天人合一向主客二分的转向，是中国哲学的现代性转向的话，根据张世英的观察，这种转向发生在明清之际，特别是鸦片战争之后。③ 从时间上来说，中国哲学向主客二分思想的转向，与我们讨论的中国美学的现代性转向基本一致。从理论形态上来讲，这段时间的确出现了一些强调审美功利主义的思想。我们可以称之为中国传统美学的内部变革，即中国传统美学内部的现代性进程。需要指出的是，这种内部的现代性进程是非常缓慢的，而且没有能够像 18 世纪的欧洲那样，形成明显的潮流。直到西方现代美学的大量传入，中国传统美学的现代性转向才成为时代潮流。但是，由于西方现代美学的发展方向与中国传统美学内部变革的方向刚好相反，二者相互激荡形成了中国现代美学的复杂性和独特性。

---

① 张世英：《天人之际——中西哲学的困惑与选择》，北京：人民出版社，1995 年。
② 对于中国美学的现代性转向所体现出来的复杂性，潘公凯和他的课题组围绕中国美术的现代性问题，已经做出了很好的研究成果。参见潘公凯：《中国现代美术之路："自觉"与"四大主义"——一个基于现代性反思的美术史叙述》，载《文艺研究》，2007 年第 4 期。
③ 张世英：《天人之际——中西哲学的困惑与选择》，第 3 页，北京：人民出版社，1995 年。

中国美学的内部变革，在明朝末期已见苗头。比如，李贽就对中国文化中长期积累形成的各种假相深恶痛绝，主张以"绝假纯真"的童心拯救"满场是假"的文化：

> 古之圣人，曷尝不读书哉。然纵不读书，童心固自在也。纵多读书，亦以护此童心而使之勿失焉耳，非若学者反以多读书识理而反障之也。夫学者既以多读书识义理障其童心矣，圣人又何用多著书立言，以障学人为耶？童心既障，于是发而为言语，则言语不由衷；见而为政事，则政事无根柢；著而为文辞，则文辞不能达；非内含以章美也，非笃实生辉光也，欲求一句有德之言，卒不可得，所以者何？以童心既障，而以从外入者闻见道理为之心也。夫既以闻见道理为心矣，则所言者，皆闻见道理之言，非童心自出之言也，言虽工，于我何与！岂非以假人言假言，而事假事，文假文乎！盖其人既假，则无所不假矣。由是而以假言与假人言，则假人喜；以假事与假人道，则假人喜；以假文与假人谈，则假人喜；无所不假则无所不喜，满场是假，矮人何辩也！虽有天下之至文，其湮灭于假人而不尽见于后世者，又岂少哉！（《焚书》卷三《童心说》）

李贽对中国文化的批判中肯而尖锐。如果说西方现代启蒙运动针对的是宗教统治形成的愚昧和虚假性，李贽对中国文化的这种清醒认识已经为中国的启蒙运动廓清了对象。但是，李贽为救治中国文化而开出的处方并不新鲜。诉诸绝假纯真的童心，对于救治满场是假的中国文化来说，既没有力量，也没有具体的可操作性。同时，由于这种思想很容易让人想起老庄的主张，缺乏自己崭新的面貌，在推动中国文化的内部改革方面缺乏足够的冲击力和新的支撑点。

这种情况到了晚清时期有所改变。一些有觉悟的知识分子不仅看到了中国文化的弊端，而且给出了崭新的解救药方，其中龚自珍起到了开先河的作用，一大批主张经世致用的思想家推波助澜，形成了"去魅"和"去毒"的思想潮流，其中魏源、康有为、梁启超等人表现得尤其突出，最终形成了书法界的碑学运动和文学界各种革命,突出文学艺术的社会功能的中国现代美学最终形成。

需要注意的是,在中国现代美学的确立过程中,西方思想的确起了重要的推动作用。但是,这里所说的西方思想并不是西方美学。在前面分析西方现代性的内在矛盾或张力时已经指出,西方现代性在总体上是由宗教转向科学,突出了社会功利主义。但是,审美现代性是整个现代性工程中的一部分,它所起的是补救现代性工程弊端的作用。简单说来,西方整个社会现代性体现出明显的他律和功利主义色彩,审美现代性则体现出相反的自律和非功利色彩。中国传统美学内部的现代性冲动,是与西方社会现代性相应,而与西方审美现代性相反的。中国思想家在借鉴西方思想的时候,更多关注的是经世致用的自然科学和社会科学,还无暇顾及审美和艺术。等到中国思想家开始涉及西方美学和艺术的时候,中国传统美学的内在现代性进程反而遭到了抑制,中国现代美学在两种不同的发展方向的牵扯中形成了前所未有的复杂局面。

但是,中国传统美学内在的现代性进程,在马克思主义传入中国之后得到了迅猛发展,找到了更强的思想武器。马克思主义美学的科学主义、功利主义和他律主义色彩,与西方现代美学的人文主义、非功利主义和自律色彩,形成尖锐的对抗。中国美学的现代性进程在激烈的冲突中渐行渐远。

3. 西方现代美学的传入

19 世纪下半期,现代西方美学开始传入中国。中国读者最初在工具书里读到关于 aesthetics 的解释,大多数是作为一般的术语介绍过来,没有详细的阐释。随后在哲学、教育学、心理学等著作中见到了美学的内容。尽管这些书籍中关于美学的部分详略不等,但是无论从广度上还是深度上看,都远远超过了辞书中辞条的内容。尤其值得指出的是,颜永京翻译的美国哲学家海文著述的《心灵学》,其中包含的美学内容已经非常完备。不过,独立介绍美学的著述,直到 20 世纪初才出现。随着王国维、蔡元培、吕澂等人的著述以及大量译介的出版,西方美学开始在中国广泛传播。

　　刚开始在中国传播的西方美学,并不是全部的西方美学,而是 18 世纪以来确立的现代西方美学。作为现代西方美学的标志,就是审美无利害性。换句话说,西方现代美学是一种自律美学。诚然,在 18 世纪之前,西方美学也有明显的他律倾向。但是,在中国学界接受西方美学的时候,西方传统的他律美学遭到了忽视。换句话说,中国学者最初并没有意识到西方美学也有漫长的发展历程,没有意识到西方传统美学与现代美学之间存在重要区别。因此,在当时所谓美学,只是自律的西方现代美学。

　　由于对于不同理论形态、不同文化传统和不同历史阶段的美学的认识不够全面,中国学者很少意识到,中国传统美学内在的现代性冲动与西方现代美学,二者在方向上非常不同。最初接触到西方现代美学的中国美学家如王国维,将美学视为来自西方的全新思想。随着研究的深入,一些美学家发现中国也有自己的美学传统,只不过中国美学传统与西方现代美学有所不同。比如,朱光潜就发现西方现代美学与中国传统美学之间存在差异,二者的差异主要体现为自律美学与他律美学之间的差异。由于中国美学内在的现代性进程彰显了中国传统美学中的他律倾向,尽管这种倾向并不是中国美学的主流,但是仍然很容易在与自律的西方现代美学的对照中突显为中国美学的特征。只是随着美学家们对于中国传统美学有了更加深入的发掘和认识之后,中国传统美学与西方现代美学之间在自律美学上的相似性才得以充分体现。比如,宗白华和徐复观等美学家,就明确将中国传统美学与西方现代美学联系起来研究,并取得了重要的研究成果。20 世纪西方现代美学的传入以及在中国的发展,始终与中国传统美学结合在一起。纯粹的西方美学研究,在中国并没有得到很好的发展。随着马克思主义美学的传入,西方现代美学与中国传统美学之间的相似性得到了突显。有了作为极端的他律美学的马克思主义美学作为对照,中国传统美学的自律特征就体现得更加明显了。

今天的中国美学主流仍然停留在对西方现代美学的介绍和传播上，一方面因为它更容易为中国传统美学结合起来产生新的成果，另一方面它可以与中国传统美学一道抵制他律的马克思主义美学。但是，我们必须意识到，从20世纪中期开始，18世纪确立起来的现代美学在西方美学界就遭到了全面的批判。后现代美学呈现出明显的他律倾向。具有明显的他律倾向的马克思主义美学和中国传统美学内在的现代性进程，应该可以与西方后现代美学形成共鸣。它们之间的相互发明，可以推进中国美学对西方后现代美学的接受和研究。

经过上述简单梳理，我们可以看到中国现代美学的复杂性。与西方现代美学体现为相对纯粹的自律美学不同，中国现代美学经历的是他律美学与自律美学的交错发展，以及这种交错发展所带来的前所未有的复杂性。

在对中国现代美学发展历程的回顾中，学者们都承认存在两种不同的美学形态之间的斗争，聂振斌将其概括为中国近代美学的基本矛盾，并由这个基本矛盾清理出了中国近代美学的发展线索，即"围绕美的本质问题而展开的文艺与审美有无功利目的性的对立与斗争，或者说，中国近代美学的基本矛盾和发展线索就是功利主义美学与超功利主义美学的对立与互补"①。聂振斌进一步指出：

> 近代美学的发展，是以超功利美学与功利美学为基本矛盾，经过了一个否定之否定的圆圈。第一个否定，即超功利主义否定传统的功利主义，使认识提高了一步，否定了过去那种片面地从外部关系规定美的性质，而肯定"美之自身"的存在，强调从美的内部关系来研究美的性质与规律。它强调美的特殊矛盾性是有意义的，但却仍然是片面的。因为它忽视甚至抹煞了文艺、审美与其他事物如政治、道德、物质生产的关系。因而受到新的功利主义美学的否定。这个否定，也是有积极意义的。它从唯物主义认识论出发，指出了

---

① 聂振斌：《中国近代美学思想史》，第32页，北京：中国社会科学出版社，1991年。

文艺和美的物质存在根源,使认识又前进一步,虽然是比较笼统的。它强调文艺同政治的密切关系,对当时所要解决的社会根本问题起到了紧密配合的作用,对民族民主解放事业作出了贡献。但是毋庸讳言,它与旧功利主义美学一样,仍然忽视乃至抹煞文艺和审美的特殊矛盾性,犯了急功近利的错误。从长远的观点看,仍然不利于文艺和美的繁荣、发展。①

对于中国美学现代性进程中的不同阶段和不同理论形态的评价,取决于评价者所采取的美学立场。如果从现代美学的立场来看,超功利主义美学对功利主义美学的否定当然具有积极意义;但如果从后现代美学的立场来看,它可能就更多地带有消极意义,相反马克思主义美学对功利性的强调,反而具有积极意义。对中国现代美学的评价,取决于采用怎样的美学视野;而采用怎样的美学视野,也不是完全取决于个人的主观偏好。这里就涉及当代世界美学语境的问题。我们只能是在当代世界美学语境的大背景下来确立自己的美学视野,否则我们的研究就不具备真正的当代性。新中国的学术很长时间已经习惯了在封闭状态下独自耕耘,但这种状态已经到了改变的时候了。

---

① 聂振斌:《中国近代美学思想史》,第34—35页。

第一章　中国美学的内部变革

经过当代中西方美学家的阐释,西方现代美学中的无利害性思想与中国传统美学中的审美心胸理论的相似性被揭示出来。由此,中国传统美学的现代转型呈现出错综复杂的关系:一方面是按照自己的发展逻辑由自律美学向他律美学发展,另一方面是在西方美学影响下对中国传统固有的自律美学的确认。在自律美学方面,中国传统美学与西方现代美学形成了对话关系。我们期待在他律美学方面,中国美学内在的现代性进程中所萌生出来的他律美学能够与西方后现代美学形成呼应。

第一节　有关中国现代美学的几个概念的分析

在漫长的发展过程中,中国美学形成了自身不断演化的历史。随着朝代的变更,社会的发展,美学和文艺领域也出现了意象流变、思潮代兴的局面。但是,中国美学的内部变化并不是非常剧烈,没有出现像 18 世纪欧洲现代美学兴起时的那种时代风潮的剧变。因此,我们可以从总体上将这种渐变过程中的中国美学称之为中国传统美学。

到了清末民初,这种渐变的状况发生了变化。随着中国社会的现代性进程,中国美学发生了一场剧变,由传统美学转向了现代美学。我们仿照中国历史,将中国现代美学的时间上限确定为 1840 年。① 需要指出的是,我们没有在近代、现代,甚至当代之间做出区分。我们把 1840 年以来的中国美学,统称为中国现代美学。我们之所以做这种处理,是基于这样两种考虑。

首先,所谓近代与现代之间的区分,主要是因为词语上的原因造成的。最初用"近代"来翻译"modern",后来用"现代"来翻译它,于是形成了区别。其实这种区别只是能指上的区别,所指并没有不同。当然,在现代汉语中,近代与现代的确有所不同,比如近代通常指离现代较近的时代,具体说来指 1840 年至 1919 年这个时间段。现代通常被理解为现今时代,具体说来指 1919 年至今的时间段。也有人在现代的时间段中又区分了现代与当代,将 1919 年至 1949 年称为现代,将 1949 年至今称之为当代。还有人在当代的时间段中又做出了区分,比如将 1980 年至今称为新时期,将 2000 年至今称为新世纪,如此等等。这种区别并非没有意义。它的意义取决于讨论对象,尤其是对象的时间跨度。比如,如果是在 1840 年以来的范围内来讨论问题,近代与现代的区别就有意义。如果是在 1919 年以来的范围内来讨论问题,现代与当代的区别就有意义。如果是从 1949 年以来的范围内来讨论问题,当代与新时期的区别就有意义。鉴于我们是从先秦开始来讨论中国美学,而且将 1840 年以来的美学分列一卷来讨论,因此就没有特别强调近代、现代和当代之间的区别。我们更多地强调的是,1840 年以来的现代美学与之前的传统美学之间的区别。

其次,我们之所以没有在近代、现代和当代或者后现代之间做出区分,是因为考虑到中国美学的现代性进程并没有完成,甚至可以更宏观地说,中国社会的现代性进程并没有完成。由此,在总体上来讨论中国

---

① 时间上的分段不是绝对的,我们更重视理论形态上的区别。某些稍早于 1840 年的思想,由于它的现代性特征非常明显,也会被归结到中国现代美学之中,而某些 1840 年之后的思想,由于只是对中国传统美学的重述,不宜归结为中国现代美学,本书对它们不拟做深入的讨论。

现代美学就显得更有意义,不至于因过分关注内部的细微变化而忽略了对总体特征的把握。

鉴于上述两个方面的考虑,我们这里所说的现代美学,是与传统美学相对来界定的。尽管中国现代美学继承了中国传统美学的诸多特征,在总体上仍然体现了"中国性",但是它在许多方面又与中国传统美学非常不同,甚至相互对立,从而又体现了它的"现代性"。

在导论中,我们已经指出了中国美学现代性的独特性和复杂性。它的独特性表现在,它的内部冲动与西方美学的现代性进程完全不同。如果说西方美学的现代性进程,在总体上是由介入美学向超然美学转变,由他律美学向自律美学演进,由存有型美学向代表型美学发展,那么中国美学的现代性进程刚好相反,在总体上是由超然美学向介入美学转变,由自律美学向他律美学演进,由代表型美学向存有型美学发展。这一方面是社会变革的需要,另一方面是理论自身的要求。从整个社会的角度来说,中国社会的现代性进程始终伴随着救亡图强的压力,因此它的各个方面都会体现出强烈的功利主义色彩。从理论自身的角度来看,中国传统美学已经具备了西方现代美学的诸多特征,在总体上与西方现代美学一样,属于超然美学、自律美学或者代表型美学。中国现代美学要与传统美学拉开距离,就意味着在一定程度上要转向介入美学、他律美学或者存有型美学。因此,社会外因和理论内因,导致中国现代美学与西方现代美学很不相同。这种情况直到西方现代美学的大规模传入才有所改变。换句话说,如果没有西方现代美学的影响,中国现代美学按照自己的逻辑发展,我们会得到一种全然不同的中国现代美学。我们接下来讨论的内容,在很大程度上可以被视为那种没有受到西方现代美学影响的中国现代美学,或者可以说是对西方现代美学做了误读之后的中国现代美学。我们称之为中国美学的内部变革。

第二节　龚自珍的美学

中国美学的内部变革,首推龚自珍。梁启超曾经指出:"晚清思想之解放,自珍确与有功焉;光绪间所谓新学家者,大率人人皆经过崇拜龚氏之一时期。初读《定盦文集》若受电然,稍进乃厌其浅薄。然今文学派之开拓,实自龚氏。"①尽管梁启超对龚自珍学术的浅薄有所诟病,但他承认龚自珍在晚清思想解放中具有开风气之先的功劳。龚自珍于1841年去世,他的成果多发表在1840年之前,由于他的思想确实开风气之先,因此我们将他归入中国现代美学中加以讨论。

龚自珍(1792—1841),字璱人,号定盦,浙江仁和(今杭州)人,出生于官宦之家,道光九年(1829)进士,曾任内阁中书、宗人府及礼部主事。但龚自珍的仕途并不顺利,道光十九年(1839)辞官,道光二十一年(1841)卒于江苏丹阳云阳书院。龚自珍的著述有多个传世版本,今人辑录的《龚自珍全集》比较完备。

就美学上来说,龚自珍思想的现代性,最明显地体现在对传统文人画士的审美趣味(姑且称之为传统审美趣味)的反动上。在《病梅馆记》中,龚自珍以梅为例,对传统审美趣味进行了猛烈的抨击。根据传统审美趣味,"梅以曲为美,直则无姿;以欹为美,正则无景;以疏为美,密则无态"。其结果是"斫其正,养其旁条,删其密,夭其稚枝,锄其直,遏其生气,以求重价,而江浙之梅皆病"。②借用龚自珍的术语来说,传统审美趣味,实际上是病态的审美趣味。龚自珍反对病态的审美趣味,提倡健康的审美趣味。所谓健康的审美趣味,就是"复之全之",恢复梅花的自然生态,将梅花作为梅花本身来欣赏,而不是作为绘画或者书法来欣赏。

将自然作为艺术作品来欣赏,是西方现代美学与中国传统美学非常相似的地方。卡尔松将这种欣赏方式称之为"如画模式"和"客体模式"。"如画模式"将自然物当做风景画来看,"客体模式"将自然物当做雕塑作品来看,它们都没有将自然看作自然本身。卡尔松提倡"生态模式"和

---

① 梁启超:《清代学术概论》,第67页,北京:东方出版社,1996年。
② 叶朗总主编:《中国历代美学文库》近代卷上,第1页,北京:高等教育出版社,2003年。

"环境模式",力图将自然物当做自然物本身来欣赏。① 卡尔松倡导的这种欣赏模式,建立在关于自然物的生态学和博物学等等知识之上,而不是建立在关于自然物的美学知识(如形式美的规律)上,因此被归入后现代的介入美学,而非现代的超然美学。由此可见,中国现代美学与西方现代美学有所不同,而与西方的后现代美学或者前现代美学有相似之处。

龚自珍这里所说的"复之全之",意思是恢复自然的本来面貌。从他所举的例子来看,是回到生物学和生态学意义上的自然,而不是回到哲学上的、美学上的或者带有神秘色彩的宗教上的自然。这里的"复之全之",与龚自珍在讨论诗歌时所推崇的"完"具有相似之处。在《书汤海秋诗集后》中,龚自珍说:"人以诗名,诗尤以人名。……人外无诗,诗外无人,其面目也完。……何以谓之完? 海秋心迹尽在是,所欲言者在是,所不欲言而卒不能不言在是,所不欲言而竟不言,于所不言求其言亦在是。要不肯掊扯他人之言以为己言,任取一篇,无论识与不识,曰:此汤益阳之诗。"②

我们可以从风格论上来解释龚自珍这里所说的"完",而且很容易发现它与中国传统美学"文如其人"命题的渊源关系,但是,如果考虑到龚自珍在《病梅馆记》中所说的"复之全之"的思想,这里的"完"就可能具有某种生态学的色彩,指的是生态学意义上的"完人",而不是伦理学意义上的"完人"。生态学意义上的"完人",可以包含某些与生俱来的缺陷,而伦理学意义上的"完人"则不容许这种缺陷的存在。在《削成箴》中,龚自珍对于用"名"和"形"来统摄自然做了批判:"呜呼! 天地之间,几案之侧,方何必皆中圭,圆何必皆中璧,斜何必皆中弦,直何必皆中墨。有无形之形受形蔽,有无名之名受名蔽。……皆名其名,皆形其形,是好削

① 参见 Allen Carlson, *Aesthetics and the Environment: The Appreciation of Nature, Art, and Architecture* (London and New York: Routledge, 2000).
② 叶朗总主编:《中国历代美学文库》近代卷上,第 3 页。

成,大命以倾。"①龚自珍对"形"和"名"的这种批判,在中国哲学史上是非常彻底的。尽管它的源头可以追溯到老庄思想,但考虑到老庄的"自然"概念毕竟不能完全等同于生态学或者地理学意义上的自然,因此龚自珍对"形"和"名"的批判,对自然的推崇,具有老庄哲学所不具备的激进思想。

从龚自珍对"复之全之"和"完"的论述中可以看出,他推崇的是文学艺术中的真实或者真情实感,而不是某种特别的趣味或者修饰。一些美学家发现,诗歌自宋以来,绘画自明以来,就因为追求某种特别的趣味而失去生命力。严羽感叹同时代的诗人所做之诗,"终非古人之诗也……诗而至此,可谓一厄也"②;王履批评同时的画家为"务于转摹者",他们"多以纸素之识是足,而不之外,故愈远愈伪,形尚失之,况意?"③今天中国的美学家对于西方当代美学中各种艺术终结的说法感到很新鲜,其实在中国传统美学中早就有各种关于诗亡、书亡、画亡的说法。

一些美学家已经指出,艺术终结跟现代美学的独立和艺术自律密切相关,也就是说跟为艺术而艺术的思想有关。众所周知,美学的独立和艺术的自律是康德美学的重要贡献。在康德的美学理论中,最关键的不是美的概念、美的事物,而是审美判断,即一种无功利、无概念、无目的地对待事物的审美态度。这种审美态度要求我们将艺术从各种实用的语境中孤立出来,将艺术纯粹视为艺术本身。而且,这种审美态度与艺术的博物馆体制紧密相关。有了这种审美态度和相应的博物馆体制,我们就有了完全不同的看待过去的艺术作品的眼光。比如,古希腊的雕塑作品,在当时被视为城市权力和荣耀的象征,或者被视为对城市保护神的供奉,但在今天的博物馆中,它们被要求视为纯粹的美的艺术作品。诸

---

① 叶朗总主编:《中国历代美学文库》近代卷上,第 12 页。
② 严羽:《沧浪诗话》,载叶朗总主编:《中国历代美学文库》宋辽金卷下,第 418 页,北京:高等教育出版社,2003 年。
③ 王履:《华山图序》,载叶朗总主编:《中国历代美学文库》明代卷上,第 24 页,北京:高等教育出版社,2003 年。

如此类的情况不计其数。

由于审美态度理论和艺术博物馆体制,艺术终于认识到自身是艺术而不是别的什么,艺术家开始在"为艺术而艺术"的口号下来创作,而不是将自己的工作视为对现实世界的描绘、颂扬或抨击。就像达敏尼奥指出的那样,艺术家开始"让自己处于来自过去或现在的其他艺术家的绘画和雕塑作品面前。这种作品的生产的历史过程……获得了某种自律:它是一种这样的序列,即在某种意义上,它总是首先与自身相关;它是一种这样的链条,它的单个连接单元,正是在它们的独特性上,总是与它们之前的连接单元相连。印象派在与自然主义的对照中界定自己,野兽派在与印象派的对照中界定自己,立体派在与塞尚绘画的对照中界定自己;表现主义在与印象派的完全对立中界定自己,几何抽象反对上述所有东西,抒情抽象又反对几何抽象,'波普'艺术反对所有的各种各样的抽象,概念艺术反对'波普'艺术和超级写实主义,如此等等。"[①]这种自律的艺术发展历史表明,艺术最终只是跟自身有关,艺术的唯一规定性就是跟自身之前的艺术不同,这就是所谓的艺术创造。艺术正是在这种创造的压力的驱使下,穷尽了自身的可能性,而最终走向终结。

与西方现代艺术因不断反叛而穷尽艺术的可能性从而导致艺术终结不同,中国传统艺术因为不断因袭而耗尽艺术的生命力从而导致艺术终结。它们相同的地方是,艺术获得了高度的自律,艺术只跟自身有关,成为艺术界分内的事情。到了清末,诗文书画因层层因袭而造成的程式化可谓登峰造极。龚自珍对此极为不满,主张用真实情感来冲破这种藩篱。许多研究者都注意到了龚自珍对真情实感的推崇,学术界对于他的"宥情"和"尊情"的主张十分重视。在《长短言自序》中,龚自珍明确地说:"情之为物也,亦尝有意乎锄之矣;锄之不能,而反宥之;宥之不已,而

---

① Jacques Taminiaux, *Poetics, Speculation, and Judgment : The Shadow of the Work of Art from Kant to Phenomenology*, translated by Michael Gendre(Albany: State University of New York Press, 1993), p. 62.

反尊之。"①这是龚自珍推崇情感的比较明确的说法。

　　但是,中国传统美学对情感的尊重有一个强大的传统,尤其是在李贽、汤显祖和袁宗道等人那里,已经有了许多明确的表述。龚自珍对情感的推崇,跟这个传统有什么不同? 对此,黄霖在《近代文学批评史》中有过深入的分析,他不仅强调龚自珍所说的情,主要指"衰世之哀怨拗怒"之情,而且指出龚自珍的衰世之哀不同于传统诗人所抒发的抑郁忧愤:

　　　　龚自珍不同于他的前辈。他所处的"衰世"不仅仅是清王朝政权岌岌可危,而是整个封建社会已经走向了没落。龚自珍虽然还不可能理解社会发展的必然,但他已经敏锐地感受到了历史已经进入到了一个严重的关头。他大胆地揭示当前的社会是"衰世",呼吁诗人反映时代的危机,抒发哀怨拗怒之情,虽然仍然是从封建地主阶级改革家阵营内部发出的声音,但在客观上这种呼唤已经打上了新的时代的烙印,具有以往所有"发愤以抒情"的理论所没有的新时代的启蒙意义。事实上,龚自珍的这种呼声也对后来者批判和否定整个封建社会起了积极的开风气的作用,因此龚自珍强调尊重忧愤拗怒之情的理论是具有独特的内涵的。②

　　事实上龚自珍是否意识到整个封建社会的终结,这一点并不重要。重要的是,他的哀怨拗怒更加具体和真实地指向他所处的时代和社会。由此,龚自珍与他的前辈之间的不同,就具体地体现在两个方面:一方面龚自珍的哀怨不再是个人遭遇的哀怨,不再是个体或者主体的感受,而是与社会紧密相关;另一方面,龚自珍的哀怨不再是虚幻的、浪漫的哀怨,而是与现实紧密相关。如果说那种个体的、浪漫的哀怨仍然在自律美学之内的话,龚自珍的这种社会的、现实的哀怨就冲破了自律美学的范围,进入了他律美学之中。

---

① 龚自珍:《龚自珍全集》第三辑,第232页,上海:上海古籍出版社,1999年。
② 黄霖:《中国文学批评通史近代卷》,第28—29页,上海:上海古籍出版社,1996年。

总之,龚自珍美学中的情感和社会是"去魅的"(deenchanted)情感和社会。西方现代性进程中的去魅,更多的是指从宗教蒙昧中解放出来。龚自珍这里的去魅,更多的是指从审美幻想中解脱出来。与此前的传统美学相比,龚自珍美学中的情感和社会显得更加真实,是一个与科学知识和实际功利有关的真实,这种真实在中国传统美学中从来就没有被揭示出来。尽管龚自珍的思想本身混杂了许多传统的成分,科学和社会学意义上的人与世界的概念在他那里并不是十分清晰,但是他的思想毕竟往这个方向迈进了一大步。正是从这种意义上,我们说龚自珍的美学已经具有明显的中国现代美学的色彩。由于龚自珍美学强调艺术对现实的批判精神,是对社会学和生态学意义上的真实的揭示,而非对形而上学意义上的真实的揭示,这让它与西方现代美学的超然态度有了较大的不同,而更加接近后现代美学中的介入态度。

第三节 魏源的美学

与龚自珍一样,魏源美学的现代性,主要体现在对传统审美趣味的批判和对社会真相的揭示上。

魏源(1794—1857),原名远达,字默深、墨生、汉士,号良图,湖南邵阳人。道光二十五年(1845)进士,官至高邮知州。魏源与林则徐、龚自珍交好,主张经世致用,反对西方侵略,号召学习西方的科学与民主,以达到"师夷之长技以制夷"的目的。著有《诗古微》、《书古微》、《默觚》、《老子本义》、《圣武记》、《元史新编》等,编辑《皇朝经世文编》、《海国图志》等,其诗文后来被编辑为《魏源集》出版。

如果说龚自珍已经对"真实"做了一定程度的去魅,让它从形而上学的迷雾中落实到了社会学和生态学的基地上来,那么魏源则沿着这个方向走得更远,成为一个真正的"睁眼看世界"的人。让魏源真正睁开眼睛的,就是经世致用,外加上西方的民主和科学的影响。需要指出的是,魏源接触的西方现代思想,多系社会科学和自然科学方面的思想,与美学和艺术学没有多少关系。西方的社会科学和自然科学，让魏源看到了一个更加真实的世界。但是，魏源并没有接触到西方现代美学思想，没有能够认识到艺术和审美在这个真实的世界中所扮演的特殊角色，没有认识审美和艺术所具有的超越社会科学和自然科学所揭示的那个真实世界的功能，而是让审美和艺术像自然科学和社会科学一样去揭示那个真实世界。正因为魏源的美学是对真实世界的介入而不是超越，因此我们把它视为中国美学的内部变革，而非西方美学影响的产物。更明确地说，尽管魏源接触到了许多西方思想，但没有接触到西方现代美学思想。从总体上看，西方现代科学思想主张对真实世界的介入，西方现代美学思想主张对真实世界的超越，前者支持他律美学，后者支持自律美学。尽管现代科学和现代美学都是西方现代性的重要组成部分，但是它们所遵循的原理完全不同，就像康德在他的批判哲学中所揭示的那样。根据韦伯和哈贝马斯等人的理解，现代性是与西方合理化、世俗化和分门别类的整个工程连在一起的，它不再对传统的宗教世界观着迷，而是将传统的宗教世界观的统一整体切割为三个分离的和自律的世俗文化圈：科学、艺术和道德。这三个文化圈分别由它们自己的理论的、审美的或道德—实践判断的内在逻辑所管制。遵循纯粹理性的科学，与遵循实践理性的道德不同，它们又都不同于遵循审美原则的艺术。① 西方现代性内部的分工，使得美学与科学有了较大的差别，如果仅仅接触西方现代科学而不了解现代美学，从现代科学中推导出来的所谓西方现代美学就有可能跟真正的西方现代美学相反。这种由西方现代学术出发误解西方现代美学的现象，在中国美学的现代转型初期可以说比比皆是。这种误解了的西方现代美学，一方面与中国传统美学现代转型的内在动力一致，另一方面与西方现代学术整体一致，因而具有很强的生命力。包括魏源在内的许多接触西方学术的思想家，都形成了对西方现代美学的误

---

① 关于现代性的这种说明，见 Jürgen Habermas, *The Philosophical Discourses of Modernity* (Cambridge, Mass.: MIT Press, 1987), pp. 1–22. 具体分析见舒斯特曼：《实用主义美学》，彭锋译，第 280 页，北京：商务印书馆，2002 年。

读,即将自律的西方现代美学误读为他律美学。

对于西方现代性整体工程中的内在区分或者张力,中国学者也有清醒的认识。比如,单世联在他的《反抗现代性》中,就主张两种现代性概念。一种是美学现代性或文化现代性,一种是社会—经济—科技现代性,前者以对后者的批判而著称,也就是说,用审美现代性对抗社会现代性。单世联写道:

> 重要的区分是现代性的两种概念,在美学现代性或文化现代性的意义上,现代性恰恰是反对社会—经济—科技现代性的,即反对一整套中产阶级的生活方式和价值观念。反抗现代性就是美学现代性或文化现代性的内容。反抗作为一种矫正意在批判和改写,而不是非历史的拒绝——正像韦伯所说,现代人不得不进入理性化的"铁笼",——现代性根本不是按照人的喜恶来设计的。但它暴露出来的病态和危机,确实召唤一种反抗以达成自我调整和改善。①

单世联将美学现代性与社会学现代性区别开来,将前者视为后者的治疗和反抗,是一种很有见地的看法。张辉在他的《审美现代性批判》中,也看到了审美现代性内涵的两面性:

> 审美现代性,既包含着对主体性的捍卫,又包含着对理性化的反抗。就它从感性出发对主体性的捍卫这个意义上来说,它是现代性自身认同的力量;就它以感性原则来反抗理性化所带来的弊端的这个意义上说来,审美又是现代性这个统一体中的异己力量。也就是说,对现代性而言,审美既是其构成因素,又是其反对因素。②

当然,我们不能因为审美现代性对整个现代性工程采取了一种批判态度,就放弃对审美现代性自身的检查和批判。现代性的困惑,当然是

---

① 单世联:《反抗现代性——从德国到中国》,第471页,广州:广东教育出版社,1998年。
② 张辉:《审美现代性批判——20世纪上半叶德国美学东渐中的现代性问题》,第5—6页,北京:北京大学出版社,1999年。

包括美学在内的整个现代性工程所引起的困惑。但是,将审美现代性与社会现代性区别开来的看法,在总体上是非常有意义的。

然而,对于早期接触西方现代学术的思想家们来说,要清晰地认识到其中的张力并不是一件容易的事情。由于西方现代学术的功利主义的影响,魏源明确倡导一种他律美学,强调"文之用,源于道德而委于政事",并以此反对"售世哗世之文"。① 根据这种他律美学观,魏源对中国传统美学中的审美主义倾向展开了批判:

> 自《昭明文选》专取藻翰,李善选注专诂名象,不问诗人所言何志,而诗教一散;自钟嵘、司空图、严沧浪有《诗品》、《诗话》之学,专揣于音节风调,不问诗人所言何志,而诗教再散;而欲其兴会萧瑟嵯峨,有古诗之意,其可得哉?……始知《三百篇》皆仁圣贤人发愤之所作焉,岂第藻绘虚车已哉!②

中国传统美学对诗文的"藻翰"、"名象"、"音节风调"等方面的推崇,可以被视为对诗文的形式美的推崇。魏源对专注诗文形式美的传统美学的批判,可以被视为从他律美学的角度对自律美学的批判。如果说自律美学重视形式,他律美学重视内容,我们可以看到魏源推崇的是作为诗歌内容的性情,而不是作为诗歌形式的辞藻。在《诗古微序》中,魏源说:

> 吾心之诗也,非徒古人之诗也。无声之乐,无体之礼,无服之丧,志气横乎天地,周乎寝兴食息,察乎人伦庶物,鱼川泳而鸟云飞也,郊天假而庙鬼享也。不反乎性,则情不得其原;情不得其原,则文不充其物;何以达性情于政事,融政事于性情乎?③

魏源在这里不仅强调诗歌要返归本原的性情,而且强调性情是融于

---

① 魏源:《默觚·学篇二·第十条》,载叶朗总主编:《中国历代美学文库》近代卷上,第32页。
② 魏源:《诗比兴笺序》,载叶朗总主编:《中国历代美学文库》近代卷上,第41—42页。
③ 叶朗总主编:《中国历代美学文库》近代卷上,第39页。

政事之中的。从性情和政事等方面来评价诗歌,我们称之为社会学评价。从辞藻和格律等方面来评价诗歌,我们可以称之为诗学评价。在魏源关于诗歌的论述中,社会学评价超过了诗学评价。

魏源在诗文领域中的主张,与他在社会生活的其他领域中的主张基本一致。对于魏源来说,包括诗文在内的一切学问或者学术,都要以经世致用为目标,他的美学思想因此也不可避免地具有明显的社会学特征和功利主义色彩。除了在理论上推崇内容贬抑形式之外,魏源的诗文直指社会弊端,毫不留情地揭露了统治者的失职和腐败,对黎民百姓的疾苦深表同情和怜恤:

> 无一岁不虞河患,无一岁不筹河费,前代未之闻焉;江海惟防倭防盗,不防西洋,夷烟蔓宇内,货币漏海外,病漕、病鹾、病吏、病民之患,前代未之闻焉。(《明代食兵二政录叙》)

> 大漏卮兼小漏卮,宣防市舶两倾脂。每逢筹运筹边日,正是攘探攘照时。海若蛟宫奔贝族,河宗宝藏积冯夷。莫言象数精华匮,卦气爻辰属朵颐。(《秋兴》十一首之三)

> 滑台阻运河,距卫百里坼。去岁大兵后,大薐今苦饥。黄沙万殍骨,白月千战垒。至今禾麦地,极目森蒿藜。借问酿寇由,色哽不敢唏。(《北上杂诗七首同邓湘皋孝廉》)

为了改革时弊,魏源将中国哲学中固有的变易思想、西方的进化论,以及人们用直觉观察①到的宇宙变化等等结合起来,形成他的变易哲学,来支持他的社会变革的政治主张。魏源明确主张:"三代以上,天皆不同今日之天,地皆不同今日之地,人皆不同今日之人,物皆不同今日之物。"(《魏源集·默觚下·治篇五》)由于古今不同,我们既不能用今人的眼光来看古人,也不能用古人的眼光来看今人。"执古以绳今,是为诬今;执今以律古,是为诬古。诬今不可以治,诬古不可以语学。"(《魏源集·默

---

① 有关魏源的变易思想,参见李素平:《魏源以"变易"为主轴的今文经学思想》,《北京市社会科学》,1999年第4期,第73—79页。

瓠下·治篇五》)魏源还从进化论的角度,提出了极端的变革思想:"变古愈尽,便民愈甚。"(《魏源集·默瓠下·治篇五》)改革旧制度越彻底,老百姓获利就越大。尽管在中国历史上也出现过主张变革的思想,但是像魏源这种与过去彻底告别的激进思想,可以说是绝无仅有。依据这种彻底的变革思想,魏源对于中国历史上的崇古思想进行了激烈的批判,认为那些"言必称三代"的人只是一些"读周、孔之书,用以误天下"的庸儒。因为尚古而产生的流弊,在中国历史上比比皆是。"庄生喜言上古,上古之风必不可复,徒使晋人糠粃礼法而祸世教。宋儒专言三代,三代井田、封建、选举必不可复,徒使功利之徒以迂疏病儒术。"(《魏源集·默瓠下·治篇五》)尽管魏源也研究古代学术,但他的目的是经世致用,不像当时的考据学派为考据而考据。为了摆脱繁琐的考据,魏源主张口传微言大义。直接明了的口传胜过繁琐迂腐的章句,得到了包括魏源和林则徐在内的经世致用派的推崇。鸦片战争之后,魏源的思想变得更加开放,摒弃了天朝中心的地理观和夷夏之辨的文化价值观,提出"师夷之长技以制夷"的主张,设计了一系列以国家和人民利益为核心的策略,包括发展工业、发展海运、发展金融业、开展对外贸易、发展商业、推行民主制度等等。① 中国传统思想向来重义轻利,但魏源不再讳言功利,而且把利诠释成为与命、仁并列的核心观念:

> 圣人利、命、仁之教,不谆谆于《诗》、《书》、《礼》,而独谆谆于《易》。《易》其言利、言命、言仁之书乎?"济川"、"攸往"、"建侯"、"行师"、"取女"、"见大人",曷为不言其当行不当行,而屑屑然惟利不利是诏?……世疑天人之不合久矣,惟举天下是非、臧否、得失一决之于利不利,而后天与人合。(《魏源集·默瓠上·学篇八》)

受到总体的功利主义思想的影响,魏源的美学思想自然也体现出明显的功利主义色彩。在经世致用的总体思想影响下,魏源还没有意识到

---

① 具体考证,见李素平:《魏源以"变易"为主轴的今文经学思想》,第 77—78 页。

现代性的复杂性,没有像西方学者那样将审美现代性与整个社会的现代性区别开来,用超功利的审美现代性来弥补社会现代性的弊端,艺术和审美也是经世致用的一部分,在总体上成了服务社会现代性的工具。

第四节　碑学运动

与中国美学内在现代性运动的理论主张相应,清末民初出现了一系列文学艺术运动,其中清朝中叶开始一直延续至民国的碑学运动,就是一个充分体现时代精神的艺术运动。表面上看来,碑学运动属于艺术领域中的风格轮换现象,但实际上是当时的思想家借艺术现象来表达他们的政治理想和社会关怀。

要理解碑学运动的实质,需要简单回溯一下中国艺术史上的南北宗问题。明代中后期董其昌依照禅分南北宗,将画也分为南北宗。北宗禅推崇渐修,与此相应北宗画推崇技巧。南宗禅推崇顿悟,与此相应南宗画推崇趣味。在中国历史上,南宗禅取代北宗禅成为正宗,意味着禅宗的中国性得以突出。南宗画取代北宗画成为正宗,意味着绘画的中国性得以突出。中国历史上出现过许多绘画形式、风格和技巧,其中不乏强调模仿自然,突出技巧性的作品,但是经过董其昌的“正本清源”之后,这些绘画因为中国性不够突出而遭到贬低,代之而起的是文人水墨画成为绘画正宗。文人水墨画对书卷气、笔墨趣味、人生境界的推崇,使得它成为具有鲜明的中国性的绘画。总而言之,南宗禅取代北宗禅成为禅宗的正宗,意味着具有中国性的禅宗的确立。南宗画取代北宗画成为绘画的正宗,意味着具有中国性的绘画的确立。董其昌推崇南宗画,可以说董其昌在有意识地建构和维护绘画的中国性。如同我们前面指出的那样,这种中国性体现为艺术的自律性,与西方现代美学推崇的审美无利害性和为艺术而艺术十分类似。①

---

① 详细论述,参见彭锋:《无利害性与审美心胸》,《北京大学学报》,2013 年第 2 期。

清代碑学运动的兴起,起源于书法领域的南北宗的区分。在绘画领域,青绿山水被视为北宗画的代表,文人水墨画被视为南宗画的代表。在书法领域,碑学被视为北宗书法的代表,帖学被视为南宗的代表。绘画与书法领域中的这种区分,在美学上大致相当。但是,与董其昌在绘画领域划分南北宗是为了构建南宗画的正宗地位不同,清代碑学派在书法领域中区分南北宗是为了推崇北碑所体现的审美趣味。如果说南宗书画体现的是自律美学,北宗书画体现的就是他律美学。董其昌对南宗画的推崇可以说是中国古典美学的总结,清代碑学运动对北宗书法的推崇就是中国现代美学的开启。

董其昌以后,无论是书法还是绘画,南宗取代了至高无上的地位。沿袭南宗的弊端,在书法领域体现为过分地柔弱纤美和推崇法式,书法家的个性特征无从体现,作品软弱无力且缺少变化。尤其是进入清朝之后,这种弊端表现得越来越明显。一些不与清朝合作的明朝遗民如傅山等,开始推崇北碑,将北碑视为不合作精神的体现。在这种大的意识形态下面,推崇书法家的个性、力量和真实感受,与清朝盛行的软弱、拘谨和刻板的帖学派相对抗。清朝中期,阮元发表《南北书派论》和《北碑南帖论》二文,北碑与南帖之间的区别变得明确起来。这种情况如同董其昌在绘画领域区分南北宗一样,尽管在董其昌之前绘画领域南宗与北宗的区别已经存在,但是直到董其昌做出理论上的梳理之后,它们之间的区别才变得明确起来。阮元与董其昌一样,都是从理论区分出发,重新构建历史脉络。但是,与董其昌具有推崇南宗的明确理论倾向不同,阮元更侧重于客观的历史研究。阮元通过历史研究证明,南帖并不是从一开始就是书坛的正宗。由于统治者如唐太宗等人的嗜好的影响,南帖取得了统治地位并导致中国书法的畸形发展。阮元研究的目的是还历史以真实面目,让北碑取得与南帖同等重要的地位。

阮元之后,包世臣接过了推崇北碑的大旗。他不仅对于北碑书法的笔法做了细致的研究,对其所包含的审美特征也做了明确的概括。包世臣谈到北碑笔法的地方很多,如《艺舟双楫·历下笔谭》:"北碑画势甚长,虽短如黍米,细如纤毫,而出入收敛,俯仰向背,避就朝楫之法备具。起笔处顺入者无缺锋,逆入者无涨墨。每折必洁净,作点尤精深,是以雍容宽绰,无画不长。"像这种细致论述北碑笔法的文字,在《艺舟双楫》中随处可见。包世臣谈到北碑审美特征的地方也不少,如《艺舟双楫·历下笔谭》:"北朝隶书,虽率导源万篆,然皆极意波发,力求跌宕。""北碑字有定法,而出之自在,故多变态;唐人书无定势,而出之矜持,故形板刻。"由此可见,除了对于北碑书法的笔法和审美特征做出精要概括之外,包世臣还明确推崇北碑,贬抑南帖。

在清代碑学运动中,最终起决定作用的是康有为。经过康有为阐发和呼吁,碑学最终成为体现时代精神的书法形式。

康有为(1858—1927),原名祖诒,字广夏,号长素,又号更生,广东南海人,人称南海先生。光绪年间进士,接触西学后主张变法维新,是戊戌变法运动的核心成员。康有为著述甚多,《孔子改制考》《新学伪经考》和《大同书》是产生广泛影响的政论著作。在美学方面,康有为对于文学、书画和绘画都有论述,其中《广艺舟双楫》是一部系统的书法美学著作,分原书、尊碑、购碑、体变、分变、说分、本汉、传卫、宝南、备魏、取隋、卑唐、体系、导源、十家、十六宗、碑品、碑评、余论、执笔、缀法、学叙、述学、榜书、行草、干禄、论书绝句二十七篇。

在《原书第一》中,康有为对世界文字的起源和发展做了全面的描述,这种描述显示了广阔的国际视野。康有为考察世界文字发展历史的目的,不是想证明中国书法与文字发展具有直接关系,而是想证明世界文明不断进化的普遍道理,中国书法的变化只是这种普遍道理的表现。在详细考察之后,康有为概括起来说:"综而言之,书学与治法,势变略同,前以周为一体势,汉为一体势,魏晋至今为一体势,皆千数百年一变,后之必有变也,可以前事验之。"(《广艺舟双楫·原书第一》)

在接下来的《尊碑第二》中,康有为列举了尊碑的五点理由:"尊之者,非以其古也,笔画完好,精神流露,易于临摹,一也。可以考隶、楷之变,二也。可以考后世之源流,三也。唐言结构,宋尚意态,六朝碑各体毕备,四也。笔法舒长刻入,雄奇角出,应接不暇,实为唐、宋之所无有,五也。"(《艺舟双楫·尊碑第二》)在康有为列举的这五种尊碑的理由中,我们看不到他在《原书第一》篇中所概述的文明进化论。如果按照进化论,北碑之所以被尊崇,原因在于北碑要么后出,要么简易。就像康有为指出的那样,"夫变之道有二,不独出于人心之不容已也,亦由人情之竞趋简易焉。繁难者,人所共畏也;简易者,人所共喜也。去其所畏,导其所喜,握其权便,人之趋之若决川于堰水之坡,沛然下行,莫不从之矣。几席易为床榻,豆登易为盘碗,琴瑟易以筝琶,皆古今之变,于人便利。隶草之变,而行之独久者,便易故也。钟表兴则壶漏废,以钟表便人,能悬于身,知时者未有舍钟表之轻小,而佩壶漏之累重也。轮舟行则帆船废,以轮舟能速度,跨海者未有舍轮舟之疾速,而乐帆船之迟钝也。故谓变者天也。"(《广艺舟双楫·原书第一》)但是,北碑并不具备后出和简易的特点。从时间上来讲,北碑比唐楷晚出。从形式上来讲,北碑也不如唐楷简易。康有为在对尊碑的论证中,采取了两个步骤。第一个步骤是,采取普遍的进化论立场,证明流行的帖学书法到了应该改变的时候了。第二个步骤是,从北碑蕴涵各种变化和可能,证明碑学书法值得尊崇。换句话说,北碑值得尊崇,不是因为它晚出或简易,而是因为它丰富和多变。第二个步骤中所讲的变化,已经不是进化论意义上的进化,而是美学意义上的丰富、生动、奇特和力量。在谈到北碑书法之美时,康有为指出:"一曰魄力雄强,二曰气象浑穆,三曰笔法跳跃,四曰点画峻厚,五曰意态奇逸,六曰精神飞动,七曰兴趣酣足,八曰骨法洞达,九曰结构天成,十曰血肉丰美。"(《广艺舟双楫·十六宗第十六》)

康有为没有将进化论推崇的变化与美学上推崇的变化区别开来,这可以说是他的论证上的缺陷。但是,就这两个步骤分别要达到的目的来说,它们都很好地完成了任务。而且,在今天看来,从美学上的变化、生动、奇特和力量来辩护碑学,比简单地从进化论上来辩护碑学要合理得多。康有为之所以加入进化论的理论,原因在于他希望有关书法的讨论,能够与社会变革的主张联系起来。他在美学上推崇北碑,原因在于他希望北碑中的魄力雄强能够救时势的衰弱。总之,康有为尊碑的主张,实际上是他维新变法的政治主张在美学和艺术领域的体现。

第五节 文学界革命

如果说他律美学思想在碑学运动中体现得尚不够明显的话,那么在稍晚兴起的文学革命运动中它就变成了一个明确的主张。这里所谓的文学界革命,包括清末开始的文界革命、诗界革命、小说界革命。梁启超是这场革命运动中涌现出来的领袖人物。

梁启超(1873—1929),字卓如,号任公,别号沧江,又号饮冰室主人。广东新会人,清光绪间举人,曾受教于康有为,主张变法维新,是戊戌变法核心成员。戊戌变法失败后,梁启超流亡海外,接触西学,在借鉴西方美学来改造中国文学艺术方面做出了贡献。梁启超发表了许多美学文章,收入《饮冰室全集》、《饮冰室合集》等书中。

文界革命和诗界革命的明确主张,最早由梁启超在《夏威夷游记》中提出。① 诗界革命的说法,见梁启超的这个断言:"支那非有诗界革命,则诗运殆将绝。"文界革命的说法,见梁启超阅读日本政论家德富苏峰著作的评述和感想:"其文雄放隽快,善以欧西文思入日本文,实为文界别开一生面者,余甚爱之。中国若有文界革命,当亦不可不起点于是也。"

在明确提出文界革命的主张之前,梁启超就积极反对旧文体,推崇新文体。所谓旧文体,主要指的是当时流行的八股时文。康有为、梁启超、谭嗣同等人发动的维新变法运动的内容之一,就是废除科举制度和八股文。主张维新变法的思想家们对于八股文和科举取士制度做了全面的批判,康有为的弟子徐勤发表《中国除害议》长文堪称代表。梁启超在批判旧文体的时候,非常敏锐地针对语言与文字分离之后形成的弊端。在《变法通议》中,梁启超指出:

---

① 有关考证及分析,见黄霖:《中国文学批评通史近代卷》,第358—395页,上海:上海古籍出版社,1996年。

古人之言即文也,文即言也。自后世语言文字分,始有离言而以文称者,然必言之能达而后文之能成,有固然矣。故学缀文者,必先造句,造句者,以古言易今言也。……又限其格式,诡其题目,连上犯下以钤之,擒钓渡挽以凿之。意已尽而敷衍之,非三百字以上弗进也;意未尽而桎梏之,自七百字以外勿庸也;百家之书不必读,惧其用辟书也;当世之务不必读,惧其触时事也。以此道教人,此所以学文数年,而下笔不能成一字者比比然也。

梁启超发现,旧文体的弊端的根源在于文字与语言的分离,换句话说在于文字的独立。文字一旦独立,就有了一系列自我规定性,而不能很好地服务于表达语言的目的。梁启超在反对旧文体时采取了对于语言文字的朴素看法:语言是传达思想的工具,文字是传达语言的工具;离开思想,语言就失去意义,离开语言,文字就失去意义。这是一种典型的工具论和他律美学。在阐发他的新文体时,梁启超尤其重视反映时事的"报纸章文字",重视新闻报刊在疏导人心、反映民情、监督政权、反抗专制等方面所发挥的重要作用。黄霖在总结梁启超的文界革命时指出:"梁启超在批判旧文体,创作新文体的同时,也在理论上为新文体阐明了方向。其要害,即是强调文章为维新政治服务。"①

与文界革命主张紧密相关的是诗界革命。晚清时期,不少受到西方学术影响而有变革精神的知识分子倡导新体诗,夏曾佑、谭嗣同、黄遵宪、梁启超等人都是身体力行者。比如,胡适就认为黄遵宪的《杂感》中的语言,"很可以算是诗界革命的一种宣言"②。但是,明确提出诗界革命号召并且产生巨大影响的还是梁启超。

梁启超有关诗界革命的论述,主要集中在《夏威夷游记》和《饮冰室诗话》两部著作中。梁启超诗界革命的主张,在总体上受到西方进化论

---

① 黄霖:《中国文学批评通史近代卷》,第 374 页。
② 胡适:《五十年来中国之文学》,载《胡适文集》第三册,第 223 页,北京:北京大学出版社,1998 年。

的影响。根据进化论,梁启超反对中国文化中根深蒂固的厚古薄今的思想。梁启超说:

> 中国结习,薄今爱古,无论学问文章事业,皆以古人为不可几及。余生平最恶闻此言。窃谓自今以往,其进步之远轶前代,固不待蓍龟,即并世人物亦何遽让于古所云哉?生平论诗,最倾倒黄公度,恨未能写其全集。顷南洋某报录其旧作一章,乃煌煌二千余言,真可谓空前之奇构矣。……若在震旦,吾敢谓有诗以来所未有也。以文名名之,吾欲题为《印度近史》,欲题为《佛教小史》,欲题为《地球宗教论》,欲题为《宗教政治关系说》;然是固诗也,非文也。有诗如此,中国文学界足以豪矣。因亟录之,以饷诗界革命之青年。(《饮冰室诗话》)

梁启超给予黄遵宪诗歌极高的评价,认为黄遵宪的成就超出了历代诗人,这在今天看来似乎有失公允。但是,如果从梁启超所确立的评价诗歌的新标准来说,他如此厚爱黄遵宪的诗歌也不难理解。梁启超尤其推崇新体诗要有新意境和新语句。所谓新意境,指的是西方现代社会所体现的新的精神文明和物质文明。比如,黄遵宪一些作品歌颂轮船、火车、电报、照相机等新事物,赞扬物理学、化学、生物学等新科学,都得到了梁启超的好评。所谓新语句,指的是外来语和新名词。比如,谭嗣同的《金陵听说法》一诗中就有这样的句子:"纲伦惨以喀斯德,法会盛于巴力门。"喀斯德是 caste 的音译,意思是印度社会里的种姓制度。巴力门是 parliament 的音译,意思是议会。诸如此类的新名字,也得到了梁启超的认同,这在今天看来的确失之偏颇。对于梁启超的诗界革命的主张,黄霖做了这样一个总体性的评价:

> 综观梁启超的"诗界革命"的理论,其目的是为当时中国的政治社会变革服务,其精神主要是输入西方的新思想、新事物,其结果确实促进了当时诗歌的革新,推动了中国诗歌的近代化进程。然而,他过分地强调了诗歌的政治性、功利性,而对诗歌形式的革新未有

足够认识和应有的重视。①

表面看起来,梁启超诗界革命中所蕴涵的美学主张好像是由现代美学退回到前现代美学了,但是如果考虑到中国美学内在的现代性冲动是自律美学走向他律美学,我们就不能将梁启超的诗界革命视为倒退,相反可以说是中国美学在走出传统的自律美学方向上迈出了重要一步。

除了诗界革命、文界革命的主张之外,梁启超还提出了小说界革命的主张。作为文学的一种形式的小说,被梁启超赋予了救国新民的功能。在《论小说与群治之关系》一文中,梁启超开宗明义地说:

> 欲新一国之民,不可不先新一国之小说。故欲新到的,必新小说;欲新宗教,必新小说;欲新学艺,必新小说;乃至欲新人心,欲新人格,必新小说。何以故? 小说有不可思议之力支配人道故。

梁启超总结了小说的四种力量:

> 一曰,熏。熏也者,如入云烟中而为其所烘,如近墨朱处而为其所染。……人之读一小说也,不知不觉之间,而眼识为之迷漾,而脑筋为之摇飏,而神经为之营注,今日变一二焉,明日变一二焉;刹那刹那,相断相续,久之而此小说之境界,遂入其灵台而据之,成为一特别之原质之种子。……二曰,浸。……浸也者,人而与之俱化也。人之读一小说也,往往既终卷后数日或数旬而终不能释然。……三月,刺。刺也者,刺激之义也。……能入于一刹那顷,忽起异感而不能自制者也。……四曰,提。前三者之力,自外而灌之使入;提之力自内而脱之使出,实佛法之最上乘也。凡读小说者,必常若自化其身焉,入于书中,而为其书之主人翁。

正因为小说有如此之大的魔力,梁启超将他视为改造社会和人民的重要工具。为此,梁启超尤其推崇政治小说。小说的特有感染力,有助

---

① 黄霖:《中国文学批评通史近代卷》,第 368 页。

于政治主张深入人心。"故六经不能教,当以小说教之;正史不能入,当以小说入之;语录不能谕,当以小说谕之;律例不能治,当以小说治之。"(《译印政治小说序》)梁启超认为,欧洲人已经取得了以小说为政治服务的成功经验。"在昔欧洲各国变革之始,其魁儒硕学,仁人志士,往往以其身之所经历,历胸中所怀,政治之议论,一寄之于小说。……各国政界之日进,则政治小说为功最高焉。"(《译印政治小说序》)显然,梁启超的小说界革命是为政治革命服务的。正如黄霖指出的那样:"梁启超在戊戌变法前后发表的小说理论和倡导的'小说界革命',都是为其政治维新运动服务的。"①

梁启超所说的小说革命也包括戏剧改良。在中国传统戏曲曲目中,梁启超最喜欢《桃花扇》。他评论说:"但以结构之精严,文藻之壮丽,寄托之遥深论之,窃谓孔云亭之《桃花扇》,冠绝前古矣。"梁启超尤其重视《桃花扇》中所蕴涵的政治寓意,认为"读此而不油然生民族主义之思想者,必其无人心者"。梁启超之所以尤其推崇《桃花扇》,背后的政治意图相当明显。黄霖将梁启超对于《桃花扇》的评论视为"当时社会改革家评曲的样板。它完全与现实的反对专制统治,号召社会改良的政治斗争紧密配合。或者说,它本身就是现实政治斗争的一部分"②。

从梁启超倡导的这一系列的文学界革命来看,其明确的目的是让文学为政治服务。梁启超的文学革命,是以西方现代文学取代中国传统文学。由此可见,在梁启超心目中,中国传统文艺是超功利的自律美学范围。梁启超将西方现代文学视为政治文学,这一方面是因为他只看到西方现代文学的一个局部,另一方面是因为政治斗争的需要。梁启超出于政治斗争的目的,将中国传统美学与西方现代美学对立起来,对西方现代美学做了片面的解读。这种片面性随着西方美学大量传入中国之后得到了改善。但是,梁启超对中国传统美学的理解是准确的,中国传统

---

① 黄霖:《中国文学批评通史近代卷》,第 392 页。
② 同上书,394—395 页。

美学属于自律美学的范围，要对它做出变革，就要将它改造成为他律美学，让文艺为政治目的服务。从梁启超的美学主张中，我们可以清晰地看到，中国传统美学的内在现代转向与西方现代美学的发展方向刚好相反。梁启超所阐述的中国美学的现代方向，得到了马克思主义美学的发扬光大。对此，我们随后设有专章讨论。

第二章　西方美学在中国的传播

从 19 世纪中期开始,西方美学传入中国。本章从西方美学的传入历程、基本文献、主要观点等角度,介绍和分析西方美学在中国的传播情况。

第一节　美学随其他学科的传入

大约从 19 世纪中期开始,西方美学传入中国。最早的传播途径是辞书。由于西方宗教传播和殖民的需要,一些外语词典被译成中文。最早收录 Aesthetics 辞条的是 1866 年出版的德国传教士罗存德编撰的《英华词典》,Aesthetics 被译为"佳美之理"和"审美之理"。1875 年出版了谭达轩编撰的《英汉辞典》,其中也收录了 Aesthetics,被译为"审辨美恶之法"。1902 年,美国传教士狄考文编成《中英对照术语辞典》(technical terms,1904 年正式出版),Aesthetics 被译为"艳丽之学"。1903 年,汪荣宝和叶澜编撰的《新尔雅》出版。该书是一部现代学术工具书,收录了大量西方自然科学、社会科学和人文学科的新术语,它们都源自日文的外来语,其中有美感和审美学等术语:"离去欲望利害之念,而自然感愉快者,谓之美感";"研究美之性质、及美之要素,不拘在主观客

观,引起其感觉者,名曰审美学"。1908 年,颜惠庆主编的《英华大词典》
由商务印书馆出版,Aesthetics 被译为"美学"、"美术"和"艳丽学"。1915
年出版的《辞源》中已经有了"美学"辞条,并且有较为详细的解释:"就普
通心理上所认为美好之事物,而说明其原理及作用之学也。以美术为
主,而自然美历史美等皆包括其中。萌芽于古代之希腊。18 世纪中,德
国哲学家鲍姆嘉通(Alexander Cottlieb Baumgarten)出,始成为独立之
学科。亦称审美学。"

　　除了辞书中对于美学的简单介绍外,美学也随着教育学、心理学、哲
学一道传入。晚清时期,西方传教士来中国办学,带来了新的教育理念
和科目。在关于教育学的著述中,有时会涉及美学。比如,1873 年德国
传教士花之安在《大德国学校论略》中介绍了美学,称西方美学课讲授
"如何入妙之法"或"课论美形",分析美的存在领域:"一论山海之美,乃
统飞潜动物而言;二论各国宫室之美,何法鼎建;三论雕琢之美;四论绘
事之美;五论乐奏之美;六论词赋之美;七论曲文之美,此非俗院本也,乃
指文韵和悠、令人心惬神怡之谓。"1875 年,花之安在《教化议》一书中提
到六种教育科目,其中就有美学内容:"一、经学,二、文字,三、格物,四、
历算,五、地舆,六、丹青音乐。"花之安在"丹青音乐"后面以括弧的形式
加了个注释:"二者皆美学,故相属。"绘画和音乐之所以能够归在一个类
别,因为它们都属于美学的范围。我们知道,将绘画和音乐归在一个类
别,即使在欧洲也是比较晚近的事情。直到 18 世纪中期,才有美学学科
和现代艺术概念,绘画、雕塑、音乐、诗歌、舞蹈、建筑等等才被归结在"美
的艺术"的概念之下。① 也许因为将绘画和音乐归在一类是一个新鲜事
物,花之安才在后面加上注释予以说明。

　　晚清已有不少人赴日本留学和考察,他们尤其关注日本的新式教
育。1900 年,沈翊清在《东游日记》中提到日本师范学校开设美学和审美

---

① Paul O. Kristeller, "The Modern System of the Arts: A Study in the History of Aesthetics,"
Journal of the History of Ideas, Vol. 12, No. 4(1951), pp. 496 - 527; Vol. 13, No. 1
(1952), pp. 17 - 46.

学课程。1901 年,京师大学堂编辑出版《日本东京大学规制考略》一书,在介绍日本文科课程时也提及美学。1902 年,王国维翻译日本牧濑五一郎的《教育学教科书》,其中涉及美学内容。1904 年,张之洞等组织制定了《奏定大学堂章程》,规定美学为工科建筑学门的 24 门主课之一。1906 年,王国维发表《奏定经学科大学文学科大学章程书后》一文,主张文科大学的各分支学科除历史科之外,都必须设置美学课程。1907 年,张謇等拟定的《江阴文科高等学校办法草议》中也将美学课程列在文学部的科目里。

除了教育学外,哲学的著述中也涉及美学,因为美学是哲学的分支。1902 年,王国维翻译出版了桑木严翼的《哲学概论》,其中就包含美学内容。1903 年,蔡元培翻译出版了科培尔的《哲学要领》,其中对于美学已经有相当详细的介绍,涉及美学作为独立学科、美学的基本历史和基本观念:

> 抑哲学者承认美学为独立之科,此实近代之事也。在古代,柏拉图屡述关此学之意见。然希腊时代,尚不能明说美与善之区别。雅里大德勒(今译亚里士多德),应用美之学理于特别之艺术上,其所著《诗学》,虽传于今,然不免断片。其他如普禄梯诺斯(今译普洛丁)、龙其奴斯(今译朗吉弩斯)等,亦述审美之学说,尚不与以完全之组织。至近世英国之谑夫志培利(今译夏夫兹博里)、赫邱孙(今译哈奇森)、休蒙(今译休谟)等,皆论美的感情之性质,尚未组织美学。而美学之具系统者,反在大陆派之哲学中。伏尔夫(今译伍尔夫)之组织哲学也,由心性之各作用,而定诸学。而于知性中设高下之别,以高等知性之理想为真,对之而配论理学,然对下等之知性,即不明之感觉,别无所言。拔姆额尔登(今译鲍姆嘉通,1714—1762)补此缺陷,而以下等知性之理想为美。对之而定美学之一科。其中,一、如何之感觉的认识为美乎? 二、如何排列此感觉的认识,则为美乎? 三、如何表现此美之感觉的认识,则为美乎? 美学论此

三件者也。自此以后,此学之研究勃兴,且多以美为与其属于感觉,
宁属于感情者。又文格尔曼(今译文克尔曼)、兰馨(今译莱辛)等,
由艺术上论美者亦不少。及汗德(今译康德)著《判断力批评》,此等
议论,始得确固之基础。汗德之美学分为二部,一、优美及壮美之
论,一、美术之论也。汗德以美的与道德的论理的快感的不同,谓离
利害之念之形式上之愉快,且具普遍性者也。至汗德而美学之问题
之范围,始得确定。

除了教育学和哲学之外,心理学的著述中也涉及美学内容,因为现
代心理学从哲学中独立出来也是 19 世纪末的事情,在此之前美学和心
理学的内容经常合在一起。1889 年,颜永京翻译出版了海文的《心灵
学》,其中就包含详细而完整的美学内容。1902 年,王国维翻译出版
《心理学》一书,其中有"美之学理"一章,介绍了有关美感的系统知识,
强调产生美感的因素虽多,要不外乎三种因素的综合作用,即眼球筋
肉之感、色之调和和本于同伴法之观念(联念)。1903 年出版的《心界
文明灯》一书也有一节题为"美的感情",涉及美学内容:"美的感情可
分为美丽、宏壮二种。美丽者,依色与形之调和而发之一种感快;宏壮
者,如日常之语所谓乐极者是也。人若立于断崖绝壁之上,俯瞰下界,
或行大岳之麓,而仰视巨岩崩落之状,则感非常之快乐。""美丽者,唯
乐之感情;而宏壮者,乃与勇气相待而生快感,故为力之感情。"1905
年,陈榥编撰《心理易解》一书,介绍了西方美学家罢路克(今译博克)
关于"物之足使吾人生美感"之"六种关系":"体量宜小,表面宜滑,宜
有曲线之轮廓,宜巧致,宜有光泽,宜有温雅之色彩。"1907 年,杨保恒
编撰《心理学》一书,介绍了所谓美感三要素:体制(事物之内容)、形式
(事物之外形)和意匠(事物之意味)。书中还涉及美的基本类型如优
美、壮美和滑稽美三类,并做了较详细的分析。比如,关于滑稽美,书中
写道:"因事物之奇异不可思议而起快感者,谓之滑稽美。例如有人外服
朝服,而内穿破裤,风吹衣襟,忽露赤体,即足以唤起此情。诗歌小说演

戏,往往利用此情。而人遇滑稽之事物,必发笑声,故此情又谓之可笑情。"①

在所有这些介绍美学的著述中,颜永京翻译的《心灵学》值得重视。原著系约瑟·海文(Joseph Haven)的 *Mental Philosophy：Including the Intellect，Sensibilities，and Will*。该书1857年初版,成为美国最畅销的心理学教材,有十几个版本和大量批次的印刷。海文1850—1858年曾任阿默斯特学院(Amherst College)道德哲学和心理学教授,随后又在芝加哥大学担任同一教授职位,对于美国学术界和高等教育界产生了重要影响。他的《心灵学》一书,就是在他担任道德哲学和心理学教授职位时写成的。全书简明扼要,不仅结合历史对相关理论做了清晰的梳理,而且在许多问题上提出了自己独到的看法。

海文将美学放在论述直觉能力的部分,单独分一章讨论。海文将美学的内容分成两节来介绍,第一节是美的概念,第二节是对美的认识,如果加上最后关于美学史的简单勾勒,我们可以将海文关于美学的讨论分为三个部分,即美、美感、美学史。即使从今天来看,海文关于美学的这些论述仍然可以当作标准的教科书。颜永京没有翻译全部内容,最后介绍美学史的部分全部略去了,前面关于美和美感的论述也是译其大意,许多论述细节都被省略了。但是,即使看颜永京的译本,我们对美学中的重要内容也会有一个大致的了解,而且它的深度超过稍后许多介绍美学的著述。由于颜永京用文言文翻译,我们这里结合英文原著,简要介绍海文著作中的美学部分的核心观点。

在美的概念这一节中,海文首先介绍了美学学科,认为它在哲学中是相对新近的学科,还没有自己固定的位置。值得注意的是,海文并没有按照 aesthetics 的字面意思,将它理解为感性学,而是将它理解为美学(the science of the beautiful)。汉语和日语将 aesthetics 翻译为美学,引

---

① 上述考证,均见黄兴涛:《"美学"一词及西方美学在中国的最早传播》,《文史知识》,2000年第1期。

起了不少人的质疑,因为从字面上看这种译法是不准确的,没有传达出 aesthetics 所包含的感性认识的意思。① 但是,从海文关于 aesthetics 的简短说明中可以看到,将它理解为美学,并不是中国学者和日本学者的发明。将 aesthetics 理解为美学,在英语界也很普遍。如果我们追溯得更远一点,对于这个学科究竟该用什么名字,从鲍姆嘉通以来就一直没有停止过争论。黑格尔就明确反对鲍姆嘉通用 aesthetica 来命名这个学科,认为它的恰当的名字应该是艺术哲学。在《美学》开篇,黑格尔就表达了他对这个学科的名称的看法:

> 这些演讲是讨论美学的;它的对象就是广大的美的领域,说得更精确一点,它的范围就是艺术,或则毋宁说,就是美的艺术。
>
> 对于这种对象,"伊斯特惕克"(Ästhetik)这个名称实在是不完全恰当的,因为"伊斯特惕克"的比较精确的意义是研究感觉和情感的科学。……有人想找出另外的名称,例如"卡力斯惕克"。但是这个名称也还不妥,因为所指的科学所讨论的并非一般的美,而只是艺术的美。因此,我们姑且用"伊斯特惕克"这个名称,因为名称本身对我们并无关宏旨,而且这个名称既已为一般语言所采用,就无妨保留。我们的这门学科的正当名称却是"艺术哲学",或则更确切一点,"美的艺术的哲学"。②

黑格尔列举了当时称呼这个学科的三个名称,其中"伊斯特惕克"是感觉学或者感性认识的意思,"卡力斯惕克"是美学的意思。因此,将这个学科的名称确立为美学,并非空穴来风。

海文对美的概念的分析,非常详细和清晰。他首先指出,美是难以定义的。接着列举了从主观方面来定义美的各种观点,比如有人将美定义

---

① 比如,舒斯特曼在谈到日文的翻译时就指出,将 aesthetics 翻译为美学(日文也用汉字美学),妨碍了这个学科对广大的感性认识领域的关注。见 Richard Shusterman, "Art and Social Change," in *International Yearbook of Aesthetics*, Vol. 13(2009).

② 黑格尔:《美学》,第一卷,朱光潜译,第 1 页,北京:商务印书馆,1979 年。

为感受(feeling)或感觉(sensation),有人将美定义为联想(association),有人将美定义为符号(sign)或者表达(expression)。对于这些关于美的主观定义,海文逐一加以批驳。在海文看来,尽管美与主体的情感(emotion)有关,但美不是主观的情感,而是客观的性质。将美视为对象的一种特性,这也是一般人的常识。海文力图替我们关于美的常识做辩护。

如果说美是对象的一种客观性质,这种性质究竟是什么呢?海文列举了各种关于美的客观定义,比如美在新异(novelty),美在效用(untility),美在多样统一(unity in variety),美在秩序和比例(order and proportion)。对于这些主张美是事物的客观属性的学说,海文逐一加以驳斥。在海文看来,美是客观的,但不是事物的客观属性,而是超越事物之外的客观精神。他赞同谢林和黑格尔等人的学说,将这种理论命名为精神理论(The Spiritual Theory):

> 还有另外一种关于美的理论,尽管它承认美是外在的客观实在,但寻求将美从物质属性中剥离出来(那些主张美在客观的作者,认为美存在于物质属性之中),而是在轻灵的和精神的根源中寻找美的本质。根据这种观点,美是精神的当下感性显现。潜在的、不可见的精神根源,与物质全然不同,它在物质形式中激活和显现自己,透过物质形式向外张望。美不是物质本身,也不是精神本身,更不是单纯的心理性质或者心理感受;美是不可见的、精神的活动在物质感觉形式中的显现。这种观点最初由谢林和黑格尔提出,儒佛瓦(Jouffroy)的《美学教程》(*Cours d'Esthetique*),布雷斯劳(Breslau)大学鲁勒特博士(August Ruhlert)一流的美学体系,以及其他许多欧洲一流的哲学作者,都采取了其主要观点。①

---

① Joseph Haven, *Mental Philosophy: Including the Intellect, Sensibilities, and Will* (Ann Arbor, Michigan: University of Michigan Library), p.266. 该书初版出版于 1857 年。颜永京的译文属于内容综述,而且采用半文半白的语言,为了更加清楚地传达该书的意思,有时候就从英文版直接翻译。引用颜永京原文的时候会有注明,但不标明页码,因为《心灵学》一书是分卷编页码,没有统一的页码,不标注页码可以避免不必要的混乱。

对于这段文字,颜永京只做了一个概要的翻译:"今歆灵及儒佛劳等别创一说云:艳丽固具于物,然不可视物为块质之物,当视为灵质之物。物之艳丽,是物之灵气在块质透显,予以为然。"

海文在检讨了各种客观的美的理论之后,对于精神理论又做了较详细的分析,并且对于用这种理论来解释各种美的现象做了具体的分析:

> 最后剩下来的一种需要提及的美的理论,是精神理论。这种理论认为,美不存在于物质本身,也不存在于物质本身的安排,而存在于更高级的、潜在的精神性质或者要素在感性材料形式中的显现或表达,因此是诉诸我们自己的精神本性,唤醒我们的精神本性去同情。在与我们有关的感觉世界中,我们发现有两种不同的相互区别的要素:观念(idea)和形式(form),精神(spirit)和物质(matter),不可见的(invisible)和可见的(visible)。在美的对象中,我们发现这两种要素以这种方式联系起来:一种要素表达或显示另一种要素,形式表现观念,身体表现精神,可见的显示不可见的,我们自己的精神本性认识到自己的喜好,与表达自己的东西交融,并产生同感。因此,构成美的东西就是这种显现,是更高级的和精神性的根源在感性形式中对我们感官的显现,这种更高级的和精神性的根源就是事物的生命和灵魂。①

对于这段文字,颜永京的翻译也很简明:"凡世上一切被造者有二,即灵与质是。此二者各异,一则不能见,一则能见。在艳丽之物,则此二者相和。以致有形有体之质,表出无形不可见之灵。我灵既识物之无形不可见之灵,自然与之相通相和。是艳丽诚非在物之质,亦非在物之灵。乃灵显现于可见之质,而所显者感触我目以达于灵。"

海文的这种观点,如果用黑格尔的话来说,就是美是理念的感性显现。因此,海文所说的客观派,与20世纪中期美学大讨论中的客观派有

---

① Joseph Haven, *Mental Philosophy: Including the Intellect, Sensibilities, and Will*, p.281.

所不同。在上世纪中期的美学大讨论中,在美的本质问题上形成了四种不同的看法,被称之为主观派、客观派、主客观统一派、社会派或者实践派。海文的观点更接近主客观统一派,这就是朱光潜所主张的观点。对此,黄河涛介绍颜永京翻译的《心灵学》时已经注意到了。

尽管美是理念的感性显现,与主观精神有关,但是海文强调它仍然是客观。对此,海文打比方说,"就像月亮,尽管它给出的只是一种反光,但它依然发光,而且具有它自身的美。只要这些思想和情感还潜在于心灵之内,它们就不是美。直到它们投入对象之中,变成对象的一种特性,它们才会成为美的特性,对心灵之眼显现。因此,美仍然是一种客观实在,它既不能离开我们而存在,也不是存在于我们之中。"①美不是存在于主体之中的现象,也不是纯客观的现象,可以说是一种与主体有关的客观现象。对此,海文进一步打比方解释说,"就像锻钢上溅出的火花,严格说来它既不是钢铁的特性,也不是燧石的特性,而是从二者冲击中显现出来的相关现象,因此也许可以说,美不是完全存在于对象自身之中,也不是完全存在于有智力的主体之中,而是从二者的关系中诞生出来的一种现象。"②对于这段文字,颜永京的翻译言简意赅:"铜条击一火石,必有火星迸出。其火星不可谓铜条所具,亦不可谓火石所具,乃是二物相击所致。艳丽非具于物,或具于我,乃亦二者相感所致否?!"海文这里所表达的思想,不仅表明了美是由客观对象显现出来的,表明了美存在于主客体之间的关系之中,更重要的是表明了美是在当下事件中生成的产物。可惜后面这个思想,海文没有做详细的论述。

现在的问题是,那种将自己灌注或者投射到物质对象身上而让它们变美的精神究竟是什么呢? 是古希腊人相信的万物有灵的灵,还是黑格尔所说的理念? 在海文看来,二者都不是。具有神学背景的海文,很自然地将这种精神归结为上帝。对于海文的结论,颜永京翻译如下:

---

① Joseph Haven, *Mental Philosophy: Including the Intellect, Sensibilities, and Will*, p.269.
② Ibid., p.271.

古希利尼人常谓天地间万物,各具一魂,且谓物皆有知觉,自知何由来,何由去,并觉自己体中固有艳丽。至我等则不必如此观物。我观物可视为有形之体,将所蕴之深意表出于我前。有深意而即艳丽,深意非属物,是属造物之主。是主用此物以表出己之深意。至深意非仅用言语表出,用言语不若用记号为胜。是以造物主非用人之言以言,乃用路旁之花,林中之树,巍然之山,永不息流之洋海,与夫杳杳之青穹以言,若此之物,是造物主之言,其中有艳丽而使我喜,有显威而使我惧。人若观天然事物,而能识造物主之奥意,可谓贤矣。①

总之,海文关于美的概念部分,对于有关美的本质的各种学说做了全面而精要的介绍和分析,历史上出现的各种美的学说都得到了介绍,同时提出了自己的观点。也许我们可以将海文的主张概括为客观精神说。这种学说将美的根源归结为客观存在的精神如理念或上帝。但是,海文没有像大多数神学家那样,将理念或上帝本身视为美,而是像黑格尔那样将美视为精神在感觉形式中的显现。但是,海文跟黑格尔不同。黑格尔所谓显现,不具有动态的事件的特性。海文所说的显现,蕴涵着精神与物质遭遇而生成新质的思想。可以说,美是精神与物质遭遇时生成的新质。既然美是精神与物质相遇而生成的新质,它就既不是精神,也不是物质,而是精神和物质之外的第三实体。海文美学中潜在的将美视为事件和第三实体的思想,是一种深刻和新颖的构想,在当代美学中得到了不同程度的回应。

在对各种美的学说做出澄清之后,海文开始讨论美的认识(cognizance of the beautiful)。在海文看来,美是认识的对象(object of cognition),主管美的认识的官能就是趣味(taste):"对于这种作用于各种各样的美和崇高的对象,无论是在自然还是艺术之中,我们用趣味这

---

① Joseph Haven, *Mental Philosophy*: *Including the Intellect*, *Sensibilities*, *and Will*, pp. 285 - 286.

个一般的名称来称呼它。"①颜永京对 taste 的相对固定的译法是"识知艳丽才"。由于这种译法在今天看来有些古怪，我们就不用颜永京的术语来讨论海文书中的内容。

从 18 世纪中期开始，欧洲美学家就展开了对趣味问题的讨论，形成了不少有代表性的观点。对于这些观点，海文做了精要的概括：

> 对于[趣味]这种能力的精确本性，存在许多不同的意见：它是心灵的一种独特能力，还仅仅是某些已知的和已经描述过的能力的运动？它是具有知性的本性，情感的本性，还是二者的联合？关于趣味，不同的作者给出了不同的定义。有人将它视为严格的知性能力，有人将它视为一种情感活动，更多的人认为它包含认知中的知性活动和感受中的感觉活动，无论对象是美的，还是崇高的。
>
> ……我们用趣味这个词语指称心灵认识美的能力。它是一种认识（knowing）能力，识别（discriminating）能力，而不是情感感受（feeling）能力。它是一种特别种类的对象的判断活动和反思能力，而不是心灵的任何一种独特的能力。毫无疑问对美的感知会唤醒情感，情感甚至会发生在判断之前，我们凭借这种判断去决定面前的对象是真正的美的，但是情感自身不是认知，也不是判断，因而不是趣味，无论它跟趣味有怎样的联系。②

海文这里对趣味的认识，与当时流行的审美态度理论非常不同。审美态度理论更多地强调主体的审美经验的重要性，海文的趣味理论更多地强调对美的客观认识。如果忽略时代的差别，我们发现海文的理论与 20 世纪后期盛行的分析美学中的认知理论比较接近。海文还以对雕像的鉴赏为例，分析了审美活动的过程。对此，颜永京以对绘画的鉴赏为例做了比较详细的翻译：

---

① Joseph Haven, *Mental Philosophy*: *Including the Intellect, Sensibilities, and Will*, p. 286.
② Ibid., p. 287.

　　我心灵第一步作为，是情之动，即喜与乐是。我目见一纯美之画，我喜顿然发出，先发于衷，继显于面，其发是自然，非由我所主。一如泉水由地脉中藉己力跃出，一如阳光东出，照耀有林有雪之高山，采色斑斓，皆非有所主。

　　我心灵第二步作为，与情有异。我既喜，我即称赞其画为真正艳丽，所赞美非定出于口，竟存于衷。我心灵识知目前之画是艳丽，辨别其妙处，而称之为美。我心灵如此作为，是思索之别用，我识知画之艳丽而称赞之，固后于发喜，我先觉喜。故称其画为美。

　　第二步作为后，有更进一层。我将画细赏阅，即如察其逐步件是如何，诸件合观是如何，其艳丽在何佳处，搜寻画之有何寓意，其画果尽表出其寓意否？再看其画具何教训，其教训果具于画否？继而自问画中有何物令我喜悦，而何以能令我喜悦？予以此进一层事，或可有或可无。至或有或无，悉凭阅画者前时练习讨论，及其素常心思、思索。盖此诸事，无非是比较，辨别，裁断，皆思索才之用。①

从这段文字中可以看出，一个对象令人愉快或不愉快，属于情感活动。但是，趣味远非情感活动，除了情感活动之外，还包括分析和判断。海文在考察各种关于趣味的定义并对鉴赏过程做出分析之后，自己给趣味下了一个定义："趣味就是心灵针对自然或艺术中的优美和崇高的区分能力。"②在海文的定义中我们可以看到，区分胜过了情感和偏见。除了分析趣味的本质之外，海文还讨论了好的趣味和趣味的培养问题。总之，关于美的认识这一节，对于趣味和鉴赏问题做了全面而清晰的分析，无论在广度还是深度上都胜过多数专门的美学教科书。

　　除了美的概念和对美的认识这两个主要部分之外，海文最后还简述了美学的历史。对于这部分内容，颜永京没有翻译。在美学史部分，海

① Joseph Haven, *Mental Philosophy*: *Including the Intellect, Sensibilities, and Will*, pp. 292 - 293.
② Ibid., p. 296.

文简要评述的作者包括柏拉图、亚里士多德、普洛丁、奥古斯丁、朗吉弩斯、昆体良、培根、莱布尼茨学派（包括莱布尼茨和伍尔夫）、洛克学派（包括洛克、夏夫兹伯利和哈奇森）、法国百科全书学派、后期德国理性主义（包括文克尔曼、莱辛、赫尔德、歌德和康德）、席勒、谢林、黑格尔、儒佛瓦（Théodore Simon Jouffroy，1796－1842）、库辛（Victor Cousin，1792－1867）、麦克德莫特（Martin M'Dermot）等。这些名单涉及西方美学史上重要的作家，尽管海文的简要详述比较简短，但已经构成了一部西方美学史的轮廓。这在美学史的写作年代上算是较早的了。鲍桑葵的《美学史》出版于 1892 年，盖力（C. M. Gayley）和司各特（F. N. Scott）编著的《美学著述指南》出版于 1891 年，再早的美学史著作还有 1872 年出版的夏斯勒（Max Schasler）的《批判性的美学史》（*Kritische Geschichte der Aesthetik*）。海文关于美学史的梳理，比这些完整的美学史著述都要早。

　　总之，海文的《心灵学》中包含的美学内容涉及美、审美和美学史三个方面，对于美学教科书来说，基本内容都已经具备了。尽管颜永京在翻译中已经用了"美"和"趣味"这些关键词汇，遗憾的是它们并不是用来翻译"the beautiful"和"taste"专有名词的，相对固定的翻译它们的专有名词是"艳丽"和"识知艳丽才"。尽管颜永京只是摘译，而且所用术语也不固定，但是中文本《心灵学》中已经包含了西方美学的主要内容。

第二节　西方美学的独立传入①

　　有关美学的知识，最初是伴随哲学、心理学、教育学和工具书传入中国的。大约从 1915 年开始，出现了专门介绍美学的著述。蔡元培、王国维、吕澂、范寿康、黄忏华、陈望道等人对于西方美学在中国的传播做出了重要的贡献。

　　1915 年徐大纯在《东方杂志》发表《述美学》一文，涉及的内容有：美

① 本节内容，参考了蒋红、张焕民、王又如编著：《中国现代美学论著译著提要》，上海：复旦大学出版社，1987 年。

学一词的来源、美学与哲学和伦理学的关系、美学理论发展的简要历史及代表人物、美感与快感的关系、美的一般类别及其不同特征、美在不同艺术形式中的表现等等,涉及美学的重要内容。文章最后提到了关于美的本质的各种学说,如理想说(Idealism)、现实说(Realism)、形式说(Formalism)、情绪说(Emotionalism)、知力说(Intellectualism)、快乐说(Hedonism)。尽管没有进一步的说明,但这些名称已经预示了有关美的本质的思考路径。

1917 年萧公弼于《寸心》杂志发表系列介绍美学的文章,其中在"概论"的题目之下,分为四个部分:美学之概念及问题、美学之发达及学说、发生的生物学的美学、美学之要义及其地位,在《寸心》杂志第一、第二、第三、第四、第六期的专著栏连载,但全文没有刊完。不过,就已有的四部分看,"已具备文前'述美学概论'目标的大略。其在文中称道奥地利美学新学派的观点,说明作者还是紧跟当时国际美学研讨的新动向而出以己见的"①。

1920 年刘仁航翻译的高山林次郎的《近世美学》由商务印书馆出版。全书分为两篇,以黑格尔为分界线。上篇介绍自古希腊至德国古典美学的重要美学家的思想,包括黑格尔在内。下篇介绍克尔门、哈士尔门、斯宾塞、葛兰德亚铃、马侠耳等人的美学理论,是全书的重点所在。

1921 年,托尔斯泰的《艺术论》由耿济之译出,商务印书馆出版。托尔斯泰在《艺术论》中表达了相对朴素的美学思想,将艺术视为情感交流的手段,这对于当时的中国读者并不难理解。

1922 年,出版了四部美学译著,肖石君翻译马霞尔的《美学原理》和王平陵翻译耶路撒冷的《美学纲要》由上台泰东图书馆出版,俞寄凡翻译黑田鹏信的《艺术学纲要》和《美学纲要》由商务印书馆出版。这些著作多是对美学史上重要思想的介绍,没有特别深入的研究。马霞尔的《美学原理》体现了 19 世纪美学的心理学转向的成果。马霞尔本人就是心

① 叶朗总主编:《中国历代美学文库》近代卷下,第 640 页,北京:高等教育出版社,2003 年。

理学家。在他看来,美的本质就是快感。艺术的目的就是传递快感和让人享受快感。中国美学史上不乏将艺术与快乐联系起来的主张,比如《乐记》中就有这种说法:"夫乐者乐也,人情之所不能免也。"但是,将艺术的目的完全视为享乐,对于中国美学界来说还是一个非常新鲜和极端的主张。

1923 年也出版了不少美学著作,吕澂的《美学概论》和《美学浅说》由商务印书馆出版。《东方杂志》编辑部将在该刊上发表的美学论文结集出版,题为《美与人生》,由商务印书馆出版,其中包括徐大纯和吕澂等人所著的文章。鉴于吕澂在美学传播上所做的突出贡献,我们随后将列单节介绍他的学术成果。

1924 年,黄忏华的《美学略史》和吕澂的《晚近美学思潮》(后更名为《现代美学思潮》)由商务印书馆出版。黄忏华的《美学略史》简明扼要地介绍了美学的学科性质和发展历程。在第一章概说中,黄忏华讲清了美学的词源,及其在近代的转变:

> 美学,是研究美的(Aesthetic)事实底学问。换句话说,就是研究在最广义底美。元来美学这个名称,是 Aesthetics(英)底译语,他从希腊文底 $\alpha\iota\sigma\theta\eta\tau\iota\kappa\acute{o}\varsigma$ 出来。$\alpha\iota\sigma\theta\eta\tau\iota\kappa\acute{o}\varsigma$ 是一个形容词,意思是感觉的,又感性的。起头借这个字创设美学底名目,承认他做哲学上的一科,是十八世纪底德国哲学家波麦迦顿(Baumgarten)。到十九世纪底中叶,虽然跟着哲学底发达,从所谓"美是什么"底哲学的根本问题,离开纯粹底哲学;却还被支派做规范学。十九世纪后半,哲学稍为沉滞一点,美学就也从哲学的,移到经验的。一八六四年,库斯脱林(Kostlin)刊行他的新著。一八七六年,费其纳(Fechner)发表他底经验的新研究。于是美学,从哲学规范学,一转,变成经验科学说明科学。而且历来底主要的对象,就是所谓美;一转,变成艺术,变成从心理学的见地上,研究艺术底制作和鉴赏;从社会学的见地上,研究他底起源和效果。所谓美学,实在可以称作艺术学,又艺

术科学。最近，狄梭尔(Dessoir)底著作《美学同一般艺术科学》出版，从新发见哲学的倾向底复活；然而大体还是拿艺术做对象，拿经验做主体底科学的倾向。①

在这段简略的文字中，黄忏华把美学术语的起源和发展叙述得清晰而准确，而且及时地反映了国际美学界的动向。文中提到德索的《美学与一般艺术学》一书的德文版出版于1906年，距《美学略史》的出版只有八年。考虑到当时较长的出版周期、较慢的国际旅行和文化传播的速度，黄忏华对德索的著作的介绍算是非常及时的了。

《美学略史》的另一个明显的特征，就是清楚地将美学的心理学研究、社会学研究和哲学研究区别开来。1980年代看到李泽厚等人在构建美学体系时，将美学分为美的哲学、审美心理学和艺术社会学，这在当时被学术界认为是一种新鲜的构想，其实早在美学最初传入中国的时候，就接受了这种区分。《美学略史》的第二章是"美学底心理学研究"，文字不算很多，兹录如下：

> 美的事实，在他底根柢，有在他底结局，常时是心理的事实底一部。所有美的现象，不论属于他底鉴赏或者属于制作；一面必定是意识上精神上底事实。离开意识，除掉精神，美毕竟不可得。所以从这个地方立论，美学，就可以看他做心理学底一部，或者可以说是一科底应用心理学；他底研究，当然依一般底心理学研究法。像这样，专门从心理的侧面观察，美学应当遂行底重大的任务，总之可以归到（第一）对于美意识底分析解释，（第二）说明他底起原同发达；两项。再详细说他，就是关于第一个问题，先是所谓美意识。指什么状态和别的重要的意识状态（例如学术的意识道德的意识又宗教的意识）底差异如何。其次，构成美意识底要素，是什么。客观的要素，就是美意识底材料内容同形式，是什么样；和他相对底主观的要

---

① 黄忏华：《美学略史》，第1—2页，上海：商务印书馆，1924年。

素,就是美的情感,他底性质,又是什么样。其次,由这两种要素构成底美意识,他底性相上,有崇高优美悲壮滑稽等类底区别;把他分类考究。临了,是鉴赏意识底说明同创作作用底解释。这些都是算得是他底主要的研究问题。第二个,是把所有像上面底精神作用同状态,他底统合结果,所谓趣味同艺材底个人的发达;加以研究。这种研究,必须把他底范围弄广阔;儿童同未开人种底心状,不用说;连高等动物底精神状态,也要比较考察。以上两种问题,都能够或者把他贯通一般的美的事实,概括起来研究;或者约到特殊的美的事实(例如各种美术),去各自论定他底特别的性质关系。美学研究,往往设立概论同各论底区别,毕竟由于这个。①

关于美学的社会学研究,黄忏华说:

> 美的事实,从又一方面观察,就一概无非是社会的事实。例如假定这里有一种美术品,他所以是美的事实底根本理由,固然在他从美术家底心里头胚胎,被受容在鉴赏者底心里头,直接是意识上底事实;然而这个意识上底存在,不一定是纯个人的;就是不一定起始是唯一的意识底特产物,而且归着到唯一的意识所专有。在许多场合,都间接是多数意识底共同产物,有变成他们底共有受用品;另外换句话说,就是当时是社会的事实,像这样,美的事实。一面又是社会的事实;研究他底方法,也一面不可不用一般底社会学研究法。从这个地方立论,美学就可以看他做社会学底一部;现在有简直把这种美学研究,命名为美术社会学底。但是这个方法底研究,比心理的研究还幼稚,近来才渐渐的启发他底端绪,还没有成功完全的体系。他底研究上底重要题目,大致第一,是艺术和一般文化底关系;又,他们相互交涉底状态;另外艺术,和道德同宗教底关系如何;其次,艺术底社会的体制是什么;作家和公众同批评家底关系,好奇

----

① 黄忏华:《美学略史》,第2—3页。

者同艺术保护者底任务,如何。又,艺术同趣味底社会的起源,同他
底发达底法则,如何;等类。这些问题,或者关涉艺术全般,或者就
各种艺术分别研究,和在心理的考察底时候,大致相同。①

关于美学的哲学研究,黄忏华说:

> 美底事实,又是哲学的研究底动机,和他底对象。什么缘故呢?
> 美的事实,从心理的侧面观察他,和从社会的侧面观察;他底根柢,
> 都和人生底价值,有密切底关系。而且我们人底智的同情的要求,
> 比较诸多底价值,逐次考量他的高下优劣,临了不到达最高底标准
> 最上底理想;不能够停止。换句话说,就是我们人的价值研究,到底
> 不能够就停止在相持的科学底范围,一定要进到绝待的哲学底圈子
> 里,才能够期望满足底解释。像这样看来,美学就是一种价值底研
> 究,当然属于哲学底一部。古来许多底美学者,实在站在像这样底
> 见地。各自组织他底庞然的大系统。哲学的美学研究底中心问题,
> 不用说,是美底本性,同他和世界本体底关系,如何。拿这个做源
> 头,其他,艺术在人性里的意义,艺术和道德同宗教底根本的关系,
> 天才创作底秘奥,艺术鉴赏底极致,自然美同艺术美底优劣,艺术底
> 各种类同各倾向底比较轻重,艺术发展底归趋;所有这些各种问题,
> 都无不等哲学底见解,才根柢底而且究极底完了他的说明。

在对美学学科做完基本介绍之后,黄忏华分别介绍了希腊的美学,
希腊罗马时代的美学,中世纪的美学,十七、十八世纪的美学,康德的美
学,康德以后的美学,最后从科学的(经验的)美学、心理学的美学、社会
学的美学和哲学的(思辨的)美学四个方面,对最近的美学做了介绍。黄
忏华的《美学略史》,勾勒了西方美学史的基本线索。尤其是对最近的美
学的介绍,吸取了 19 世纪末和 20 世纪初的学术成果,实在难能可贵。

1925 年,商务印书馆出版了吕澂的《晚近美学说和美的原理》,蔡元

---

① 黄忏华:《美学略史》,第 4—5 页。

培等的《美育的实施方法》，李石岑等的《美育之原理》，大玄、余尚同的
《教育之美学的基础》，北新书局出版了张竞生的《美的人生观》。其中
《美育的实施方法》和《美育之原理》是论文集，前者收录论文五篇，后者
收录论文四篇。由此可见，当时发表的美学论文数量可观。张竞生的
《美的人生观》是作者依据在北京大学讲课的讲义写成的，内容与生活美
学或者今天所说的日常生活审美化有关，而且与伦理学也有不少交叉的
地方。作者将美的人生观细分为八个方面，包括美的衣食住、美的体育、
美的职业、美的科学、美的艺术、美的性育、美的娱乐、美的人生观。

1926年商务印书馆出版了管容德翻译的《艺术鉴赏心理学》，作者为
德国哲学家和心理学家弗莱恩费尔斯（Richard Müller-Freienfels）。中
译本由日译本转移而来。弗莱恩费尔斯认为，鉴赏由感知和情感两部分
组成，它们通常是融为一体的。鉴赏会因为鉴赏者的个人气质、对象特
征、时代条件等等的不同而不同。弗莱恩费尔斯将鉴赏者区分了三种类
型：陶醉型、共演型、旁观型。《艺术鉴赏心理学》对于审美心理学做了深
入的分析，建构了审美心理学的基本模型。

1927年出版了两本《美学概论》，范寿康的《美学概论》由商务印书馆
出版，陈望道的《美学概论》由上海民智书局出版，同时与美学有关的著
作还有光华书局出版的郑吻众的《人体美》，世界书局出版的徐蔚南的
《生活艺术化之是非》，上海良友图书印刷公司出版社的傅彦长的《艺术
三家言》，光华书局出版的刘思训翻译的《罗斯金艺术论》。

范寿康的《美学概论》分六章。第一章是绪论，简要介绍美学的发展
历史。范寿康所介绍的美学就是现代美学，从鲍姆嘉通开始，尽管他也
承认从古希腊的柏拉图和亚里士多德开始，就有了关于美和艺术的哲学
思考，但作为学科的美学是18世纪中期建立起来的。对于黑格尔之后
的美学，范寿康的介绍尤为详细，列举了18世纪末至19世纪初主要的
美学著作目录，包括1912年出版的莫依曼的《美学体系》（Meumman,
System de Äethetik），同年出版的科恩的《纯粹情感的美学》（Cohn,
Ästhetik der reinen Gefühls），1908年出版的莫依曼的《当代美学》

（*Ästhetik Der Gegenwart*），1906 年出版的德索的《美学与一般艺术学》
（Dessoir，*Ästhetik und allgemeine Kunstwissenschaft*），1905—1910 年
出版的伏尔盖特的《美学体系》（Volkelt，*System de Äethetik*），1903—
1906 年出版的立普斯的《美学》（Lipps，*Ästhetik*），1901 年出版的朗格的
《艺术的本质》（Lange，*Das Wesen der Kunst*）。从这些文献可以看出，
范寿康介绍的美学与当时的德国美学关系紧密。

　　第二章是美的经验。尽管范寿康认为美学是研究美的法则的学问，
但他又认为要弄清楚美的法则，首先要研究美的经验。所谓美的经验，
就是一种愉快经验。"我们看见好花，我们觉得他悦目。我们听到好曲，
我们觉得他悦耳。这都是我们的美的经验。"①在美的经验这一章中，范
寿康着重讨论两个问题：美的对象和美的态度。这也就是今天讲的审美
对象和审美态度。范寿康将首先艺术作品与美的对象区别开来，认为
"艺术作品实在不过是构成美的对象的材料罢了。所谓美的对象乃是由
感觉的材料所构成的主观上的形象"②。这种区别比较重要，不是所有的
艺术作品都必然成为审美对象，如果没有适当的审美经验，艺术作品就
无法转变为审美对象。美学与艺术学的区分由此可以见出，美学着重研
究审美对象，艺术学着重研究艺术作品。接着范寿康讨论了快感问题，
涉及快感与不快感的区别，高级感官与低级感官的区别。范寿康认为，
审美快感既不能由对象决定，也不能由感官决定。艺术作品不是必然引
起审美快感的对象，高级感官如视听感官不是必然产生审美快感的感
官。与审美快感密切相关的是审美态度，范寿康称之为美的态度。"要
想理解对象与人类间美的关系，那就非阐明美德享乐中之观照者的态度
不可。"③

　　在美的态度这一节中，范寿康介绍了四种学说。第一种是非功利的
态度，今天也称之为无利害的态度。这是 18 世纪美学家的普遍主张，在

---

① 范寿康：《美学概论》，第 7 页，上海：商务印书馆，1927 年。
② 同上书，第 8 页。
③ 同上书，第 12 页。

康德那里得到了深入的论证。用康德的术语来说,审美态度是一种无功利、无概念、无目的的态度。第二种是分离与孤立。根据闵斯特堡的看法,审美与科学不同,科学重视事物与事物之间的联系,审美隔断事物与其他事物的联系,将事物孤立出来,观照事物本身。第三种是感性的移入。根据这种学说,"所谓花的美,其实不过是我们心中所唤起的一种感情而已。而我们把这种感情更移入花中而感到好花的美。所以对象的美实在不外是对于对象所投影的自己的感情罢了。"①第四种是艺术观照的态度。范寿康介绍了康德的无利害学说、布洛的心理距离说、克罗齐的直觉说。布洛和克罗齐的学说,在当时处于美学的前沿。

第三章是美的形式原理。在这一章中,范寿康介绍了三种形式美的学说:第一种是多样统一原理,第二种是通相分化原理,第三种是君主从属原理。这些原理都可以归结到有机统一的原理之下,是有机统一的不同表达形式。

第四章是美的感情移入。该章分为两节,第一节分析感情移入的概念和种类,第二节分析美与丑。范寿康关于美丑的讨论很有意义,其中有这么几个要点值得关注:首先,只有在审美或者感情移入的范围内,才有美丑的问题。未进入审美的范围,就无所谓美丑。因此,在审美范围内,美丑相对;但是,美丑又共同与非美丑相对。美丑是美学领域内的事情,在美学之外无所谓美丑。关于美,范寿康分析了四个方面的价值:与感官相关的物象的价值,物象固有的价值,物象所表现的生命的价值,由美的观照撞入我们内心里面来的价值。总起来说,"美的价值要不外是一种感情移入上的价值"②。换句话说,美就是能让感情顺利移入的事物。如果某物不仅能让感情移入,而且能够让人一往而情深,那么该物就是大美之物了。范寿康说:

这样,美要不外是同情于对象的人格这件事,所以美的感情当

① 范寿康:《美学概论》,第 16—17 页。
② 同上书,第 78 页。

中必然地含有"深"的感情。我们当观照美的对象时,我们常常感到对象很自然地引导我们到人格的深处。在这种时所,我们不但在我们的人格的表面上感到喜怒哀乐,并且能够体验到我们自身人格积极的一致的活动。使我们的人格从根底上起这一种积极的一致的活动的东西,方才是美。某一种物象愈能导我们于我们自身的人格的深处,愈能使我们发见对象于我们的人格含有意义的内容,那么,这种物象也就愈当得起美这个名称了。①

范寿康对于丑的认识尤其值得玩味。所谓丑,就是美的反感。如同美的事物一样,丑的事物也要求我们潜入它的深处,与它合二为一。但是,由于丑与自我的理想相反,最终的结果是破坏这种合一,成为与我无关的外物。范寿康说:

> 本质的理想的自我却起来反抗,加以排斥。因为丑的物象与我们内心的要求互相矛盾,所以我们当对待丑的物象时我们常常会有一种想脱离感情移入的自然倾向。我们看到丑的物象,最能经验到自我的分裂。所谓外界,如果是因自我的分裂方才发生的,那么,我们可以说从自我的内容中最先被我们抽出而放掷于外界的,就是丑的物象了。照这样说来,自我的障碍——丑——也可以说是最初创造外界的东西。不然,物我一致,内外合一,还有什么外界与非外界之分?②

范寿康关于丑的这种认识,比较深刻。美与丑的区别,除了形式上的区别之外,又有了一种本体论上的区别:丑的事物是外在事物,美的事物是内在事物。

第五章是美的各种分类。范寿康讨论了三对范畴:崇高与优美,感觉美与精神美,悲壮与滑稽和谐谑。崇高与优美、悲剧与喜剧是今天在

---

① 范寿康:《美学概论》,第 86 页。
② 同上书,第 87 页。

美学教科书中经常见到的审美范畴。感觉美与精神美则不太常见,或者不被认为是审美范畴,因为它们并不是两种相互区分的风格,更多的像是相互区分的领域。

第六章是美的观照与艺术。这一章分为两节:第一节是美的观照,第二节是艺术。关于美的观照,范寿康做了一个这样的定义:"所谓美的观照,以眼一闭之,就可以说是否定与凝集。换言之,所谓美的观照,就是指我们把其他一切的诱惑加以断绝而专一地陶醉于对象生命里面而言。"①进一步说,美的观照有两个条件。第一个是隔绝现实的利害,不管对象是现实的还是非现实的,对于对象是否存在不予表态。第二个是自我完全没入对象的深处,陶醉在对象里面,与对象协同形成一种生命的流动。经过审美观照,美的对象超越了现实与非现实的区分,具有观念性、分离性、客观性、实在性。所谓客观性和实在性,并不是指对象的现实性,而是指对象的深度真实。"正因为超越了现实非现实的问题,只是单纯地绝对地呈现在我们面前,所以我们才能够沉潜在那对象的生命中,才能够体得对象的生命所有的深处。对象如不是获到这一种实在性,那么,我们对象之间只有冷淡的对立,二者中间永远地隔着一道墙壁,断不能相互渗透,融合一致。"②这就是范寿康特别强调的审美深度。审美可以揭示自我和对象的深度,透过表面触及基底,所谓的客观性和实在性是就深度和基底而言,不是就外在对象而言。深度是审美观照的重要特征,它是"没的实性的一面,而且是构成美的意义的最根本的条件。美的观照对于对象更与以一种深度。这叫做'美的深'(Aesthetische Tiefe)"③。

关于艺术,范寿康认为其本质是表现,用艺术表现来唤起我们的审美态度,强化审美对象的观念性、分离性和客观性。范寿康说:

---

① 范寿康:《美学概论》,第 199 页。
② 同上书,第 204—205 页。
③ 同上书,第 207 页。

　　为准备引起我们的美的态度起见——换言之，为给与对象以观念性、分离性及客观性起见，艺术不得不采用特殊的手段。这特殊的手段，就叫做艺术的表现（Darstellung）。我们把我们想加以表现的生命先与现实关系绝缘，然后更把来放到与那种现实完全异趣之官能的对象里面去。如雕塑则将人体的形式与生命移植到那无生命的金石上面，音乐则使人类的内面的历程与声音结合，文学则将行为或事件藉言语的媒介放入空想的世界。由了表现，生命乃与现实绝缘，而由了与新的官能的形体的结合，美的境域乃与其他的观念世界得以区别。这样看来，我们可以知道艺术的世界乃是一个彻底独立的而且是有组织的完全的世界。而为构成这样的世界起见，我们采用的方法就是表现，所以表现也即是艺术的本质。①

除了将艺术的本质确立为表现之外，范寿康还对艺术与自然美之间的区分做出了分析，认为将二者截然分开的看法是错误的。范寿康说：

　　凡对象的美要由着我们的美的观照方才成立；那么，某一物象，不论其为自然，或为艺术，尚想成为美，都不可不先行上述的种种的变质。要不是把这种物象与现实的世界绝缘，不把这种物象与内心中其他的观念界分离，另构成一个独立的世界；而这独立的世界，要是不浸透我们的内心而诱引我们充分的鉴赏；那么，就是自然美也是不能成立的。而在他方面，所谓艺术之美的意义，也正在准备着，或要求着这样的美的观照这一点。这样看来，一切的自然，也必待成为我们想象中的一个艺术品的时候，也必待我们把自然当做材料在我们的空想中构成一个艺术的时候，自然之美的意义才能发生。当我们对于对象能够抑制种种现实的欲求的时候，当我们能够把对象移到观念的世界，并且能够把来完全放在理知的考察的范围以外的时候，那自然对于我们才能发生美的意义。反之，我们如不能离

---

① 范寿康：《美学概论》，第 214 页。

开现实,创造"形象",那么,一切自然美就都不能存在。①

总之,范寿康的《美学概论》建构了一个以审美态度和审美经验为中心的现代美学体系,核心是审美观照,辅以形式美、审美范畴和艺术等等的分析。第二章标题为美的经验,其实讨论的是审美态度。第四章标题为美的感情移入,其实讨论的是审美经验。在范寿康采用的术语中可以看出,美既可以指所谓美的对象的本质,也可以指一种特别的风格如优美,尽管他并没有就这两种用法做出明确的区分。当然,就《美学概论》作为一个美学体系来说,仍有诸多不完备的地方。比如,关于美的形式分析,与其他章节没有必然联系。此外,审美态度理论在不同章节中都有出现,形成了不必要的重复。

与范寿康的《美学概论》不同,陈望道的《美学概论》没有贯彻立普斯的移情说,采取了更加朴素的看法。对于当时如日中天的立普斯的美学,陈望道也很了解,只不过他似乎不是特别的认同。在《美学概论》的后记中,陈望道透露他曾经采用立普斯的学说编过一本美学书,不过"不久即自觉无味,现在原稿也已不知抛在那一只书箱里去了"②。陈望道将美学的研究对象分为三个方面:(1) 美;(2) 自然、人体、艺术;(3) 美感、美意识。③ 尽管陈望道倾向于采取心理学的方法来研究美的问题,但是他并不排斥哲学和社会学的研究方法。陈望道说:"本书虽想把心理学的一方面,当做主体;但因为要不拘泥于一面,有时也触及社会学的研究之类的方面。所以把'美''艺术''自然''美感''美意识'等,一概取作美学底对象。"④从总体上来看,陈望道的《美学概论》是以审美经验也即美感或美意识为中心的,他从美意识的概念分析入手,讨论美的材料、美的形式、美的内容、美的感情、美的判断,从而构成了比较完备的美学体系。

1928 年出版了许多美学方面的著作,参与出版工作的出版社也为数

---

① 范寿康:《美学概论》,第 211—212 页。
② 陈望道:《美学概论》,第 2 页,上海:民智书局,1927 年。
③ 同上书,第 13 页。
④ 同上书,第 16 页。

不少。比如,徐庆誉的《美的哲学》由中华书局出版,李寓一的《裸体艺术》由现代书局出版,邓以蛰的《艺术家的难关》由北京古城书社出版,华林的《艺术文集》由上海光华书局出版,丰子恺翻译的黑田鹏信的《艺术概论》由开明书店出版,林柏翻译的普列汉诺夫的《艺术论》由上海南强书局出版,陈望道翻译的青野季吉的《艺术简论》由上海大江书铺出版,徐霞村翻译的麦科尔文的《艺术的将来》由北新书局出版,沈端先翻译的本间久雄的《欧洲近代文艺思潮论》由开明书店出版。

徐庆誉的《美的哲学》全书分十六章:第一章讨论美的根本问题,如美的起源、美的性质、美与人生的关系等等;第二章介绍文艺上表现美的三种主义,如象征主义、古典主义和浪漫主义,其实这就是黑格尔根据他的美的理论所区分的三种艺术类型;第三章至第八章分别讨论不同艺术门类对美的表现,包括建筑、雕塑、绘画、音乐、诗歌和舞蹈,其中也可以看到黑格尔的明显影响;从第九章开始,着重研究艺术与其他活动的关系,如美术与两性、美术与家庭、美术与政治、美术与宗教等等。这里所说的美术,不只是指造型艺术,而是指所有的"美的艺术",包括各门类的艺术在内。作者将美视为精神的产物和生命的本体,介乎物我之间又统一于物我之中,在时空中表现又不受时空的局限。这种美,在人生之中可以起向导和桥梁的作用,帮助人生由有限达到无限,由不完全实现完全。

黑田鹏信的《艺术概论》是一本艺术哲学著作,分十一章,讨论艺术的本质、分类、材料、内容、形式、起源、制作、手法与样式、鉴赏与效果等。作者将艺术定义为美的情感的发现,强调了艺术具有虚构性、无利害性、个体独创性、时代性和民族性等特性。在讨论艺术的起源时,介绍了模仿说、游戏说、表现说、装饰说、冲动说、美欲说等学说。作者还将美学与艺术学区别开来,认为美学可以分为哲学美学和心理学美学,艺术学与心理学美学关系密切。作者特别指出,当代美学有向心理学美学发展的趋势,因此与艺术学关系更加密切。

1929 年有不少艺术哲学著作问世,如徐蔚南的《艺术哲学 ABC》由世界书局出版,柯仲平的《革命与艺术》由上海狂飙出版社出版,叶秋原的《艺术之民族性与国际性》由上海联合书店出版,水汶翻译的波格达洛夫的《新艺术论》、鲁迅翻译的卢拿卡尔斯基的《文艺与批评》、雪峰翻译的卢那卡尔斯基的《艺术之社会的基础》由水沫书店出版,艺园翻译的麦克林的《民众艺术夜话》由世界文艺书社出版,蒋径三翻译的金子筑水的《艺术论》由明日书店出版,伊人翻译的理查兹的《科学与诗》由华严书店出版,杨伯安翻译的青山为吉的《美的常识与美术史》由乐群书店出版。

徐蔚南的《艺术哲学 ABC》实际上是丹纳的《艺术哲学》第一编的改编,读者从中可以看到对艺术的科学研究方法。卢拿卡尔斯基和普列汉诺夫的著作的翻译出版,读者从中可以看到马克思主义美学的观点和方法。特别值得指出的是理查兹的《科学与诗》,英文原著 1926 年出版,三年后就出版了中译本,由此可见当时中国美学界能够及时接收国际美学界的新成果。理查兹是新批评的创始人,强调对文本的细读。在《科学与诗》中,理查兹突出了诗歌与科学的区别,诗歌的目的是情感的表达,与追求真理的科学不同。丹纳、俄国马克思主义美学家和理查兹,代表三种风格迥异的美学。由此可以看出,中国美学界最初在传播西方美学时,采取了全盘拿来主义,并没有受到意识形态和文化传统的局限。

1930 年,曾仲明的《艺术与科学》由上海嘤嘤书局出版,向培良的《人类的艺术》由拔提书店出版,李朴园的《艺术论集》和鲁迅翻译的普列汉诺夫的《艺术论》由光华书局出版,刘呐欧翻译的弗理契的《艺术社会学》、雪峰翻译的普列汉诺夫的《艺术与文学》、戴望舒翻译的伊可维支的《唯物史观的文学论》由水沫出版社出版,王集从翻译的青野季吉的《新艺术概论》由上海辛垦书店出版,曾觉之翻译的吉赛尔的《罗丹艺术论》和罗丹的《美术论》由开明书店出版,之成翻译的藏原惟人的《新写实主义》由现代书局出版,孙俍工翻译的田中湖月的《文艺鉴赏论》由中华书局出版。

向培良的《人类的艺术》是一本论文集,收录美学、文学理论和戏剧理论方面的文章共七篇。其中在《人类底艺术》一文中,作者批判了当时流行的艺术起源论,如游戏论和弗洛伊德的性冲动理论,认为艺术起源于人类自我表现的天性。作者认为,自然本身无所谓美丑,只有经过人的感觉之后才有美丑。能引发人类共同感觉的东西就是美,否则就是丑。凡是美的东西,都是有益于人的东西。

卢那卡尔斯基的《艺术论》也是一本论文集,由《艺术与社会主义》、《艺术与产业》、《艺术与阶级》、《美及其种类》、《艺术与生活》等五篇论文组成。在这些文章中,卢那卡尔斯基阐发了他的唯物主义美学观,力图从生理学、心理学和生物学的角度去解释美、审美和艺术。

1931 年,吕澂的《现代美学思潮》和傅东华翻译的克罗齐的《美学原论》由商务印书馆出版,林文铮的《何谓艺术》由光华书局出版,沈起予翻译的埃尔克维兹的《艺术科学论》由现代书局出版。克罗齐的美学理论在 20 世纪上半期产生了巨大的影响,中国美学界对克罗齐理论的引进和吸收也相对较早。

1932 年,朱光潜的《谈美》由开明书店出版,王钧初的《辩证法的美学十讲》由长成书店出版,俞寄凡的《艺术概论》由世界书局出版,徐朗西的《艺术与社会》由现代书局出版,丰子恺的《艺术教育》由大东书局出版。朱光潜的《谈美》成了流传甚广、脍炙人口的著作,在传播西方美学方面起了重要的作用,对此我们在朱光潜专章做具体讨论。

王钧初的《辩证法的美学十讲》是一本很有特点的美学著作。第一讲的主题是韵律,讨论韵律的起源。作者认为,韵律起源于人与自然的构合上。第二讲的主题是天才。作者认为,天才不能超出自然和社会环境的限制。第三讲的主题是个性和流派。与对天才的理解一样,作者认为个性和流派是在教育和环境的影响下形成的。第四讲的主题是概念与现象问题。在作者看来,概念与现象的关系,相当于浪漫主义与现实主义的关系,二者不是截然对立的:概念需要借助现象来表现,现象中包含概念的暗示。第五讲的主题是个人的艺术与社会的艺术的关系。作者认为,在资本主义社会,个人的艺术与社会的艺术相对抗。在社会主义社会,个人的艺术可以充分表现社会的精神,从而达到个人与社会的真正统一。第六讲的主题是检讨丹纳的艺术哲学。作者认为丹纳的种族决定论是错误的,违反了经济决定论的普遍规律。第七讲批判了以艺术代宗教的学说。作者认为,艺术并不是为了取代宗教而产生的,艺术是社会经济综合条件的外形表现。一句话,艺术是社会生活的反映。第八讲集中批判形式主义。作者认为,艺术的目的是反映社会现实,表达社会理想,而不是为形式而形式。第九讲阐述艺术家、评论家和观众之间的关系,作者认为这三者是密不可分的。艺术的动力,源自于对伟大的社会生活的呼唤。第十讲的主题是艺术史。作者认为,艺术的发展与社会的变革一致。从社会发展史的规律来看,艺术必然会从资产阶级手中转移到无产阶级手中。王钧初的《辩证法的美学十讲》,自觉地运用了马克思主义的观点和方法来分析美学和艺术中的重要问题,提出了一些非常新颖的见解。

1933 年,俞寄凡的《人体美之研究》由申报月刊社出版,张泽厚的《艺术学大纲》由光华书局出版,陈易翻译的格罗塞的《艺术之起源》由大东书局出版,王任叔翻译的居友的《从社会学的见地来看艺术》、森堡翻译的川口浩的《艺术方法论》由大江书铺出版,范寿康编译的伊势专一郎的《艺术之本质》由商务印书馆出版,陈介白翻译的叔本华的《文学的艺术》由人文书店出版,高明翻译的芥川龙之介的《文艺一般论》由光华书局出版。在这些著作中,格罗塞的《艺术之起源》产生了重要的影响。格罗塞不仅将艺术的起源追溯到史前人类的社会生活,认为艺术起源的地方就是文化起源的地方,更重要的是他将关于艺术的科学研究与哲学研究区别开来了,提倡用人类学、民俗学和历史学的实证的方法来研究艺术,而不只是用哲学的思辨方法来研究艺术。

1934 年,李安宅的《美学》由世界书局出版,丰子恺的《艺术趣味》由开明书店出版,张伯符的《欧洲近代文艺思潮》由商务印书馆出版。李安宅的《美学》包括绪论和上中下三篇。上篇为"价值论——什么是美",中篇为"传达论——怎样了解美";下篇为"各论——几个当前的问题"。作者认为,美学研究的领域可以区分为艺术家、艺术品和欣赏者三个部分;

真正的美存在于艺术家和欣赏者的心理状态之中,是内在的;艺术作品是内在的、真正的美的投射,是外在的美或者美的记号和表现。

1935 年,钱歌川的《文艺概论》由中华书局出版,倪贻德的《艺术漫谈》由大光书局出版,施蛰存翻译的里德的《今日之艺术》由商务印书馆出版,梵澄翻译的尼采的《启示艺术家和文学家的灵魂》由生活书店出版。钱歌川的《文艺概论》共分四章,第一章为艺术概论,第二章为文学概论,第三章为美术概论,第四章为音乐概论。从这种篇章安排来看,第一章其实是全书总论,它所讨论的问题适用于后面三章。这些问题包括艺术的本质、构成、分类、起源等等。后面三章讨论的门类艺术,一方面包括第一章的原理在不同的艺术门类中的运用或体现,另一方面也包括探讨不同艺术门类的特征。尽管用的例子不少来自中国,但基本理论大多是西方的。

1936 年,朱光潜的《文艺心理学》由开明书店出版,林风眠的《艺术丛论》和金公亮的《美学原论》由正中书局出版,章泯的《悲剧论》和《喜剧论》由商务印书馆出版,张牧野的《现代艺术论》由友诚出版社出版。朱光潜的《文艺心理学》可以说是一部划时代的著作,标志中国美学界对西方现代美学的接受已经完成。《文艺心理学》将西方现代美学的核心观点巧妙地组成一个体系,可以说是一部标准的西方现代美学体系著作。我们随后在朱光潜专章中予以讨论。

由于抗日战争爆发和接下来的解放战争,美学研究如同其他学科的研究一样,受到较大的影响,出现了相对的停滞。中国美学界对西方美学的接受,有较大一部分是借道日文转译过来的,中日战争爆发后,对日文著作的翻译和出版势必受到影响。随后中国进入无产阶级意识形态与资产阶级意识形态的对抗之中,随着新中国的成立,无产阶级意识形态取得统治地位,体现资产阶级意识形态的西方美学成为批判的对象,在中国不可能得到传播和深入的研究。

第三节　吕澂对西方美学的传播

对于西方美学在中国的传播,吕澂(1896—1989)在早期做出了重要贡献。吕澂原名吕渭,字秋逸,江苏丹阳人,曾就学于常州高等实业学校农科、南京国民大学经济系、金陵刻经处学习和研究,1914年东渡日本学习美学和美术,第二年回国任上海美术专科学校教务长,从事美学和美术史研究,在较短时间内发表了多部研究美学的著作,其中包括《美学概论》、《美学浅说》、《现代美学思潮》、《晚近美学说和美的原理》等。

1919年吕澂与陈独秀在《新青年》杂志就"美术革命"发表各自的看法。与陈独秀主张用西洋写实绘画来取代中国传统文人画的激进看法不同,吕澂的看法比较温和,更接近纯粹的学术主张而不是立场鲜明的革命。吕澂的主张包括四个方面:一是阐明美术范围与实质;二是阐明唐代以来的书画、建筑、雕塑的源流理论;三是阐明欧美美术界各画派现况;四是以美学印证东西新旧各种美术,了解是非真理。[1] 值得注意的是,吕澂对艺术和美术做了区分,明确将用美术来指称绘画、雕塑、建筑之类的空间艺术,而将音乐、绘画、文学、戏剧等等归结到艺术的名下。吕澂的这种用法,与蔡元培等人的用法不同。在蔡元培那里,美术的含义与吕澂所说的艺术相当。蔡元培还没有用一个单独的词语来统称所谓的造型艺术。由此可见,在艺术领域中,有三个不同层级的词语:一个是诸如绘画、雕塑、音乐、舞蹈、诗歌、小说等等的艺术门类,另一个是指称所有艺术门类的艺术,还有一个介于二者之间的词如美术和文学。美术可以包括绘画、雕塑和建筑,文学可以包括诗歌、小说和散文。用美术一词来指称造型艺术,吕澂算是用得比较早的一位了。

1920年,吕澂在《东方杂志》第17卷第5期上,发表了介绍德国美学家立普斯的思想的文章,题目是《栗泊士美学大要》,署名"澂叔"。在这

---

[1] 吕澂:《答陈独秀〈论美术革命〉》,《新青年》第六卷第一号(1919年),第84—85页。

篇文章中,吕澂介绍了立普斯关于美和艺术的看法,这也是西方现代美学的两个重要问题。尤其是在美的问题上,吕澂转述的立普斯的观点,至今仍然有启示意义。

在介绍立普斯关于美的看法时,吕澂从四个方面来阐述,层层递进,清晰地勾勒了立普斯的美的观念:"美也者,物象自存之人格价值,由吾人纯粹观照所体会者也。析言其要,凡有四义:其一,美为物象之价值。其二,美为物象之自存价值。其三,美为物象自存之人格价值。其四,美之价值,由吾人纯粹观照所体会而得。"①

这四层含义不是并列的,而是递进的。第一层含义强调美是可以由感官识别的外部事物的价值。强调这一点的目的,是要将美的事物与一般对象区别开来。只要是人能够思维的东西,都可以是对象,各种抽象对象和超现实对象都可以是对象,但不是物象。强调美是物象而不是对象,着重突出的是美的感觉特征。物象是可以由视听嗅味触等感官来感受的,某些对象只能是思考的对象,而不能是感觉的对象。第一层含义将能思维而不能感觉的对象排除在美之外。

第二层含义区别了物象的自存价值与效用价值。有些价值是物象本身具有的。比如对长空而气爽,长空气爽是苍天自身具有的价值。有些价值是满足其他目的的工具,这些价值不属于物象自身,而在于目的的实现。比如闻优语而解颐,滑稽幽默的语言之所以有价值,在于让听闻者感到快乐。当然,这种区分也不是绝对的。具有自存价值的事物,也可以具有效用价值。具有效用价值的事物,也可以具有自存价值。关键在于价值评判的角度。总之,第二层含义表明,美只与物象的自存价值有关,与效用价值无关。

第三层含义着重说明美的价值是物象的自存价值与人格价值的契合。物象具有许多自存价值,或者说任何物象都有自存价值,但不是物象的任何自存价值都是美的。只有物象的自存价值与人格价值发生关

---

① 澄叔:《栗泊士美学大要》,《东方杂志》,第 17 卷 5 期(1920 年),第 69—70 页。

联,或者成为人格价值的投射或移入,它才能算作美。这层含义着重在物象或者物象的自存价值之间进行区分,强调美是一种特别的物象,或者物象的一种特别的自存价值。

第四层含义着重说明美的价值是一种特别的人格价值。不是所有移入的情感都是美的,只有那些纯粹的、超功利的情感才是美的。美感起源于物象的自存价值与纯粹人格价值的契合,我们凭借这种契合将物象判断为美的。如果不是契合而是矛盾,我们就将物象判断为丑的。

1923年吕澂出版《美学概论》和《美学浅说》。吕澂的《美学概论》与范寿康的《美学概论》一样,都是对阿部次郎的《美学》的编译,除了有不同的侧重之外,范寿康的版本在总体上比吕澂的详细。鉴于前面已经较详细地介绍了范寿康的《美学概论》,这里就不再介绍吕澂的版本了。《美学浅说》的内容基本上以审美态度和移情为主,与《美学概论》中的主要观点没有重要的区别。

1924年,吕澂出版了《晚近美学思潮》,后更名为《现代美学思潮》。该书最后简述作者的撰述过程,从中可见它是在德国美学家摩伊曼的著作《现代的美学》的基础上编译而成。作者在江苏省立第一中学高三级讲授美学,曾据摩伊曼的著作编写讲义,后来将讲义修订成书出版。不过,该书"大体以摩氏之书为据,并非全译;中间既加入好些别的材料,又全略去原书的最后一章——美的文化——未用"[1]。

尽管《现代美学思潮》与《美学概论》一样,都是基于当时流行的心理学美学编撰而成,但是它们的观点在许多方面有所区别。在研究对象上,有从主观美感过渡到客观艺术的趋势。在《美学概论》中,吕澂指出美学有两种研究方法,一种是心理学,一种是社会学或者人类学。"前者侧重主观美感,后者侧重客观艺术。今既不取艺术为美学对象,则所用科学方法,唯有心理学的也。"[2]但是,到了《现代美学思潮》中,艺术成了

---

[1] 吕澂:《现代美学思潮》,第93页,上海:商务印书馆,1931年。
[2] 吕澂:《美学概论》,第2页,上海:商务印书馆,1923年。

核心内容,因为艺术被视为美的纯粹形式的体现。"最能表白美的纯粹形式,再无过于艺术,以'美的要求'为中心的人间活动也在无纯粹于关系艺术的活动。"①"美学所研究的也就是以艺术为中心而构成的'美的世界'。"②

对于美学的学科性质,吕澂在《现代美学思潮》中的认识比在《美学概论》中的认识更加清晰。在《现代美学思潮》中,吕澂从四个方面对美学学科做了规定:

> 第一,美学是一种学的知识。……凡知识愈概括,愈有组织,又愈抽象,那便愈成为学的。美学呢,现在就以关于美的概括组织又抽象的知识为主,所以说是种学的知识。

> 第二,美学又是一种精神的学。……假想离开了能经验的心,所残余的必是些事物(被经验的)间相互的关系,这就系自然现象,而处理如此现象的学问就系自然科学或物的科学。假使单就受物所刺激而活动的心说,那只是精神现象,而研究那些的学问便属于精神的学。在如此意味上,美学不容说是种精神的学。

> 第三,美学又是种价值的学。……万事万物对于人们意味各有不同,价值随之不一。学以价值做对象研究,就称价值的学。美学研究事物怎样是美,同时研究怎样是丑,决不能等观二者毫无区别,所以又属于价值的学问之一种。

> 第四,美学又是规范的学。……说到事物的美丑,亦复有究极的规范在着,所谓"美"便是。有些学者区别法则为说明的和规范的两样。美学研究美之所以为美,并指出可以为美的法则来,自然属于规范的法则,而有成功规范学问的可能。③

这四个方面的规定综合起来,给了美学明确的学科定位。作为学的

---

① 吕澂:《现代美学思潮》,第 2 页。
② 同上书,第 3 页。
③ 同上书,第 6—9 页。

知识,可以将美学与美学研究的对象区别开来。美学研究美和艺术,但美学本身不是美和艺术。美学是一种抽象的理论学科,属于哲学的范围。作为精神的学,可以将美学与自然科学或者物的科学区别开来。美学不是像物理学、化学、天文学等等那样,是对客观存在的物的研究,而是对受物的刺激而形成的心理活动的研究,属于精神科学或者人文学科。作为价值的学和规范的学,可以将美学与一般的自然科学和社会科学区别开来。一般的自然科学和社会科学只研究事实,对构成事实的因果规律做出说明,无需对事实做出价值判断,也无需确立一个标准来规范事实。美学是一种价值科学,因为美学不仅说明美丑的区别,揭示构成美丑的基本原理,而且要教导人们爱美恶丑,用美的标准来规范我们的行为。

总之,美学是对美和艺术的抽象研究或者哲学研究。鉴于艺术被确立为美学研究的主要对象,该书最后两章专门讨论艺术,第四章研究艺术创作,第五章研究艺术的本质和起源,在今天看来,它们都可以归入艺术学之中。

吕澂首先指出,研究艺术创作可能面临的各种困难。通常情况下,研究者不是艺术家,没有艺术创作的经验;而且,艺术创作完全是个人行为,不同艺术门类的创作情况也非常不同,很难有普遍规律可言。尽管这些困难明显存在,但并不能因此取消有关研究,因为特殊性中仍然存在普遍规律。吕澂说:

> 艺术作家各用各的感觉记忆想象等等乃至动作语言等等都见其毫不雷同,而其为感觉记忆乃至动作语言则无不同。换句话说,各个作家谁都凭着耳目去视听,而见着青黄赤白,听得抑扬高低,谁都一样的;更进而对于颜色声音有一定情绪,又谁都相去不远。加之,作品的各方面因方法和材料的制约而有某种规范,不是漫无涯际不可捉摸。像这许多方面就得为心理学乃至科学的研究对象,而创作研究当然非不可能。[1]

---

[1] 吕澂:《现代美学思潮》,第 53 页。

关于艺术创作的研究,吕澂认为可以从主观和客观两个方面进行。主观的研究,是从艺术家进行创作时的心理状态入手,总结出一般的规律来。有关艺术创作的主观研究,需要研究者用自己的经验来验证。如果研究者没有相应的创作经验,他对艺术创作的主观研究就会显得隔膜或者肤浅。但是,美学的学科性质是抽象的理论科学,而艺术创作更多地建立在直觉的基础上。进一步说,美学研究与艺术创作是两种不同的精神活动,前者运用的是抽象思维,后者运用的是形象直觉。正因为如此,美学研究者一般很难兼顾艺术创作;艺术创作者,一般也很难兼顾美学研究。更何况艺术家的创作一般都限于某种艺术门类,很难有艺术全才,通晓各种门类的创作。美学研究关注的不是某个艺术门类的创造,而是所有艺术门类的创作,是艺术创作的一般规律。由此可见,要美学研究者通过反观自己的创作经验来总结艺术创作的一般规律,这是一个不可能完成的任务。有关艺术创作的主观研究的局限性,是非常明显的。没有客观研究,艺术创作的理论要么不够全面,要么不够深入。

艺术创作的客观研究,可以从三个方面进行:

> 第一,依据作家关于自己创作活动的意见和省察。这有他人和作家的对话,作家的传记,自叙,乃至作家创作发展的时期形迹变化,在在都可以利用。第二,有艺术种类的比较考察,和各个艺术品性质的比较,而归纳的创作艺术品所必须的活动种类。第三,就作家的创作实际观察,而明白他们如何征服材料上所有的拘束。[1]

除了从这三个方面进行客观研究之外,吕澂还推荐了一种更加普遍的方法,他称之为比较法。所谓比较法,就是将艺术创作与其他人类活动进行比较,通过其他人类活动来了解艺术创作,因为艺术创作活动与某些其他人类活动有类似的地方。

对于当时流行的艺术创作研究方法,吕澂总结了三种:第一种是由

---

[1] 吕澂:《现代美学思潮》,第 54 页。

哲学家做出的抽象研究。这种研究与实际创作关系不大,但能揭示创作活动的本质特征。第二种是由艺术家关于自己的创作经验的说明。这种研究与实际创作关系密切,但会有艺术家的偏见,需要仔细甄别。第三种就是所谓的比较研究。我们不妨称之为艺术学的研究。它既不同于哲学美学研究,也不同于艺术家的传记,它既可以克服哲学美学研究的空泛性,也可以克服艺术家自叙的片面性。

吕澂在介绍当时流行的艺术创作学说之后,对于模仿、游戏、表现、再现、天才等做了具体的说明,最后对艺术活动做了一个定义:

> 艺术活动是这样一种活动,用有"美的易解性"而且适应于各艺术种类的"直观的方法",在作品中,将那从各个人格个别且直观的结构成的实在,向外表现出来。但那作品单为着作家要完全表现他内面体验的一种目的而制作,所以这样目的就存在艺术的自身。[1]

从这个定义的一些关键词中,我们可以总结出艺术活动的一些要点:首先,艺术活动的对象具有美的外观,这种外观是清楚明白、尽人皆知的;其次,这种美的外观是艺术家直觉到,并且以具体或者个别的实在表达出来的;再次,艺术活动的目的在于艺术自身,是艺术家表达的需要。

从吕澂关于艺术创作活动的定义中可以看到,他心目中的艺术是19世纪欧洲的艺术。这种艺术突出了它的自律性和个体性,艺术是天才的个人行为,目的是"为艺术而艺术"。

吕澂用"艺术之美学的考察"作为第五章的标题。在这个标题下,还有一个副标题:"艺术学和艺术论"。所谓艺术学,就是一般艺术学,或者广义艺术学,是从人类学、社会学、历史学等等方面,用比较的方法,讨论艺术的起源和发展问题。所谓艺术论,可以说是狭义艺术学,是对艺术的定义和分类进行的哲学研究。吕澂对两种艺术学的研究方法做了这

---

[1] 吕澂:《现代美学思潮》,第71页。

样的说明：

> 其一，比较各个时代各种民族的艺术而努力阐明其本质，这就
> 属于"艺术品之研究"。其二，以上一种研究为基础而组成概括的定
> 义，并加以合理的分类，这都以概念的确立为主，可以说是"狭义的
> 艺术论"。①

为了叙述方便，我们姑且将第一种研究称之为一般艺术学，将第二
种研究称之为狭义艺术学。在一般艺术学中，吕澂介绍了艺术史研究，
比如沃尔夫林和罗斯金等人的研究；艺术起源研究，比如斯宾塞的研究。
对于格罗塞的艺术起源学说，做了相对详细的介绍。从这些介绍中可以
看到，吕澂特别重视用比较的方法，从人类学和文化史的角度，来阐释艺
术的起源和风格演变。这部分内容，构成一般艺术学的主要内容。

狭义艺术学涉及艺术的定义和艺术的分类。关于艺术的定义，吕澂
介绍了两种不同的看法：一种是将艺术视为个人人格的产物，将艺术品
视为艺术家的人生观和世界观的表现，可以从心理学的角度来发掘艺术
的本质；一种是将艺术视为社会影响的产物，打上时代、民族、社会思潮
的烙印，可以从人类学、社会学、文化学等角度来研究艺术的本质。

吕澂着重介绍了艺术分类的各种学说。吕澂首先指出艺术分类学
说非常驳杂，不过"其主要分歧点也不出乎见地上有心理的和客观的之
不同。在后一种见地中，还可分别出形式的，观念的，个人的，进化论的
种种"②。吕澂还指出，有一种纯理论上的艺术分类。比如，"有从人性本
质中涌出的纯艺术，所谓跳舞，音乐，诗歌，此为原始艺术之一类。又有
藉无情物质为材料的艺术，像建筑，雕刻及绘画，别为一类……"③随后，
吕澂介绍了当时几种流行的艺术分类理论，如冯德的理论和立普斯的
理论。

---

① 吕澂：《现代美学思潮》，第73页。
② 同上书，第89页。
③ 同上书，第90页。

《现代美学思潮》对于美学的学科性质、美学的历史发展、审美心理、艺术创作、艺术本质和分类等做了简明的介绍，可以说是美学与艺术学的结合。即使今天回过头来看，也有不少参考价值。

第四节　早期西方美学传入的几个特点

从上述考察中可以看出，早期西方美学传入中国有如下一些特点。

1. 即时性

尽管 19 世纪末 20 世纪初的传播技术远较今天落后，但它对西方美学在中国的传播并未造成太大的影响。欧美出版的研究成果，通常在五到十年之内就传播到中国。考虑到当时的出版周期较长，其中不少成果还转道日本，这种传播速度已经快得令人叹为观止了。当时中国学者在接受西方美学上并没有意识形态上的障碍，属于全盘接收。好的一面是及时反映了欧美美学界的研究成果，不好的一面是由于没有经过时间的过滤，进入中国的欧美美学成果鱼龙混杂。由于一味追逐潮流，像黑格尔的《美学讲演录》、康德的《判断力批判》、鲍姆嘉通的《美学》这样的经典著作，却没有得到译介。另外，像鲍桑葵的《美学史》这样的全面梳理美学发展历史的著作也没有翻译。经典著作的翻译的缺乏，影响了中国美学界对于美学的深入理解。

2. 译介性

与即时性相应，早期中国学者对欧美美学著作的传播多半停留在译介的水平上，很少有深入的研究，也很少用西方美学的观点和方法来反观中国的文学艺术。鉴于当时信息沟通不便，学术规范不严，不少成果有重复之嫌。比如，吕澂的《美学概论》和范寿康的《美学概论》内容基本一致，都是阿部次郎的《美学》的编译。几种形式美的规律，在各种美学著述中反复出现，内容大同小异。

3. 美学原理的雏形

尽管中国学者对于欧美美学成果缺乏深入的研究，但是从他们选择的内容上来看,美学原理的核心内容都已经具备。比如,审美态度、审美经验、美的本质、审美范畴、艺术本质、艺术创作和艺术起源等问题,在当时的译介中都有涉及。一个以审美经验和艺术问题为核心的美学体系,已见雏形。当时的美学著述,多半是为教学服务的,大致相当于教师编撰的教材,尽管在学术深度上有些欠缺,但在美学的普及上做出了贡献。

4. 美学的名称

近来已经有不少考证和讨论美学学科的汉语名称的文章,其中黄兴涛的《"美学"一词及西方美学在中国的最早传播》一文影响较大。他后来又发表《明末清初传教士对西方美学观念的早期传播》一文,将西方美学在中国的传播追溯至 1623 年意大利传教士艾儒略的《西学凡》、1624年意大利传教士毕方济的《灵言蠡勺》、1628 年葡萄牙传教士傅汎际的《寰有诠》、1629 年德国传教士汤若望的《主制群征》、1630 年意大利传教士高一志的《修身西学》等著述中关于美、美好、美学的讨论。① 尽管这些著述中关于美、美好和美学的讨论,在西方现代美学诞生之前,属于基督教传统中关于人格修养的范围,与现代美学关系不大,但是其中的部分内容也可以纳入美学史的研究范围。西方中世纪美学的大部分内容,都是美善不分,与人格修养密切相关。

也有学者指出,将 aesthetics 译为"美学"是一个错误,应该在这个词的希腊文词根的意义上,将它翻译为"感性学"。② 其实,在西方美学传入中国的初期,学者们就知道 aesthetics 的词根是感性学,只不过考虑到美学的译法已经被普遍接受,也就没有把它改译为"感性学"了。比如,黄忏华在他的《美学略史》开篇即写道:

美学,是研究美德(Aesthetic)事实底学问。换句话说,就是研

---

① 黄兴涛:《明末清初传教士对西方美学观念的早期传播》,《文史知识》,2008 年第 2 期。
② 参见宋谨:《感性学:去蔽与返魅》,《天津音乐学院学报》,2011 年第 3 期;陈炎:《"美学"="感性学"+"情感学"》,载《美学》第 3 卷,南京:南京出版社,2010 年;栾栋:《感性学发微——美学与丑学的合题》,北京:商务印书馆,1999 年;Richard Shusterman, "Art and Social Change," *International Yearbook of Aesthetics*, vol. 13(2009).

究在最广义底美。元来美学这个名称，是 Aesthetics（英）底译语，他从希腊文底 $\alpha\dot{\iota}\sigma\theta\eta\tau\iota\kappa\acute{o}\varsigma$ 出来。$\alpha\dot{\iota}\sigma\theta\eta\tau\iota\kappa\acute{o}\varsigma$ 是一个形容词，意思是感觉的，又感性的。[1]

吕澂在他的《美学概论》开篇也介绍了"美学"之名的缘起，他说："美学 Aesthetik 之名，盖自德国学者邦格阿腾 Baumgarten（1714—62）定之。寻其原意，若曰感性的认识学。邦氏固以感性的认识之圆满为美，故此学之实则关于美之学也。"[2]吕澂不仅指出了美学的本义是感性认识，而且说明了把它翻译为美学的原因是鲍姆嘉通认为美是完满的感性认识。总之，汉语将 aesthetics 翻译为"美学"，并不是因为早期译介美学的学者不知道它的本义是感性认识，而是因为美学这种用法在汉语和日语中已经流行，也就沿用下来了。这种情况就像黑格尔对待这个学科的名称的态度那样，尽管他认为最恰当的名称应该是艺术哲学，但还是沿用了鲍姆嘉通的命名。也许我们应该像黑格尔那样，采取约定俗成的用法，"因为名称本身对我们并无关宏旨，而且这个名称既已为一般语言所采用，就无妨保留"[3]。

5. 美学与佛学

最初传播美学的学者，多数对佛学也感兴趣。比如，1917 年在《寸心》杂志上连续刊发美学文章的萧公弼就认为，包括康德在内的西方美学家对于美学的阐述"未尽精详也。今引释氏色、受、想、行、识诸说以明之"[4]。热衷于传播美学的吕澂，也发现佛学与美学之间的密切关系，在《美学概论》的"述例"中指出："述者有志建立唯识学的美学，对于栗氏学说以感情移入为原理，颇与唯识之旨相近者，不禁偏好。"[5]栗氏即立普斯，吕澂发现唯识学与立普斯的移情学说之间关系密切。吕澂随后没有

---

[1] 黄忏华：《美学略史》，第 1 页。
[2] 吕澂：《美学概论》，第 1 页。
[3] 黑格尔：《美学》第一卷，朱光潜译，第 1 页，北京：商务印书馆，1979 年。
[4] 萧公弼：《美学概论》，载《中国历代美学文库》近代卷下，第 641 页。
[5] 吕澂：《美学概论》，第 1 页。

继续研究美学,而是专注于佛学研究,鉴于他认为二者关系相近,这种转变也就不难理解了。与吕澂经历相似,黄忏华也是一位同时研究美学和佛学的学者。除了上述提及的《美学略史》之外,黄忏华还出版了《近代美术思潮》、《美术概论》、《近代美学思潮》等与美学有关的著作,而他出版的佛学著作就更多了。从萧公弼、吕澂和黄忏华这三位早期传播美学的学者的经历中可以看到,美学与佛学关系密切。此外,在李叔同、丰子恺等人那里,我们也可以看到美学与佛学的亲缘关系。总之,美学与佛学的亲缘关系,是早期美学在中国传播时留下的一个课题,有待我们深入研究。

第三章　王国维的美学

　　王国维(1877—1927),字伯隅、静安,号观堂、永观,浙江海宁盐官镇人,清末秀才,光绪间应举未中,而倾心维新。1901年在罗振玉的资助下赴日本留学。1902年因病回国,随后执教于江苏师范学校,讲授哲学、心理学、伦理学等课程,发表《〈红楼梦〉评论》等美学论文。1906年随罗振玉入京,任清政府学部总务行走、图书馆编译、名词馆协韵等,著有重要美学著作《人间词话》。1911年辛亥革命后避居日本,从事甲骨文、金文、汉简等方面研究,写出《宋元戏曲考》及古代史研究方面的多种论著。1916年回国,任仓圣明智大学教授,继续从事古文字和考古学研究。1922年受聘北京大学国学通讯导师。1925年受聘清华研究院导师,教授古史新证、《尚书》、《说文》等。1927年自沉于昆明湖。王国维在文学、美学、史学、哲学、古文字学、考古学等方面做出了巨大的贡献,其著作收入《观堂集林》、《静安文集》。

　　王国维在美学方面的成果,除了对西方美学的译介之外,特别是翻译桑木严翼的《哲学概论》中包括系统的美学内容,更重要的是他发表了一系列颇有创建的美学论文,如《〈红楼梦〉评论》、《人间嗜好研究》、《论哲学家和美术家之天职》、《古雅之在美学上之位置》以及系统的《人间词话》。

　　王国维通常被认为是中国现代美学的创始人,这不仅是因为他通过翻译创立了系统的现代美学词汇,更重要的是他做出了创建性的研究成果。在《〈红楼梦〉评论》中,王国维运用叔本华的悲剧理论,对中国文学史上最重要的小说《红楼梦》的美学价值做出了独创性的分析,这种分析在中国传统美学中从未出现过,开了中国现代美学的先河。《古雅之在美学上之位置》阐明了中国美学对于形式和趣味的特殊追求,中西美学的区别由此可见一斑。王国维的创造性的美学研究,让他超出与他同时代的一批译介西方美学的学者,成为中国现代美学的发端者。

　　我们将王国维视为中国现代美学的发端者,不仅有时间上的考虑,而且有美学类型上的考虑。从时间上来说,王国维是中国现代美学史上较早系统介绍西方美学的先驱之一,也是最早运用西方美学方法在美学研究中取得重要成果的美学家之一。从美学类型上说,王国维所理解的美学是典型的现代美学,并以此将中国传统美学划入非美学的范围。尤其是在美学类型的意义上,可以说王国维是中国现代美学的真正奠基人。

　　王国维的美学从类型上来说属于典型的现代美学,原因在于他的美学思想符合现代美学的基本观念。根据我们在"导论"中对前现代、现代、后现代美学的区分,现代美学的基本特征就是强调审美、艺术同现实生活的分离,从而有了无利害性、游戏、形式等独立自足的美学观念。王国维通过对康德、席勒、叔本华等西方现代美学家的研究,全面接受了这些具有典型的现代美学特征的观念。

第一节　王国维美学的现代性特征

　　有关王国维美学的现代性特征,我们可以通过几个核心概念的分析来加以说明。

　　1. 无利害性

　　西方现代美学有一个重要的特征,那就是主张审美自律,用另一个经典的表述就是主张"为艺术而艺术"。这种现代美学是西方整个现代性过程中的必然产物。

根据韦伯等人的理解,所谓现代性是与西方合理化、世俗化和学科区分的整个工程连在一起的,它不再对传统宗教世界观着迷,而将其统一的整体切割为三个分离的和自律的世俗文化圈:科学、艺术和道德,这三个文化圈分别由理论的、审美的或道德—实践判断的内在逻辑所管辖。① 显然,这种三分法受到了康德哲学的影响,并且得到了康德根据纯粹理性、实践理性和审美判断对认识的批判分析的强有力支持。舒斯特曼进一步指出:在这种文化圈的划分中,艺术作为不关涉知识的公式表达或传播的东西而区别于科学,因为艺术的审美判断在根本上是非概念的和主观的。艺术也明显区别于伦理和政治的实践活动,这些实践活动包含了真实的利害和欲望的意志(以及概念的思想)。相反,艺术被认为是无利害的、想象的领域,即席勒后来描述为游戏和外观的领域。像审美不同于那种更为理性的知识和行为领域一样,它也肯定不同于现实人生的那种更具感性和欲望色彩的满足,更确切地说,审美愉快是居留在对形式特性的有距离的、无利害的沉思之中的。②

这种现代或现代性美学的经典表述,是康德的《判断力批判》。在这部著作中,康德极力将审美从科学、伦理等领域中孤立出来,使之成为一个完全自律的领域。为了表达这种思想,康德从英国经验主义美学中借来了一个重要的概念,即"无利害性"。

"无利害性"作为一个美学范畴,是在18世纪英国美学家那里铸成的。从夏夫兹伯里到哈奇森再到艾利森,我们可以清晰地看到这个概念的形成过程。无利害性指的是对功利、伦理和认知兴趣的排除,无利害成为审美态度的标志性特征,将审美与伦理和科学区别开来。康德、席

---

① 参见 Jürgen Habermas, *The Philosophical Discourses of Modernity* (Cambridge, Mass.: MIT Press, 1987), pp. 1-22.
② 参见 Richard Shusterman, *Pragmatist Aesthetics: Living Beauty, Rethinking Art*, pp.211-212.

勒、叔本华等德国古典美学家的思想，正是建立在这种"无利害性"观念的基础之上的。康德全部美学的核心问题，就是论证这种主观的无利害的审美快感何以具有普遍可传达性。康德正是根据无利害性这个标准，将美的事物与日常事物彻底区分开来，将审美快感与满足日常功利和伦理要求所引起的快感完全区分开来，于是审美获得了完全自律的地位。这种审美自律的观念，是整个西方现代美学的奠基性观念。

王国维完全接受以康德、叔本华为代表的这种自律性的现代美学，并根据无利害性的标准将艺术与日常生活彻底区分开来。① 在 1904 年发表的《〈红楼梦〉评论》中，王国维采用叔本华的说法，将生活的本质等同于欲望和痛苦：

> 生活之本质何？"欲"而已矣。欲之为性无厌，而其原生于不足。不足之状态，苦痛是也。既偿一欲，则此欲以终。然欲之被偿者一，而不偿者什百。一欲既终，他欲随之。故究竟之慰藉，终不可得也。即使吾人之欲悉偿，而更无所欲之对象，倦厌之情即起而乘之。于是吾人自己之生活，若负之而不胜其重。故人生者，如钟表之摆，实往复于苦痛与倦厌之间者也，夫倦厌固可视为苦痛之一种。有能除此二者，吾人谓之曰快乐。然当其求快乐也，吾人于固有之痛苦外，又不得不加以努力，而努力亦苦痛之一也。且快乐之后，其感痛苦也弥深。故苦痛而无回复之快乐者有之矣，未有快乐而不先之或继之以苦痛者也。又此痛苦与世界之文化俱增，而不由之而减。何则？文化愈进，其知识弥广，其所欲弥多，又其感苦痛亦弥盛故也。然则人生之所欲，既无以逾于生活，而生活之性质又不外乎痛苦，故欲与生活与痛苦，三者一而已矣。②

---

① 需要指出的是，在康德那里，无利害性的美的典型是自然而不是艺术，这是康德与一般西方现代美学家非常不同的地方。王国维显然忽略了康德的这种特殊性，而采取了叔本华同时也是一般西方现代美学的观念，将艺术视为无利害性审美对象的典型。
② 《王国维文集》第一卷，第 2 页，北京：中国文史出版社，1997 年。

王国维在将人类所有的理论兴趣和实际要求（其中包括科学知识和政治实践）都归结为无法满足的生活之欲的结果之后，发现有一类事物可以帮助人们超越作为生活本质的欲望与痛苦。这类事物就是艺术：

> 兹有一物焉，使吾人超然于利害之外，而忘物与我之关系。此时也，吾人之心无希望，无恐怖，非复欲之我，而但知之我也。此犹积阴弥月，而旭日杲杲也；犹覆舟大海之中，浮沉上下，而飘著于故乡之海岸也；犹阵云惨淡，而插翅之天使，赍平和之福音而来者也；犹鱼之脱于罾网，鸟之自樊笼出，而游于山林江海也。然物之能使吾人超然于利害之外者，必其物之于吾人无利害而后可；易言以明之，必其物非实物而后可。然则非美术何足以当之乎？夫自然之物，无不与吾人有利害之关系；纵非直接，亦必间接相关系者也。苟吾人而能忘物与我之关系而观物，则夫自然界之山明水媚，鸟飞花落，故无往而非华胥之国、极乐之土也。岂独自然界而已？人类之语言动作，悲欢啼笑，孰非美术之对象？然此物（包括自然与人事）既与吾人有利害之关系，而吾人欲强离其关系而观之，自非天才，岂易及此？于是天才者出，以其所观于自然人生中者复现于美术中，而使中智以下之人，亦因其物之与己无关系，而超然于利害之外。是故观物无方，因人而变：濠上之鱼，庄、惠之所乐也，而鱼父袭之以网罟；舞雩之木，孔、曾之所憩也，而樵夫继之以斤斧。若物非有形，心无所住，则虽殉财之夫，贵私之子，宁有对曹霸、韩干之马，而计驰骋之乐，见毕宏、韦偃之松，而思栋梁之用；求好逑于典雅之偶，思税架于金字之塔者哉？故美术之为物，欲者不观，观者不欲；而艺术之美所以优于自然之美者，全存于使人易忘物我之关系也。[①]
>
> 美之性质，一言以蔽之曰：可爱玩而不可利用者是也。虽物之美者，有时亦足供吾人之利用，但人之视为美时，决不计及其可利用

[①]《王国维文集》第一卷，第3—4页。

之点。其性质如是，故其价值亦存于美之自身，而不存乎其外。①

王国维不仅根据无利害性的观念，将艺术从生活中彻底区分出来，而且根据现代美学的惯例，将美区分为优美与壮美（即崇高）两种，认为它们的共同特征就是使人忘物我利害之关系：

> 美之为物有二种：一曰优美，一曰壮美。苟一物焉，与吾人无利害之关系，而吾人之观之也，不观其关系，而但观其物；或吾人之心中，无丝毫生活之欲存，而其观物也，不视为与我有关系之物，而但视为外物，则今之所观者，非昔之所观者也。此时吾心宁静之状态，名之曰优美之情。若此物大不利于吾人，而吾人生活之意志为之破裂，因之意志遁去，而知力得为独立之作用，以深观其物，吾人谓此物曰壮美，而谓其感情曰壮美之情。……其快乐存于使人忘物我之关系，则固与优美无以异也。②

尽管优美与壮美的情感之间存在很大的差异，但王国维认为它们在"使人忘物我关系"上是一致的，它们"皆使吾人离生活之欲，而入于纯粹之知识"。优美与壮美尽管有差异，但二者并不对立，而与它们共同对立的是"眩惑"：

> 至美术中之与二者相反者，名之曰眩惑。夫优美与壮美，皆使吾人离生活之欲，而入于纯粹之知识者。若美术中而有眩惑之原质乎，则又使吾人自纯粹知识出，而复归于生活之欲。……故眩惑之于美，如甘之于辛，火之于水，不相并立者也。吾人欲以眩惑之快乐，医人世之苦痛，是犹欲航断港而至海，入幽谷而求明，岂徒无益，而又增之。则岂不以其不能使人忘生活之欲及此欲与物之关系，而反鼓舞之也哉！眩惑之与优美及壮美相反对者，其故实存于此。③

---

① 《王国维文集》第三卷，第31页。
② 《王国维文集》第一卷，第4页。
③ 同上书，第4—5页。

这里的眩惑相当于有利害的快感,尤其是那种与生理欲望相关的快感。王国维认为这种快感不仅于审美无益,而且有害,因为它将美从无利害的纯粹知识领域重新拽回到充满欲望的生活之中。

由此,我们可以看出,王国维根据西方现代美学的核心概念"无利害性",将美和美感从生活世界和生活感受中完全隔离出来,使之成为一种完全独立的纯粹知识和对纯粹知识的观照,从而确立了美学的自律性。王国维的这些观念,明显来自康德、席勒和叔本华等西方现代美学家。在 1904 年发表的《孔子之美育主义》一文中,王国维明确地说:"美之为物,不关于吾人之利害者也。吾人观美时,亦不知有一己之利害。德意志之大哲汗德(即康德),以美之快乐为不关利害之快乐(Disinterested Pleasure)。至叔本华而分析观美之状态为二原质:(一)被观之对象,非特别之物,而此物之种类之形式;(二)观者之意识,非特别之我,而纯粹无欲之我也。"①

王国维不仅根据无利害性来确立了他的美学,而且根据无利害性的标准来批判中国的传统艺术。在 20 世纪初,王国维频频发表文章,感慨中国无纯粹之美术:

> 呜呼!我中国非美术之国也!一切学业,以利用之大宗旨贯注之。治一学,必质其有用与否;为一事,必问其有益与否。美之为物,为世人所不顾久矣!故我国之建筑、雕刻之术,无可言者。至图画一技,宋元以后,生面特开,其淡远幽雅实有非西人所能梦见者。诗词亦代有作者。而世之贱儒辄援"玩物丧志"之说相诋。故一切美术皆不能达完全之领域。美之为物,为世人所不顾久矣!庸讵知无用之用,有胜于有用之用者乎?以我国人审美之趣味之缺乏如此,则其朝夕营营,逐一己之利害而不知返者,安足怪哉!安足怪哉!②

---

① 《王国维文集》第三卷,第 155 页。
② 《孔子之美育主义》,载《王国维文集》第三卷,第 158 页。

　　呜呼！美术之无独立之价值也久矣。此无怪历代诗人,多托于
忠君爱国劝善惩恶之意,以自解免,而纯粹美术上之著述,往往受世
之迫害而无人为之昭雪者也。①

　　由此,我们不难看出,王国维所谓美学就是以无利害性概念为核心
的西方现代美学。由于王国维对无利害性概念几乎不加任何批判地全
盘接受,因此我们可以说他的美学是最纯粹的现代美学。就像我们随后
将要讨论到的那样,虽然朱光潜也全面接受了西方现代美学的观念,但
他在接受时多少显得有些犹豫和保留,进而汇集了一些相互矛盾的思
想,从而使他的现代美学显得不那么纯粹。

　　2. 游戏
　　王国维美学的现代性特征,除了体现在他全盘采纳无利害性观念之
外,还体现在他对艺术即游戏观念的全盘接受上。

　　同无利害性观念一样,游戏也是现代美学的一个核心概念。这两个
概念是相互联系的,游戏必然是无利害性的,无利害性的活动就是游戏。
因此主张审美无利害性的康德,自然将审美、艺术视为一种自由的游戏。
在《判断力批判》中,康德主张趣味判断起因于想象力与知解力的自由游
戏,在这种自由游戏中,感知得到综合,我们可以不必运用分类性的概念
就可以直接意识到秩序和目的性。康德进而主张艺术是一种自由的游
戏,即一种凭借自身的原因就可以令人惬意的工作,具有无酬劳性、自发
性和自由性等特征。②

　　席勒则继承和发展了康德的游戏理论,将它变成他的美学的中心概
念。席勒所说的"游戏"是同"强制"对立的,与游戏冲动对立的是强制性
的感性冲动和理性(或形式)冲动:"感性冲动要从它的主体中排斥一切
自我活动和自由,形式冲动要从它的主体中排斥一切依附性和受动。但

---

① 《论哲学家与美术家之天职》,载《王国维文集》第三卷,第 7 页。
② 参见 I. Kant, *Critique of Judgment*, trans. J. C. Meredith(Oxford: Clarendon Press, 1961), pp.9, 43.

是,排斥自由是物质的必然,排斥受动是精神的必然。因此,两个冲动都必须强制人心,一个通过自然法则,一个通过精神法则。当两个冲动在游戏中结合在一起时,游戏冲动就同时从精神方面和物质方面强制人心,而且因为游戏冲动扬弃了一切偶然性,因而也就扬弃了强制,使人在精神方面和物质方面都得到自由。"①

虽然席勒似乎主张这种自由的游戏可以在现实生活中实现,或者说应该在理想的现实生活中实现,但他又认为这种理想的生活只是过去(或许也包括未来)的事情。席勒尤其赞美具有审美意味的古希腊人的形象:"他们既有丰富的形式,同时又有丰富的内容,既善于哲学思考,又长于形象创造,既温柔又刚毅,他们把想象的青春性和理性的成年性结合在一个完美的人性里。"②但现代社会由于社会分工的加剧,整体的人格被分割为互不相关的碎片:

> 国家与教会,法律与道德习俗都分裂开来了;享受与劳动,手段与目的,努力与报酬都彼此脱节。人永远被束缚在整体的一个孤零零的小碎片上,人自己也只好把自己造就成一个碎片。他的耳朵听到的永远只是他推动的那个齿轮发出的单调乏味的嘈杂声,他永远不能发展他的本质的和谐。他不是把人性印在他的天性上,而是仅仅变成他的职业和他的专门知识的标志。即使有一些微末的残缺不全的断片把一个个部分联结到整体上,这些断片所依靠的形式也不是自主地产生的(因为谁会相信一架精巧的和怕见阳光的钟表会有形式的自由?),而是由一个把人的自由的审视力束缚得死死的公式无情地严格规定的。死的字母代替了活的知解力,训练有素的记忆力所起的指导作用比天才和感受所起的作用更为可靠。③

由于现代社会是种这样的景象,因此在现代社会的现实生活中不可

---

① 席勒:《审美教育书简》,冯至、范大灿译,第 74 页,北京:北京大学出版社,1985 年。
② 同上书,第 28 页。
③ 同上书,第 30 页。

能有自由的游戏，如果要进行自由的游戏，只有在作为生活外观的艺术领域中才有可能。由此，通过游戏概念，也能够将艺术与现实完全区分开来，使艺术成为一种完全独立自律的领域。

王国维接受了这种艺术即游戏的观念，将游戏视为文学的根本特质：

> 文学者，游戏的事业也。人之势力，用于生存竞争而有余，于是发而为游戏。婉娈之儿，有父母以衣食之，以卵翼之，无所谓争存之事也。其势力无所发泄，于是作种种之游戏。逮争存之事亟，而游戏之道息矣。惟精神上之势力独优，而又不必以生事为急者，然后终身得保其游戏之性质。而成人以后，又不能以小儿之游戏为满足，于是对其自己之情感及所观察之事物而摹写之，咏叹之，以发泄所储蓄之势力。故民族文化之发达，非达一定之程度，则不能有文学；而个人之汲汲于争存者，决无文学家之资格也。①

关于游戏与非游戏的区分，王国维大致采用了席勒的说法，将以生活为目的的活动称之为"工作"，将以活动本身为目的的活动称之为"嗜好"即游戏，②并认为艺术是最高尚的游戏：

> 若夫最高尚之嗜好，如文学、美术，亦不外势力之欲之发表。希尔列尔（即席勒）既谓儿童之游戏存于用剩余之势力矣，文学美术亦不过成人之精神的游戏。故其渊源之存于剩余之势力，无可疑也。且吾人内界之思想感情，平时不能语诸人或不能以庄语表之者，于文学中以无人与我一定之关系故，故得倾倒而出之。易言以明之，吾人之势力所不能于实际表出者，得以游戏表出之是也。

从王国维的这段文字中，除了看出他受到席勒的影响外，似乎还有

---

① 《文学小言》，载《王国维文集》第一卷，第 25 页。
② 王国维在《人间嗜好之研究》一文中说："其直接为生活故而活动时，谓之曰：'工作'，或其势力有余，而唯为活动故而活动时，谓之曰'嗜好'。"见《王国维文集》第三卷，第 28 页。

跟弗洛伊德(S. Freud)类似的地方,即将文学艺术视为不能通过意识检查而显现的("吾人之势力所不能于实际表出者")潜意识("内界之思想感情")的表现("得以游戏表出之")。在弗洛伊德看来,文学艺术如同白日梦,被压制的潜意识借助梦的形式得以表现和释放。当然,至于王国维是否接触到弗洛伊德的思想,现在尚无从考证。但单就上述引用的文字来说,王国维明显表达了这样的意思:在现实世界中不能表达(从而被压抑)的内在思想感情或势力,可以在文学艺术世界中得以表现。由此,文学艺术世界与现实世界之间的区分就更为清楚了。

3. 形式

与无利害性和游戏相关联的是现代美学的另一个重要观念,即形式具有独立的审美价值。在康德的美学中,典型的美只是无名的花朵自由缠绕的形式,不能引起任何概念内容上的联想。现代美学继承了康德的这种形式主义观点,强调形式具有独立于内容的审美价值。康德美学的这种形式主义的主张,在 20 世纪的前卫现代主义中表现得尤其明显。为了突出现代美学的形式主义特征,让我们对稍后发生的现代主义的形式主义主张加以讨论,尽管这些主张明显在王国维之后,不可能对王国维美学发生影响,但对这些主张的了解,有可能帮助我们理解王国维美学的形式主义。

20 世纪的前卫现代主义强调,所谓艺术创造就是对形式的不断革新和实验。在这种形式主义主张中,隐含着两个相互联系的观点:第一,艺术作品的形式是统一的;第二,艺术作品的形式是自律的。

第一个主张常见于现代主义建筑理论以及瑞恰兹(I. A. Richards)、莱维斯(F. R. Leavis)和 20 世纪中期盛行的英美新批评的文学批评中。他们主张艺术作品的成功和价值的关键,在于它们能够在间断中创造出连贯的、在杂乱中显现出统一的形式。第二个主张在格林伯格(Clement Greenberg)和弗莱德(Michael Fried)的艺术批评中得到了典型的表现。在他们看来,真正的艺术作品总是要对自己的媒介条件进行探索,但不是为了去再现世界,而是为了表现它自己的形式本性。例如,格林伯格在 1965 年写道:艺术创作和批评的任务,"是从每一种艺术的效果中消除所有可能从任何其他艺术的媒介那里借来的任何效果。因此,每一种艺术都应该变得'纯粹',且在它的'纯粹性'中发现它的质量标准以及它的独立自主的保证"①。

对艺术形式的统一性和自律性的要求,在弗莱德的著作中被联系起来了。弗莱德反对在绘画和雕塑作品中的"戏剧性"倾向,他用"戏剧性"这个术语来指企图模仿其他艺术效果或者由任何分离对作品本身的注意力的情形所引起的关注。例如,绘画中的戏剧性是对叙事和戏剧效果的模仿,试图在艺术作品和暂时陈列它的博物馆之间建立起一种联系,或者在艺术作品中插入时间过程,如加入表演性艺术。弗莱德警告说:"艺术作品的成功,甚至生存,已经越发依赖它们战胜戏剧的能力。""只有在各个艺术之内的质量和价值——就它们对艺术和艺术自身的概念是至关重要的来说——是有意义的,或者充分有意义的。"②

因此,对注重形式的现代美学来说,一件审美作品最重要的价值就是它的纯粹性;艺术批评和美学理论的最重要的目的,就是将真正的审美实践从现代大众文化典型的堕落表现形式中区分出来。③

全面继承西方现代美学观念的王国维,自然不会忽视这种纯粹形式具有独立审美价值的思想。④ 在大约写于 1907 年的《古雅之在美学上之位置》一文中,王国维集中阐述了他的形式主义美学主张。这篇三千来

---

① Clement Greenberg, "Modernist painting," *Modern Art and Modernism: A Critical Anthology*, ed. Frances Frascina and Charles Harrison(London: Harper & Row and Open University Press, 1982), pp. 5 - 6.

② Michael Fried, "Art and Objecthood," *Minimalist Art*, ed. Geoffrey Battcock(New York: E.P. Dutton, 1968), pp. 116 - 147.

③ 上述有关现代美学的形式主义主张的叙述,参见 Steven Connor, "Modernism and Postmodernism," *A Companion to Aesthetics*, David Cooper ed. (Oxford: Blackwell, 1997), pp. 288 - 289.

④ 这里的叙述似乎容易引起这样的误解:王国维受到 20 世纪前卫现代艺术的形式理论的影响。事实上王国维的理论比上述前卫现代艺术的形式理论要早得多,之所以提到前卫艺术的形式理论,是因为它们把形式具有独立审美价值的思想表达得更清楚、更极端。

字的短文,可以说在王国维美学思想中占有非常重要的地位,它不仅集中体现了王国维对西方现代美学的吸取,而且体现了他结合中国美学传统所进行的创新,用他自己的话来说,"因美学上尚未有专论古雅者,故略述其性质及位置"①。在这篇短文中,王国维在肯定康德等人的形式主义美学主张的基础上,提出了一种特殊的"形式之美之形式之美"。王国维称之为"古雅":

> 一切之美,皆形式之美也。就美之自身言之,则一切优美皆存于形式之对称变化及调和。至宏壮之对象,汗德虽谓之无形式,然以此种无形式之形式能唤起宏壮之情,故谓之形式之一种,无不可也。……除吾人之感情外,凡属于美之对象者,皆形式而非材质也。而一切形式之美,又不可无它形式以表之,惟经过此第二之形式,斯美者愈增其美,而吾人之所谓古雅,即此第二种之形式。即形式之无优美与宏壮之属性者,亦因此第二形式故,而得一种独立之价值,故古雅者,可谓之形式之美之形式之美也。②

为了显示"古雅"的独特性,王国维将它与康德等西方现代美学家的思想对照起来说明。具体说来,"古雅"有这样一些特征:

第一,古雅属于艺术而不属于自然。

在康德的美学中,优美与宏壮的典型形式是自然而不是艺术作品,这是康德美学不同于西方现代美学的地方。其中原因在于:一方面,任何人工产品都很难做到不包含功利、概念、目的,从而很难符合康德对美的规定;另一方面,康德的美学兴趣不在于解决艺术批评的问题,而是出于其哲学上的总体考虑,即要通过纯粹趣味判断的考察,在自然与自由之间架起桥梁。对于这个深层次的哲学目标,自然比艺术更为合适。王国维完全赞同康德有关优美和崇高(王国维称之为宏壮或壮美)的观点,但他又正确地指出,康德所谓优美与崇高只适合于自然,不适合于艺术。

---

① 《王国维文集》第三卷,第 35 页。
② 同上书,第 32 页。

王国维进而把适合于自然的优美与宏壮称之为第一形式,而将适合于艺术的古雅称之为第二形式。简而言之,艺术就是以第二形式表示第一形式。自然在形式上的优美与崇高,只是艺术美的内容,而古雅才是真正的艺术形式美。这两种形式之间的关系是:第一形式必须有第二形式才能表现出来,这是它们之间的联系;但第一形式的显现会遮蔽第二形式,这是它们之间的矛盾或张力。王国维说:

> ……古雅之致存于艺术而不存于自然。以自然但经过第一形式,而艺术则必就自然中固有之某形式,或所自创造之新形式,而以第二形式表出之。即同一形式也,其表之也各不相同。同一曲者,奏之者各异;同一雕刻绘画也,而真本与摹本大殊;诗歌依然。……其第二形式异也。一切艺术无不皆然,于是有所谓雅俗之区别起。优美及宏壮必与古雅合,然后得显其固有之价值。不过优美及宏壮之原质愈显,则古雅之原质愈蔽。然吾人所以感如此之美且壮者,实以表出之之雅故,即以其美之第一形式,更以其雅之第二形式表出之故也。①

由于第一形式与第二形式之间存在着矛盾或张力,因此为了显示第二形式,有时候甚至不表达具有第一形式的事物,以免第一形式影响到第二形式的意义。因为王国维给了这两种形式一种不平衡的关系,第一形式需要第二形式才能得以显现,但第二形式也可以不借助第一形式而得以显现。王国维从中国古典艺术中,发现了许多第一形式不美的事物经过第二形式的表现而变得具有审美价值的现象,从而证明艺术美(第二形式)具有独立于自然美(第一形式)的价值。王国维说:

> 虽第一形式之本不美者,得由第二形式之美雅,而得一种独立之价值。茅茨土阶,与夫自然中寻常琐屑之景物,以吾人之肉眼观之,举无足与于优美若宏壮之数,然一经艺术家(若绘画,若诗歌)之

---

① 《王国维文集》第三卷,第 32 页。

手,而遂觉有不可言之趣味。此等趣味,不自第一形式得之,而自第二形式得之无疑也。绘画中之布置,属于第一形式,而使笔使墨,则属于第二形式。凡以笔墨见赏于吾人者,实赏其第二形式也。此以低度之美术(如书法等)为尤甚。三代之钟鼎,秦汉之摹印,汉、魏、六朝、唐、宋之碑帖,宋、元之书籍等,其美之大部实存于第二形式。吾人爱石刻而不如爱真迹,又其于石刻中爱翻刻不如爱原刻,亦以此也。凡吾人所加于雕刻书画之品评,曰神、曰韵、曰气、曰味,皆就第二形式言之者多,而就第一形式言之者少。文学亦然,古雅之价值大抵存于第二形式。西汉之匡、刘,东京之崔、蔡,其文之优美宏壮,远在贾、马、班、张之下,而吾人之嗜之也亦无逊于彼者,以雅故也。南丰之于文,必不工于苏、王,姜夔之于词,且远逊于欧、秦,而后人亦嗜之者,以雅故也。由是观之,则古雅之原质,为优美与宏壮中不可缺之原质,且得离优美宏壮而有独立价值,则固一不可诬之事实也。①

由于艺术的第二形式具有不依赖自然的第一形式的独立价值,因此,艺术与自然或现实的分别就更加明显了。由此可见,王国维将艺术从现实中分离出来的手法,比康德更为巧妙和彻底。他的形式主义是在康德形式主义基础上建立起来的,是一种更为彻底和极端的形式主义。从这种意义上说,王国维的美学比康德美学似乎更具有现代性的特征。

第二,古雅不是先天判断而是后天判断。

与自然与艺术的区别相应,王国维的古雅与康德的优美和崇高的另一个区别是先天判断与后天判断的区别。在《判断力批判》中,康德的一个重要目的就是要论证审美判断具有先天必然性,为此康德指出在想象力与知解力之间、在各种认识能力与自然形式之间存在一种先天的和谐关系,这种先天的和谐关系构成审美判断作为先天判断的基础。王国维

①《王国维文集》第三卷,第32—33页。

并没有沿着康德的这种思路去构想他的美学,而是简单地根据艺术实践的实际情形承认关于艺术的审美判断是后天的、经验的。王国维说:

> 判断古雅之力亦与判断优美及宏壮之力不同。后者先天的,前者后天的、经验的也。优美及宏壮之判断之为先天的判断,自汗德之《判断力批评》后,殆无反对之者。此等判断既为先天的,故亦普遍的、必然的也。易言以明之,即一切艺术家所视为美者,一切艺术家亦必视为美。此汗德所以于其美学中,预想一公共之感官也。若古雅之判断则不然,由时之不同而人之判断之也各异。吾人所断为古雅者,实由吾人今日之位置断之。古代之遗物无不雅于近世之制作,古代之文学虽至拙劣,自吾人读之无不古雅者,若自古人之眼观之,殆不然矣。故古雅之判断,后天的也,经验的也,故亦特别的也,偶然的也。此由古代表出第一形式之道与近世大异,故吾人睹其遗迹,不觉有遗世之感随之,然在当日,则不能若优美及宏壮,则固然无此时间上之限制也。①

王国维并不像康德那样,担心审美判断因为是后天的、经验的而失去普遍必然性,相反他从艺术的历史事实而不是逻辑着眼,看到了审美判断差异性的存在,从而坦率地承认有关古雅的判断是特别的、偶然的。这是王国维美学不同于典型的现代美学的地方,因为后者常常为了维护逻辑性而牺牲历史性,为了维持普遍性而牺牲偶然性。

第三,古雅少恃天才而多赖人力。

康德的现代美学尤其强调天才在艺术创造中的独特作用,甚至主张天才是一种替艺术定规则的才能。由此,艺术创作实际上就是天才的创造。这已经成为康德之后现代美学的一种教条。但是,王国维却从中国文学艺术的特殊情况出发,强调由学术、人格修养所形成的"古雅"具有独立的美学意义。王国维说:

---

① 《王国维文集》第三卷,第 33—34 页。

　　"美术者天才之制作也"，此自汗德以来百余年间学者之定论也。然天下之物，有决非真正之美术品，而又非利用品者。又其制作之人，决非必为天才，而吾人视之也，若与天才所制作之美术无异者。无以名之，名之曰"古雅"。①

　　古雅之性质既不存于自然，而其判断亦但由于经验，于是艺术中古雅之部分，不必尽俟天才，而亦得以人力致之。苟其人格诚高，学问诚博，则虽无艺术上之天才者，其制作亦不失为古雅。而其观艺术也，虽不能喻其优美及宏壮部分，犹能喻其古雅之部分。若夫优美及宏壮，则非天才殆不能捕攫之而表出之。今古第三流以下之艺术家，大抵能雅而不能美且壮者，职是故也。以绘画论，则有若国朝之王翚，彼固无艺术上之天才，但以用力甚深之故，故摹古则优自运则劣，则岂不以其舍其所长之古雅，而欲以优美宏壮与人争胜也哉。以文学论，则除前所述匡、刘诸人外，若宋之山谷，明之青邱、历下，国朝之新城等，其去文学上之天才盖远，徒以有文学上之修养故，其所作遂带一种典雅之性质。而后之无艺术上之天才者亦以其典雅故，遂与第一流之文学家等类而观之，然其制作之负于天分者十之二三，而负于人力者十之七八，则固不难分析而得之也。又虽真正之天才，其制作非必皆神来兴到之作也。以文学论，则虽最优美最宏壮之文学中，往往书有陪衬之篇，篇有陪衬之章，章有陪衬之句，句有陪衬之字。一切艺术莫不如是。此等神兴枯涸之处，非以古雅弥缝之不可。而此等古雅之部分，又非藉修养之力不可。若优美与宏壮，则固非修养之所能为力也。②

　　从上述两段引文中可以看到，王国维别出心裁地拈出"古雅"，似乎是一种退而求其次的策略，让不是天才的人们也有机会跻身于神圣的艺术家的行列。但这只是一种表面现象。王国维的目的似乎不只是局限

---

①《王国维文集》第三卷，第31页。
②同上书，第34页。

于给第三流艺术家挣得合法的艺术地位,而是试图表明,只有借助于人力而不是天才的古雅,才是艺术之所以为艺术的根本,其中的原因有三点:(1) 天才发现的第一形式需要借助第二形式才能得以表现;(2) 第二形式的表现却无需依赖第一形式;(3) 即使是天才,也不能总是有天才的制作,从而需要第二形式的古雅进行补救。

第四,古雅的位置:优美与宏壮之间。

王国维对古雅的特别推崇,从他在这篇短文最后给古雅确定的位置中可以看得更加清楚:

> 然则古雅之价值,遂远出优美及宏壮之下乎? 曰:不然。可爱玩而不可利用者,一切美术品之公性也。优美与宏壮然,古雅亦然。而以吾人之玩其物也,无关于利用故,遂使吾人超出乎利害之范围外,而惝恍于缥缈宁静之域。优美之形式,使人心平和;古雅之形式,使人心休息,故以可谓之低度之优美。宏壮之形式常以不可抵抗之势力唤起人钦仰之情,古雅之形式则以不习于世俗之耳目故,而唤起一种之惊讶。惊讶者,钦仰之情之初步,故虽谓古雅为低度之宏壮,亦无不可也。故古雅之位置,可谓在优美与宏壮之间,而兼有此二者之性质也。至论其实践之方面,则以古雅之能力,能由修养得之,故可为美育普及之津梁。虽中智以下之人,不能创造优美及宏壮之价值者,亦得于优美宏壮中之古雅之原质,或于古雅之制作物中得其直接之慰藉。故古雅之价值,自美学上观之诚不能及优美及宏壮,然自其教育众庶之效言之,则虽谓其范围较大而成效较著也。[①]

王国维将古雅的位置确定在优美与宏壮之间,作为低度的优美和低度的宏壮。由此可以看出,王国维认为西方现代美学中的优美与宏壮处于两个极端,他提出的古雅有调和美学上的极端的作用。至于它们的价

值,王国维的看法也颇为特别,他一方面承认古雅在美学上的价值不如优美与宏壮,另一方面又认为古雅的价值不在优美与宏壮之下,因为古雅在审美教育方面具有更大的普适性。王国维不仅从纯粹的美学角度来确定审美价值,而且从范围更广的社会学角度来确定审美价值,这是他在继承西方现代美学的同时对它的再次背离。

4. 艺术的作用

王国维美学的现代性特征,还可以从他有关艺术的作用的看法中表现出来。由于审美、艺术是完全无利害的,是与现实世界截然不同的另一个世界,因此它们不能对现实生活发生直接的作用,从这种意义上说,艺术是无用的。然而西方现代美学却强调,无用的艺术,却具有神圣的作用,这种神圣的作用表现在:艺术(1)能够表现宇宙的究竟真理,(2)给人以形而上的慰藉,(3)甚至还含有政治上的激进意义,因为将艺术从它那传统上对社会负责的形式中解放出来,就有可能使它创造出新的革命性的表现形式和意识形式,进而有可能使它去反抗现代生活的系统化和规范化的倾向。第三点在法兰克福学派中表现得最为明显。

王国维对艺术的作用的认识受到叔本华的影响,认为对现实生活没有直接作用的艺术,却能揭示超越时空的普遍真理,从而具有最神圣、最尊贵的作用。对此,王国维是将艺术与哲学结合起来进行说明的:

> 天下有最神圣、最尊贵而无与于当世之用者,哲学与美术是已。天下之人嚣然谓之曰"无用",无损于哲学、美术之价值也。至为此学者自忘其神圣之位置,而求以合当世之用,于是二者之价值失。夫哲学与美术之所志者,真理也。真理者,天下万世之真理,而非一时之真理也。其有发明此真理(哲学家),或以记号表之(美术)者,天下万世之功绩,而非一时之功绩也。唯其为天下万世之真理,故不能尽与一时一国之利益合,且有时不能相容,此即其神圣之所存也。①

---

① 《论哲学家与美术家之天职》,载《王国维文集》第三卷,第 6 页。

王国维不仅强调艺术能够揭示宇宙人生的普遍真理,而且断言对普遍真理的领悟可以产生巨大的快乐,这种快乐甚至超过了最大的实际享受。相反,如果艺术不保持它的纯粹性而将自己降低为实际生活的手段,它就会失去这种无用之大用的神圣价值:

> 今夫人积年月之研究,而一旦豁然悟宇宙人生之真理,或以胸中惝恍不可捉摸之意境一旦表诸文字、绘画、雕刻之上,此固彼天赋之能力之发展,而此时之快乐,决非南面王之所能易者也。且此宇宙人生而尚如故,则其所发明所表示之宇宙人生之真理之势力与价值,必仍如故。之二者,所以酬哲学家、美术家者,固已多矣。若夫忘哲学、美术之神圣,而以为道德、政治之手段者,正使其著作无价值者也。①

由于艺术具有这种神圣的价值,王国维明确将它视为上流社会的宗教。在西方现代美学的发展过程中,的确有将高级艺术神圣化为宗教的趋势。正如舒斯特曼指出的那样,“高级艺术的观念,在很大程度上是由贵族阶级为了确保他们对日益兴盛的资产阶级享有持续的社会特权而做出的一种发明,一种随后被有社会抱负的市民所模仿的声望的策略。另一方面,教会传统提供了一种强有力的和在制度上根深蒂固的高度精神化的经验的理想,以及虔诚地对待艺术作品的习惯,它进一步提供了一个知识分子僧侣阶级去指导和管制这种超越性经验及其话语的正当性。当神学信仰失落而宗教情感与沉重的精神化习惯仍然非常有力的时候,它们就被投射到高级艺术的宗教之中。这是一个新的非尘世经验和虔诚认真的领域,有一个新的知识分子艺术家和批评家的僧侣阶级。”②正如许多西方学者那样,舒斯特曼更多地侧重于高级艺术宗教化倾向的负面意义,而王国维却直率地、积极地肯定这种倾向:

---

① 《论哲学家与美术家之天职》,载《王国维文集》第三卷,第8页。
② Richard Shusterman, *Pragmatist Aesthetics：Living Beauty, Rethinking Art* (Lanham: Rowman & Littlefield Publishers, 2000), pp. 197 - 198.

美术者,上流社会之宗教也。彼等痛苦之感无以异于下流社会,而空虚之感则又过之。此等情感上的疾病,固非干燥的科学与严肃的道德之所能疗也。感情上之疾病,非以感情治之不可。必使其闲暇之时心有所寄,而后能得以自遣。夫人之心力,不寄于此则寄于彼;不寄于高尚之嗜好,则卑劣之嗜好所不能免矣。而雕刻、绘画、音乐、文学等,彼等果有解之之能力,则所以慰藉彼者,世固无以过之。何则?吾人对宗教之兴味,存于未来,而对美术之兴味,存于现在。故宗教之慰藉,理想的,而美术之慰藉,现实的也。[1]

第二节　王国维留下的困惑

通过上述四个方面的分析,我们可以清楚地看到王国维美学的现代性特征。甚至可以毫不夸张地说,王国维美学的现代性特征在整个中国现代美学史上表现得最为清晰和纯粹。也正是在这种意义上,我们将王国维视为中国现代美学的肇始者。然而即使在像王国维这样具有纯粹现代性特征的美学家那里,我们仍然可以看到令人感到矛盾和困惑的地方。我们在前面的叙述中已经指出,王国维有一些不同于现代美学的地方,如他基于中国文学艺术的历史实际所提出的古雅,进而指出古雅的判断是后天的、经验的,强调不仅从纯粹美学的角度而且从社会教育的角度来确立古雅的价值等等,这些都是对西方现代美学的背离。但是,这些背离并没有使王国维从总体上离开现代美学,相反在一定程度上是对西方现代美学的加强,或者说突现了西方现代美学中某种潜在的东西。对于这个问题我将在本章的最后部分略加展开讨论。

王国维美学留下来的困惑不是体现在有关古雅的论述上,而是体现在他差不多同时发表的著名的《人间词话》上。我认为《人间词话》在总体上是与王国维从康德、席勒和叔本华等人那里模学过来的西方现代美

---

[1]《去毒篇》,载《王国维文集》第三卷,第25页。

学相背离的,尽管其中也用了一些现代西方美学的概念;《人间词话》更多地体现了中国传统美学的前现代特征。理由主要有以下几个方面。

1.《人间词话》的核心概念"境界"是一个中国传统美学的概念

尽管对《人间词话》中的"境界"的内涵有许多不同的理解,但可以肯定的是,它是一个中国传统美学的概念而不是西方现代美学的概念,如无利害性、游戏、形式自律等等。这一判断可以从《人间词话》第九则得到充分证明:

> 《严沧浪诗话》谓:"盛唐诸公,唯在兴趣。羚羊挂角,无迹可求。故其妙处,透澈玲珑,不可凑拍。如空中之音、相中之色、水中之影、镜中之象,言有尽而意无穷。"余谓:北宋以前之词,亦复如是。然沧浪所谓"兴趣",阮亭所谓"神韵",犹不过道其面目;不若鄙人拈出"境界"二字,为探其本也。[1]

王国维在这里虽然批评沧浪之"兴趣"、阮亭之"神韵"只不过言及盛唐诗歌的表面现象,不如他标出的"境界"那样能够揭示它们的本质,但实际上这三个术语所指的是同一个东西,都属于中国古典美学对诗词本质的探求之列。

2. 从"境界"的内涵来看,它属于前现代的美学范畴

对于"境界"的内涵的理解,存在不同的意见,有人说它属于中国古典美学中的"意境"范畴,有人说它属于"意象"范畴。[2] 但不管是意境还是意象,它们都强调情景合一、主客不分、能所两泯[3],与西方现代美学强调形式与内容、能指与所指、艺术与现实等的区分刚好相反。换句话说,以境界为核心的中国古典美学是一种典型的强调合一的美学,而西方现代美学则是典型的强调区分的美学。王国维在《人间词话》中强调"真景

---

① 《王国维文集》第一卷,第 143 页。
② 见叶朗《中国美学史大纲》,第 609—614 页,上海:上海人民出版社,1985 年。
③ 同上书,第 614—616 页。

物"与"真情感"、"写实家"与"理想家"的合一,强调"一切景语皆情语",①
这一切都可以看作他有将诗词视为存有而不是标记的倾向。从这种意
义上来说,王国维用"境界"来表达的美学思想明显属于前现代美学范
围。这一点从本书"导论"的结构主义符号学图式的分析中,可以看得非
常清楚。

"境界"与现代性美学的拮抗,不仅体现在它强调合一性而现代美学
强调区分性,而且体现在它强调艺术的真实性而现代美学强调艺术的虚
拟性。如同我们在"导论"中的结构主义符号学图式中所看到的那样:现
代美学正是通过强调艺术的虚拟性而使之完全区别于具有真实性的现
实;前现代美学由于强调艺术的真实性而在一定程度上模糊了艺术与现
实的界线;后现代美学虽然也强调艺术的虚拟性,但由于它也强调现实
的虚拟性,因而艺术与现实的界线也不是非常清楚。"境界"对艺术真实
性的强调,决定了它属于前现代美学范畴,而不属于现代或后现代美学
范畴。兹略举数例:

> 境非独谓景物也,喜怒哀乐,亦人心中之一境界。故能写真景
> 物、真感情者,谓之有境界。否则谓之无境界。②

> 大家之作,其言情也必沁人心脾,其写景也必豁人耳目。其辞
> 脱口而出,无娇柔妆束之态。以其所见者真,所知者深也。诗词皆
> 然。持此以衡古今之作者,可无大误矣。③

> 词人之忠实,不独对人事宜然。即对一草一木,亦须有忠实之
> 意,否则所谓游词也。④

王国维在《人间词话》以及《〈人间词话〉删稿》中对艺术真实性的强
调非常突出,以至于真实性成了境界的根本特征。这种对真实性的强

---

① 《人间词话》第五、二、六则,《〈人间词话〉删稿》第十则,载《王国维文集》第一卷,第 142、141、
  159 页。
② 《人间词话》第六则,载《王国维文集》第一卷,第 142 页。
③ 《人间词话》第五十六则,载《王国维文集》第一卷,第 154 页。
④ 《〈人间词话〉删稿》第四十四则,载《王国维文集》第一卷,第 168 页。

调,完全符合中国古典美学的传统。比如,在王夫之的诗学中,我们同样可以看到对诗歌真实性的特别强调。①

现在的问题是,王国维对文学艺术的真实性的强调是否就一定不符合西方现代美学的观念? 因为现代西方美学在突出艺术的虚拟性的同时,也强调艺术具有真实性,而且正如王国维所正确地理解的那样,它具有一种超越时空限制的真实性。但是,王国维在《人间词话》中所强调的境界的真实性,很难说就是他从叔本华美学中所发现的那种作为知识对象的永恒真理。《人间词话》中的真实性,基本上相当于中国传统美学对真实性的理解,它主要是指一种感觉上的当下直接性,即所谓"脱口而出,无娇柔妆束之态";用王夫之的术语来说,就是具有"现在"、"现成"、"显现真实"等意思的"现量"。②《〈人间词话〉附录》第十六则很好地表达了王国维关于境界真实即当下感觉真实的思想:

> 山谷云:"天下清景,不择贤愚而与之,然吾特疑端为我辈设。"诚哉是言! 抑岂独清景而已,一切境界,无不为诗人设。世无诗人,即无此种境界。夫境界之呈于吾心而见于外物者,皆须臾之物。惟诗人能以此须臾之物,镌诸不朽之文字,使读者自得之。③

由于对真实性的强调,王国维反对纯粹追求形式的游词,甚至反对他在论证"古雅"的美学价值时所强调的文化修养,转而强调自然率真。比如《人间词话》第五十二则记有对纳兰容若的评语:

> 纳兰容若以自然之眼观物,以自然之舌言情。此由初入中原,未染汉人风气,故能真切如此。北宋以来,一人而已。④

这则评语充分显示了王国维对自然率真的强调,从而与他在论证"古雅"时对通过道德文章修养而形成的"形式之美之形式之美"的强调

---

① 对王夫之有关诗歌意象的真实性的分析,参见叶朗:《中国美学史大纲》,第 462—463 页。
② 王夫之:《相宗络索·三量》,载《船山全书》第十三册,第 536 页,长沙:岳麓书社,1998 年。
③《王国维文集》第一卷,第 173 页。
④ 同上书,第 153 页。

非常不同。此外,连同《人间词话》中对"诗人之忧世"、"性情"、"寄兴深微"①等的强调,我们可以有较充分的理由断定王国维在《人间词话》中所谓"境界"的真实性,是与现实生活相关的真实性,而不是与现实生活无关的、超越时空的具有现代性特征的真实性。

3. 与《〈红楼梦〉评论》比较起来看,《人间词话》属于前现代美学

如果与稍早发表的《〈红楼梦〉评论》比较起来看,《人间词话》与现代性美学之间的冲突就更加明显了。《〈红楼梦〉评论》完全采用西方现代美学有关人生和艺术的观点来批评中国古典名著《红楼梦》,王国维一开始就阐明了他的批评所采用的观点,进而根据这种崭新的现代美学观点得出了关于《红楼梦》的与众不同的解读,认为《红楼梦》的美学价值在于它的悲剧性,其伦理学价值在于经由悲剧而达到解脱。② 正如王国维自己所声称的那样,这些高见都是发前人之所未发。可以这么说,王国维的《〈红楼梦〉评论》是中国现代美学史上根据从西方借鉴过来的现代美学的理论视野,对中国传统文学作品进行新阐释的典范,无论是从它得出的结论还是它所采用的方法论来看,都是中国美学由古典走向现代的一个重要标志。

但是,在《人间词话》中,我们完全看不到这种开风气之先的景象。如上所述,《人间词话》中的观点,基本上属于中国古典美学范围,虽然王国维也采用了一些现代西方美学的术语,但整个词话的整体语汇仍然是古典的;而且我们也看不到任何方法论的交代,看不到清晰的逻辑分析,因此,与《〈红楼梦〉评论》相比较,《人间词话》不仅在观点上而且在方法论上全面由西方现代美学退回到了中国古典美学。

由此,王国维所引发的困惑出现了:在刚刚开始的中国美学现代化进程中,为什么会突然出现反现代化的倾向?王国维美学的这种矛盾的根源是什么?在王国维开创的这种两种美学方向中,我们究竟应该选择

---

① 分别见《人间词话》二十五则、四十三则、《〈人间词话〉删稿》二十三则,载《王国维文集》第一卷,第 147、151、162 页。
② 见《王国维文集》第三卷,第 10—18 页。

哪种作为未来美学的发展方向？王国维所引发的这种困惑，是整个中国美学现代化进程中普遍存在的困惑。① 中国美学的现代化似乎不只是泊来西方现代美学就算完事，它还要将中国自己的传统美学带进现代社会，让中国传统美学在现代美学的建构中发挥作用。王国维在处理西方现代美学和中国传统美学的关系上采取了最极端的形式，即让它们分别以自己的面貌出现，不让它们因相互影响而失去自身的纯粹性。在中国美学现代化进程刚刚开始的时候，在西方现代美学与中国传统美学尚未找到很好的契合点的时候，王国维的这种处理方式无疑是明智的，当然它给我们留下的困惑也是最明显、最直接的。

第三节　现代美学的初步批判

尽管王国维美学中包含着现代美学与前现代美学的张力，但总体说来，他还是在有意识地建构现代性的美学体系，这从他对待西方现代美学和中国传统美学的态度上可以看得出来。王国维经常用西方现代美学来批判中国传统美学，但几乎没有用中国传统美学来批判西方现代美学。王国维对西方现代美学的接受是有意识的，而对中国传统美学的认可是无意识的。因此，他的美学从总体上说具有典型的现代性特征的外观。

一些当代思想家通过历史学和社会学的考察发现，标榜以无利害性为根本特征的西方现代美学，事实上包含着最大的功利考虑，从而展开了对现代性美学的彻底批判。这方面的工作，以法国思想家布尔迪厄最具开创性。

布尔迪厄通过仔细的历史学和社会学考察发现，现代美学的无利害性观念、艺术自律的观念，是在 19 世纪的历史革命中建立起来的，其中

---

① 彭锋"The Modernization of Chinese Aesthetics"（第 15 届世界美学大会会议论文）揭示了中国美学现代化进程中所面临的两个方面的困惑，即学科化与通俗化、西方化与本地化的困惑。

包含着深刻的物质条件和隐蔽的社会利益。具体说来,在 19 世纪的历史革命中,传统贵族阶级因为经济地位的丧失而面临丧失社会地位的危险,为了保持传统的高人一等的贵族地位,贵族阶级通过将适合自身趣味的无利害性的审美、自律性的艺术合法化为高级艺术和趣味来获取文化资本,进而通过社会交换获取经济资本,从而达到继续保持自身在社会上的特殊地位的目的。因此,布尔迪厄指出,审美冲突,经常在根本上是"为了获得将占支配地位的定义强加给实在、尤其是针对社会实在的权力的……政治冲突"①。

　　布尔迪厄所揭示的现代性美学中潜在的功利考虑,在王国维这里似乎更为明显。在王国维对"古雅"的形式美的论证中,就明显包含了阶级利益的考虑。王国维在将审美和艺术的特权从优美和宏壮这种由文艺天才所掌握的第一形式中解放出来之后,并没有将它交换给普通大众,而是将它交给了高人一等的封建贵族或知识分子,因为只有贵族知识分子才能通过学问修养做到趣味古雅。古雅是贵族知识分子的一种特殊趣味,王国维通过将这种特殊趣味合法化为一种普遍的审美趣味之后,无形之中巩固了贵族知识分子的社会地位和高人一等的优越感。因为尽管在 20 世纪初中国社会急剧动荡的时候,贵族知识分子有可能失去他们传统上拥有的政治地位和经济地位,但通过突出他们传统上具有的高人一等的审美趣味,他们仍然可以成为普通大众竞相模仿和追逐的对象,并进而从中(通过文化资本和经济资本的间接交换)换取政治和经济利益。

　　根据布尔迪厄开创性的揭示以及其他后现代美学家的继续工作,整个西方现代美学在无利害性名义下所掩盖的这种最大的政治和经济利

---

① Pierre Bourdieu, "The Production of Belief," R. Collins et al., *Media, Culture, and Society: A Critical Reader* (London: Sage, 1986), pp.154 - 155.尽管布尔迪厄认识到高级艺术中包含了功利性的考虑,但他还是主张高级艺术具有正当的合法地位,并因此抵制通俗艺术。舒斯特曼高度赞赏布尔迪厄对高级艺术的潜在功利性的揭示,但又针锋相对地批评他对高级艺术的辩护。参见舒斯特曼:《实用主义美学》,彭锋译,北京:商务印书馆,第 6 章,2002 年。

益已经得到了普遍认可,后现代美学正是基于这种认识而展开了对现代美学的批判。我们今天的美学现代化显然不能无视后现代美学对现代美学的这种批判,当我们再强调审美无利害性、艺术自律性的时候,一定不要忘记其中曾经包含着更大的功利考虑,而在今天这种大众时代的后现代状况下再去努力营造一种属于少数知识精英的审美趣味,似乎已经显得不合时宜。

第四章　蔡元培的美学

蔡元培(1868—1940),字鹤卿,又字仲申、民友、孑民,浙江绍兴山阴县人,光绪十五年(1889年)举人,光绪十六年会试贡士,光绪十八年殿试获二甲第三十四名,中进士,授翰林院庶吉士,光绪二十年补翰林院编修。中日甲午战争后,开始接触西学,倾心维新。1907年留学德国,着重研究美学。1912年回国,任南京临时政府教育总长,发表《对于教育方针之意见》,倡导美育。1913年赴法国勤工俭学,1916年回国任北京大学校长,讲授美学课程。后多次赴欧洲考察教育和讲学。1927年后担任国民政府常务委员、大学院院长、中央研究院院长等职。蔡元培发表过许多重要的美学文章,收入《蔡元培美学文选》,由北京大学出版社出版。

虽然美学从19世纪末就由西方传播到了中国,20世纪初王国维等人在介绍西方美学和采用西方美学新的理论视野进行文艺批评方面已经取得了很大的成就,但真正对其做系统介绍和研究的要数蔡元培,特别是在美学的学科建设上,蔡元培所起的重要作用是无人能及的。因此,蔡元培被公认为中国近代学术史和教育史上提倡美学研究和美感教育的"唯一的中坚人物"①。

---

① 舒新城编:《中国近代教育思想史》,第157页,上海:中华书局,1928年。

在蔡元培对西方现代美学的接受中也体现了某种张力,这种张力不是西方现代美学与中国传统美学之间的张力,而是现代性与实用主义之间的张力。由于蔡元培并不像王国维那样,让两种不同形态的美学各自独立存在,而是将它们交织在一起,因此在蔡元培的美学中,这种张力表现得更为复杂和隐蔽。

在这一章中,我们首先展示蔡元培在美学学科建设上的独特贡献,然后再揭示其美学的现代性与实用主义之间的张力。

第一节　蔡元培对美学学科建设的贡献

蔡元培对美学学科建设的重要贡献,可以分为如下几个方面。

首先,蔡元培是中国 20 世纪初美学研究和美感教育最有力的倡导者。

1912 年,蔡元培就任中华民国临时政府教育总长,在《对于教育方针之意见》中,明确提出新的教育方针应将清朝的忠君、尊孔、尚公、尚武、尚实五项改造为军国民教育、实利教育、公民道德教育、世界观教育和美育。由于这个意见是蔡元培以教育总长身份发表的,因此它表明在中国教育史上,美育第一次被明确列入国家教育方针。

1917 年,蔡元培就任北大校长期间,发表了著名的"以美育代宗教"的演讲。这个演讲在全国引起了极大的反响,如当时就有人写信给《新青年》的主编陈独秀说:"以美育代宗教之伟论,在吾国思想界,实得未曾有。……最好请蔡先生著论阐明斯理,登诸大志,以为迷信宗教者告,则造福青年界,岂浅鲜哉!"①这封信发表在 1917 年 3 月 1 日的《新青年》第三卷第 1 号上,而据现有的文献记载,"以美育代宗教说"的演讲最初是在 1917 年 8 月北京神州学会上正式发表的。由此推断,在"以美育代宗教说"的演讲正式发表之前,这个口号就已经在全国流传开了。

①《新青年》第三卷第 1 号,1917 年 3 月 1 日。

1919年底,正值新文化运动开展得如火如荼之际,蔡元培发表《文化运动不要忘了美育》一文,尖锐地指出,不重视美育的新文化运动,"恐不免有下列三种流弊:(一)看得很明白,责备他人很周密,但是到了自己实行的机会,经小小的利绊住,不能不牺牲主义。(二)借了很好的主义作护身符,放纵卑劣的欲望;到劣迹败露了,叫反对党把他的污点,影射到神圣主义上,增加了发展的阻力。(三)想用简单的方法,短少的时间,达他的极端的主义;经了几次挫折,就觉得没有希望,发起厌世观,甚至自杀。这三种流弊,不是渐渐发见了么? 一般自号觉醒的人,还能不注意么?"①蔡元培的这个告诫,虽然在当时没有引起足够的重视,但它所揭示的问题是存在的,所开出的解决问题的药方是正确的。正如著名画家林风眠在1927年《致全国艺术界书》中所说的那样:"九年前中国有个轰动人间的大运动,那便是一班思想家、文学家所领导的'五四'运动。这个运动的伟大,一直影响到现在;现在无论从哪一方面讲,中国在科学上、文学上的一点进步,非推功于'五四'运动不可! 但在这个运动中,虽有蔡孑民先生郑重的告诫:'文化运动不要忘了美术',但这项曾在西洋文化史上占得了不得地位的艺术,到底被'五四'运动忘掉了;现在,无论从哪一方面讲,中国社会人心间的感情的破裂,又非归罪于'五四'运动忘了艺术的缺点不可!"因此林风眠呼吁:"全国的艺术界同志们,我们的艺术呢? 我们的艺术界呢? 起来吧,团结起来吧! 艺术在意大利的文艺复兴中占了第一把交椅,我们也应把中国的文艺复兴中的主位,拿给艺术坐!"②林风眠的这种主张,可以看作对蔡元培上述观点的最好回应。

除此之外,蔡元培还多次发表演讲,呼吁开展美学研究和审美教育。由于蔡元培在政治界、学术界具有德高望重的地位,经他的倡导,中国历史上出现了一次前所未有的美学热潮:美学和美育成了当时文化界、教育界、知识界、文艺界的热门话题;高等学校普遍开设美学课程;社会上

①《文化运动不要忘了美育》,《蔡元培美学文选》,第83页,北京:北京大学出版社,1983年。
② 林风眠:《艺术丛论》,第44页,南京:正中书局,1936年。

纷纷创办音乐、美术、戏曲等艺术专门学校;各种各样的研究会如雨后春笋;报刊杂志竞相发表美学文章,美学著作大量出版。毫无疑问,这种美学热潮,对美学学科的建设起到了重要的推动作用。

其次,蔡元培不仅发表演讲,而且亲自投身于美学的学习、研究和教学之中,成为中国美学学科建设的创始人。

1908 年秋至 1911 年,蔡元培在德国莱比锡(Leipzig)大学哲学系注册学习。由于"于课堂上既常听美学的讲[演],于环境上又常受音乐、美术的熏习,不知不觉的渐集中心力于美学方面。尤因冯德教授讲哲学史时,提出康德关于美学的见解,最注重于美的超越性与普遍性,就康德的原书,详细研读,益见美学关系的重要"①。在莱比锡学习期间,蔡元培听过的与美学有关的课程有:美学、舞台艺术从 15—20 世纪的发展、古希腊雕塑艺术、罗马式的建筑与雕塑、莱兴(今译莱辛)之 Laokoon(拉奥孔):艺术对美学之贡献、古代荷兰绘画、歌德《浮士德》注解、法国戏剧及演艺艺术史章节选读、史学方法与历史艺术观、法国文学史、德国文学发展现状等等。② 1913 年蔡元培再次赴莱比锡学习,研修与美学有关的课程有:古代巴洛克式的艺术、造型艺术与美学。③ 从蔡元培所听过的课程目录上可以看出,他对美学及其相关知识有相当全面的了解。

1915 年,蔡元培根据德国哲学家厉希脱尔的《哲学导言》,参照包尔生和冯德的《哲学入门》等,再加上自己的观点,编译了《哲学大纲》,其中"价值论"中的"美学观念",对康德的美学思想作了简要的描述。1920 年秋,蔡元培在湖南发表七次演讲,其中以"美术的进化"、"美学的进化"、"美学的研究方法"、"美术与科学的关系"为题的讲演中,对美学学科中的基本问题,如对象、方法、历史等等,作了全面的探讨,美学作为一门学科的基本要素都包含在这几次演讲中了。尽管蔡元培最终没有完成《美

---

① 《自写年谱》,载高叔平编:《蔡元培年谱》,第 23 页,北京:中华书局,1980 年。
② 关于蔡元培 1909—1911 年于德国莱比锡大学所听课程,见王世儒编:《蔡元培先生年谱》上册,第 106、107、109 页,北京大学出版社,1998 年。
③ 见王世儒编《蔡元培先生年谱》上册,第 151 页,北京大学出版社,1998 年。

学通论》的写作,但从他已经写出的两章和上述演讲以及《哲学大纲》、《哲学纲要》中关于美学的部分,我们还是能够看到一个比较完整的美学体系。

1921 年 10 月,蔡元培在北京大学哲学门亲自讲授美学。蔡元培后来回忆说:"我本来很注意于美育的,北大有美学及美术史教课,除中国美术史由叶浩吾君讲授外,没有人肯讲美学,十年,我讲了十余次,因足疾住进医院停止。至于美育的设备,曾设书法研究会,请沈尹默、马叔平诸君主持。设画法研究会,请贺履之、汤定之诸君教授国画;比国楷次君教授油画。设音乐研究会,请萧友梅君主持。均听学生自由选习。"①一说这次授课在 1922 年 10 月。《北大日刊》记载:"1922 年 10 月 14 日,蔡元培开始在北大哲学系讲授美学课程,原每周两小时,现改为一小时,一年授毕。由星期六起开始授课,时间为午后 2 时—3 时,在第一院,第二教室。"②

北大的美学课早已有之。据梁柱考证,"1918 年文科的国文门和英文门二年级,哲学门的三年级等,都开设有《美学》课"③。其实哲学门的美学课早在 1914 年哲学门成立的时候就有了。1914 年,中国哲学门开设的课程有论理学、伦理学、宋明理学、西洋哲学概论、美学、言语学、普通心理学等。1915 年中国哲学门在上年所开设课程的基础上,增设哲学概论、中国哲学史、社会学大意、中国哲学、诸子哲学、生物学、教育学等课程;减少伦理学、西洋哲学概论等课程。1916 年中国哲学门在上年所开设课程的基础上,增设印度哲学、伦理学、公羊学、经学、人类学及人种学;减少社会学大意、中国哲学、美学、言语学等课程。④ 由此可以看出,在哲学门 1914 年、1915 两年的课程表上明确列有美学。至于美学这门

---

① 《我在北京大学的经历》,载《蔡元培美学文选》,第 206 页,北京:北京大学出版社,1983 年。
② 《北大日刊》,1922 年 10 月 14 日。转引自王世儒编《蔡元培先生年谱》上册,第 393 页,北京:北京大学出版社,1998 年。
③ 梁柱:《蔡元培与北京大学》,第 208 页,北京:北京大学出版社,1986 年。
④ 见《北京大学哲学系简史》,北京大学哲学系八十周年系庆筹备委员会编,1994 年内部出版,第 90 页。

课是否真的开了,究竟是谁最先开了这门课,现在还不得而知。

不管蔡元培的美学课是 1921 年开的还是 1922 年开的,不管它是不是北大历史上第一次正式的美学课程,但这次讲课获得了巨大的成功。听过这次讲课的蒋复聪回忆说:"我在北大听蔡先生教课,只有两个月。蔡先生在北大授课,除了译学馆不算,恐怕也就这两个月。他教的是美学,声浪不很高,可是很清晰。讲到外国美术的时候,还带图画给我们看,所以吾们听的很有味,把第一院的第二教室完全挤满了。第一院只有第二教室大,可坐一二百人,因为那个时候北大讲课,除了选这课的人上课之外,任何人都可以去听,校外去听的就不少,真同巴黎大学一样。第二教室挤的连讲台上都站满了人,于是没有法子,搬到第二院的大讲堂,……所可惜的,美学搬到大讲堂不久,蔡先生出国去了,吾们的美学没有听完,可是那个时候的盛况宛在目前。"①

蔡元培停课之后,曾经请青年画家刘海粟代了一段时间。刘海粟为上美学课的事曾请教蔡元培。蔡元培对他说:"要大胆,镇定自若,我读过你办的《美术杂志》的文章,有一定水准;再者你的画笔会说话的。我不会画,都在讲美学,你遇到说不清楚的时候,可以用画笔来说,画给他们看也很好。不过,不能以导师自居,以平民的身分对待青年学生,他们一定会拥护你。真正遇到在课堂上不好回答的难题,可以跟学生一起商量,这样很快建立感情,有什么不足之处他们会告诉你加以改进的。青年们极可贵,不为他们奋斗,我们治学做事有什么意思。"②刘海粟按照蔡元培的告诫去上课,果然取得了很大的成功。

除了在北京大学开设美学课程之外,蔡元培还在北大成立画法研究会、书法研究会、音乐研究会,并帮助成立中国近代教育史上第一批艺术专科学校。

---

① 蒋复聪:《追忆蔡先生》,重庆《中央日报》1940 年,3 月 24 日。转引自王世儒编《蔡元培先生年谱》上册,第 393 页。

② 刘海粟:《忆蔡元培先生》,载《蔡元培纪念集》,中国蔡元培研究会编,第 208—209 页,杭州:浙江教育出版社,1998 年。

第二节　蔡元培对美学学科建设的启示

蔡元培的美学教育实践给我们今天的美学学科建设留下了许多重要的启示。具体说来有如下四个方面。

第一,美学是一门西方的学问,美学的学科建设必须以西方比较成熟的美学学科为蓝本。

蔡元培几次赴美学的发源地德国学习美学和考察教育,目的就是为了借鉴西方成熟的美学学科教育。尽管他的《美学通论》没有最终完成,但从现有的资料推测,蔡元培主要拟根据康德的美学思想和莱比锡大学摩曼教授的《现代美学导论》和《美学体系》等著作来编写。1919 年 6 月,蔡元培曾着手翻译摩曼的《现代美学》[1]。1920 年,蔡元培在湖南的讲演"美学的进化",也主要介绍西方美学,描述了由柏拉图、亚里士多德,经由鲍姆嘉通、康德、谢林、黑格尔的德国古典美学,到费希纳为代表的现代实验美学的发展历程,简要地勾勒了西方美学发展的主要线索。"美学的研究方法"则主要介绍当时德国流行的心理实验方法。因此蔡元培眼中的美学,主要指的是西方美学。

但这并不意味着蔡元培完全否认中国有美学思想,相反,蔡元培认为中国自古就有极精的美学思想,只是没有系统的组织,所以一直没有美学。他说:"美学的萌芽,也是很早。中国的《乐记》、《考工记》、《梓人篇》等,已经有极精的理论。后来如《文心雕龙》,各种诗话,各种评论书画古董的书,都是与美学有关。但没有人能综合各方面的理论,有系统的组织起来,所以至今还没有建设美学。"[2]就我们今天的美学学科建设来说,不仅要学习西方现成的美学体系,而且要发掘中国古已有之的美学思想,对它们进行系统的组织。因此今天的美学学科建设必须在吸取中西美学精华的基础上进行综合创新。正如叶朗所说,中国美学与西方

---

[1] 参见王世儒编《蔡元培年谱》上,第 257 页。
[2] 《美学的进化》,载《蔡元培美学文选》,第 122 页。

美学的融合,是建设现代形态的美学学科的基本原则。①

第二,美学学科建设,不仅要加强美学理论的研究与教学,而且要有美学史、美术史、艺术学、艺术欣赏、心理学、社会学乃至具体的文艺实践等相关研究与课程的配合。

蔡元培不仅重视美学理论研究,而且特别重视美术史的研究。他曾编写过《欧洲美术小史》,还写了一篇题为《美术的进化》的长文。在1924年至1949年(其中包括西南联大期间)哲学系的课表上,常有美学、美学史、艺术论、西洋美术史、美学名著选读、美学名著研究、康德美学等课程,加上当时的西洋哲学、伦理学、心理学、社会学等课程中也经常涉及美学内容,因此仅课堂教学上,美学的内容就相当丰富了。此外,蔡元培还在北大成立画法研究会、书法研究会、音乐研究会,这些研究会也经常讨论具体的美学问题,可以看做美学教学与研究的延伸。从蔡元培当初的构想来看,美学学科建设至少应包括四个方面的内容:(1)美学理论和美学史;(2)艺术理论和艺术史;(3)各种具体艺术门类的创作与鉴赏;(4)作为方法论的哲学、社会学和心理学。我们今天的美学学科建设往往局限于第一个方面,尤其是只注重美学理论体系的建设,将美学学科建设简单地等同于美学理论研究,这对美学学科建设是十分不利的。蔡元培的构想对拓宽今天美学教学和研究的视野来说,无疑具有重要的积极意义。

第三,在美学教学和研究中,应注重结合具体的艺术作品进行讲解,用实证科学的方法解决具体的美学问题。

从上述蒋复聪、刘海粟等人的回忆中可以看出,蔡元培所理解和讲授的美学课比今天大多数的美学课要活泼得多,美学讲解常常与具体的艺术作品的分析鉴赏结合起来。因此蔡元培常带图画到课堂,还教导刘海粟用画笔来讲解难以说清的美学问题。

在美学研究方面,蔡元培喜欢用心理实验的方法。这也是他那个时

---

① 叶朗主编:《现代美学体系》,第1页,北京:北京大学出版社,1988年。

代西方最流行的美学研究方法。这种方法是蔡元培从莱比锡大学的摩曼教授那里学来的。蔡元培回忆说:"他(摩曼)是应用心理学的实验法于教育学及美学。我想照他的方法,在美学上做一点实验的工作。于是取黑色的硬纸、剪成圆圈,又匀截为五片,请人摆成认为最美的形式。又把黑色纸剪成各种几何形式,请人随意选取自己认为最美的形式,此等形式,我都用白纸双钩而存之,并注明这个人的年龄与地位,将俟搜罗较富后,比较统计,求得普遍点与特殊点,以推求原始美术的公例。"①尽管这项工作没有最后完成,但从这里的字里行间可以看出蔡元培对它充满了热情和期待。在 1920 年湖南的讲演中,蔡元培曾经专门就美学的研究方法作了一次演讲。在这次演讲中,他所列举的方法也大多属于心理实验的方法。②

第四,应注重美学的哲学品格。

尽管蔡元培强调美学研究要同具体的艺术实践结合起来,且喜欢采用心理实验的方法,但这并不表明蔡元培将美学直接等同于艺术学或心理学。在蔡元培看来,美学比艺术学的范围要大得多。"美育的范围要比美术大得多,包括一切音乐,文学,戏院,电影,公园,小小的园林布置,繁华的都市(例如上海),幽静的乡村(例如龙华)等等,此外如个人的举动(例如六朝人的尚清谈),社会的组织,学术团体,山水的利用,以及其他种种的社会现状,都是美化。"③而心理学只是研究美学的方法,而不涉及美学的根本问题。美学的根本问题是一个哲学问题。在给金公亮的《美学原论》所写的序中,蔡元培说:"通常研究美学的,其对象不外乎'艺术'、'美感'与'美'三种。以艺术为研究对象的,大多着重在'何者为美'的问题,以美感为研究对象的,大多致力于'何以感美'的问题,以美为对象的,却就'美是什么'这问题来加以探讨,我以为'何者为美''何以感美'这种问题虽然重要,但不是根本问题,根本问题还在'美是什么'。单

---

① 《自写年谱》,载高叔平编:《蔡元培年谱》,第 26 页。
② 《美学的研究方法》,载《蔡元培美学文选》,第 128—133 页。
③ 《美育代宗教》,载《蔡元培美学文选》,第 160 页。

就艺术或美感方面来讨论,自亦很好;但根本问题的解决,我以为尤其重要。"①艺术是艺术学的对象,美感是心理学的对象,只有"美是什么"是一个哲学问题,属于哲学美学的研究领域。从蔡元培把"美是什么"当做美学的根本问题可以看出,在他心目中美学归根到底具有哲学的品格,属于哲学的范围。这一点可以拿来同另一位美学家朱光潜进行比较。在《文艺心理学》中,朱光潜开宗明义地说:"近代美学所侧重的问题是:'在美感经验中我们的心理活动是什么样?'至于一般人所喜欢问的'什么样的事物才能算是美'的问题还在其次。"②在朱光潜心目中,美学的心理学成分要大于哲学成分,所以后来他把自己的美学著作都冠之以心理学的名称,如《悲剧心理学》、《文艺心理学》。

我们不能因为美学研究要采用心理学的方法,要结合具体的艺术实践而放弃美学的哲学品格,同时也不能因为坚守美学的哲学品格而拒绝采用心理学、社会学等方法。如何将这两方面结合起来,也是当今美学学科建设必须解决的问题。

第三节　蔡元培美学的现代性特征

蔡元培美学受到康德美学的影响,因此具有典型的现代性特征。这种特征尤其体现在他将现象与实体截然分开并赋予美以具有实体特征的普遍性和超越性上。

在莱比锡留学期间(1908—1911),蔡元培对康德美学产生了浓厚的兴趣,并仔细阅读了康德的著作。蔡元培接受了康德对人的心理能力的知、情、意三大划分的思想,并且同康德、席勒一样,将"情"视为沟通"知"与"意"之间的桥梁。蔡元培采用具有典型的现代性特征的哲学术语,将"知"的世界称之为现象世界,将"意"的世界称之为实体世界。蔡元培对现象与实体的区别是:

①《金公亮〈美学原论〉序》,载金公亮:《美学原论》,第 2 页,南京:正中书局,1936 年。
② 朱光潜:《文艺心理学》,第 9 页,合肥:安徽教育出版社,1996 年。

前者相对,而后者绝对。前者范围于因果规律,而后者超轶乎因果规律。前者与空间与时间有不可离之关系,而后者无空间时间之可言。前者可以经验,而后者全恃直观。故实体世界者,不可名言者也。然而既以是为观念之一种矣,则不得不强为之名,是以或谓之道,或谓之太极,或谓之神,或谓之黑暗之意识,或谓之无识之意志。其名可以万殊,而观念则一。虽哲学之流派不同,宗教家之仪式不同,而其所到达之最高观念皆如是。①

蔡元培不仅将现象世界与实体世界截然分开,而且赋予实体世界在价值上高于现象世界的优越性。尽管蔡元培不像极端的宗教家那样,将现象世界之文明视为罪恶之源而加以排斥,承认"现象实体,仅一世界之两方面,非截然为互相冲突之两世界。吾人之感觉,既托于现象世界,则所谓实体者,即在现象中,而非必灭乙而后生甲"②;尽管蔡元培正确地认识到实体或本体是在现象之中的,实体的获得并不是建立在现象的毁灭的基础上;但他还是强调要超越现象世界,进入本体世界。在蔡元培看来,现象界妨碍人们进入本体界主要有两种意识:"一,人我之差别;二,幸福之营求是也。人以自卫力不平等而生强弱,人以自存力不平等而生贫富。有强弱贫富,而彼我差别之意识起。有人我,则于现象中有种种之界画,而与实体违。有营求,则当其未遂,为无已之痛苦;及其既遂,为过量之要索,循环于现象之中,而与实体隔。"③蔡元培这里对现象世界中无穷痛苦的论证,完全出自叔本华,就像我们上一章讨论王国维时所看到的那样,由于欲望很难得到满足,满足之后又会产生厌倦,因此在现象界中的人生在本质上就是痛苦;只有摆脱现象界进入实体界,才能最终摆脱人生之苦。

蔡元培这种现象界与实体界截然二分的思想,与其说来源于康德,不如说来源于柏拉图。不过,蔡元培将美育视为由现象界达到实体界的

---

① 《对教育方针之意见》,载《蔡元培美学文选》,第3页。
②③ 同上书,第4页。

桥梁的思想,则明显来源于康德和席勒。美育之所以能够将人从现象世界提升到实体世界,原因在于:

> 美感者,合美丽与尊严而言之,介乎现象世界与实体世界之间,而为之津梁。……在现象世界,凡人皆有爱恶惊惧喜乐之情,随离合生死祸福利害之现象而流转。至美术,则即以此等现象为资料,而能使对之者,自美感以外,一无杂念。例如采莲煮豆,饮食之事也,而一入诗歌则别成兴趣。火山赤舌,大风破舟,可骇可怖之景也,而一入图画,则转堪展玩。是则对于现象世界,无厌弃而亦无执著也。人既脱离一切现象世界相对之感情,而为浑然之美感,则即所谓与造物为友,而已接触于实体世界之观念矣。故教育家欲由现象世界而引以达于实体世界之观念,不可不用美感之教育。①

尽管蔡元培承认美介于现象界与实体界之间,但他更多地强调美具有更接近富有普遍性和超越性特征的实体方面,正因为如此,美不会将实体引向现象,而是将现象引向实体。蔡元培说:

> 纯粹之美育,所以陶养吾人之感情,使有崇高纯洁之习惯,而使人我之见、利己损人之思念,以渐消沮者也。盖以美为普遍性,决无人我差别之见能参入其中。食物之入我口者,不能兼果他人之腹;衣服之在我身者,不能兼供他人之温,以其非普遍性也。美则不然。即如北京左近的西山,我游之,人亦游之;我无损于人,人亦无损于我也。隔千里兮共明月,我与人均不得而私之。中央公园之花石,农事实验场之水木,人人得而赏之。埃及之金字塔,希腊之神祠,罗马之剧场,瞻望赏叹者若干人,且历若干年,而价值如故。……美之普遍性可知矣。且美之批评,虽间亦因人而异,然不曰是于我为美,而曰是为美,是亦以普遍性为标准之一证也。美以普遍性之故,不复有人我之关系,遂亦不能有利害之关系。马牛,人之所利用者,而

---

① 《对于教育方针之意见》,载《蔡元培美学文选》,第4—5页。

戴嵩所画之牛,韩幹所画之马,决无对之而作服乘之想者。狮虎,人之所畏也,而芦沟桥之石狮、神虎桥之石虎,决无对之而生搏噬之恐者。植物之花,所以成实也,而吾人赏花,决非作果实可食之想。善歌之鸟,恒非食品;灿烂之蛇,多含毒液;而以审美之观念对之,其价值自若。美色,人之所好也;对希腊之裸像,决不敢作龙阳之想;对拉飞尔苦鲁滨司之裸体画,决不敢有周昉秘戏图之想。盖美之超绝实际也如是。①

蔡元培美学的现代性特征,除了他强调美的无利害性和普遍性之外,还表现在他对于崇尚科学和物质的现实社会的批判。蔡元培晚年与《时代画报》的记者有一段这样的谈话:

记者:先生以前提倡的"美育",现在外面又有许多人在讨论这个问题了,是不是?

蔡:是吧? 我以前曾经很费了些心血去写过些文章;提倡人民对于美育的注意。当时很有许多人加入讨论,结果无非是纸上空谈。我以为现在的世界,一天天往科学路上跑,盲目地崇尚物质,从竞争而变成抢夺,我们竟可以说大战的酿成,完全是物质的罪恶。现在外面谈起第二次世界大战的议论很多,但是一大半只知裁兵与禁止制造军火;其实只仍不过是表面上的文章,根本办法仍在于人类的本身。要知科学与宗教是根本绝对相反的两件东西。科学崇尚的是物质,宗教注重的是情感。科学愈昌明,宗教愈没落;物质愈发达,情感愈衰颓;人类与人类便一天天隔膜起来,而且互相残杀。根本人类制造了机器,而自己反而变成了机器的奴隶,受了机器的指挥,不惜仇视同类。我的提倡美育,便是使人类能在音乐、雕刻、图画、文学里又找见他们遗失了的情感。我们每每在听了一支歌,看了一张画,一件雕刻,或是读了一首诗、一篇文章以后,常会有一

---

① 《以美育代宗教说》,载《蔡元培美学文选》,第70—71页。另见《美育与人生》,载《蔡元培美学文选》,第220—221页。标点稍有改动。

种说不出的感觉；四周的空气会变得更温柔，眼前的对象会变得更甜蜜，似乎觉到自身在这个世界上有一种伟大的使命。这种使命不仅仅是要使人人有饭吃，有衣穿，有房子住，他同时还要使人能在保持生存以外，还能去享受人生。知道了享受人生的乐趣，同时便知道了人生的可爱，人与人的感情便不期然而然地更加浓厚起来。那么，虽然不能说战争可以完全消灭，至少可以毁除不少起衅的秧苗了。①

将审美从日常生活中孤立出来，使之成为一种无利害的、自律的活动，进而以这种纯粹的审美活动来批判日常生活，这是现代美学的一般逻辑。在上一章对席勒的游戏观念的讨论中，可以清楚地看到这种逻辑；在随后的阿多诺（T. Adorno）美学的讨论中，同样可以看到这种逻辑。蔡元培的美学也具有这种现代美学的逻辑：他一方面将美从现象世界中提升出来，赋予它以接近实体特征的普遍性和超越性；另一方面他又试图用具有普遍性、超越性特征的美来批判和改造社会，甚至赋予美育以改良人心和社会的宗教功能。然而，正是由于蔡元培对美育在改良人心和社会方面所具有的工具作用的强调，他的美学又失去了纯粹的现代性特征，而更接近于实用主义。

第四节　蔡元培美学的实用主义精神

如果说蔡元培只是强调美的普遍性和超越性，那么他的美学就是典型的现代美学；但是，蔡元培美学也具有典型的非现代性特征，这种非现代性特征主要体现在他的美学思想中所包含的实用主义精神上。

实用主义的代表人物杜威曾于 1919—1921 年访问中国，其思想对当时中国的新文化运动产生了很大的影响。在杜威访华期间，蔡元培与他多有接触，并对他的实用主义推崇备至。在杜威 60 岁生日晚宴上，蔡

---

① 《与时代画报记者的谈话》，载《蔡元培美学文选》，第 215 页。

元培发表致词称赞其哲学是"西洋新文明的代表",并且认为"孔子的理想与杜威博士的学说,很有相同的点。这就是东西文明要媒合的证据了"。①

蔡元培是否也在误解杜威呢? 就他将杜威与孔子相提并论来说,虽然显得比较空洞,但似乎比较中肯地抓住了杜威实用主义的实质。对杜威非常了解的著名哲学家怀特海(A. N. Whitehead)也曾经说过:"如果你想理解孔子,就去读约翰·杜威。如果你想理解约翰·杜威,就去读孔子。"②杜威和他的实用主义在 20 世纪 20 年代之所以会在中国引起轰动效应,成为一时的时尚,除了与当时中国学者对其"新学"的积极传播有关之外,也与杜威本人的思想容易同中国传统"旧学"产生共鸣有关。杜威对中国的热爱是真诚的,正如他的女儿简(Jane)所证实的那样,杜威在中国生活的经验"是如此重要,以至于起到了一种复兴其智识热情的作用",因此,他将中国当做"最靠近他心灵的国家,就像他自己的国家一样"。③

对于蔡元培美育思想究竟受到杜威怎样的影响,这是一个尚待仔细考证的问题。但蔡元培美学从总体上体现出明显的实用主义精神,这是毋庸置疑的。

首先,蔡元培强调美育在人生和社会的改良中所具有的工具作用。

如同我们前面所指出的那样,无利害性是现代美学的基本特征。现代美学进而主张美和艺术是一种纯粹的内在价值,一种非工具性的内在目的,如果将它们作为手段或工具就会被误解或滥用。尽管现代美学有将艺术从所有功能中净化出来的潜在动机,并不是把艺术贬低为一钱不值,而是希望把它的价值置于实际的工具价值之上。正如舒斯特曼所指

---

① 《蔡元培全集》第三卷,中国蔡元培学会编,第 350 页,杭州:浙江教育出版社,1996 年。
② *Dialogues of Alfred North Whitehead* as recorded by Lucien Price(Boston: Little, Brown, and Company, 1954), p. 176. 转引自 Roger T. Ames, "Confucianism and Deweyan Pragmatism: A Dialogue", 将发表于 *Beida Journal of Philosophy*。
③ See Jane Dewey, "Biography of John Dewey," in P. A. Schilpp(ed.), *The Philosophy of John Dewey*, 2nd ed.(New York: Tudor, 1951), p.42.

出的那样，"这种策略，……是因为担心艺术在工具价值方面不能充分竞争，从而在同无情地占支配地位的功利主义思考的不公平的竞争中，去保护艺术的自律性。希望从粗俗的、精于计算的手段—目的理性中，去保护某些人类的精神领域。这种手段—目的理性，不仅使世界脱离幻想，而且用功能化的产业的腐败来糟践它。审美应该代表一个与众不同的自由领域；艺术应该从功能、用途和问题解决中解放出来；这种从用途中解放出来的自由，就是艺术明确而高贵的特征。"[1]

与这种竭力避免艺术的工具作用的现代主义美学相反，杜威尤其强调艺术具有伟大而全面的工具价值。因为任何具有人类价值的东西，必须以某种方式满足人在应付她的环境世界中的机体需要，增进机体的生命和发展。[2]

现代美学之所以反对审美和艺术的工具作用，其根本原因在于源于康德的这种错误假定：由于艺术没有特殊的、可以确认的、能够比任何别的东西更好地起作用的功用，因此，只能将它辩护为完全超越用途和功能等外在价值，而具有纯粹的内在价值。杜威正确地指出这里预先假定了手段—目的二分，假定了工具价值与内在价值的对立。杜威从根本上反对现代美学抛弃艺术工具价值所依据的这种未经检验的前提。不仅如此，杜威还反对艺术和审美具有其自身的特殊功用和价值（就像现代美学所主张的那样），转而主张艺术的功用和价值是这样实现的：通过服务于不同的目的，最重要的是通过增进、鼓动和激发我们的直接经验，从而帮助我们实现自己所追求的无论什么样的更长远的目的，以全方位的方式满足人类生活。因此，艺术自身中既有工具价值，又有令人满意的目的。杜威主张：那种仅仅是有用的东西，满足……一个特殊和有限的目的。而审美的艺术作品，则满足许多目的……它服务于生命，而不是去规定一种确定的和有限的生命形式。通过艺术和审美，我们被赋予一

---

[1] 舒斯特曼：《实用主义美学》，彭锋译，第 23 页，北京：商务印书馆，2002 年。
[2] 参见舒斯特曼《实用主义美学》，第 23—24 页。

种精神振奋的态度,去面对日常生活的环境和紧急事件。当直接的知觉活动停止的时候,艺术的工具性也不会停止,它继续在非直接的渠道中活动。在收获的田野上歌唱劳动号子,不仅给收获者提供一种满足的审美经验,而且它所激起的兴致也会延伸到他们的工作中,给它以鼓舞和增进,并且慢慢地灌输在歌唱和劳作结束之后仍然延续很长时间的团结精神。同样范围广泛的工具性,在高等艺术中也能发现。它们不单是一套为产生特别的审美经验的精致器具。它们致力于使我们的知觉和交流得以修缮和敏锐;给我们以激励和鼓舞,因为审美经验总是溢出自身并与我们的其他行为结成一体,使它们得以提高和拓深。[1]

虽然蔡元培没有像杜威那样,对艺术和审美的工具价值进行深入的论证,但他对美育可以在改良人生和社会中发挥重要作用的强调,却是一种典型的实用主义美学思想。尽管如上所述,蔡元培接受了现代美学的基本观念,强调美的无利害性、普遍性和超越性,但是他并没有因此主张"为艺术而艺术"(现代美学的另一个重要观念),而是强调美育要服从他的教育救国的整个方案。

在蔡元培看来,中国革命的一再失败,主要原因在于没有培养出革命的新人。[2] 而没有培养出新人的一个重要原因,就是忽视了美育。蔡元培要通过美育来培养新人,通过培养新人来夺取革命的成功,因此他对美育的提倡,绝不能被当做只是从西方引进一种特殊的趣味,或者只是引进一个新的学科,而是要服务于全方位地培养新人这个实际目的。由此,美育也就不限于学校教育,而要渗透到广泛的社会生活之中。因此,蔡元培除了积极推行学校美育之外,还强调社会美育和家庭美育,甚至包括胎教、幼儿教育以及一般的社会环境如道路、建筑、公园乃至公墓

---

[1] 这里所引用的杜威的观念,均出自其《艺术即经验》一书,转引自舒斯特曼《实用主义美学》,第24—25页。

[2] 参见《蔡元培口述传略》(上),载蔡建国编:《蔡元培先生纪念集》,第251页,北京:中华书局,1984年。

的美化等各个方面。① 蔡元培的这种主张，与现代美学将审美严格限制在美的艺术领域的主张可谓大异其趣。蔡元培美学中的这种冲突，正是现代美学与实用主义之间的冲突的体现。

其次，蔡元培强调科学与美学之间有着密切的联系。

现代美学不仅排除了艺术和审美中的实际功利，而且排除了纯粹的求知兴趣，从而使艺术和审美从伦理学和（自然）科学中独立出来，成为完全自律的领域。这从现代美学的核心概念"无利害性"的发展中可以看得非常清楚。我们在前一章中已经简要地介绍了无利害性概念的发展，在哈奇森和艾利森那里，具有无利害特征的审美经验将与任何经过教育和训练获得的有意义、有知识的理解完全对立。由此，美学不仅与实际功利对立，而且与不关心实际功利的科学相对立，因为科学具有求知的兴趣。

在现代美学极力将审美和艺术从科学中独立出来的同时，实用主义却强调它们之间的联系。在杜威看来，审美性质可以内在于科学工作之中，科学探究偶尔也能够提供令人满足的情感性质。科学与艺术的深层关系，体现在它们应付和处理经验时所表现出来的工具性上，由于有这种深层关系，科学与艺术在古代和原始文化中往往很难区分。杜威曾经非常激进地宣称，科学自身只不过是一种辅助其他艺术的产生和应用的重要艺术，科学和哲学都能给它们的从业者提供审美经验。②

蔡元培从现代美学的立场，也认识到科学与艺术的差异，但是出于实用主义的目的，他更强调科学与艺术的联系。他说：

> 有人疑科学家与美术家是不相容的，从科学方面看，觉得美术家太自由，不免少明确的思想，从美术方面看，觉得科学家太枯燥，不免少活泼的精神。然而事实并不如此，因为真爱美的性质，是人

① 参见《蔡元培美学文选》，第 154—159 页，北京大学出版社，1983 年。
② 这里所引用的杜威的观念，均出自其《艺术即经验》一书，转引自舒斯特曼《实用主义美学》，第 24—25 页。

人都有的。虽平日的工作,有偏于真或偏于美术的倾向;而研究美术的人,决不致嫌弃科学的生活,专攻科学的人,也决不肯尽弃美术的享用。文化史上,科学与美术,总是同时发展。美术家得科学家的助力,技术愈能进步;科学家得美术家的助力,研究愈增兴趣。[1]

从这段讲话中可以隐约看出当时科学与艺术之间的争论。蔡元培并没有从本体论上去解决科学与艺术之间的不相容性,而是从实用主义的角度去调和二者之间的冲突:如果能够得到科学家的帮助,艺术家的技术就能够更加进步;如果得到艺术家的帮助,科学家的研究就会更有兴趣。尤其是有关艺术对于科学研究的作用,在《美术与科学的关系》一文中,得到了更加清楚的表达:

治科学的人,不但治学的余暇,可以选几种美术,供自己陶养。就是所专研的科学上面,也可以兼得美术的趣味。比如,数学虽然是一门枯燥的学问,但如果把美的形式与数的关系联系起来考察,抽象的数学就会增添许多趣味。

常常看见专治科学,不兼涉美术的人,难免有萧索无聊的状态。无聊不过,于生存上强迫的职务以外,俗的是借低劣的娱乐作消遣;高的是渐渐的成了厌世的神经病。因为专治科学,太偏于概念,太偏于分析,太偏于机械的作用了。譬如人是何等灵变的东西?照单纯的科学家眼光:解剖起来,不过几根骨头,几堆筋肉。化分起来,不过几种原质。要是科学进步,一定可以制造生人,与现在制造机械一样。……抱了这种机械的人生观与世界观,不但对于自己竟无生趣,对于社会毫无爱情;就是对于所治的科学,也不过"依样画葫芦",决没有创造的精神。

防这种流弊,就要求知识以外兼养感情,就是治科学以外,兼治美术。有了美术的兴趣,不但觉得人生很有意义,很有价值;就是治

---

[1]《在史太师埠中国美术展览会演讲会之演说》,载《蔡元培美学文选》,第107页。

科学的时候,也一定添了勇敢活泼的精神。[1]

这是专就艺术对科学研究的作用来说的。它包含三个方面的意思:(1)艺术可以陶养科学工作者的趣味,使科学家对自己的工作产生兴趣,从而使科学研究不纯粹是一种枯燥的劳作,而成为一种审美的享受。(2)艺术可以丰富科学工作者的人生,不仅使他们自己的生活充满生趣,而且对社会充满爱心。(3)艺术可以培养科学工作者的创造精神。尽管蔡元培并没有对这些论点进行深入论证,但他对于艺术在科学活动中的作用的强调,无疑更接近于实用主义美学。

第五节 实用主义与现代性之间的张力

实用主义与现代性之间的张力,很明显地体现在审美的无利害性和对审美教育的功利要求上。为了更好地显示蔡元培美学中的这种张力,让我们先简要地描述一下杜威的实用主义美学与现代美学尤其是典型地体现现代性特征的分析美学之间的张力。根据舒斯特曼的总结,它们之间的张力主要体现在以下几个方面。[2]

1. 以自然主义对抗理性主义

杜威的实用主义美学与康德以来的现代性美学的明显不同之处,在于杜威主张身体的自然主义,而以康德为代表的现代哲学则主张思维的理性主义。与现代哲学的理性主义特征一致,现代美学强调审美和艺术的精神特征,尽力排斥身体因素,排斥自然成分在艺术和审美中所能发挥的作用。即使是作为现代主义者的阿多诺也承认,"自然美从美学中消失,是因为人的自由和尊严概念膨胀至极端的结果"[3]。而 20 世纪盛行的分析美学,更是极端地将自然排除在美学研究的范围之外,"在分析

[1]《美术与科学的关系》(1921),载《蔡元培美学文选》,第 136—137 页。
[2] 下面有关实用主义美学与分析美学之间的张力的描述,参见理查德·舒斯特曼《实用主义美学》第一章,第 20—46 页。
[3] T. W. Adorno, *Aesthetic theory*, p. 92.

哲学传统中,哲学美学实际上等同于艺术哲学。在这一时期的美学的主要课本,都加上了'批评哲学中的问题'的副标题,主要的美学文集都冠上了诸如'艺术与哲学'和'对艺术的哲学考察'之类的标题。"①

然而,杜威的实用主义美学却很不一样,它致力于将美学建立在人的有机体的自然需要、构造和行动的基础上,主张对于所有艺术来说,它们都是生命机体与其环境之间交互作用的结果。尽管艺术已经变得越来越精神化了,但其根本层次仍然保持在有机体的底层之中。艺术形式不是静止的空间关系,而是展现那种"累积、张力、持存、期望和完成"要素的动态的交互作用。这种"形式情形……深深地扎根在世界自身之中"、在我们自己的生物节奏和自然的更大的节奏之中,它们逐步在神话和艺术的节奏,以及有节奏的科学"法则"中得到反映和阐述。杜威因此宣称:"在每一种艺术和每一个艺术作品的节奏下面,都有……联系生物体及其环境的基本式样";因此,"在自然的最宽和最深意义上,自然主义对所有伟大艺术来说,是必不可少的"。②

2. 以工具价值对抗内在价值

现代美学由于认识到艺术没有特殊的、可以确认的、能够比任何别的东西更好地起作用的功用,因此,只能将它辩护为完全超越用途和功能而具有纯粹的内在价值。这里存在着手段—目的二分的错误假定。杜威不仅要求我们重新理解手段—目的之间的区分,反对工具价值与内在价值之间的对立,而且他还试图论证艺术的特殊功用和价值,不是基

---

① 参见 Allen Carlson, *Aesthetics and the Environment: The appreciation of Nature, Art and Architecture*, p. 5. 主要的美学课本指的是比尔兹利的《美学:批评哲学中的问题》(Monroe C. Beardsley, *Aesthetics: Problems in the Philosophy of Criticism*, New York, Harcourt, Brace & World, 1958)。主要美学文集指的是肯尼克编选的《艺术与哲学:美学文选》(*Art and Philosophy: Readings in Aesthetics*, W. E. Kennick ed. New York, St Martin's Press, 1964)和马戈利斯编选的《对艺术的哲学考察:当代美学文选》(*Philosophy Looking at the Arts: Contemporary Readings in Aesthetics*, Joseph Margolis ed., New York, Charles Scribner's Sons, 1962)。
② John Dewey, *Late Works of John Dewey* (Carbondale: Southern IllinoisUniversity Press, 1987), pp. 155 - 156.

于任何专门的、特殊的目的,而是基于通过服务于不同的目的,最重要的是通过增进、鼓动和激发我们的直接经验,从而帮助我们实现自己所追求的无论什么样的更长远的目的,来以全方位的方式满足生命体。因此,艺术自身中既有工具价值,又有令人满意的目的。

3. 以经验对抗语言

杜威的实用主义美学的研究对象是实际的审美经验而不是艺术批评中的语言。实用主义美学的目的是弄清楚审美经验的性质,进而增进和丰富人们的审美经验,而不像分析美学那样,只是分析艺术批评的语言,以求获得对艺术性质的客观分析。①

4. 以连续性对抗区分性

现代美学是西方整个现代性工程中的一部分,而现代性工程的一个重要特征就是强调区分。现代美学正是在这种区分性的观念的指导下,将审美和艺术孤立为一个完全自律的领域,进而将美学合法化为独立自足的学科。但杜威的实用主义美学则力图打破这种自律,将艺术从美术馆、剧院和音乐厅的围墙中解放出来,使之重新与生活联系起来。

杜威的连续性美学,不仅将艺术与生活重新连接起来,它还坚决主张一大群传统二分的观念在根本上的连续性。这些二分的观念有:美的艺术对应用或实践艺术、高级艺术对通俗艺术、时间艺术对空间艺术、审美对认识和实践、艺术家对组成其受众的"普通"人等等。实际上,为了确保美学中的连续性,杜威将他对二分思想的攻击扩展到去破坏那种支持和巩固隔离和分裂我们艺术经验的更基本的二元论。这些二元论中最重要的有:身体与心灵、物质与观念、思想与情感、形式与质料、人与自然、自我与世界、主体与客体和手段与目的之间的二分。

---

① 关于分析美学对于艺术批评中的语言、艺术作品的语言和艺术概念或艺术定义的分析,参见彭锋:《分析美学对维特根斯坦的误解》,《文艺研究》,2002年第2期。

5. 以研究的评价性意义对抗描述性意义

现代美学尽管强调科学与艺术之间的区别,却主张对于艺术和审美也可以进行科学研究,因此现代美学的目的是描述性地分析和澄清已经确立的批评概念和实践,不在任何实质意义上对它们进行修正。它希望给予我们的艺术概念一种真正的说明,而不对它作出任何改变。杜威的美学则完全相反。杜威对为真理而真理不感兴趣,他所感兴趣的是:不管艺术被怎样定义,都要获得更丰富和更令人满意的经验,要体验那种没有它艺术就没有意义、没有它艺术就不可能作为一种整全的现象而存在或被理解的价值。在杜威的实用主义中,最终的标准是经验而不是真理;甚至"观念的价值,也处于它们所引导的经验之中"。他的知识工具主义理论,将所有探究的最终目的——包括科学的和美学的,不是视为单纯的真理或知识本身,而是视为更好的经验和经验价值。知识的价值,存在于作为"通过对其执行的行为的控制而丰富当下经验的工具性"之中;对杜威来说,没有任何东西可以与审美经验那充实的当下直接性相媲美。

6. 以民主对抗精英

现代美学狭隘地将艺术等同于高级艺术,将审美等同于高级的精神活动,从而将审美和艺术纳入少数知识精英的领地。杜威坚决抵制现代美学的这种精英主义传统,反对艺术向精神领域退隐,主张艺术应该使更多人的生活变得更加丰富和更加满意。杜威强调,艺术的分隔和精神化,作为一种高高在上的、奉为"一个远不可及的偶像"的、脱离物质和其他人类成就的"单独领域",这已经将艺术从我们绝大多数人中间撤走,从而使我们生活的审美质量变得愈加贫乏。艺术被有效地封锁在博物馆、音乐厅、教室和剧院里,远离自由和随便的日常使用。将艺术与高级艺术精英主义等同,不仅使许多人们远离和害怕在美的艺术中寻求满足,而且会否认他们对其所享受的所谓"低级"艺术或娱乐的艺术合法性和潜力的认可。由此,绝大多数人被迫对培养自己的艺术敏感性感到绝望,转而在愈加"低劣"和"粗俗"的东西中寻求满足。因此,将艺术等同于高级艺术传统，可以服务于压迫的社会—文化精英，他们通过确信艺术将保持超出常人的趣味和领域，通过既标明又巩固常人普遍的自卑感，来寻求维护和巩固其阶级的优越性。

杜威在反对压迫的精英主义方面，在强调艺术应该积极参与改造不平等、不民主的社会上，似乎更接近于马克思。艺术的任务（像哲学的任务一样），不是解释现实，而是改变现实；如果艺术保持为一个与世隔绝的领域，就不会实现什么改变。杜威因此强烈要求：尽管冒着被非审美世界堕落地盗用的风险，艺术还是应该撤去它那神圣的分隔，而进入日常生活领域，在这里艺术可以作为建构性改革的指导、范式和推动，而不仅仅是对现实的一个外来的装饰或一个令人向往的想象上的改变，而更有效地发挥作用。对杜威来说，作为我们社会改革的重要部分，我们的艺术概念也需要改革。在这个需要改革的社会中，占统治地位的制度、等级差异和阶级区分，已经有效地塑造了这个艺术概念，并且已经在某种程度上反过来得到了它的巩固。

7. 以历史性对抗本质性

由于现代美学主张审美和艺术是完全自律的，因此对于审美和艺术可以作纯粹的客观研究，也就是说，对艺术的理解可以超越它的历史和文化背景。现代美学的一个重要目标，就是探寻超越历史和文化而普遍有效的美学原则。杜威的实用主义美学则重视历史、社会和文化因素，强调没有对社会—历史层面的了解，艺术和审美就不能被理解。在这方面，杜威的实用主义更接近黑格尔主义，而不同于康德主义。杜威实用主义重视历史而轻视本质的倾向，不仅表现在他的美学中，而且表现在他的伦理学和认识论中。在杜威看来，哲学不是作为永恒的概念真理，而是作为一种在历史上形成的对"其自身在思想中领会的时代"的表达。

8. 以动态的审美经验对抗固定的艺术作品

现代美学的主要研究对象是艺术作品，其主要目标是揭示艺术作品的本质，并指望这种本质是超越历史、社会和文化而普遍有效的。杜威没有从艺术作品的特征角度去定义艺术，而是从审美经验的角度去定义艺术。

　　杜威将艺术定义为审美经验的首要目的,就是要打破艺术博物馆概念那令人窒息的统治。因为审美经验明显超出美的艺术和它的对象的限制。更重要的是,杜威的这种经验转向,也要求一种适当的审美方式,即以增进审美经验为目的而不是以认识作品的艺术性质为目的的欣赏方式。

　　从以上八个方面可以看出,虽然从时间上来看实用主义美学也属于现代美学的范围,但从理论类型上来看实用主义美学又完全不同于现代美学,而更接近于后现代美学或前现代美学。实用主义美学为什么会表现出一种"不合时宜"的特征? 这是一个相当有趣的问题,但这里不是详细探讨这个问题的地方。①

　　从上述几个方面,我们可以清楚地看到实用主义美学与现代美学之间的张力。但事实上这种张力在西方实用主义美学家和现代美学家那里都不明显,因为他们要么持明确的实用主义美学观,要么持明确的现代美学观。实用主义美学与现代美学之间的张力,体现在同时接受它们的现代中国美学家身上,尤其以蔡元培表现得最为明显。② 他一方面接受现代美学的观念,强调艺术和审美的独立自足性,另一方面又强调艺术和审美在改造社会方面所具有的工具价值;一方面突出音乐、绘画、书法等所谓高雅艺术的审美价值,另一方面又强调审美教育要体现在家庭、学校和社会的各个方面,强调社会环境在审美教育方面的重要作用。

　　实用主义美学与现代美学之间的张力,既没有体现在现代美学的奠基者康德那里,也没有体现在实用主义美学的集大成者杜威那里,而是

---

① 对这个问题感兴趣的读者,可以参考舒斯特曼:《实用主义美学》第一章"实用主义的定位"。

② 尽管集中体现杜威实用主义美学思想的《艺术即经验》出版于 1934 年,但那时杜威在中国的影响已经消退,蔡元培的美学研究工作也基本结束,因此蔡元培的美学不可能受到《艺术即经验》这本书的影响,但这并不表明蔡元培对实用主义美学一无所知,因为在《艺术即经验》出版之前,杜威经常发表关于艺术和审美的看法,蔡元培有可能了解杜威的这些看法。而且,蔡元培对杜威的实用主义哲学和教育学也相当了解,即使假设蔡元培没有直接接触到杜威的美学,杜威的实用主义方法和精神也有可能影响到蔡元培的美学研究。

体现在同时接受康德和杜威的蔡元培那里,这应该是不难理解的。现在的问题是,蔡元培为什么会既接受康德又接受杜威? 为什么会同时接受两种相当不同的思想? 这个问题在中国美学的现代化进程中具有相当大的普遍性。我们在讨论王国维的时候已经看到,王国维在接受西方现代美学的同时,又保留了中国传统美学。王国维采用了一种十分特殊的方式来处理现代美学与传统美学之间的矛盾,那就是让现代美学成为纯粹的现代美学,让传统美学成为纯粹的传统美学。因此,如果孤立地看,在王国维那里可以发现纯粹的现代美学。在蔡元培那里,构成矛盾的双方不是现代美学和传统美学,而是现代美学和实用主义美学。蔡元培并没有像王国维那样,将二者完全分别开来对待,而是力图将它们融合起来,并不在乎二者之间的矛盾冲突,这充分体现了蔡元培"兼容并包"的开放心态,但也使得他的现代美学显得不那么纯粹。

如果要进一步探讨,蔡元培同时接受现代美学和实用主义美学的原因可以追溯到他的两重身份上去。蔡元培既是学者又是社会改革家。作为学者的蔡元培会很自然地接受现代美学,作为改革家的蔡元培,又无法拒绝实用主义思想。①

如果我们再进一步追溯,造成蔡元培美学中的现代主义与实用主义之间的张力的原因,在很大程度上还与中国现代化过程中思想家们赋予美学的特殊地位有关。中国社会的现代化进程是在与西方势力的较量

---

① 杜威的实用主义思想与他的社会改良愿望紧密地结合在一起。尽管杜威也从事过严格的学院哲学研究,并享有一份非常成功的专业职业(爬楼梯似地从明尼苏达大学到密歇根大学,然后又是芝加哥大学和哥伦比亚大学,1905 年担任美国哲学学会会长),但他很快就丧失了职业游戏的兴趣。在哥伦比亚大学,他不再(像以前在芝加哥大学做过的那样)努力去领导哲学系的工作,并逐渐与对传统学院问题的专业上的狭隘沉迷疏远了。杜威曾严厉地斥责其专业上的同事逃避责任,没有将哲学运用于"其自身时代的生活斗争与问题",而把哲学实践局限于陈旧的学院问题,以便"保持一种不受影响的修士般的无瑕,与当代的现实……毫无关联"。杜威谴责哲学退却到自鸣得意的、经院式的专业主义,他坚持认为,只有"当哲学不再是一种解决哲学家的问题的手段,而成为由哲学家培养出来的、解决人的问题的方法时",哲学才可以恢复它的真正价值(作为一种以生活为中心的事业)。见理查德·舒斯特曼:《哲学实践》,彭锋等译,第 22 页,北京:北京大学出版社,2002 年。

中逐渐展开的。从 19 世纪中期以来,中国在跟西方的全面接触和较量中逐渐意识到西方力量的强大。这种意识是分三个阶段逐渐觉醒的:最初只是承认西方科学技术的发达,认为西方的文化和社会制度仍然比中国落后;但是在洋务运动(即学习西方科学技术尤其是军事技术)失败之后,中国知识分子认识到,中国的落后不仅是科学技术的落后,而且是文化和社会制度的落后,即长期稳定的封建社会结构所造成的社会惰性,中国要想在与西方列强的竞争中取得胜利,就必须改造传统的社会制度,学习西方先进的民主制度。但是,由知识分子发动的"戊戌变法"失败之后,人们意识到中国的落后不仅是科学技术和政治制度的落后,而且是中国人思想意识的落后,中国要赶上西方强国,最根本的改革是改造人的思想意识,用鲁迅的话来说,就是不要再做奴隶。美学就是在这时从西方全面引进中国的,因为当时的中国知识分子认为,现代西方美学代表了最先进的思想意识,它集中体现自由思想、民主政治和强盛的生命力,而这些正是中国人精神中所缺乏的重要内容。这一点在蔡元培那里表现得尤其明显。

首先,蔡元培对美学的引进不是出于狭隘的学术动机,而是出于一种社会责任感,即要通过美学教育,改造旧中国封建教育思想,培养适应现代社会需要的新青年。比如,1912 年,蔡元培就任中华民国临时政府教育总长,在《对于教育方针之意见》中,明确提出新的教育方针应将清朝的忠君、尊孔、尚公、尚武、尚实五项改造为军国民教育、实利教育、公民道德教育、世界观教育和美育。[1] 1919 年底,在新文化运动开展得如火如荼之际,蔡元培发表《文化运动不要忘了美育》一文,尖锐地指出,不重视美育的新文化运动,恐不免有诸多流弊。[2] 正是由于蔡元培引进美学不是出于纯粹的学术动机,而是出于对整个社会的精神文化的改造,因此尽管蔡元培也受到当时流行的现代形式主义美学的影响,但他还是

---

[1]《蔡元培美学文选》,第 7 页。
[2] 同上书,第 83 页。

更多地强调美育与整个社会生活的联系，强调美育应该渗透到社会生活的各个方面，甚至包括胎教、幼儿教育和一般的社会环境如道路、建筑、公园乃至公墓的美化等各个方面。①

其次，蔡元培的"以美育代宗教"的主张，明显地体现了"美育救国"的美学乐观主义。蔡元培提倡的"以美育代宗教"的口号，实际上是以新的代替旧的，以近代资产阶级的思想意识代替封建地主阶级的思想意识。蔡元培认为，所谓"美育"既不是知识教育，也不是道德教育，而是情感教育。② 按照蔡元培的观点，我们甚至还不能说美育是教育，因为今天的"教育"一词，带有太多的自上而下的训导和冷冰冰的灌输的意思，而美育强调的是感化、陶养，是欣赏者的主动参与。蔡元培列举了"以美育代宗教"的三点理由：（1）美育是自由的，而宗教是强制的；（2）美育是进步的，而宗教是保守的；（3）美育是普及的，宗教是有界③。

蔡元培主张"以美育代宗教"不仅有学理上的考虑，即从情感教育的角度来说，宗教不是专门用来进行情感教育的，因此，它远远不如美育那么纯粹和有效；④更重要的是，蔡元培考虑到了当时的时代因素。"以美育代宗教"的主张，最初是在1919年提出来的。那是中国历史上新旧势力斗争达到白热化的年代。在革命暴动和思想启蒙两条辞旧迎新的道路中，蔡元培选择了后者，选择了精神批判与改造的途径。在蔡元培看

---

① 蔡元培在谈到美育的实施的时候，强调美育应该渗透到家庭、学校和社会（《蔡元培美学文选》，第154—159页）。

② 蔡元培在1930年为商务印书馆出版的《教育大辞书》所撰写的《美育》条目中所下的定义是："美育者，应用美学之理论于教育，以陶养感情为目的者也。"（《美育》，载《蔡元培美学文选》，第174页）。

③《以美育代宗教》，载《蔡元培美学文选》，180页。

④ 蔡元培说："人人都有感情，而并非都有伟大而高尚的行为，这由于感情推动力的薄弱。要转弱而为强，转薄而为厚，有待于陶养。陶养的工具，为美的对象；陶养的作用，叫作美育。""所谓陶养，主要有两方面的意思。一方面有规范的意思，另一方面有熏陶感化的意思。陶字的本义是陶器，含有以模范铸造的意思；陶又有快乐、喜悦的意思，因此陶养指的是由个体内在的情感自觉升华至超越普遍的境界。与宗教、道德通过外在的束缚使人达到普遍境界不同。美的对象，之所以能陶养感情，原因在于它有两种特性：一是普遍；二是超脱。普遍性可以破除人我之见，超脱性可以透出利害关系。"见《美育与人生》，载《蔡元培美学文选》，第220页，北京大学出版社，1983年。

来,当时新旧思想的典型代表是美学和宗教。无论是从西洋现成引进的基督教还是改造国粹而成的孔教,都是对新的自由思想的束缚,对新兴的民主和科学的反动。而美学(特别是蔡元培接受的康德美学)在根本上主张审美活动是无利害、无目的、无概念的,这样的审美活动是人类生活中最无拘无束的活动,是自由生活的典型。因此,蔡元培主张"以美育代宗教"来进行思想启蒙,其实质是以自由代替专制,以科学代替愚昧,这与整个"五四"精神是基本一致的。

实用主义与现代主义之间的张力,最终成了两种美学实践方式之间的张力:一种是将美学作为纯粹的学问来研究,另一种是将美学作为改造社会和自我的方式来实践。① 在这里,我们不拟对这两种方式的优劣进行评论,我们只是想指出,如果能够从两种美学实践来看蔡元培的美学的话,特别是如果能够从将美学作为改造社会和自我的实践方式的角度来看蔡元培的美学的话,我们就会从中得到更多更重要的启示。

---

① 这两种方式之间的区别,更一般地表现在哲学实践之中,即存在着将哲学作为语言谈论来实践和将哲学作为生活艺术来实践这两种不同的哲学实践方式。详细讨论见彭锋《另一种哲学实践》(见《哲学实践》译者导言)、《从生活方式和谈论方式来理解诸子哲学》(韩中学会中国学研究方法国际会议论文,2003 年 8 月·汉城)。

第五章　鲁迅的美学

　　鲁迅(1881—1936),原名周树人,浙江绍兴人,字豫才,以笔名鲁迅闻名于世。1898年考入南京江南水师学堂,后转入江南陆师学堂。1902年毕业后被选派赴日本留学,入东京弘文学院学习,1904年入仙台医学专科学校学医,后弃医从文,发表《摩罗诗力说》、《文化偏至论》等美学论文。1909年回国,先后在杭州和绍兴等地担任教师,辛亥革命后应蔡元培之邀任职临时政府教育部,后任教于北京大学和女子师范大学,从事文学创作,取得巨大成就。

　　鲁迅早期的美学思想,是20世纪中国美学史上最具特色的美学思想,郭绍虞曾经将其评价为当时文艺思想的"最高成就"和"光辉顶点"。[①]然而鲁迅的美学思想并没有引起中国美学界的足够重视,尤其是当我们用现代美学的视野来审视鲁迅的时候,他的美学因为过分强调艺术与现实的联系而显得过于"粗糙"。但是,如果我们换个角度,从被追溯为后现代先驱的尼采美学来看,鲁迅的美学思想就会呈现出一副崭新的面貌,可以说它是20世纪中国美学史上最有后现代特征的美学。为此,我们有必要做一番从尼采看鲁迅的工作。

---

① 郭绍虞主编:《中国历代文论选》第四册,第493—494页,上海:上海古籍出版社,1980年。

第一节　审美化:后现代的一般特征

现代性与后现代之间的冲突,常常被描述为理性与审美之间的冲突:现代性的典型特征为理性,后现代性的典型特征为审美。这种冲突,在 20 世纪后期哈贝马斯所代表的现代与罗蒂所代表的后现代之间的争论中表现得尤其明显:前者拥护理性与现代性的主张,而后者则鼓吹审美与后现代。

哈贝马斯和罗蒂都承认:从现代性到后现代的过程,就是以审美破坏理性的过程。他们不同的是:罗蒂欢呼这种审美转向,将它视为将我们从理性那令人窒息的僵化、同质化和非历史性的观念中的解放,进而将它视为对富有创造性想象力的灵活性的鼓励,这种灵活性似乎更适合于我们当前这个益发"解中心"的情境和急速变化的时代。相反,哈贝马斯却通过将后现代主义的审美转向描述为对一个错误的理性观念——主体中心理性——的不必要的、受误导的、颠覆性的反应,来捍卫现代性。现代性的厄运因而可以这样来解除:不是为审美而放弃理性,而是用一种理性交往模式来取代主体中心的理性。①

罗蒂为什么会认为后现代社会在总体上呈现出一种审美的面貌?这从罗蒂主张的后现代伦理生活的审美化中可以找到答案。在罗蒂看来,后现代伦理生活的一个重要特征,就是伦理学与美学的结盟,从而出现了所谓伦理生活的审美化或生活艺术的观念。其实这种观念早在维特根斯坦的《逻辑哲学论》中便以加括号的形式表达出来了:"伦理学和美学是一回事"②。

正如我们在本书的"导论"中所指出的那样,从结构主义符号学的观

---

① 有关哈贝马斯与罗蒂之间的现代性后现代的争论以及对这种争论的批判,参见理查德·舒斯特曼:《哲学实践》第四章,彭锋等译,北京大学出版社,2002 年。
② 见 Ludwig Wittgenstein, *Tractatus Logico-Philosophicus* (London: Routledge & Kegan Paul, 1963), pp.146, 147。

点来看,后现代的重要特征就是意义转化成了标记、所指转化成了能指,由此,一切现象都是同样无根的、虚拟的符号(或语言),没有超越符号、超越语言的实体构成符号或语言的意义和价值的基础,所有符号都是同等的真实可信或虚幻不真。

正是基于这种后现代主义的哲学立场,罗蒂从两个方面来构想伦理生活的审美化。首先,由于缺乏意义作为行为价值的基础,因此,善的生活就不是某种特殊的生活(符合某种道德理念),而是不断丰富和不断创新的生活。其次,这种不断丰富和不断创新的善的生活,可以采取语言叙述的形式,而不必采取真的实际生活的形式。总之,罗蒂构想的后现代伦理生活是在语言领域(而不是在实践领域)中进行的词语丰富和词语创新的"生活"。根据罗蒂的设想,这种伦理生活的典范有两种:一种是"十足诗人"(the strong poet),另一种是"讽刺家"(the ironist)或文学批评家。讽刺家是通过无止境地占有更多语言来实现自我丰富,十足诗人是通过创造性地制造彻底新异的语言来实现自我创造。①

罗蒂的确有充分理由将这两种伦理生活的典型称之为审美大师。首先,诗人和批评家被人们普遍尊奉为审美的代表,诗人代表了旺盛的审美创造力,批评家代表了高雅的审美趣味。其次,从真实的实践领域向虚拟的语言领域的转移,也可以被视为是一种生活的审美化进程。因为自从柏拉图以来,审美和艺术就被典型地视为对现实生活的模仿,被视为现实生活的影子,同现实生活的实在性相比,审美和艺术显得要虚幻和柔软得多。将生活由刚性的现实领域转移到虚拟的语言领域,刚好符合西方美学对艺术和审美的传统定义。

但是,即使罗蒂所设想的这种伦理生活符合审美的定义,它似乎也不太符合生活的定义,因为生活不管怎样总不可能被完全虚拟化和语言化。语言叙述会影响一个人的思想观念、情感状态,但似乎很难将所有

① Richard Rorty, *Contingency, Irony, and Solidarity* (Cambridge: Cambridge University Press, 1989), pp. 24, 73–80.

的身体感受都转化为语言形式。如果不能包括身体感受,这种生活艺术再富有美感,它也只是生活的影子,而不是活生生的生活本身。因此,罗蒂所设想的伦理生活的审美化,只是生活的幻影,而不是生活本身。①

福柯(M. Foucault)主张的审美生活似乎克服了罗蒂式的虚幻性。在福柯将伦理学当做存在美学(aesthetics of existence)的构想中,②身体和身体经验成了至关重要的因素。与罗蒂不同,福柯不断用身体去尝试超越边界,从而将语言的丰富和创新变成了身体经验的丰富和创新,为此他追求诸如吸毒、性虐待、激进的政治运动之类的极端的边界经验,以求获得比常人更加丰富和更加新异的身体经验。令人遗憾的是,福柯在不断尝试超越边界的过程中最终走向了人生的终极边界:死亡。然而,正是由于福柯自觉地通过边界经验来塑造自己的审美生活,他因艾滋病的早逝(尽管事出偶然)因此被传记作家詹姆斯·米勒(James Miller)描绘为一个献身于通过越界探险而使自己成为一件个性鲜明的新奇艺术品的生命(在无意中达到)的顶点。③

尽管福柯的审美生活克服了罗蒂的抽象性,但他同罗蒂一样犯了另一个错误,即将审美理解为极端的丰富性和新异性,而这个错误在福柯那里会导致更加危险的后果。也许罗蒂正因为认识到身体和现实具有抵抗任意改变的特征,他才将审美的丰富和创新转向语言叙述领域。而福柯任意超越边界去体验新异经验所导致的危险后果,也证明了身体是有限的,它不能向无限的试验开放。

这里不是全面批判罗蒂和福柯的伦理生活审美化的主张的时候。④我要指出的是,无论是罗蒂的语言审美化还是福柯的身体审美化,都是

---

① 上述有关罗蒂的观点的叙述和批评,参见理查德·舒斯特曼:《实用主义美学》第九章,彭锋译,商务印书馆,2002年。

② Michel Foucault, "On the Genealogy of Ethics: An Overview of Work in Progress," in Paul Rabinow(ed.), *The Foucault Reader* (New York: Pantheon, 1984), p. 341.

③ 有关福柯的描述,参见理查德·舒斯特曼:《哲学实践》第一章。

④ 有关罗蒂、福柯的后现代伦理生活审美化思想的详细批判,见彭锋:《礼与生活艺术——礼在后现代伦理生活中的作用浅探》,《儒教文化研究》,2003年第1期。

后现代审美化的初级形式。根据威尔什（Wolfgang Welsch）的看法，今天的社会从外到内整个儿都被审美化了。威尔什详细描述了这种全面的审美化进程。

首先是表面的审美化，包括外观装饰、文化享乐主义和经济生活中的审美策略。其次是深层的审美化，包括运用新材料改变物质结构、通过传媒建构现实等等。最后是认识论的审美化，包括真理观、科学观和科学实践的审美化。威尔什并不像罗蒂那样，热烈欢呼这种全面审美化，也不像哈贝马斯那样对它进行坚决抵制，而是主张冷静的分析：

> 当前的审美化既不应当不加审度就作肯定，也不应当不加审度就作否定。两者都是轻率且错误的。在思考认识论的审美化时，我尝试命名了一种原则理性，它使审美化过程在现代的不可避免性变得易于理解。如果我们来看这一深层的审美化，那么我们关切的便是一种似乎是不可否认的审美化形式。它的非基础主义，构成了我们的现代"基础"。但是，倘若我们来看表层的审美化，就多有可予批评的地方。为审美化过程作原则性的辩护，并不意味要把审美化的每一种形式都得到认可。……恰恰是从美学的立场出发，使反对当前审美化的竞相表演，既成为可能也成为必然。……唯有审美化过程原则上的合理性、对某些审美化形式的有的放矢的批评，以及情感化机遇的充分发展，才能使我们在审美化的大潮中有所收获。①

通过上述关于后现代社会的审美化进程的简要描述，我们对后现代的基本特征有了更明确的把握。后现代就是要将生活本身虚拟化为艺术形式，或者根据审美原则来重新构造现实。现实在根本上是被构造的、被虚拟的，这是后现代与现代和前现代根本不同的地方。也正因为如此，后现代社会从总体上呈现出审美的外观。

---

① Wolfgang Welsch, *Undoing Aesthetics*, Translated by Andrew Inkpin（London: SAGE Publications, 1997）.引文见中译本《重构美学》，陆扬、张岩冰译，第45页，上海译文出版社，2002年。

第二节　作为后现代先驱的尼采

后现代哲学家经常将其历史源头追溯到尼采,威尔什也不例外。威尔什认为:"尼采可能是最杰出的审美思想家。他在三个方面根本改变了审美化。第一,他表明现实整个地(而不仅仅是它的先验结构)是被'造就'的:事实总是'与事实有关的'。第二,他指出,现实的产生是通过虚构的方式进行的:凭借直觉、基本意象、主导隐喻、幻想等等形式发生的。第三,他冲破了单一和普通世界的界限:如果说现实是生产的结果,那么变化着的世界的出现,也必须得到认真的考虑。"①

威尔什尤其重视尼采的早期文献《非道德意义上的真理与谎言》(1873),认为在这篇文章中,尼采明确地表达了我们的现实都是审美地构成的这种典型的后现代观念。"在尼采看来,我们对现实的描绘不仅包含了根本的审美因素,而且整个儿就是按照审美的意义被构成的:它们是形构生成的,用虚构的手段作支架,其整个存在模式是悬搁的、脆弱的,而这类性质我们传统上只用来证明审美现象,认为唯有在审美现象中才有可能。尼采使得现实和真理总体上具有了审美的性质。"②

尼采之所以被后现代哲学家复活为他们的先驱,其中的重要原因就是他主张现实是审美地或解释地构成的。在尼采看来,根本不存在实在论所断定的那种真实,我们只是通过解释的幕帐去看每一个事物。由于透过解释的幕帐去看事物的说法还隐含着存在着真实的事物,因此更准确的表达应该是每一个事物都是由解释构成的,不存在独立于解释之外的事物。也正是在这种意义上,舒斯特曼和内哈玛斯(Alexander Nehamas)等人都将尼采视为后现代哲学的鼻祖。③

---

① 沃尔夫冈·韦尔什:《重构美学》,第 60 页。

② 同上书,62 页。

③ 见舒斯特曼:《实用主义美学》4—5 章;Alexander Nehamas, *Nietzsche: Life as Literature* (Cambridge, Mass.: Harvard University Press, 1985), pp. 66, 70, 72.

后现代哲学家将尼采追封为他们的先驱,这并不是对尼采的误读。根据我们在本书的导论中对前现代、现代和后现代的区分,后现代的一个重要的特征是将现实虚拟化和审美化,因此后现代在总体上呈现出审美的外观。那么,尼采的思想是否在总体上符合后现代的这种特征呢?要回答这个问题,还需要对尼采的思想做简要的考察。

尼采的思想非常复杂,而且变化多端,①因此要一般性地概括尼采思想的特征似乎不太容易。正如克拉克(Maudemairie Clark)所说:"他(尼采)的思想几乎没有什么是非常明确的,这至少部分地是因为他很少用直截了当的、论证的方式写作,而且在他那多产的生涯中,他的思想处于彻头彻尾的变化之中。"②尽管如此,我们从尼采关于真理和知识的主要看法中,仍然可以看出他的思想的后现代特征。③

在早期和中期著作中,尼采常常否认我们的理论和信仰是真正真实的。在后期著作中,他批评的焦点是形而上学的真理。对形而上学真理的拒斥,构成了他后期哲学的基础。

形而上学总是假定存在着另一个真实的世界,现实的世界只是那个看不见的真实世界的外观或表象。尼采首先要瓦解的就是对这种另一个真实世界的信仰。在《人性,太人性了》中,尼采描绘了这种信仰的谱系。人们最初是从梦中得到关于另一个世界的观念。当人类的反思出现的时候,他们发现这种另一个世界中的东西对于经验方法是不可理解

---

① 学术界一般将尼采的美学思想分成四个阶段:以《悲剧的诞生》(*The Birth of Tragedy*, 1872)为中心的早期阶段;以《人性的,太人性的》(*Human, All-too-Human*, 1878)为中心的"实证主义"(positivistic)阶段;《快乐的科学》(*The Gay Science*, 1882–1887)和《查拉特拉如是说》(*Thus Spoke Zarathustra*, 1983–1986)阶段;以《偶像的黄昏》(*Twilight of the Idols*)为中心的后期思想(见 Julian Young, "Friedrich Nietzsche," *A Companion to Aesthetics*, edited by David Cooper, Oxford: Blackwell, 1997, p.303)。这种分期,也适合尼采思想的一般情形。

② Maudemairie Clark, "Friedrich Nietzsche," in Edward Craig ed., *Routledge Encyclopedia of Philosophy*(New York and London: Routledge, 1998), p. 845.

③ 下面关于尼采的叙述,参见 Maudemairie Clark, "Friedrich Nietzsche," in Edward Craig ed., *Routledge Encyclopedia of Philosophy*, pp. 848–850.

的,于是便得出这样的结论:经验的方法是不完善的,真实世界只有对非经验的方法才是可以理解的。因此,人们将经验世界当做另一个世界的表象或扭曲,而那个另外的世界被认为是真实世界。形而上学就是关于这个非经验的真实世界的谣传知识。

有了对形而上学所假定的另一个真实世界的谱系描述之后,尼采表明对非经验世界的知识在认识论上是多余的,并以此瓦解形而上学。人们之所以相信形而上学世界的存在,是因为那个世界被假定为对于说明人的世界中具有最高价值的事物是必需的。尼采宣称这种假设是虚构的。人们之所以假定形而上学的世界来解释具有最高价值的事物,原因在于他们不明白事物怎么能够从其对立面中产生;只有假定一个神秘的来源,这些事物的产生才能得到最终的说明。

尼采则对更高级事物提供了一种自然主义的说明,主张高级事物是不起眼的事物的升华,因而表现为“人性,太人性了”。尼采认为,一旦我们能够无须假设一个形而上学世界就能够解释高级事物的起源,人们对另一个真实世界的兴趣就会消失。

尼采在后期的著作中更进一步否定形而上学世界的存在。他在《偶像的黄昏》描述了那个“真实”世界的历史,从而帮助人们逐步地识破形而上学世界只不过是一个“谎言”。尼采由此瓦解了形而上学的真实世界,而主张经验世界是唯一的世界。在《超越善恶》之后的著作中,尼采继续采取这种主张:不再宣称经验世界只是表象,不再宣称经验真理是虚幻的和错误的。

尼采对形而上学的真实世界的瓦解,是他的思想呈现后现代特征的第一步。根据我们在“导论”中对前现代、现代和后现代的结构主义符号学的说明,前现代和现代思想,都假定存在着存有领域,这个领域很容易被设想为另一个真实的形而上学世界。现在尼采瓦解了形而上学的真实世界,主张经验世界是唯一真实的世界,这在很大程度上就相当于取消了存有领域,而只承认标记领域的存在,如果真是这样的话,尼采的思想就具有典型的后现代特征。

但是,取消形而上学的真实世界只是通向后现代思想的第一步。因为真正的后现代思想,不仅取消形而上学的世界,而且将所谓的经验世界也转化为符号世界。这就是说,尽管相对于根本就不存在的形而上学世界来说,经验世界是真实的,但经验世界本身也不是唯一真实的世界,它也是虚构的,符号化了的。如果取消了形而上学的真实世界,而断定经验世界就是唯一的真实世界,这就具有前现代思想的特征。尼采在取消形而上学世界之后,并没有退回到前现代思想,而是进一步预示了后现代思想,这一点在他的透视主义(perspectivism,或译为视界主义、视角主义)的知识论中可以得到更好的说明。

基于其反形而上学的基本立场,尼采对知识的主张,融合了经验主义(empiricism)、反实证主义(antipositivism)和透视主义。在其后期著作中,尼采宣称真理的所有证据都只是来源于感觉,甚至主张知识与其说是真理不如说是错误,知识伪造真实,它根本不对真实提出任何要求。

正因为如此,尼采的思想呈现出反实证主义的特征。尼采拒斥基础主义(foundationalism),否认存在着任何不经过概念、解释或理论中介的经验,主张作为我们唯一明确真理的感觉经验,总是已经被解释过的。知识因此是解释,它是与对未经中介的事实的理解相对的。尼采反实证主义的结果是,作为知识的东西总是可以根据新的或改良的经验来修正的东西。

我们已经指出,尼采取消了另一个真实的形而上学世界,主张我们唯一真实的世界就是感觉经验世界。但即使感觉经验世界是真实的,它也不是像形而上学世界那样是永恒的、赤裸的真实,因为感觉经验总是在概念、理论等各种各样的"视界"中显现的,根本不存在不经过透视的赤裸的经验。这就是尼采关于知识的透视主义主张。由于尼采主张作为现实的感觉经验世界是在视界中构造起来的,而且现实可以在不同的视界中被构成为不同的样子,因此,尼采所主张的真实的感觉经验世界不像前现代哲学所独断的那样是唯一的真实世界,而是各种各样的真实世界的集合。尼采的透视主义主张的目的是非常明确的,那就是要反对将知识构想为"无利害的沉思"(disinterested contemplation),并进而将这种无利害的沉思当做唯一的纯粹知识。

尼采之所以否定无利害性知识,原因在于他对知识持一种实用主义的看法。在尼采看来,不存在没有任何目的的纯粹知识,因为人的智力诞生于为意志的服务。这是尼采从叔本华那里接受的观点。尼采后来在证明他对知识的实用主义主张上转向了达尔文,主张人的智力最初是与人的生存和繁衍密切相关的。由于人的智力总是在某种视界中对现实的某个方面的关注,因此知识总是对现实的某个方面的知识。不存在无视界的关注,不存在全面的知识。哲学家的任务不是去探寻全面的知识,而是不断地从一个视界转向另一个视界,展示世界在不同视界中显现的不同面貌。哲学家的"客观性"(objectivity),不是无利害的沉思,而是一种不锁定于任何特定的评价视界的能力,一种不断从一种影响装置转向另一种影响装置的能力。与此相似,所谓的客观世界,不是唯一真实的世界,而是在不同"视界"中显现的不同的真实世界的集合。

由于存在许多不同的真实世界,因此也可以说这种意义上的真实世界并不真实。所谓的真实世界,实际上是无限多个在不同视界中显现的世界面貌的集合。正是在这种意义上,我们说尼采的思想更接近于后现代思想而不同于现代和前现代思想。

第三节 鲁迅美学的后现代特征

鲁迅 1902 年赴日本留学时开始接触尼采的思想。[①] 尽管鲁迅对尼采的接受并不全面,甚至还存在不同程度上的误解,[②]但正因为有尼采的影响,鲁迅的美学也呈现出一定程度的后现代的特征。

尽管我们前面已经对前现代、现代和后现代的特征作了明确的区

---

① 关于鲁迅接受尼采的考察,参见李克:《鲁迅接受尼采哲学原因探析》,《鲁迅研究月刊》,1998年第 11 期。
② 见黄怀军:《浅释青年鲁迅对尼采"超人"的误读》,《中国文学研究》,2000 年第 1 期。

分,但为了更清楚地说明鲁迅美学的特征,我们还需要对它们之间的区分作进一步的说明。让我们从现实与艺术的关系——尤其是艺术对现实的作用——的角度来说明前现代、现代和后现代的特征。根据我们对前现代、现代和后现代的结构主义符号学的说明,前现代的能指与所指都属于所指领域,后现代的能指与所指都属于能指领域,现代的能指属于能指领域,所指属于所指领域。我们可以将能指理解为标记,将所指理解为存在,也可以更进一步将能指理解为艺术,将所指理解为现实。于是,在前现代、现代和后现代中艺术与现实的三种不同关系就表现出来了。在前现代社会中,艺术与现实同属于现实的领域;在现代社会中,艺术属于艺术领域,现实属于现实领域;在后现代社会中,艺术与现实同属于艺术领域。

根据艺术与现实的不同关系,艺术对现实所发挥的作用也不相同。在前现代社会中,艺术可以对现实产生直接作用,因为它们属于同一个领域;但艺术不能对现实产生根本性的作用,因为艺术也属于现实的领域,需要遵循现实的原则,艺术只能辅助性地对现实的变革产生影响。比如,柏拉图就是这样来看待艺术对现实的作用的。① 尽管柏拉图将艺术视为对现实的模仿,但艺术并没有取得独立的地位,艺术仍然属于现实的领域。由于柏拉图将艺术放在现实世界之中,根据现实原则来看待艺术,因此艺术是虚幻不真的。柏拉图正是根据现实原则来看待艺术的作用的。正如朱光潜所指出的那样,"在文艺对社会的功用问题上,柏拉图的态度是非常明确的。他对于希腊文艺遗产的否定,并不是由于他认

---

① 根据柏拉图的模仿理论,艺术是对现实的模仿,由此,艺术与现实好像不属于同一个领域,换句话说,艺术属于能指的领域,现实属于所指的领域。但是,柏拉图的模仿理论还主张现实也是一种能指,因为现实是对理念的模仿,理念才是最终的所指。从这种意义上来看,我们也可以将艺术与现实同归于能指的领域。不过,这样说来,柏拉图的思想就更接近于后现代的思想了,但事实上却并非如此。因为在柏拉图那里,理念世界只是一个假定的世界,理念世界的原则就是现实世界的原则,而艺术世界也要服从现实世界的原则,因此可以说艺术与现实实际上是同属于所指的、存有的领域的,特别是与 20 世纪的后现代思想比较起来时尤其如此。

识不到文艺的社会影响,而是正由于他认识到这种影响的深刻。……他的基本态度可以用这样几句话来概括:文艺必须对人类社会有用,必须服务于政治,文艺的好坏必须首先从政治标准来衡量;如果从政治标准看,一件文艺作品的影响是坏的,那么,无论它的艺术性多么高,对人的引诱力多么大,哪怕它的作者是古今崇敬的荷马,必须毫不留情地把它清洗掉。"①柏拉图承认文艺对社会的深刻影响,表明他把文艺视为社会现实领域中的东西,可以对社会现实产生直接的影响;柏拉图用政治标准来衡量文艺的影响,表明他是在用现实原则来看待文艺作品。这是一种典型的前现代的美学思想。

在现代社会中,艺术与现实分别属于各自不同的领域,因此艺术不能对现实产生直接作用。由于艺术与现实不属于同一个领域,艺术也因此获得了自身的独立地位,而不再只是现实的影子。由于艺术独立于现实之外,它可以不受现实原则的影响而自由地展现真理,从而反过来对现实产生颠覆性的影响。在现代美学视野中,艺术对现实的影响尽管是间接的,但却是重大的。这一点在法兰克福学派特别是阿多诺美学中表现得尤其明显。② 作为西方马克思主义美学的代表之一,阿多诺美学继承了马克思主义美学对社会的关注。但与传统马克思主义美学不同,法兰克福学派并不把社会现实作为艺术表达的内容,而主张艺术的社会作用刚好就在于它那与社会内容无关的、自律的形式之中。③ 根据法兰克福学派的美学,艺术对现实的作用,既不是直接对现实的批判也不是直接对现实的歌颂;艺术对现实的作用刚好体现在它对现实的不介入性,体现在它与现实所保持的距离;正是通过与现实的疏离,艺术保持了它

---

① 朱光潜:《西方美学史》上卷,载《朱光潜全集》第六卷,第 72 页,合肥:安徽教育出版社,1990 年。
② 我们之所以选择阿多诺来说明现代美学的特征,因为他美学呈现出强烈的现代主义色彩。见 Paul Mattick, "Theodor Adorno," *in A Companion to Aesthetics*, edited by David Cooper (Oxford: Blackwell, 1997), p. 6.
③ 参见杨小滨:《否定的美学——法兰克福学派的文艺理论和文化批评》,第 21 页,上海:上海三联书店,1999 年。

的自律性,并以其自律性存在对社会展开总体性的批判。"艺术的自律性正是社会对艺术的要求,艺术只有在否决社会总体的统治,维护自身独立力量的条件下才具有反抗社会的社会意义;而艺术作品的自律也恰恰是它的社会指向,一种在形式上自觉隔绝于社会形式的艺术必然蕴涵了颠覆社会意识形态的力量。"①

在后现代社会中,艺术与现实又重新回到了同一个领域,艺术又恢复了对社会现实的直接作用。更重要的是,由于后现代的社会现实不在存有领域,而在标记领域,这就使得后现代社会现实在总体上呈现出审美的外观。由此,艺术对现实的作用既直接又重大,因为呈现审美外观的现实在总体上服从美学原则,这与前现代艺术服从现实原则刚好相反。这种思想在罗蒂、福柯和威尔什等后现代思想家那里表现得尤其明显。罗蒂宣称理想的伦理生活可以通过不断占有更多、创造更新的词汇来实现。威尔什则宣称整个现实从表到里都被审美化了,美学已经成为今天的第一哲学。②

根据这里对前现代、现代和后现代关于艺术与现实关系的不同理解的分析,我们能够比较容易地发现鲁迅早期美学的后现代特征,当然,这与尼采对鲁迅的影响是密不可分的。

首先,鲁迅看到了文艺对现实的重要作用,反对"为艺术而艺术"的现代主义美学观。在《我怎么做起小说来》一文中,鲁迅明确地说:

> 自然,做起小说来,总不免有些主见的。例如,说到"为什么"做小说罢,我仍抱着十多年前的"启蒙主义",以为必须是"为人生",而且要改良这人生。我深恶先前的称小说为"闲书",而且将"为艺术的艺术",看做不过是"消闲"的新式的别号。③

---

① 杨小滨:《否定的美学——法兰克福学派的文艺理论和文化批评》,第 28 页。
② Wolfgang Welsch, *Undoing Aesthetics*, Translated by Andrew Inkpin (London: SAGE Pubications, 1997), p. 48.
③ 鲁迅:《我怎么做起小说来》,载《鲁迅全集》第 4 卷,第 512 页,北京:人民文学出版社,1981 年。

从鲁迅反对"为艺术的艺术"的角度来看,他的美学观点是与现代美学十分不同的。现代美学的核心观念就是审美的自律,而为人生的艺术显然并不强调这种自律性。不过,现代美学强调审美的自律,并不是将艺术仅仅当做消遣。如果将艺术当做消遣,说明艺术还可以对现实产生直接的、肯定的作用。而现代美学强调艺术的自律,是希望艺术能够揭示真理,对异化的现实从总体上予以颠覆。显然,鲁迅对现代美学"为艺术而艺术"的观念的认识还不够深刻,还没有看到这种观念背后所蕴涵的革命力量。

其次,鲁迅不仅强调艺术对现实的重要作用,而且强调艺术对现实的直接作用。由于鲁迅并没有接受现代美学"为艺术而艺术"的观念,因此他没有必要像法兰克福学派那样,去用否定辩证法突显艺术对社会现实的间接的颠覆作用。但鲁迅也不像前现代美学那样,主张文艺作为社会变革的吹鼓手或工具,而是主张文艺本身就是革命的重要形式,从而极大地突出了文艺在社会变革中的直接作用。这一点在《摩罗诗力说》中表现得尤为明显。该文中所描述的诗人都是用诗来直接参与革命的典范。

> 今则举一切诗人中,凡立意在反抗,指归在动作,而为世所不甚愉悦者悉入之……凡是群人,外状至异,各禀自国之特色,发为光华;而要其大归,则趣于一:大都不为顺世和乐之音,动吭一呼,闻者兴起,争天拒俗,而精神复深感后世人心,绵绵至于无已。虽未生以前,解脱而后,或以其声为不足听;若其生活两间,居天然之掌握,辗转而未得脱者,则使之闻之,固声之最雄桀伟美者矣。①

一些研究者对于鲁迅强调文艺在社会变革中的直接作用持批评态度,如卢善庆在评价鲁迅的功利主义美学观时说:"鲁迅在功利观上还有一种偏颇,即过分强调文艺的社会功用。将文艺当做救国的首要任务和

---

① 《鲁迅全集》第 1 卷,第 66 页,北京:人民文学出版社,1981 年。

根本途径。他的偏颇在于将文艺作为社会前进的决定因素和动力，而事实并非如此。只有人类社会的物质生产活动是社会发展的原动力，文艺是通过改变人们精神面貌，提高人们精神境界，从而对社会发展起到一定作用。"①如果用现实原则来看待艺术，这里对鲁迅的批评是中肯的；但后现代的特征不是从现实原则来看待艺术，而是从艺术原则来看待现实，因此这里的批评刚好可以作为鲁迅美学具有后现代特征的证据。

第三，鲁迅主张社会现实不是大众的物质生产的结果，而是英雄的精神创造的成果。鲁迅之所以强调文艺在社会变革中的重要的、直接的作用，原因在于他对社会现实有自己非常独特的理解：社会现实并不是遵循必然律的大众物质生产的结果，而是遵循自由律的英雄精神创造的结果。在《文化偏至论》一文中，鲁迅明确地指出其主题是"非物质"和"重个人"，以此来弥补 19 世纪文明"重物质、轻精神"的弊端。鲁迅说：

> 盖唯物之倾向，固以现实为权舆，浸润人心，久而不止。故在十九世纪，爱为大潮，据地极坚，且被来叶，一若生活本根，舍此将莫有在者。不知纵令物质文明，即现实生活之大本，而崇奉逾度，倾向偏趋，外此诸端，悉弃置而不顾，则按其究竟，必将缘偏颇之恶因，失文明之神旨，先以消耗，终以灭亡，历世精神，不百年而具尽矣。递夫十九世纪后叶，而其弊果益昭，诸凡事物，无不质化，灵明日以亏蚀，旨趣流于平庸，人惟客观之物质世界是趋，而主观之内面精神，乃舍置不之一省。重其外，放其内，取其质，遗其神，林林众生，物欲来蔽，社会憔悴，进步以停，于是一切诈伪罪恶，簌弗乘之而萌，使性灵之光，愈益就于黯淡：十九世纪文明一面之通弊，盖如此矣。②

根据鲁迅对 19 世纪文明的批判，"以现实为权舆"的唯物倾向，会造成事物质化、灵明亏蚀、社会憔悴、进步停滞的不良后果。之所以会造成这些不良后果，原因在于"惟客观世界是趋"，一切都按照现实原则来办

---

① 卢善庆：《中国近代美学思想史》，第 560 页，上海：华东师范大学出版社，1991 年。
②《鲁迅全集》第 1 卷，第 53 页。

事。在一种依据现实原则建构起来的社会现实中,属于精神生活的艺术是很难起重要作用的。鲁迅要强调文艺在改革社会现实中的重要而直接的作用,就必须将建构社会现实的原则由现实的改造为精神的。19世纪末以叔本华、尼采、易卜生(H. Ibsen)、克尔凯廓尔(S. Kierkegaard)等思想家所引发的社会思潮的变革,让鲁迅看到了个人在变革社会现实中的重要作用:

> 如尼耙伊勃生诸人,皆据其所信,力抗时俗,示主观倾向之极致;而契开迦尔则谓真理准则,独在主观,惟主观性,即为真理,至凡有道德行为,亦可弗问客观之结果若何,而一任主观之善恶为判断焉。其说出世,和者日多,于是思潮为之更张,骛外者渐转而趣内,渊思冥想之风作,自省抒情之意苏,去现实物质与自然之樊,以就其本有心灵之域;知精神现象实人类生活之极颠,非发挥其辉光,于人生为无当;而张大个人之人格,又人生之第一义也。①
>
> 顾至十九世纪垂终,则理想为之一变。明哲之士,反省于内面者深,因以知古人所设具足调协之人,决不能得之今世;惟有意力轶众,所当希求,能于情意一端,处现实之世,而有勇猛奋斗之才,虽屡踬屡僵,终得现其理想:其为人格,如是焉耳。故如勖宾霍尔所张主,则以内省诸己,豁然贯通,因曰意力为世界之本体也;尼耙之所希冀,则意力绝世,几近神明之超人也;伊勃生之所描写,则以更革为生命,多力善斗,即□万众不慑之强者也。夫诸凡理想,大致如斯者,诚以人丁转轮之时,处现实之世,使不若是,每至舍己从人,沉溺逝波,莫知所届,文明真髓,顷刻荡然;惟有刚毅不挠,虽遇外物而弗为移,始足作社会桢干。排斥万难,黾勉上征,人类尊严,于此攸赖,则具有绝大意力之士贵耳。②

为什么个人在社会变革中会产生更重要的作用?鲁迅的论证是:人

---

① 《鲁迅全集》第1卷,第54页。
② 同上书,第54—55页。

的生活不仅是遵循现实原则的物质生活,更重要的是服从个人创造的精神生活,即所谓"精神现象实人类生活之极颠",也就是说,人更高的生活世界是精神世界而不是物质世界,对精神世界的创造,有赖于"意力绝世"的超人,与众庶的物质生产无关。基于这种认识,鲁迅对 20 世纪的人类文明做了这样的展望:

> 二十世纪之文明,当必沉邃庄严,至与十九世纪之文明异趣。新生一作,虚伪道消,内部之生活,其将愈深且强欤? 精神生活之光耀,将愈兴起而发扬欤? 成然以觉,出客观梦幻之世界,而主观与自觉之生活,将由是而益张欤? 内部之生活强,则人生之意义亦愈邃,个人尊严之旨趣亦愈明,二十世纪之新精神,殆将立狂风怒浪之间,恃意力以辟生路者也。①

按照鲁迅的构想,20 世纪的人类文明,将是具有强力意志的超人创造富有深邃意义、具有个人尊严的精神文明。正是在这一点上,我们可以看到尼采对鲁迅的影响,也正因为如此,当我们今天回过头来看时,鲁迅的思想明显地表现出了某种意义上的后现代特征。

现在让我们把这三个方面的思想联系起来,对鲁迅思想的后现代特征做一点进一步的说明。由于鲁迅受到尼采和叔本华的唯意志哲学的影响,将个人意志视为世界的本体,反对"以现实为权舆"的唯物倾向,因此世界(严格说来是人的世界)就不是服从现实原则的、一成不变的客观物质世界,而是服从具有强力意志的超人的创造性改造的精神世界。由此,世界在很大程度上被"软"化了,变得可以服从个人的塑造。后现代思想家将所指从存有领域纳入标记领域,将现实变成语言,其目的也就是让现实变得更具有可塑性。也正是在这种意义上,威尔什强调我们的社会现实从表到里都被软化了,都变得更容易服从人们的塑造。②

软化了的现实的确变得更容易服从人们的塑造,但塑造可以多种多

---

① 《鲁迅全集》第 1 卷,第 55—56 页。
② Wolfgang Welsch, *Undoing Aesthetics*, pp. 1 - 8.

样，可以是审美的塑造，也可以是非审美的塑造。在总体上具有审美特征的后现代艺术更强调审美塑造的优先性。在这一点上，鲁迅的思想也不与后现代思想相抵触。尽管鲁迅强调超人可以凭自己的强力意志来变革社会，但他心目中的超人并不是真正直接参与社会变革的革命家，而是诗人，或者说革命诗人。鲁迅在《摩罗诗力说》中就描写了这样一批诗人，如拜伦（Byron）、雪莱（Shelley）、普希金（Pushkin）、莱蒙托夫（Lermontov）、密茨凯维支（Mickiewicz）、斯拉伐茨基（Slowacki）、克拉辛斯基（Krasinski）、裴多菲（Petöfi）。尽管这些诗人之间存在很多差异，比如民族不同、文化不同，所使用的语言也不尽相同，但鲁迅在他们中间发现了一些共同的特征，"立意在反抗，指归在动作，而为世所不甚愉悦者。""无不刚健不挠，抱诚守真；不取媚于群，以随顺旧俗；发为雄声，以起其国人之新生，而大其国于天下。"①

尽管这些诗人是"立意在反抗，指归在动作"的战士，他们可以为自由、真理和国家解放而献出自己的生命，但他们毕竟不是一般意义上的战士，而是"精神界之战士"。鲁迅为什么要突现精神界之战士？精神界之战士同一般意义上的战士有何不同？精神界之战士作战的领域是精神领域，而一般战士作战的领域是现实领域。现实领域服从现实原则，即使是具有强力意志的超人也很难凭一己之力来改变社会现实。但精神领域不同，它比现实领域更服从个人的塑造，具有强力意志的超人可以在精神领域中更大地发挥自己的作用。

不过，即使是精神界之战士，也不止限于诗人，哲学家、道德家、科学家都可以算得上精神界之战士，鲁迅为什么特别标榜诗人或文艺家为精神界之战士呢？同在精神界工作，诗人与哲学家、道德家和科学家有什么区别？为什么后者不能成为精神界之战士？鲁迅并没有给自己提出这样的问题，不过从他的一些相关论述中，我们似乎可以找到某些答案。比如，鲁迅在谈到文艺的作用时说：

---

① 《鲁迅全集》第 1 卷，第 99 页。

　　盖世界之大文，无不能启人生之閟机，而直语其事实法则，为科学所不能言者。所谓閟机，即人生之诚理是已。此为诚理，微妙幽玄，不能假口于学子。如热带人未见冰前，为之语冰，虽喻以物理生理二学，而不知水之能凝，冰之为冷如故；惟直示以冰，使之触之，则虽不言质力二性，而冰之为物，昭然在前，将直解无所疑沮。惟文章亦然，虽缕判条分，理密不如学术，而人生诚理，直笼其辞句中，使闻其声者，灵府朗然，与人生即会。如热带人既见冰后，曩之竭研究思索而弗能喻者，今宛在矣。①

　值得注意的是，鲁迅在强调文艺相对于科学的优越性时，并不是突出文艺对现实的美化作用，而是突出文艺对事物的"事实法则"和"人生之诚理"的揭示，也就是说，突显的是文艺的真实性。这种真实性，不是抽象的真实，而是具体的真实。② 科学揭示的是事物的抽象真实，文艺显示的是事物的具体真实。抽象的真实也可以称之为"观念之诚"，它是道德所追求的目标，与诗人所追求的具体真实性完全不同。鲁迅极力反对用"观念之诚"的道德来评价和要求追求具体真实性的文艺：

　　顾有据群学见地以观诗者，其为说复异：要在文章与道德之相关。谓诗有主分，曰观念之诚。其诚奈何？则曰为诗人之思想感情，与人类普遍观念之一致。得诚奈何？则曰在据极洿博之经验。故所据人群经验愈洿博，则诗人之洿博视之。所谓道德，不外人类普遍观念所形成。故诗与道德之相关，缘盖出于造化。诗与道德合，即为观念之诚，生命在是，不朽在是。非如是者，必与群法舛驰。以背群法故，必反人类之普遍观念；以反普遍观念故，必不得观念之诚。观念之诚失，其诗宜亡。故诗之亡也，恒以反道德故。然诗有反道德而竟存者奈何？则曰，暂耳。无邪之说，实与此契。苟中国文事复兴之有日，虑操此说以力削其萌蘖者，当有徒也。而欧洲评

---

① 《鲁迅全集》第 1 卷，第 71—72 页。
② 用王夫之的现量说来说，就是在"现在"、"现成"中"显现真实"。

鸷之士,亦多抱是说以律文章。①

由此,我们可以说,鲁迅之所以强调诗人、文艺家为精神界之战士,原因在于他所理解的精神界要服从于具有强力意志的天才的个人创造。科学所追求的抽象真理、道德所追求的"观念之诚",与物质性的社会现实一样,都遵循普遍性的原则,难以服从个人的改造。文学艺术领域,似乎不受这种普遍性的限制,从而为天才的个人表演提供了广阔的空间。

鲁迅将人的社会现实理解为精神世界,并进一步将精神世界理解为受普遍性约束的文艺世界,从而将具有强力意志的天才的创造和战斗归结于文艺领域之中,在某种程度上可以说这种思想具有典型的后现代特征。尤其是当我们将它与罗蒂的思想比较起来时,这一点就显得更为明显了。

鲁迅美学的后现代性特征还表现在他的思想体现了一定程度的透视主义色彩。这一点尤其表现在他对文艺欣赏和批评的认识上。在《俄文译本〈阿Q正传〉序及著者自叙传略》一文中,鲁迅从对这部小说的不同理解和评价中得出这样的认识:"看人生是因作者而不同,看做品又因读者而不同。"②在《〈绛洞花主〉小引》一文中,鲁迅更形象地表明了在不同的读者眼光下所显现的种种不同的《红楼梦》:

> 《红楼梦》是中国许多人所知道,至少,是知道这名目的书。谁是作者和续者姑且勿论,单是命意,就因读者的眼光而有种种:经学家看见《易》,道学家看见淫,才子看见缠绵,革命家看见排满,流言家看见宫闱秘事……③

鲁迅还进一步将文艺欣赏和批评中的这种现象称之为受"一定圈子"的局限。对于一些反对按照"一定圈子"进行文艺批评的人,鲁迅反问道:"但是,我们曾在文艺批评史上见过没有一定圈子的批评家吗?都

---

① 《鲁迅全集》第1卷,第72页。
② 《鲁迅全集》第7卷,第82页,北京:人民文学出版社,1981年。
③ 《〈绛洞花主〉小引》,载《鲁迅全集》第8卷,第145页,北京:人民文学出版社,1981年。

有的,或者是美的圈,或者是真实的圈,或者是前进的圈。没有一定的圈子的批评家,那才是怪汉子呢……我们不能责备他有圈子,我们只能批评他这圈子对不对。"①

　　由于批评家都是在一定圈子下来批评作品,"他们往往用一个一定的圈子向作品上面套,合就好,不合就坏",因此当时有人"不承认近来有真正的批评家"。② 鲁迅则明确地承认,批评家的"圈子"是不可避免的。这里的所谓"圈子",就相当于尼采的"视野"或"视界"(perspective)。鲁迅承认任何文艺批评都有"圈子",也就是说,任何批评都受自身"视野"的局限。这种局限不仅体现在批评中,也体现在创作上。鲁迅承认"看人生因作者而不同,看做品又因读者而不同",由此可以说,在鲁迅看来,文艺作品的世界和文艺批评的世界都是在一定"视野"中建构起来的,它们可以呈现出不同的外观。这种看待文艺批评和文艺创作的观点,具有明显的透视主义特征;而透视主义又是后现代的核心思想,正是在这种意义上,我们说鲁迅美学具有某种意义上的后现代特征。

第四节　鲁迅美学中的前现代、现代与后现代之间的张力

　　尽管鲁迅美学的后现代特征非常明显,但我们仍然很难说他就是后现代美学家。因为鲁迅的美学只是由于早期受到尼采和浪漫主义的影响而呈现出一定程度的后现代特征,如果从总体上来看,其现代和前现代特征甚至更为明显。尽管鲁迅受到尼采的影响,但我们不能像评价尼采那样,将鲁迅视为后现代思想的先驱,因为在鲁迅那里萌芽的某些后现代思想,根本没有得到继承和发展,以至于很快就被人遗忘了。

　　作为一个现代文学家和美学家,鲁迅自然会受到现代美学的影响。他对艺术的一般看法还是无法摆脱无利害性(disinterestedness)观念的束缚。

----

① 《批评家的批评家》,载《鲁迅全集》第 5 卷,第 428—429 页,北京:人民文学出版社,1981 年。
② 同上书,第 428 页。

　　由纯文学上言之,则以一切美术之本质,皆在使观听之人,为之兴感怡悦。文章为美术之一,质当亦然,与个人暨邦国之存,无所系属,实利离尽,究理弗存。故其为效,益智不如史乘,戒人不如格言,致富不如工商,弋功名不如卒业之券。①

　　言美术之目的者,为说至繁,而要以与人享乐为桌极,惟于利用有无,有所抵午。主美者以为美术目的,即在美术,其于他事,更无关系。诚言目的,此其正解。然主用者则以为美术必有利于世,傥其不尔,即不足存。顾实则美术诚谛,固在发扬真美,以娱人情,比其见利致用,乃不期之成果。沾沾于用,甚嫌执持……②

　　这里体现的是鲁迅从西方现代美学那里继承下来的对文学艺术的一般看法,即文学艺术是无利害性的,不仅没有实用的目的,而且无关理论的兴趣。由此,鲁迅美学中便出现了强调文艺直接作用于变革社会现实的后现代观点与主张文艺无关利害的现代观点之间的矛盾。

　　不过,比较起来说,鲁迅美学中的更大张力不在后现代与现代之间,而在后现代与前现代之间。根据我们前面对前现代、现代和后现代的特征的说明,前现代与后现代具有某种符号学结构上的相似性,即能指与所指都属于同一个领域,换句话说文艺与现实都属于同一个领域,因此,无论后现代美学还是前现代美学,都强调文艺与现实的直接关系。它们的不同之处在于:后现代主张文艺与现实都属于文艺领域,现实服从艺术原则,因此文艺对现实的作用是至关重要的,这一点在鲁迅某些早期作品中表现得非常明显。前现代主张文艺与现实都属于现实领域,文艺服从现实原则,因此文艺对现实的影响是辅助性的。在《儗播布美术意见书》一文中,鲁迅在指出文艺不关心利用目的之后,又指出一般人(特别是中国人)总是喜欢主张文艺具有利用目的,具体说来有这样三个方面:

---

① 《鲁迅全集》第 1 卷,第 71 页。
② 《鲁迅全集》第 8 卷,第 47 页。

一　美术可以表见文化　凡有美术,皆足以征表一时及一族之思惟,故亦即国魂之现象;若精神递变,美术辄从之以转移。此诸品物,长留人世,故虽武功文教,与时间同其灰灭,而赖有美术为之保存,俾在方来,有所考见。他若盛典侅事,胜地名人,亦往往以美术之力,得以永住。

一　美术可以辅翼道德　美术之目的,虽与道德不尽符,然其力足以渊邃人之性情,崇高人之好尚,亦可辅道德以为治。物质文明,日益曼衍,人情因亦日趣于肤浅;今以此优美而崇大之,则高洁之情独存,邪秽之念不作,不待惩劝而国义安。

一　美术可以救援经济　方物见斥,外品流行,中国经济,遂以困匮。然品物材质,诸国所同,其差异者,独在造作。美术弘布,作品自胜,陈诸市肆,足越殊方,尔后金资,不虞外溢。故徒言崇尚国货者末,而发挥美术,实其根本。①

从这些文字中可以看出,在鲁迅心目中,尽管文艺可以具有一些实际功用,但这些功用都是辅助性的,而不是决定性的。

随着早期浪漫主义色彩的消退和现实主义色彩的加强,鲁迅越来越清楚地认识到文艺在改变社会现实上的软弱性,因为社会现实毕竟还是服从现实原则,文艺很难对它产生直接的作用。为此,鲁迅区分了文学家和革命家的功能:"革命文学家和革命家竟可说完全两件事。诋斥军阀怎样怎样不合理,是革命文学家;打倒军阀是革命家;孙传芳所以赶走,是革命家用炮轰掉的,决不是革命文艺家做了几句'孙传芳呀,我们要赶掉你呀'的文章赶掉的。"②

后现代思想有一个前提,那就是社会现实是经由叙述"视野"显现的,因此社会现实服从叙事的改变,也正因为如此,具有高超叙事技巧的文学艺术家可以对社会现实的变革产生至关重要的作用。如果社会现

①《鲁迅全集》第8卷,第47页。
②《文艺与政治的歧途》,载《鲁迅全集》第7卷,第119页,北京:人民出版社,1981年。

实有自身规律,不服从叙事逻辑,那么不管文学艺术对它的作用是如何直接,这种作用都是次要的,它都不可能赶走军阀。在社会现实不服从叙事改变的前提条件下再强调文艺对现实的直接作用,那就进入了前现代美学领域。鲁迅美学有很大一部分只不过是传统的前现代美学。

鲁迅美学的前现代特征不仅表现在他主张社会现实具有自身的规律,不服从文艺叙事的改造上,而且体现在他对透视主义的理解的不彻底上。我们前面已经指出,鲁迅在谈论文艺创作、欣赏和批评的时候,表现出了一定程度的透视主义。但这种透视主义是不彻底的。尽管鲁迅主张文艺批评家都受"一定的圈子"的局限,从而导致"看人生因作者而不同,看做品又因读者而不同"。但鲁迅还是希望对不同作者所看出来的不同人生、不同读者所读出来的不同作品之间进行比较和批评,所以鲁迅主张:"我们不能责备他有圈子,我们只能批评他这圈子对不对。"在对不同读者看出来的不同《红楼梦》进行一番嘲讽式的描述之后,鲁迅还描述了自己对《红楼梦》的正确理解:"在我的眼下的宝玉,却看见他看见许多死亡;证成多所爱者,当大苦恼,因为世上,不幸人多。惟憎人者,幸灾乐祸,于一生中,得以欢喜,少有罣碍。然而憎人却不过是爱人败亡的逃路,与宝玉之终于出家,同一小器。但在作《红楼梦》时的思想,大约也止能如此;即使出于续作,想来未必与作者本意大相悬殊。"[1]显然,鲁迅认为自己对《红楼梦》的阅读是在正确的"圈子"下的阅读,甚至是无"圈子"的阅读,因为他能看见作者的本来思想,即作者"在作《红楼梦》时的思想,大约也止能如此";只有在一种无"圈子"的阅读中,作品才能显现出它的本身。

人们自然要问,鲁迅根据什么来批评"他这圈子对不对"? 根据什么来贬抑他人眼下的《红楼梦》? 如果说任何批评和欣赏都有"圈子",那么鲁迅就是在用自己的"圈子"批评他人的"圈子",用自己的"视野"批评他人的"视野"。如果鲁迅只是在进行这样的批评,那么他的批评力量就会

[1]《〈绛洞花主〉小引》,载《鲁迅全集》第8卷,第145页,北京:人民文学出版社,1981年。

相当弱小。不过,从鲁迅的文字中可以看出,他显然没有意识到自己的批评也受"圈子"的局限,他显然认为他是无"圈子"地洞察了人生本身、看见了作品本身。他可以根据他看见的人生本身和作品本身来批评其他作者和读者。这种假定世界、人生和作品本身的存在,假定有一种无"视野"或"圈子"的眼睛可以看见世界、人生和作品本身的思想,是鲁迅美学思想呈现出前现代特征的一个重要原因。

现在的问题是:鲁迅为什么不能发展出典型的后现代美学? 为什么他的美学中充满了那么多后现代与现代和前现代之间的张力? 要回答这些问题似乎并不太难。因为鲁迅所处的时代和社会还没有明显地呈现出所谓后现代状况。鲁迅对社会现实的可塑性的认识只是出于他那文艺的浪漫激情,并没有哲学上的清楚认识。

不过,我这里并不想详细考察这种张力及其根源。我想指出的是,鲁迅美学中的不同因素不仅构成张力,而且构成互补。由于有了不同因素之间的互补,鲁迅美学似乎就显得不那么片面了。

首先是现代因素对前现代因素的不足的克服。鲁迅美学中具有很多前现代因素,特别是到了后期,由于接受了克思主义文艺思想,前现代特征表现得更为明显。前现代美学主张艺术对现实具有直接的功利目的。但是,由于有了对现代美学无利害性观念的认识,鲁迅对文艺的社会功能的认识比前现代美学要深刻得多。比如,在文艺与政治的关系问题上,尽管鲁迅主张文艺要服务于政治,但又清醒地认识到二者并不是同一回事:"政治想维持现状使它统一,文艺催促社会进化使它渐渐分离;……文艺既然是政治家的眼中钉,那就不免被挤出去。"①由于认识到了文艺的独特性,因此鲁迅主张文艺创造要"不受别人的命令",不做"遵命文学"。他说:"但在这革命地方的文学家,恐怕总喜欢说文学和革命是大有关系的,例如可以用这来宣传,鼓吹,煽动,促进革命和完成革命。不过我想,这样的文章是无力的,因为好的文艺作品,向来多是不受别人

---

① 《文艺与政治的歧途》,载《鲁迅全集》第7卷,第114页,北京:人民出版社,1981年。

命令,不顾利害,自然而然地从心中流露的东西;如果先挂起一个题目,做起文章来,那又何异于八股,在文学中并无价值,更说不到能否感动人了。"①在回应一些人指责他的作品是"遵命文学"时,鲁迅说:"这些也可以说,是'遵命文学'。不过我所遵奉的,是那时革命的前驱者的命令,也是我自己所愿意遵奉的命令,决不是皇上的圣旨,也不是金元和真的指挥刀。"②具有独立自足性的文学创作,是"不受别人的命令"的,如果要说它是"遵命文学",那也是遵奉自己的命令。由此,可以看到现代美学的无利害性和审美自律性对鲁迅的影响。

其次是后现代因素对现代因素的不足的克服。现代美学强调审美的自律性和"为艺术而艺术",它的确揭示了审美和艺术的某种根本性特征;但是将审美和艺术完全从社会生活中孤立出来,又使现代美学走向了另一个片面的极端。对于现代美学的这种片面性,后现代美学能够在一定程度上予以克服。后现代美学通过揭示社会现实的虚拟性和叙事性,将社会现实和文学艺术重新联系起来,使文学艺术能够对社会现实的变革发挥直接作用。鲁迅由于受到尼采和浪漫主义的影响,将人的社会现实理解为服从具有强力意志的天才改造的精神界,从而使天才诗人可以直接参与到社会变革的洪流之中。鲁迅对文艺在社会变革中的重要作用的强调,在一定程度上克服了现代美学追求审美自律和"为艺术而艺术"的片面性。

再次是前现代因素对后现代因素的不足的克服。后现代美学通过揭示社会现实的虚拟性、透视性和叙事性,将社会现实与文学艺术重新联系起来,但后现代美学也有它自身的明显不足,尤其是在罗蒂那里,后现代美学的缺陷表现得非常明显。

让我们先对罗蒂的思想做一点简要的考察。

我们前面已经指出,罗蒂的后现代美学主要表现在他的伦理生活审

---

① 《革命时代的文学》,载《鲁迅全集》第3卷,第418页,北京:人民出版社,1981年。
② 《〈自选集〉自序》,载《鲁迅全集》第4卷,第456页,北京:人民文学出版社,1981年。

美化的构想上。正是基于后现代主义将所指变成能指、将现实变成符号的哲学立场,罗蒂从两个方面来构想伦理生活的审美化。首先,由于缺乏意义作为行为价值的基础,因此善的生活就不是某种特殊的生活(符合某种道德理念),而是不断丰富和不断创新的生活。其次,这种不断丰富和不断创新的善的生活,可以采取语言叙述的形式,而不必采取真的实际生活的形式。总之,罗蒂构想的后现代伦理生活是在语言领域(而不是在实践领域)中进行的词语丰富和词语创新的"生活"。根据罗蒂的设想,这种伦理生活的典范有两种:一种是"十足诗人"(the strong poet),另一种是"讽刺家"(the ironist)或文学批评家。讽刺家是通过无止境地占有更多语言来实现自我丰富,十足诗人是通过创造性地制造彻底新异的语言来实现自我创造。①

罗蒂的确有充分理由将这两种伦理生活的典型称之为审美大师。但是,即使罗蒂所设想的这种伦理生活符合审美的定义,它似乎也不太符合生活的定义,因为生活不管怎样总不可能被完全虚拟化和语言化。语言叙述会影响一个人的思想观念、情感状态,但似乎很难将所有的身体感受都转化为语言形式。如果不能包括身体感受,这种生活艺术再富有美感,它也只是生活的影子,而不是活生生的生活本身。因此,罗蒂所设想的伦理生活的审美化,只是生活的幻影,而不是生活本身。②

尽管因为强烈的浪漫激情,鲁迅所看见的也好像只是生活的幻影。但鲁迅毕竟不同于疯狂的尼采,也不同于标新立异的罗蒂,他还是站在坚实的地面上,最终还是意识到现实在根本上并不服从叙事的改造,意识到不同"视野"中显现的世界图像仍然是可以比较和批评的。鲁迅对真实性的强调,使他的美学具有前现代的特征。但正因为有一些前现代因素的存在,鲁迅的美学才不至于显得过于疯狂和偏激。

---

① Richard Rorty, *Contingency, Irony, and Solidarity* (Cambridge: Cambridge University Press, 1989), pp. 24, 73 - 80.

② 上述有关罗蒂的观点的叙述和批评,参见 Richard Shusterman, *Pragmatist Aesthetics*, pp. 247 - 248.

第六章　朱光潜的美学

朱光潜(1897—1986)，笔名孟实、孟石。青少年时代就学于桐城中学、武昌高等师范学校、香港大学文学院。1925年赴欧洲留学，先后就学于英国爱丁堡大学、伦敦大学，法国巴黎大学、斯特拉斯堡大学，获文学硕士和博士学位。1933年回国，任教于北京大学、安徽大学、四川大学、武汉大学等高等院校，出版《悲剧心理学》、《文艺心理学》、《谈美》、《诗论》、《西方美学史》等重要美学著作，翻译黑格尔的《美学》、柏拉图的《文艺对话集》、莱辛的《拉奥孔》、克罗齐的《美学》、维柯的《新科学》等西方经典美学文献。朱光潜在批判性地吸收西方经典美学的基础上，对中国现代美学的理论建设做出了重要贡献。

不可否认，当我们今天以继承的态度重温朱光潜美学思想的时候[1]，仍然会发现其中存在诸多矛盾。如果我们将朱光潜中华人民共和国成

---

[1] 近来，叶朗多次强调中国当代美学要从朱光潜"接着讲"。叶朗认为，中华人民共和国成立前的朱光潜美学处在中西美学发展的"主航道"上，中华人民共和国成立后对朱光潜美学的批判，使我们的美学偏离了美学发展的"主航道"，具体说来，割裂了中国美学与西方近现代美学之间的联系，同时也割裂了中国当代美学同中国古典美学之间的联系。我们今天需要重新解读朱光潜，并在朱光潜的基础上发展当代中国美学。参见《从朱光潜"接着讲"》，载叶朗：《胸中之竹——走向现代之中国美学》，第257—270页，合肥：安徽教育出版社，1998年。

立前后的思想矛盾归结为政治上的原因或意识形态上的差异的话①,那么中华人民共和国成立前的思想矛盾又该作怎样的处理呢?我认为,朱光潜美学思想中的矛盾,集中体现了中国现代美学在接受西方现代美学时的矛盾心态。这一章,我将着重探讨朱光潜中华人民共和国成立前的思想矛盾,包括矛盾的基本内容,造成矛盾的原因,矛盾存在的意义和对矛盾的克服的尝试,并将对朱光潜美学中的矛盾的克服视为我们走出现代美学与前/后现代美学对立的初步尝试。

第一节　直觉与联想的矛盾

朱光潜早期美学思想的矛盾主要表现在这样几个方面:直觉与联想的矛盾,看戏与演戏的矛盾,文艺与道德的矛盾,艺术与自然的矛盾。

直觉与联想的矛盾是朱光潜早期美学思想中的主要矛盾。众所周知,朱光潜对美感经验最基本的定义是"形象的直觉"。什么是直觉呢?朱光潜根据西方近代哲学家的分析,将人以心知物时的心理活动区分为三种形式:最简单最原始的"知"是直觉(intuition),其次是知觉(perception),最后是概念(conception)。直觉的对象只是事物的一种很混沌的形象(form),不能有什么意义(meaning),因为它不能唤起任何由经验得来的联想。这种见形象而不见意义的"知"就是"直觉"②。朱光潜

---

① 彭锋《朱光潜、李泽厚和当代美学基本理论建设》(载《学术月刊》1997 年第 6 期)对朱光潜解放前后的思想之间的关系作了粗浅的探讨。

② 《文艺心理学》,合肥:安徽教育出版社,1996 年,第 10 页。对"直觉"、"知觉"和"概念"之间的关系,朱光潜以桌子为例作了形象的区分:假如一个初出世的小孩子第一次睁眼去看世界,就看到这张桌子,他不能算是没有"知"它。不过他所知道的与成人所知道的绝不相同。桌子对于他不能有什么意义(meaning),因为它不能唤起任何由经验得来的联想。这种见形象而不见意义的"知"就是"直觉"。假如这个小孩子在看到桌子时同时看见他的父亲伏在桌上写字,或是听到人提起"桌子"的名称,到第二次他看见这张桌子时,他就会联想到他的父亲写字或是"桌子"这个名称,桌子对于他于是就有意义了,它是与父亲写字和"桌子"字音有关系的东西。这种由形象而知意义的知就是通常所谓"知觉"。在知觉阶段,意义不能离开形象,知的对象还是具体的个别的事物。假如这个小孩子逐渐长大,看到的桌子逐渐多,其中有圆的,有方的,有黄色的,有黑色的,有木制的,有石制的,有供写字用的,有供开饭用的,形形色色不同,但是因为同具桌子所必有的要素,它们统叫做"桌子"。此时小孩子不免常把一切桌子所同具的要素悬在心目中想,这就是说,离开个别的桌子的形象而抽象地想到桌子的意义。做到这一步,他对于桌子就算是有一个"概念"了。概念就是超形象而知意义的知,它是经验的总结账,知的成熟,科学的基础。同上,第 10—11 页。

通过分析美感经验所得到的第一个结论就是：美感经验是一种聚精会神的观照。我只以一部分"自我"——直觉的活动——对物，一不用抽象的思考，二不起意志和欲念；物也只是以一部分——它的形象——对我，它的意义和效用都暂时退避到意识阈之外。我只是聚精会神地观赏一个孤立绝缘的意象，不问它与其他事物的关系如何①。

将美感经验等同于"形象直觉"，不可避免地将联想排除在美感经验之外。因为联想是知觉的基础，直觉中没有联想。朱光潜列举了当时欧洲一般学者反对联想与美感有关的四种理由②，并认为这些理由"都很言之成理"③。

但经验告诉我们，无论是创造或是欣赏，都离不开联想。"如果丢开联想，不但诗人无从创造诗，读者也无从欣赏诗了"④。为此朱光潜列举了大量例子，说明在审美欣赏中，尤其是对诗的审美欣赏中，存在联想；甚至得出"诗的微妙往往在联想的微妙"⑤的结论。

由此，直觉与联想之间的矛盾便形成了。美感经验一方面是形象直觉，另一方面离不开意义联想。如何处理这二者之间的矛盾呢？朱光潜的处理是：美感经验一方面不是联想，另一方面又离不开联想。他说："了解是欣赏的必有的预备，但不就是欣赏。联想也是如此，所以联想有助美感，与美感为形象的直觉两说并不冲突。在美感经验之中，精神须专注于孤立绝缘的意象，不容有联想，有联想则离开欣赏对象而旁迁他涉。但是这个意象的产生不能不借助于联想，联想愈丰富则愈深广，愈

---

① 《文艺心理学》，第72页。
② 这四种理由是：(1) 在美感经验中我们聚精会神于一个孤立绝缘的意象上面，不旁迁他涉，联想则最容易使精神涣散，注意力不专，使心思由美感的意象本身移到许多其他事物上去。(2) 联想由甲到乙，由乙到丙，关系全是偶然的，没有艺术的必然性。(3) 注重联想就是注重内容，但内容并不能决定艺术的好坏。以题材的联想来打动观众，只是取巧偷懒，并不是艺术家的勾当。(4) 从近代实验美学的结果来看，联想最丰富的人大半欣赏力也最低。尤其在音乐方面，对于音乐有修养的人大半只注意到声音的起承转合，不想到意义，也不发生视觉的幻象。见《文艺心理学》，第88—89页。
③④ 《文艺心理学》，第90页。
⑤ 同上书，第91页。

明晰。一言以蔽之,联想虽然不能与美感经验同时并存,但是可以来在美感经验之前,使美感经验愈加充实。"①

　　显然,朱光潜将艺术欣赏活动作了扩大。完整的艺术欣赏活动包括三个部分:欣赏前的了解,聚精会神的欣赏,欣赏后的批评②。尽管聚精会神的欣赏不能有联想,但欣赏前后的了解和批评却必须有联想,否则完整的艺术欣赏活动就不能完成或不够深刻。

　　朱光潜的这种处理只是在表面上调和了联想与直觉之间的矛盾,联想与直觉本身之间还是相互拒斥的,它们并没有发生内在的关系。现在的问题是:这两种本质上不相容的东西,怎么能保持一种外在的关联呢?按照朱光潜对认识的心理活动的区分,应该是先有直觉,后有知觉和概念,直觉是知觉和概念的基础。但如果在欣赏之前需要了解,这不等于说知觉和概念成了直觉的基础了吗?这种以知觉和概念为基础的直觉是如何可能呢?换句话说,有了以联想为基础的知觉和概念的了解之后,还有可能发生纯粹的"形象的直觉"吗?如果我们对"直觉"概念不作另外的解释的话,联想无论如何是不利于直觉的发生的。因此在我看来,朱光潜虽然意识到了直觉与联想之间的矛盾,但并没有很好地解决这个矛盾。朱光潜的解决结果只是掩盖或转移了这一矛盾。

　　值得注意的是,朱光潜不认为欣赏前的所有联想都有助于美感。欣赏前的联想有"想象"(imagination)和"幻想"(fancy)之间的区别:"幻想"是杂乱的、飘忽不定的、有杂多而无整一的联想。"想象"是受全体生命支配的有一定方向和必然性的联想。联想在为幻想时有碍于美感,在为想象时有助于美感。朱光潜还借用英国心理学家布洛(E. Bullough)的术语,将联想区分为"融化的"(fused)和"不融化的"(non-fused)两种。

---

① 《文艺心理学》,第94页。
② 朱光潜非常重视批评,认为艺术创造、欣赏和批评三者彼此互相补充。他说:"创造是造成一个美的境界,欣赏是领略这种美的境界,批评则是领略之后加以反省。不能领略美的人谈不到批评,不能创造美的人也谈不到领略。批评有创造欣赏做基础,才不悬空;创造欣赏有批评做终结,才底于完成。就批评为'创造的批评'而言,它和美感的态度虽然有直觉和反省的分别,却彼此互相补充。"见《文艺心理学》,第79—80页。

"融化的联想"相当于"想象",有助于美感;"不融化的联想"相当于"幻想",有碍于美感①。

尽管对联想的这种区分在克服联想与直觉的矛盾上具有重要意义,但朱光潜并没有显示出这种"不融化的联想"或"想象"同"直觉"之间的内在关联。如果直觉能够包容想象,那么这种直觉概念就需要重新界定。

经验告诉我们,审美既不纯是形象直觉,也不全是基于联想之上的知觉和概念。在直觉、知觉、概念等对认识活动的通常区分中,没有一种认识能力能够单独对应于审美经验。审美经验是一种直觉,但这种直觉不是对对象形象的最简单感知,其中也浸透了对对象的领悟,也弥漫着自由的想象。现在的问题是:包含想象和领悟的直觉是否存在? 如果这样一种直觉肯定存在的话,朱光潜没有克服的矛盾就可以迎刃而解了。

值得注意的是,现象学创始人胡塞尔的直观和内在时间学说,为我们克服直觉与联想的矛盾提供了可能。

在胡塞尔那里,直觉(通常译作直观)概念的范围被大大拓展了。人们通常理解的直观只是感性直观,而且是对个别实在东西的直接感知,除此以外的所有东西都要通过思想来把握。胡塞尔认为这样的直观概念太狭隘了。在胡塞尔看来,我们不仅能直观到实在的东西,而且能直观到内知觉的东西。当我们在看(听)的时候,不仅能直观到所看(听)的东西,而且能直观到看(听)的行为。不仅所看到的、所听到的意识内容是直观到的意识内容,而且所形象化地想象到的意识内容也是被直观到的意识内容。胡塞尔还认为,我们不仅能直观到殊相,而且能直观到共相。对共相的直观,就是胡塞尔所说的本质直观②。由于直观概念的范围扩大了,原先作为知觉对象的艺术中的内容,现在也可以成为直觉的对象。直觉不再是对艺术形式的直觉,也可以是对艺术内容的直觉。这

① 《文艺心理学》,第 95 页。
② 参见张庆熊:《熊十力的新唯识论与胡塞尔的现象学》,第 70—71 页,上海:上海人民出版社,1995 年。

种同时以形式和内容为对象的直觉才是美感经验中的直觉。由此在朱光潜那里必须借助知觉和概念完成的对作品的"了解",在这里也可以由直觉来完成。在朱光潜那里,直觉与联想之间的紧张对立,在这里得到了彻底的消解。

对直觉与联想之间的矛盾的克服,还可以从胡塞尔关于"内在时间"的思想中找到重要支持。胡塞尔的内在时间学说直接源于他的老师布伦塔诺。布伦塔诺相信,他在"直接的记忆表象"中找到了有关时间起源问题的答案。直接的记忆表象是指那种不经任何中介在知觉表象之后按照某种普遍规律产生出来的记忆表象。当我们知觉某种东西时,所知觉到的东西在一段时间内停留在我们面前,但并非不动,而是呈一种逐渐弱化的趋势,直至最后消失。这种直接记忆表象的弱化变更犹如长长的彗星尾巴。之所以会出现这种现象,布伦塔诺认为是"原初联想"的心理行为的结果。通过"原初联想",布伦塔诺发现了过去的时间表象,同时认为未来的时间表象建立在对过去事物的记忆和规律的总结上,由此过去、现在、将来的时间之链便建立起来了。

胡塞尔在继承布伦塔诺时间学说的基础上,对它进行了加工改造。胡塞尔仔细分析了我们对运动的意识(如听一支乐曲),认为这种意识行为不是一种单纯的感知行为,而总是跟持留记忆和连带展望结合在一起出现的。因此它的意识内容不是一个固定的点,而是一个动态的场。处于这个动态场的核心是原初印象,处于这核心周围的是持留记忆和连带展望。后两者仿佛是它周围那逐渐暗淡下去的层次,胡塞尔称之为"晕圈"或"彗星尾巴"。原初印象和持留记忆、连带展望一起构成"活生生的现在"。正是通过原初印象、持留记忆和连带展望,我们得以能够把握时间过渡的重要特征。与布伦塔诺不同的是,胡塞尔认为,时间场是被直观到的,而不是被想象出来的。也就是说,在布伦塔诺那里过去的时间意识是在原初联想中出现的,而在胡塞尔这里则是在直觉中出现的[①]。

[①] 参见张庆熊:《熊十力的新唯识论与胡塞尔的现象学》,第 46—56 页。

由此直觉概念的范围被扩大了，我们不仅可以直觉到现在的时间点，而且可以直觉到正在暗淡的过去和正在展现的将来。这种被扩展的"直觉"不仅具有所有直觉的特征，而且具有想象的特征。

这种扩展了的直觉究竟是一种怎样的直觉呢？按照海德格尔的理解，与其说它是一种直觉，不如说它是人生在世的一种源初领会，是"在世界中存在"的"此在"的基本生存样态。海德格尔反对传统认识论哲学中将感性与理性、直观与思维对立起来的看法，反对将人的认识能力机械地割裂为直觉、知觉和概念的观点；认为感性直观（包括理性直观）和科学的逻辑思维都是人的社会实践中对世界的领悟行为，而且不是根源性的领会，是更根本性的生活实践之领会行为的衍生物。海德格尔强调，这二者之间的同一既不能通过规定一个优先于另一个的办法达到，也不能通过构造二者的综合来达到。它们的同一性仅仅在于它们原本就是共生的，同根同源的①。美感经验正是这种原本共生的感性与理性，正是这种人生在世的根源性的领会。

在朱光潜的美学体系中相互矛盾的直觉和联想，是传统的认识论哲学中相互对立的直觉与联想。这种对立，在胡塞尔的扩大了的直观和海德格尔的源初领会中是可以克服的。但这并不表明任何联想都可以在直观中，直观或源初领会中的联想是一种源初联想或内在联想，借用朱光潜的术语来说，它是"想象"而不是"幻想"，是"融化的联想"而不是"不融化的联想"。海德格尔从凡·高的"农鞋"中直观到的"联想"，就是这种"融化的联想"②，它是同直觉融为一体的。

---

① 靳希平：《海德格尔早期思想研究》，第 287 页，上海：上海人民出版社，1995 年。
② 海德格尔说："从鞋具磨损的内部那黑洞洞的敞口中，凝聚着劳动步履的艰辛。这硬邦邦、沉甸甸的破旧的农鞋里，积聚着寒风料峭中迈动在一望无际的永远单调的田垄上的步履的坚韧和滞缓。鞋皮上粘着湿润而肥沃的泥土。暮色降临，这双鞋底在田野小径上踽踽而行。在这鞋具里，回响着大地无声的召唤，显示着大地对成熟的谷物的宁静的馈赠，表征着大地在冬闲的荒芜田野里朦胧的冬冥。这器具浸透着对面包的稳靠性的无怨无艾的焦虑，以及那战胜了贫困的无言的喜悦，隐含着分娩阵痛时的哆嗦，死亡逼近时的战栗。"见《艺术作品的本源》，译文引自 M. 李普曼：《当代美学》，第 395 页，北京：光明日报出版社，1989 年。

第二节　看戏与演戏的矛盾

与直觉与联想的矛盾紧密相关的是看戏与演戏的矛盾。这对矛盾在构成朱光潜美学体系的两项重要思想——心理距离和移情作用——中都表现得非常明显。

在讨论移情作用的时候，朱光潜一方面强调移情作用是审美的本质特征，另一方面又主张美感态度不一定带移情作用，从而有了移情和不移情之间的矛盾。朱光潜采用德国美学家弗莱因斐尔斯（Mueller Freienfels）的说法，将审美者分成两类，一为"分享者"（participant），一为"旁观者"（contemplator）。"'分享者'观赏事物，必起移情作用，把我放在物里，设身处地，分享它的活动和生命。'旁观者'则不起移情作用，虽分明觉察物是物，我是我，却仍能静观其形象而觉其美。"①表面看来，朱光潜把这两种审美者看得同等重要，但实际上他是重视"旁观者"的。朱光潜引用罗斯金、狄德罗等人的观点，说明"旁观者"要比"分享者"高一个层次。分享者"这一班人看戏最起劲，所得的快感也最大。但是这种快感往往不是美感，因为他们不能把艺术当做艺术看，艺术和他们的实际人生之中简直没有距离，他们的态度还是实用的或伦理的。真正能欣赏戏的人大半是冷静的旁观者，看一部戏和看一幅画一样，能总观全局，细察各部，衡量各部的关联，分析人物的情理"②。

显然，朱光潜对"旁观者"的重要性的强调，与他将美感经验看做物我同一的移情作用是相矛盾的。朱光潜后来把这种矛盾上升到两种不同人生理想之间的矛盾。在《看戏与演戏——两种人生理想》一文中，朱光潜说："世间人有生来是演戏的，也有生来是看戏的。这演与看的分别主要地在如何安顿自我上面见出。演戏要置身局中，时时把'我'抬出来，使我成为推动机器的枢纽，在这世界中产生变化，就在这产生变化上

①《文艺心理学》，第52页。
② 同上书，第53页。

实现自我,看戏要置身局外,时时把'我'搁在旁边,始终维持一个观照者的地位,吸纳这世界中的一切变化,使它们在眼中成为可欣赏的图画,就在这变化图画的欣赏上面实现自我。因为有这个分别,演戏要热要动,看戏要冷要静。打起算盘来,双方各有盈亏:演戏人为着饱尝生命的跳动而失去流连玩味,看戏人为着玩味生命的形象而失去'身历其境'的热闹。能入能出,'得其圜中'与'超以象外',是势难兼顾的。"①

在朱光潜看来,这两种人生理想是很难兼顾的。在二者必取其一的情况下,朱光潜十分同情看戏的人生理想,并且认为古今中外的大思想家、宗教家都持一种看戏的人生观。

看戏与演戏,二者不可兼得,说明在朱光潜的美学体系中,这二者之间的矛盾是很难克服的。这种矛盾之所以难以克服,在于朱光潜固守西方近代哲学将感性与理性、直观与思维对立起来的陋习;没有看到在现实的人生活动中,它们原本是融为一体的。按照现象学的观点,我们不仅在看,而且还知道自己在看。也就是说,我们不仅在演戏,而且还知道自己在演戏。这里的"知道"其实就是欣赏,或者至少使在演戏的同时又看戏有了可能。这样看戏与演戏就不是不可调和的一对矛盾了。看戏并不妨碍全身心地参与进去,同样,演戏也不妨碍看戏,只有真正身历其中的演戏才能看到好戏。

看戏与演戏矛盾的解决,还有助于朱光潜所说的心理距离矛盾的解决。朱光潜在介绍布洛的心理距离(psychical distance)说的时候,特别提到了布洛所说的"距离的矛盾"。朱光潜说:"在美感经验中,我们一方面要从实际生活中跳出来,一方面又不能脱尽实际生活;一方面要忘我,一方面又要拿我的经验来印证作品,这不显然是一种矛盾么? 事实上确有这种矛盾,这就是布洛所说的'距离的矛盾'(the antinomy of distance)。创造和欣赏的成功与否,就看能否把'距离的矛盾'安排妥

①《看戏与演戏——两种人生理想》,载《朱光潜美学文集》第二卷,第550页,上海文艺出版社,1982年。

当,‘距离’太远了,结果是不可了解;‘距离’太近了,结果又不免让实用的动机压倒美感,‘不即不离’是艺术的一个最好的理想。"①在朱光潜看来,懂得了"距离的矛盾",文艺上的许多问题就可以迎刃而解。如形式主义与表现主义的矛盾,理想主义和写实主义的矛盾,它们都是源于不懂"距离的矛盾"的道理。形式主义和理想主义的毛病在于"距离"太过,表现主义和写实主义的弊病在于"距离"不及。但在我们看来,布洛和朱光潜对"距离的矛盾"的克服只是表面的相加。按照我们上述对看戏与演戏的矛盾的解决方式,"距离的矛盾"也可以从根本上得以克服。由于在我们的生存活动中,看和想、直观和思维、感性和理性等可以同时并存,因此我们的生活经验本身就有一种内在的距离张力,不需要刻意地保持一种外在的距离。"距离的矛盾"的解决不是"不即不离"——事实上我们在生活经验中根本就做不到"不即不离",而是距离的完全消解。按照我们的理解,人与世界本来是亲密无间的,只是因为各种欲望的滋生才分隔出距离,因此在日常状态中人与世界是有距离的。审美就是要消解日常状态中的距离,恢复人与世界的原本的无距离的交融。换句话说,审美是同事物的本然状态交融合一而与事物的日常状态保持距离。由于人的生存内在地拥有直觉与思维的张力,在外在距离消解的情况下,这种本然的内在距离就会自然呈现出来了。因此,"距离的矛盾"的解决不是"不即不离",而是"即中见离"。

第三节 文艺与道德的矛盾

严格说来文艺与道德的矛盾是中外美学史上的一对矛盾,历史上"文以载道"与"为艺术而艺术",两派观点针锋相对,互相攻讦。朱光潜指出:"就态度说,他们都先很武断地坚持一种信仰而后找理由来拥护它。就方法说,他们对于文艺和道德的关系,不是笼统地肯定其存在,就

---

① 《文艺心理学》,第 25 页。

是笼统地否认其存在。其实就某种观点看,文艺与道德密切相关,是不成问题的;就另一种观点看,文艺与道德应该分开,也是不成问题的。从前人的错误在没有认清文艺和道德在哪几方面有关系,在哪几方面没有关系,于是'文艺与道德有关'和'为文艺而文艺'两说便成为永远不可调和的冲突。"①表面上看来,朱光潜是想解决美学史上的一道难题,实际上这也是他自己的美学体系中的一道难题。从朱光潜对美感经验的分析所得出的主要结论——形象直觉、心理距离、物我同一——来看,美感经验同道德是没有任何关系的,就像直觉同联想之间没有任何关系一样。现在朱光潜要把道德问题考虑进来,就不可避免地同他的理论基础发生矛盾②。

让我们看看朱光潜是怎样克服这对矛盾的。

同克服直觉与联想的矛盾一样,在克服文艺与道德的矛盾时,朱光潜也采用了扩大艺术活动的范围的方法。也就是说,美感经验是"形象的直觉"固然不错,但艺术活动不仅局限于美感经验。朱光潜说:"把美感经验划成独立区域来研究,我们相信'形象直觉'、'意象孤立'以及'无所为而为地观赏'诸说大致无可非难。但是根本问题是:我们应否把美感经验划为独立区域,不问它的前因后果呢? 美感经验能否概括艺术活动全体呢? 艺术与人生的关系能否在美感经验的小范围里面决定呢?"③在朱光潜看来,美感经验只是艺术活动全体中的一小部分。即使将美感经验等同于艺术活动的全体,它也不能划为独立的区域,因为人生是一有机整体,其中的部分与部分,部分与全体都息息相关,相依为命。

尽管如此,朱光潜还是认为"文艺与道德有无关系"这个问题太笼统,为了精确起见,我们应该分别提问:美感经验中、美感经验前、美感经验后,从作者与读者的观点看,文艺与道德有何关系? 朱光潜否认美感

---

① 《文艺心理学》,第112页。
② 朱光潜自己承认:"我们在分析美感经验时,大半采取由康德到克罗齐一线相传的态度。这个态度是偏重形式主义而否认文艺与道德有何关联的。"见《文艺心理学》,第116页。
③ 《文艺心理学》,第116页。

经验中文艺与道德有任何关系,而承认美感经验前后文艺与道德有密切关系。美感经验前文艺与道德的关系,表现在作者方面是艺术创作与时代背景和作者个性之间的关系,表现在读者方面是读者的道德修养和见解往往影响他的文艺趣味。在美感经验之后,文艺与道德之间的关系更为复杂。除了人们常常依据道德标准去评定文艺的价值外,文艺还产生广泛和深刻的道德影响。这种影响主要有两个方面:首先,文艺能满足人性中对美的嗜求,解放情感,维持心理健康,使人的生命活动获得最大限度的自由,这样看,美不仅是一种善,而且是"最高的善"。其次,文艺能够传染情感,打破人与人之间的界限;文艺的敏锐的感觉、深刻的观察和丰富的想象,可以引导我们到较广大的世界里去观赏。总之,文艺能够伸展同情,扩充想象,增加对于人情物理的深广真确的认识。这三件事是一切真正道德的基础[①]。

就像朱光潜在处理直觉与联想的矛盾时一样,如果只是肯定美感经验前后文艺与道德有一定的关系的话,这种关系就只是一种十分外在的关系。文艺与道德的真正的内在关联就还没有揭示出来。其实朱光潜从道德的基础上去寻找文艺与道德的契合点,这种思路是极有启发性的。然而正是在道德的基础上,文艺与它有着内在的关联。如同柏格森在探讨审美与道德的关系时指出的那样,只是在性质上,美感的同情与道德上的同情具有相近性;并且道德同情这个观念是美感的同情所微妙地暗示出来的[②]。美感在根本上是一种同情或移情,这也是朱光潜在对美感经验的分析中所得出的主要结论,道德的基础也是一种同情,正是在同情上,美感与道德之间具有内在的一致性。这种一致性不是发生在美感经验的前后,而就发生在美感经验之中,因为任何美感经验,照朱光潜的说法,在其达到顶点的时候,都是一种物我同一式的同情。

朱光潜从中外历史上还看到,在正常情况下,文艺与道德并不矛盾。

---

① 《文艺心理学》,第 125—127 页。
② 柏格森:《时间与自由意志》,吴士栋译,第 8—9 页,北京:商务印书馆,1958 年。

他说:"我们细看历史,就可以发现在一种文化兴旺的时候,健康的人生观和自由的艺术总是并行不悖,古希腊史诗和悲剧时代、中国的西汉和盛唐时代以及英国莎士比亚时代可以为证;一种文化到衰败的时候,才有狭隘的道德观和狭隘的'为艺术而艺术'主义出现,道德和文艺才互相冲突,结果不但道德只存空壳,文艺也走入颓废的路,古希腊三世纪以后,中国齐梁时代以及欧洲十九世纪后半期可以为证。"①

由此,我们可以说,文艺与道德本身并不矛盾。只有当一个社会脱离它的本然状态,文艺与道德才开始分裂并相互矛盾。这个问题我们也可以用海德格尔揭示的"此在""在世界中存在"的理论来解释。海德格尔认为,在"此在"的源初存在样态中,不仅理性与感性、直觉与联想互不矛盾,就是美与真、艺术与道德等在日常生活中相互矛盾的东西,在本然的生存境界中也可以兼容共存。因此,文艺、审美与道德在其根源部位上是相通的。这种"相通"主要表现在,审美可以将人还原到他的本然状态,可以培养人的真情实感,而所谓的伦理规范、道德要求只有建立在这种本然状态的基础上,只有建立在人的真实情感的基础上,才是真正道德的。审美在道德伦理活动中的意义,即是给出抽象的伦理规范以真实的情感基础。因此,我十分欣赏徐复观先生的这个判断:"乐与仁的会同统一,即是艺术与道德,在其最深的根底中,同时,也即是在其最高的境界中,会得到自然而然的融和统一"②。

第四节 艺术与自然的矛盾

在朱光潜的美学体系中还有一对深刻的矛盾,那就是艺术与自然的矛盾。朱光潜认为,只有艺术才有美,自然是无所谓美的。他说:"一般人常喜欢说'自然美',好象以为自然中已有美,纵使没有人去领略它,美也还是在那里。……其实'自然美'三个字,从美学观点来看,是自相矛

①《文艺心理学》,第113—114页。
② 徐复观:《中国艺术精神》,第15页,沈阳:春风文艺出版社,1987年。

盾的，是'美'就不'自然'，只是'自然'就还没有成为'美'。……如果你觉得自然美，自然就已经过艺术化，成为你的作品，不复是生糙的自然了。比如你欣赏一棵古松，一座高山，或是一弯清水，你所见到的形象已经不是松、山、水的本色，而是经过人情化的。各人的情趣不同，所以各人所得于松、山、水的也不一致。"①

这个观点在今天看来是非常奇怪的。首先它违反了人们的直觉。今天，再也没有人怀疑自然景物能够给人以美感了。今天的情况甚至是这样的，即人们仿佛只有在自然景物中才能找到美。当我们被问及什么东西最美的时候，首先想到的往往是曾经见过的最美的景色，如落日余晖，大雪初霁，秋水长天，新桐初引，等等。自然美给人的清新感受，给人的心灵慰藉，往往超过了那些矫揉造作的艺术作品。其次，它也违反了中国古典美学的传统。在中国古典美学中，自然常常被看做是艺术的最高境界。中国古典美学中的"美"并不与"自然"相对，而是与"能"、与"（人）为"相对②。如果一件艺术品让人觉得不"自然"，让人看出"人为"的"做作"，这种"做作"即使再高明，也被认为是不美的。现象学美学家杜夫海纳也有类似的论述，他说："真正的对立在于自然物和人工物之间，丝毫不在于自然与艺术之间。"③

如果完全这样来责难朱光潜，一定会引起学术界的公愤。因为朱光潜所理解的"艺术"比我们要宽泛得多。朱光潜受克罗齐的影响，认为直觉就是创造，就是"艺术"。由此在朱光潜那里，自然与艺术的区别，跟我们通常所说的自然跟艺术之间的区别截然不同。朱光潜所说的"自然"

---

① 朱光潜：《谈美》，第 74 页，合肥：安徽教育出版社，1992 年。

② 在中国书论、画论中常常能看到给书画分品的现象。如张彦远在《历代名画记》中将绘画分成自然、神、妙、精、谨细五等。他说："夫失于自然而后神，失于神而后妙，失于妙而后精，精之为病也，而成谨细。自然者为上品之上，神者为上品之中，妙者为上品之下，精者为中品之上，谨细者为中品之中。"黄修复在《益州名画录》中将绘画分为逸、神、妙、能四格。黄修复的这种分法可以看做是对于张彦远五等区分的进一步概括。因为张彦远的"自然"，实际上相当于"逸格"，张彦远的"精"和"谨细"实际上相当于"能格"（参见叶朗：《中国美学史大纲》，第 90 页，上海人民出版社，1985 年）。黄修复的这种分法，在中国书画理论史上影响深远。

③ 米盖尔·杜夫海纳：《美学与哲学》，孙非译，第 44 页，北京：中国社会科学出版社，1985 年。

指的是未进入审美活动中,未被人审美感知的东西。这种在审美活动之前的,未被人审美感知的东西,既可以是自然物,也可以是艺术品。而朱光潜所说的"艺术"指的是进入审美活动中,被人审美地感知、创造出来的东西,即朱光潜所说的"意象"。引起人们感知并形成"意象"的东西,既可以是艺术品,也可以是自然物。所以朱光潜文本中的"自然"与"艺术"的对立,不是自然物与艺术品之间的对立;而是美的材料与美("意象"),"物甲"与"物乙"的对立,也就是审美对象在感知前后的区别。所以尽管朱光潜宣称"自然"不"美","美"不"自然",但并不妨碍他尽情地欣赏自然物中的美。比如,朱光潜以古松为例,说他的画家朋友是如何"聚精会神地观赏它的苍翠的颜色,它的盘屈如龙蛇的线纹以及它的昂首高举、不受屈挠的气概"①。显然画家从古松那里得到了极大的审美享受。在说明"审美距离"的时候,朱光潜最常用的例子便是海上的雾;在阐发"宇宙的人情化"的时候,涉及的自然景物就更多了,有大地山河、云飞泉跃、梅兰竹菊,有轻狂的柳絮、清苦的晚峰、劲拔的古松、从容的鲦鱼②。最后朱光潜为了让我们的人生艺术化,教导我们"慢慢走,欣赏啊!"欣赏什么呢? 无非是阿尔卑斯山谷两旁极美的景物。朱光潜说:"阿尔卑斯山谷中有一条大汽车路,两旁景物极美,路上插着一个标语牌劝告游人说'慢慢走,欣赏啊!'许多人在这车如流水马如龙的世界过活,恰如在阿尔卑斯山谷中乘汽车兜风,匆匆忙忙地急驰而过,无暇一回首流连风景,于是这丰富华丽的世界便成为了一个了无生趣的囚牢。这是一件多么可惋惜的事啊!"③

如果自然物同艺术品一样,都是美的材料,都能引起审美直觉进而产生美,那么自然物与艺术品之间就没有什么本质区别。这一结论又会引起人们直觉上的不满,因为直觉告诉我们,自然物同艺术品之间还是有区别的。在这里朱光潜骨子里还是认为艺术美高于自然美,至少在引

---

① 朱光潜:《谈美》,第16页。
② 同上书,第33—39页。
③ 同上书,第152页。

起美感的强度上,艺术品要比自然物强得多,换句话说,艺术品要比自然物更容易引起人们的美感,更容易生成美的"意象"。从朱光潜坚持用"文艺心理学"而不用"美学"作为他的美学著作的名称也可以看出,"文艺"是朱光潜美学的主要对象,"心理学"是朱光潜美学的主要方法。

朱光潜将文艺作为美学的主要对象的思想,显然受到了以谢林、黑格尔等为代表的西方经典美学的影响。谢林就直接将他的美学著作命名为"艺术哲学",而黑格尔在究竟用"美学"还是用"艺术哲学"来命名他的美学著作时,也颇费一番踌躇。尽管他最终还是选择了"美学",但促使他作出这一选择的并不是研究对象,而是传统习惯,从实际的研究对象的角度来说,"艺术哲学"也许更加名副其实①。黑格尔从他的"美是理念的感性显现"的定义出发,明确指出艺术美高于自然美。因为自然中没有心灵,没有自觉的理念,或者说只有感性材料,没有精神内容,因此还不符合美的定义。黑格尔说:"我们可以肯定地说,艺术美高于自然。因为艺术美是由心灵产生和再生的美,心灵和它的产品比自然和它的现象高多少,艺术美也就比自然美高多少。"②他还说:"心灵和它的艺术美高于自然,这里的'高于'却不仅是一种相对的或量的分别。只有心灵才是真实的,只有心灵才涵盖一切,所以一切美只有涉及这较高境界而且由这较高境界产生出来时,才真正是美的。就这个意义来说,自然美只是属于心灵的那种美的反映,它所反映的是一种不完全、不完善的形态。"③

事实上,西方美学史并不是从一开始就无视自然美的存在。就是在康德的《判断力批判》中,自然美仍然比艺术美占有更为优越的地位。自

---

① 黑格尔在《美学》的"全书序论"一开篇就声明:"这些演讲是讨论美学的;它的对象是广大的美的领域,说得更精确一点,它的范围就是艺术,或则毋宁说,就是美的艺术。……我们姑且仍用'伊斯特惕克'这个名称,因为名称本身对我们并无关宏旨,而且这个名称既已为一般语言所采用,就无妨保留。我们的这门科学的正当名称却是'艺术哲学',或则更确切一点,'美的艺术的哲学'。"见《美学》第一卷,朱光潜译,第3—4页,北京:商务印书馆,1991年。
② 黑格尔:《美学》第一卷,第4页。
③ 同上书,第5页。

然美的失落是从康德之后的谢林、席勒、黑格尔等德国古典主义美学家那里开始的。正如阿多诺指出的,"从将自己关于美学的主要著作命名为《艺术哲学》的谢林开始,美学几乎严格限制于关注艺术作品,不再继续对'自然美'进行系统研究,在康德的《判断力批判》中,'自然美'曾经引发了一些最敏锐的分析。自然美为什么从美学的应办事项中漏掉了呢? 原因并不像黑格尔使我们相信的那样,它在一个更高的领域中被扬弃了。而仅仅是自然美的概念被抑制了。自然美的继续出现,将触动一个痛点,所有作为纯粹的人工制品的艺术作品,都是对自然美的犯罪。整个人造的艺术作品,在根本上与非人造的自然对立。"①阿多诺还指出,"自然美从美学中消失,是因为人的自由和尊严概念膨胀至极端的结果"②。

自然美终究不可以被取消。阿多诺是从他的辩证法的思想方法中,看到了"对自然美的思考,是构成任何艺术理论不可或缺和不可分割的一部分"③。而我们仅凭直观就知道自然美的重要性。没有什么疯狂的人能够无视自然美的存在。尤其是当人们开始以一种与理性文明迥然不同的眼光来欣赏周围世界的时候,当人们对现代理性文明进行怀疑、批判,进而对整个人类文明的发展方向产生困惑的时候,自然美的意义就显得尤其重要了。

由于朱光潜的美学体系是一个以艺术为中心的体系,这个体系在处理艺术问题时会显得得心应手,但要在这个体系中处理自然美的问题就会显得尤其困难。正如杜夫海纳所说,"有关审美对象的思考一直偏重于艺术。这种思考只有在艺术方面才能得到充分的发挥,因为艺术充分发挥趣味并引起最纯粹的审美知觉。"④因此,自然美的问题也是朱光潜

---

① T. W. Adorno, *Aesthetic theory*, Translated by C. Lenhardt(London: Routledge & Kegan Paul, 1984),p. 91.

② Ibid. , p. 92.

③ Ibid. , p. 91.

④ 杜夫海纳:《美学与哲学》,第 33 页。

美学理论中的一个"大绊脚石"。他在总结五六十年代的美学大讨论时说:"最近一年的美学讨论证明了'自然美'对于许多人是一大块绊脚石,'美究竟是什么'的问题之所以难以解决,也就是由于这块绊脚石的存在,解决的办法只有两种:一种是否定美的意识形态性,肯定艺术美就是自然中原已有之的美,也就是肯定美的客观存在;另一种是否定美的客观存在,肯定艺术美和自然美都是意识形态性的,即第二性的。第一种就是蔡仪、李、洪和一般参加美学讨论者所采取的办法,第二种就是我所采取的办法。他们的根据是感觉反映物质世界那个原则,只是错误地把美摆在物质存在的一边;我也根据了感觉反映的原则,但是又加上意识形态反映原则,承认有感觉素材做它的客观条件,这感觉素材的来源是第一性的,但是认为只要这客观条件或感觉素材还只是原料,还不成其为美,要成其为美,就必须有艺术形象,在这艺术形象的创造过程中,意识形态起了决定性的作用。所以我认为只有客观条件或只有主观条件都不能产生艺术,艺术本身是客观与主观的统一,它的特性——美,当然也是客观与主观的统一。"①

显然,朱光潜所列举的两种解决办法都没有触及问题的要害。因为这两种办法讨论的其实是美与美感的关系问题。蔡仪等认为美感是客观存在的美的反映,朱光潜认为美感不仅是客观存在的美的反映,而且在美的素材的基础上还有艺术形象的创造。而无论是蔡仪等所说的客观存在的美还是朱光潜所说的美的素材,其实都是指审美感知之前的东西,如上所述,它们既可以是自然物,也可以是艺术品。

在今天看来,自然美引起的困惑主要有两个方面:首先是自然美的来源问题,其次是自然美的等级或层次问题②。在以艺术为中心的美学体系中,艺术美的来源问题是很好解释的,艺术可以被视为审美观念、审

① 朱光潜:《美必然是意识形态性的——答李泽厚洪毅然两同志》,载《朱光潜全集》第5卷,第113页,合肥:安徽教育出版社,1989年。
② Stan Godlovitch, "Valuing Nature and the Autonomy of Natural Aesthetics," *British Journal of Aesthetics*, Vol. 38, No. 2, April 1998, p. 183.

美趣味的集中反映,艺术之所以美,其根源在于艺术家那里,在于艺术家在创作艺术作品时就将它设计为美的。自然物不是人类创造出来的。如果按照上述对艺术美的来源的解释,自然美的来源问题就被整个地切断了,因为我们根本不知道自然物是怎么产生的,也不知道自然物究竟是谁创造出来的。我们既不能依据观念的高低,也不能依据技巧的好坏来判断自然物的美丑。如果我们的思想文化中有上帝的观念的话,很容易将自然美归结为上帝造物时的审美观念的反映。如果我们接受这种观念的话,就会产生另一个令现有的美学理论更加困惑的问题,即随后将要讨论的自然美的等级或层次问题。因为既然所有的自然物都是上帝创造出来的,它们就应该具有同样的审美价值。这一点令现有的美学理论难以接受,因为现有的美学理论更多的是要教人进行等级区分。

在探讨自然美的根源问题上,有一种在中国美学界具有广泛影响的思想,即李泽厚等人从马克思《1844 经济学哲学手稿》中发掘出来的"自然人化"思想。马克思的"自然人化"思想,本来讲的是人通过生产劳动对自然和自身的改造,即通过漫长的历史实践,自然变成了为人所控制和改造的自然,成了人的扩展了的"身体",与此同时,人自身也发生了彻底的变化,五官由动物性的器官变成了感受音乐的耳朵、感受形式美的眼睛①。李泽厚等人据此发展了影响广泛的实践美学。按照实践美学的观点,美的根源在于生产实践所造成的自然人化。美感的根源在于人在对象身上看到了人类实践改造世界的本质力量。自然物之所以美,并不是因为它们的形式,也不是因为观照者的情感情绪,而是因为它们积淀了人类改造世界的本质力量。按照这种观点,自然并不是因为它自身而被人欣赏,而是因为它是人的"产品"而被人欣赏,或者说是将自然物类比于艺术品来欣赏。这实际上等于取消了自然美的本质特性。用杜夫海纳的话来说,"仍然是人在向他自己打招呼,而根本不是世界在向人打

---

① 马克思:《1844 年经济学哲学手稿》,中央编译局译,第 82—83 页,北京:人民出版社,1985 年。

招呼"①。

今天的情况也许刚好相反，自然并不是因为它被人控制、征服、改造、利用而为人赏识，而是因为它的野性、原始性、陌生性、多样性而备受青睐。对自然为什么天然就是美的这个问题，我们虽但不能借助"自然人化"的思想来解释，相反只有我们放弃这种极度膨胀的人类中心、理性至上的思想，才有可能接近真理。所以杜夫海纳说："这就是矛盾。只有当自然是无人性的对象时，它才是表现性的，才与人相似。反之，不能审美化的东西不再仅仅是无意义的事物，而是那些人工的、任意的、专断的、自然中有所显得不自然的事物。这就把我们的思考引上了一条新途径。"②在杜夫海纳看来，那些人化的自然表现出来的只是一种秀丽，只有未经人化的自然才能表现崇高。而秀丽只是一种减了价的崇高，是崇高的一种被缩小了的表现③。也就是说，只有当我们不按照"自然人化"的思路，不将自然同人工产品类同起来看待，才能发现自然的真身，才能领略自然美的真谛。

如果我们放弃这种形而上学的追溯，而仅关注当下发生的审美活动，也会发现自然美和艺术美的来源有根本的区别。按照通常的看法，艺术之所以美，在于它能在现实世界中创造出一个非现实的世界，一个想象的世界。自然美是不是同艺术美一样，也能给我们提供一个非现实

---

① "如果说，客体因此就表现得象一个准主体（quasi-subject），这丝毫不能保证主体与客体有根本的亲密关系，因为这里的客体是被制造出来的物体，它把创造者的意图保留在自己身上。因此，人们可以认为，通过审美对象，仍然是人在向他自己打招呼，而根本不是世界在向人打招呼"（杜夫海纳：《美学与哲学》，第33页）。用"自然的人化"来解释自然美的根源，实际上就是用"人向他自己打招呼"取代人与自然的真正的对话。

② 杜夫海纳：《美学与哲学》，第42页。

③ "表示和平的东西往往也是秀丽的东西。……在这方面，自我表现的总是与必然性相协调的某一对象的灵魂，而不是被必然性所考验的某一主体的灵魂。然而，这些方面尤其是属于浸透着劳动或艺术的、已经人化的自然，也是通过审美传统已经能被知觉的自然。当自然未经人化时，最经常呈现的方面大概就是那些与伟大和崇高相关联的方面。在这些方面，必然性毫不含糊地表现出来。秀丽是一种减了价的崇高，是崇高的一种被缩小了的表现。我们说过，具有表现力的是必然性，现在需要加一句：必然性自己表现自己。在感性范围内，那些显得又密又满、完成的而又不可改变的东西，对我们就意味着必然性。"见杜夫海纳《美学与哲学》，第47—48页。

的世界呢？显然不是。对自然的审美欣赏，不仅不能使我们逃离现实世界，相反使我们更加接近现实世界，进入一个比实践事物组成的现实世界更为真实的世界。正如伽德洛维奇所指出的那样，即使对自然的审美经验给了我们从"实践事物所组成的真实世界"中一种愉快的逃逸或至少是一种愉快的慰藉，但它仍然没有像艺术欣赏那样使我们整个地离开真实世界。刚好相反，对自然的审美兴趣，必须有对真实世界的兴趣，而且我们确立的这个世界的界限，比我们的实践事物所构成的世界要更为真实①。伽德洛维奇进一步指出，自然同艺术不同，它不提供意味着超出真实世界的"一个另外的世界"。这个"另外的世界"需要艺术世界的想象和精巧的艺术技巧。如果我们把对自然的直接的审美经验看做我们逃离真实世界的跳板，那就弄错了自然的审美价值的来源②。

　　伽德洛维奇还指出，对自然的审美反应的心理状态，不同于对艺术的审美反应的心理状态。艺术，不管它属于什么类别，最终都可以归结为一种语言形式。我们经常说绘画语言、音乐语言、雕塑语言、电影语言等等，尽管这些门类的艺术不是真的语言艺术，但由于它们所用的符号是一种有意义的、可理解的符号体系，因此与真正的语言相类似。对这种作为语言形式的艺术作品的欣赏，尽管也综合了感知、想象、认识、情感等各种心理因素，但总是以认识为中心的，也就是说，总想知道作品"说"了些什么。而在对自然的审美反应的多种多样的心理因素中，没有一个中心的因素，无论是感知、认识还是情感，没有哪一个是主要地（中心地）起作用。它们最好是作为在一群漫无目的的反应中没有特权的成分而起作用。因为自然不是一种语言，不是一套记号或符号体系，不是一本书③。如果对自然的审美欣赏招致的感觉经验和情感同典型的艺术欣赏的感觉和情感毫不相似，如果即使在我们的解释和想象的创造的面

---

① Stan Godlovitch, "Valuing Nature and the Autonomy of Natural Aesthetics," *British Journal of Aesthetics*, Vol. 38, No. 2, April 1998, p. 182.
② Ibid., p. 183.
③ Ibid., p. 185.

前自然依然保持不变,那么我们就应该期待关于自然王国的审美价值的不同的判断标准①。

　　我们认为,艺术与自然的矛盾只有在本然的生存境界中才能得以解决。在人类的各种文化活动中,艺术是一种基本的文化形式,是人的基本的生活经验的显现。然而日常生活中的人们往往容易遗忘基本生活经验,日常生活中的人的基本文化世界是遮蔽的。正如叶秀山指出的:"人人都离不开最为基本的生活经验,只是世事纷繁,名缰利索,人们常常会忘记那些最基本的经验,忘记在那纷繁的世事的最底层,尚有一个最为基本的世界在。艺术天才的洞察力,正是透过那纷繁的现象,看到并揭示这个基本的世界。"②对基本的生存境界的揭示上,艺术与自然之间的矛盾可以得到克服。在我们看来,只要将自然看做自然而不是用经济的、科学的眼光来看自然,就没有比对自然的经验更为基本的经验了。尤其是在今天,在艺术不断异化的情况下,自然美在显现基本生活经验方面似乎具有更为重要的意义。

第五节　从朱光潜美学的矛盾看现代美学的困惑

　　如何看待朱光潜美学体系中的这些矛盾呢? 这个问题牵涉到(1) 对朱光潜美学的评价;③(2) 对西方现代美学的评价。我认为绝不应该因为这些矛盾而低估朱光潜美学的历史地位。我们应该首先弄清楚产生这些矛盾的原因,进而分析这些矛盾存在的意义。在我看来,朱光潜美学中的这些矛盾具有特别重要的意义:它非常清晰地突现了西方现代美

---

① Stan Godlovitch, "Valuing Nature and the Autonomy of Natural Aesthetics," p. 182.
② 叶秀山:《美的哲学》,第 142 页,北京:人民出版社,1991 年。
③ 近来有不少美学研究者认为朱光潜的美学比较浅显,而且以介绍西方的美学思想为主,在今天的意义不是很大。加上朱光潜的思想中充满矛盾,尤其是解放前后的矛盾更为尖锐,由此有低估朱光潜美学价值的趋势。我认为朱光潜美学仍然具有重要意义,不能低估。介绍西方思想在当时的历史条件下是非常重要的。思想上的矛盾避免了思想上的片面,这在中国现代美学的草创时期也是十分重要的。

学的缺陷，并以一种近乎实用主义的方法初步地克服了这种缺陷。

公平地说，朱光潜美学中的矛盾并不是因为他对西方美学的理解不够准确而造成的，朱光潜美学中的矛盾实际上是现代西方美学中固有矛盾的体现。现代西方美学很难解决自律的审美和艺术如何与其他人类活动发生关系的问题。对于这种矛盾，西方现代美学家们往往不愿意正视，而作为西方现代美学的中国传人的朱光潜却敢于直面它们。从这种意义上说，朱光潜美学中的矛盾不仅不是缺陷，而且还是贡献，因为它让我们最清楚地看到了西方现代美学所面临的困惑。

从朱光潜对自己思想的检讨当中可以看到，他完全意识到自己美学思想中存在诸多矛盾。造成这种矛盾的原因主要有两个方面：一是因研究方法而造成的，二是因前后思想变化而造成的。按照传统的观点，美学是哲学的一个分支，是信奉逻辑推论的哲学系统中的一部分，从而能够经受住逻辑的检验而不发生矛盾。但能够经受逻辑检验的理论不一定符合事实，在逻辑上完美无缺的美学理论不一定能解释现实的审美活动和文艺实践。正因为如此，西方近代以来发生了"自上而下的美学"的衰微和"自下而上的美学"的兴起。受西方近代美学影响的朱光潜，在选择符合逻辑还是符合事实上，明显倾向于后者。朱光潜说："美学是从哲学中分支出来的，以往的美学家大半心中先存有一种哲学系统，以它为根据，演绎出一些美学原理来。本书所采用的是另一种方法。它丢开一切哲学成见，把文艺的创造和欣赏当作心理事实去研究，从事实中归纳出一些可适用于文艺批评的原理。"①这种研究方法和态度上的改变，是造成朱光潜美学体系中存在矛盾的原因之一。

造成朱光潜美学思想中的矛盾的第二个原因是其前后思想发生了变化。从写作《文艺心理学》初稿到《谈美》的出版，前后相差近十年。在这段时间里，朱光潜的思想发生了很大的变化，即由绝对信奉克罗齐的形式派美学转向对它持怀疑和批判态度，在保留形式派美学的一些基本

---

① 《文艺心理学》，第1页。

原理的同时,又增添了一些非形式派美学的理论。朱光潜在《文艺心理学》的"作者自白"中谈到了这部书的写作过程:

> 这部书还是我在外国当学生时代写成的。原来预备早发表,所以朱佩弦先生的序还是 1932 年在伦敦写成的。后来自己觉得有些地方还待修改,一搁就搁下四年。在这四年中我拿它做讲义在清华大学讲过一年,今年又在北京大学的《诗论》课程里择要讲了一遍。每次讲演,我都把原稿更改过一次。只就分量说,现在的稿子较四年前请朱佩弦先生看过的原稿已超过三分之一。第六、七、八、十、十一诸章都完全是新添的。
>
> 在这新添的五章中,我对于美学的意见和四年前写初稿时相比,经过一个很重要的变迁。从前,我受从康德到克罗齐一线相传的形式派美学的束缚,以为美感经验纯粹地是形象的直觉,在聚精会神中我们观赏一个孤立绝缘的意象,不旁迁他涉,所以抽象的思考、联想、道德观念等等都是美感范围以外的事。现在,我觉察人生是有机体;科学的、伦理的和美感的种种活动在理论上虽可分辨,在事实上却不可分割开来,使彼此互相绝缘。因此,我根本反对克罗齐派形式美学所根据的机械观,和所用的抽象的分析法。这种态度的变迁我在第十一章《克罗齐派美学的批评》——里说得很清楚。我两次更改初稿,都以这个怀疑形式派的态度去纠正从前尾随形式派所发的议论。我对于形式派美学并不敢说推倒,它所肯定的原理有许多是不可磨灭的。它的毛病在太偏,我对于它的贡献只是一种"补苴罅漏"。[1]

从上述分析来看,朱光潜完全意识到自己的理论体系中存在矛盾,现在的问题是:朱光潜为什么不避免这些矛盾? 这些矛盾的存在究竟有什么意义? 事实上,朱光潜思想中的矛盾,正表明在现代以认识论为中

---

[1]《文艺心理学》,第 1—2 页。

心的西方哲学和美学的大框架里,很难具体解释和描述现实的审美活动和文艺实践。朱光潜从尊重文艺实践的实际出发,汇集一些相互矛盾的理论,事实上是对现代以认识论为中心的美学的突破。尽管朱光潜并没有很好地解决这些矛盾,没有创立一种崭新的美学理论来克服这些矛盾,但他保全了对审美和文艺实践的相对正确的事实描述。朱光潜从接受西方现代美学到对它的怀疑,并对它进行"补苴罅漏",表明中国美学家在 20 世纪 30 年代已经认识到现代美学的缺陷,并在自己力所能及的范围内对它进行补救。

第六节　从《诗论》看朱光潜美学的贡献

美学界有一种看法,认为朱光潜的贡献主要体现对西方美学的译介上,他自己的创造性研究成果并不多见。我认为这种看法有失中肯。如果说王国维的《〈红楼梦〉评论》是中国现代美学史上第一篇创造性美学论文,《诗论》就是中国现代美学史上第一部创造性的美学著作。

朱光潜完成《文艺心理学》之后便开始了《诗论》的写作,大约在 1931年前后完成初稿。1933 年回国后,朱光潜在北京大学和武汉大学都讲授过《诗论》。"每次演讲,都把原稿大加修改一番。"①1943 年,《诗论》由重庆国民出版社出版单行本。1948 年中正书局出版《诗论》,增补《中国诗何以走上"律"的路》(上、下)和《陶渊明》三章。1984 年,北京三联书店出版《诗论》,增补了《中西诗在情趣上的比较》和《替诗的音律辩护》等内容,分别附于相应的章节后面。从朱光潜反复修改和增补可以看出,他对《诗论》相当重视。在三联版后记里,朱光潜坦承:"在我过去的写作中,自认为用功较多,比较有点独到见解的,还是这本《诗论》。"②1987年,《诗论》收入《朱光潜全集》第三卷,由安徽教育出版社出版,又将《诗

---

① 朱光潜:《诗论》,"抗战版序"第 2 页,合肥:安徽教育出版社,1997 年。
② 同上书,第 311 页。

论》初稿原有的《诗的实质与形式》和《诗与散文》两篇对话作为附录。①

《诗论》写于《文艺心理学》之后,对在《文艺心理学》中介绍的西方现代美学理论有了批判性的吸收,再加上《诗论》侧重解释中国诗的事实和解决中国诗的问题,理论和实践两方面的推动,让《诗论》在理论上有不少创新的地方。朱光潜在"抗战版序"中,对他的研究的目的和意义做了说明:

> 在目前中国,研究诗学似尤刻不容缓。第一,一切价值都由比较得来,不比较无由见长短优劣。现在西方诗作品与诗理论开始流传到中国来,我们的比较材料比从前丰富得多,我们应该利用这个机会,研究我们以往在诗创作与理论两方面的长短究竟何在。西方人的成就究竟可否借鉴。其次,我们的新诗运动正在开始,新运动的成功或失败对中国文学的前途必有极大影响,我们必须郑重谨慎,不能让它流产。当前有两大问题须特别研究,一是固有传统究竟有几分可以沿袭,一是外来的影响究竟有几分可以接受,这都是诗学者所应虚心探讨的。②

用比较的方法来研究我们以往的诗歌创作与理论,这是一个理论目标。探索中国新诗中的传统沿袭与外来影响,促进新诗的健康发展,这是一个实际的目标。正因为有了这些具体的目标,《诗论》在问题的选取与解决上,都有了自己的个性,从而与侧重介绍西方现代美学的《文艺心理学》有了不同。《诗论》在诗歌的起源,诗歌与游戏的关系,中国诗歌的格律问题,白话新诗的发展问题等方面,都发表了一些有创见的看法,但是对于哲学美学来说,最重要的是它对诗的境界的认识。朱光潜这里所说的诗的境界,类似于诗的本质,或者更广泛一点说类似于审美对象。

首先,朱光潜明确了诗的境界是"情趣"与"意象"的契合。尽管这种观点与克罗齐的美学思想密切相关,但是由于朱光潜赋予了它中国传统

---

① 朱光潜:《诗论》,"出版说明"。
② 同上书,"抗战版序",第1—2页。

美学的内容而具有了新意。朱光潜说："每首诗的境界都必有'情趣'（feeling）和'意象'（image）两个要素。'情趣'简称'情'，'意象'即是'景'。"①朱光潜还引用克罗齐《美学》中的说法：

> 艺术是把一种情趣寄托在一个意象里，情趣离意象，或是意象离情趣，都不能独立。史诗和抒情诗的分别，戏剧和抒情诗的分别，都是繁琐派学者强为之说，分其所不可分。凡是艺术都是抒情的，都是情感的史诗或戏剧诗。②

表面上看来，克罗齐的这种说法与中国传统美学中的"景无情不发，情无景不生"的思想非常类似，但实际上它们之间在许多方面都非常不同。其中核心的不同是在对"情"的认识上。就像朱光潜认识到的那样，在克罗齐那里，情感是认识的起点，为认识活动提供材料。这种材料"就是实践活动所伴随的快感、痛感、欲念、情绪等。他把这些'感动'的因素笼统地叫做'情感'。并且认为'情感'与'感受'，'被动'，'印象'，'自然'和'物质'（即'材料'）都是同义词。"③在克罗齐的情感或者情趣中，不包括概念，因为克罗齐将直觉与概念完全分开，情感属于直觉领域。在中国传统美学中，概念、思想、愿望等全部精神活动都可以包括在"情"的概念中。在克罗齐那里，情趣和直觉等概念是他的宏大哲学体系的一部分，它们有特定的含义。中国传统美学中的"情"概念，并不为宏大的哲学体系服务，它的含义要宽泛得多。

其次，从诗的境界是情趣与意象的结合这个基本观点出发，朱光潜对于中国诗歌的发展脉络做出了理性的分析。朱光潜说：

> 中国古诗大半是情趣富于意象，诗艺的演进可以从多方面看，如果从情趣与意象的配合看，中国古诗的演进可以分为三个步骤：首先是情趣逐渐征服意象，中间是征服的完成，后来意象蔚起，几成

① 朱光潜：《诗论》，第45页。
② 同上书，第45页。
③ 朱光潜：《西方美学史》，第618页，北京：人民文学出版社，2002年。

一种独立自足的境界,自引起一种情趣。第一步是因情生景或因情生文;第二部是情景吻合,情文并茂;第三步是即景生情或因文生情。这种演进阶段自然也不可概以时代分,就大略说,汉魏以前是第一步,在自然界所取之意象仅如人物故事画以山水为背景,只是一种陪衬;汉魏时代是第二步,《古诗十九首》、苏李赠答及曹氏父子兄弟的作品中意象与情趣常达到混化无迹之妙,到陶渊明手里,情景的吻合可算登峰造极;六朝是第三步,从大小谢滋情山水起,自然景物的描绘从陪衬地位抬到主要地位,如山水画在图画中自称一大宗派一样,后来便渐趋于艳丽一途了。如论情趣,中国诗最艳丽的似无过于《国风》,乃"艳丽"二字不加诸《国风》而加诸齐梁人作品者,正以其特好雕词饰藻,为意象而意象。①

朱光潜这里对于中国诗歌的发展历史做了一个理论性极强的概括,这种概括的依据便是情趣与意象的关系。概要地说,第一个阶段是情趣大于意象,第二阶段是情趣等于意象,第三个阶段是情趣小于意象。朱光潜的这种方法,很容易让人想起黑格尔对于三种艺术类型的划分。黑格尔根据"美是理念的感性显现"的定义,将历史上的艺术分为三种类型和阶段,即象征型、古典型和浪漫型。这三种艺术类型的发展演变,构成整个人类艺术的发展史。

象征型艺术是最原始的艺术。由于精神内容自身还不确定,还很含糊,因而无法找到所需要的形式,还只是对形式的挣扎和希求;象征型艺术这种精神内容与物质形式不相吻合的特点使其富有神秘色彩和崇高风格,典型的象征型艺术是印度、波斯、埃及等东方民族的建筑,如神庙、金字塔之类。

随着人类精神的发展,人类能够认识到精神的具体内容,从而能够为精神内容找到具体的形式。这时象征型艺术就要解体,让位给一种更高级的艺术——古典型艺术。古典型艺术克服了象征型艺术内容与形

---

① 朱光潜:《诗论》,第 59—60 页。

式的双重缺陷,达成了理念与形象之间自由而完满的协调,从而体现出静穆和悦的特点。典型的古典型艺术是古希腊的人体雕刻。

由于精神是无限的、自由的,古典型艺术的形式是有限的、不自由的,随着精神的继续向前发展,和谐的古典艺术就要解体,让位给浪漫型艺术。浪漫型艺术在较高阶段上回到了象征型艺术所没有克服的理念与现实的差异和对立。与象征型艺术的物质形式大于精神内容相反,浪漫型艺术则是精神内容大于物质形式。浪漫型艺术的典型门类是绘画、音乐和诗歌。①

随着精神继续向无限、自由方向发展,精神最终必然会彻底突破有限的感性形式的束缚,浪漫型艺术也要解体,艺术最终整个要让位给哲学,艺术的历史也就终结了。当然,这并不是说艺术将不再存在,而是说艺术已经不再能够成为时代的主要的精神活动形式。黑格尔感叹说:"我们尽管可以希望艺术还会蒸蒸日上,日趋于完善,但是艺术的形式已经不复是心灵的最高需要了。我们尽管觉得希腊神像还很优美,天父、基督和玛利亚在艺术里也表现得很庄严完善,但是这都是徒然的,我们不再屈膝膜拜了。"②

黑格尔三个阶段或三种类型的艺术,体现的是理念与感性之间的三种关系:理念小于感性形象,理念等于感性形象,理念大于感性形象。如果我们把情趣等同于理念,把意象等同于感性形象,那么我们就会发现朱光潜所揭示的中国诗歌发展的三个阶段的次序,与黑格尔揭示的艺术发展的三个阶段的次序刚好相反。在黑格尔那里,最初的艺术是理念小于形象,而在朱光潜那里,最初的诗歌是理念大于形象。我们认为朱光潜的发现,更加符合诗歌史或者艺术史的实际,原因在于黑格尔的"理念"概念过于理性。与其说艺术是理念的感性显现,不如说艺术是情趣与意象的契合。从情趣与意象的关系来看诗歌和艺术的发展阶段,就会

① 关于象征、古典和浪漫三种艺术类型的特征的简要描述,见黑格尔《美学》第一卷,第94—103页。
② 黑格尔:《美学》第一卷,第131—132页。

得出朱光潜式的结论,而不是黑格尔式的结论。

第三,朱光潜从情感思想与语言文字的内在关系角度对克罗齐的直觉即表现的思想的批判,不禁切中了克罗齐要害,而且暗合 20 世纪哲学领域的语言学转向。根据语言学转向,任何离开语言的实在,都是不可思议的。正如伊格尔顿概括的那样:"从索绪尔和维特根斯坦直到当代文学理论,20 世纪的'语言学革命'的特征即在于承认,意义不仅是某种以语言'表达'或者'反映'的东西:意义其实是被语言创造出来的。"①

在克罗齐的直觉说中,直觉表现与语言传达是两个不同的阶段,直觉表现不依赖语言传达,只有直觉表现是艺术,对直觉表现的语言传达不是艺术。朱光潜反对克罗齐的这种区分。他认为直觉表现与语言传达密不可分,或者说直觉表现中已经包含了语言传达。朱光潜说:

> 思想、情感与语言是一个完整联贯的心理反应中的三方面。心里想,口里说;心里感动,口里说;都是平行一致。我们天天发语言,不是天天在翻译。我们发语言,因为我们运用思想,发生感情,是一件极自然的事,并无须经过从甲阶段转到乙阶段的麻烦。②

朱光潜从心理学上对于情感思想和语言是一体两面的构想做了详细的论证,情感思想与语言之间的关系不是实质与情感的关系,而是全体与部分的关系。朱光潜说:

> 我们把情感思想和语言的关系看成全体和部分关系,这一点须特别看重。全体大于部分,所以情感思想与语言虽平行一致,而范围大小却不能完全叠合。凡语言都必须伴有情感或思想(我们说"或"因为诗的语言和哲学科学的语言多有所侧重),但是情感思想之一部分有不伴着语言的可能。感官所接触的形色声嗅味触等感觉,可以成为种种意象,做思想的材料,而不尽有语言可定名或形

---

① 伊格尔顿:《二十世纪西方文学理论》,伍晓明译,第 76 页,西安:陕西师范大学出版社,1986 年。
② 朱光潜:《诗论》,第 80 页。

容。情感中有许多细微的曲折起伏,虽可以隐约地察觉到而不可直接用语言描写。这些语言所不达而意识所可达的意象思致和情调永远是无法可以全盘直接地说出来,好在艺术创造也无须把凡所察觉到的全盘直接地说出来。诗的特殊功能就在以部分暗示全体,以片段情境唤起整个情境的意象和情趣。诗的好坏也就看它能否实现这个特殊功能。以极经济的语言唤起丰富的意象和情趣就是"含蓄","意在言外"和"情溢乎词"。严格说来,凡是艺术的表现(连诗在内)都是"象征"(symbolism),凡是艺术的象征都不是代替或翻译而是暗示(suggestion),凡是艺术的暗示都是以有限寓无限。①

朱光潜反对把情感思想与语言传达分割开来的主张,但是他并没有因此走向语言学转向之后的看法,认为情感思想是由语言决定的。朱光潜是从心理学的角度来证明情感思想与语言传达是一体的两面,他并没有像结构主义和某些语言哲学那样,从哲学本体论的角度来证明情感思想是语言结构的外化。朱光潜承认存在着外在于语言的情感思想,这些情感思想不是等着我们用语言来表达,而是在根本上就是无法用语言来表达的。由此,情感思想中可以区分两个部分:一部分是伴随语言表达一道出现的,一部分是无法用语言来表达的。情感思想大于语言表达。艺术的目的或者功能,就是用能表达的这个部分去暗示那不能表达的部分。尽管朱光潜的这种构想似乎没有当代语言哲学的构想那么精致和深刻,但是它可能更加接近文学艺术的实际。

《诗论》采取了严谨的分析方法,体现了科学的批判精神。在"抗战版序"中,朱光潜写道:

中国向来只有诗话而无诗学,刘彦和的《文心雕龙》条例虽缜密,所谈的不限于诗。诗话大半是偶感随笔,信手拈来,片言中肯,简练亲切,是其所长;但是它的短处在零乱琐碎,不成系统,有时偏

---

① 朱光潜:《诗论》,第81页。

重主观,有时过信传统,缺乏科学的精神和方法。

诗学在中国不甚发达的原因大概不外两种。一般诗人与读诗人常存一种偏见,以为诗的精微奥妙可意会而不可言传,如经科学分析,则如七宝楼台,拆碎不成片段。其次,中国人的心理偏向重综合而不喜分析,长于直觉而短于逻辑的思考。谨严的分析与逻辑的归纳恰是治诗学者所需要的方法。①

朱光潜留学欧洲,经过严谨的西方大学的学术训练,经过中西比较,容易发现中国美学的缺陷,比如缺乏科学的精神和方法,不喜分析和短于逻辑思考。朱光潜力图把传统诗话,提升为现代诗学。作为现代诗学的任务,就是用科学的、系统的方法,"替关于诗的事实寻出理由"②。朱光潜的《诗论》彻底改变了中国传统美学的话语方式和思维方式,抛开观点不说,仅就形式来说,《诗论》的现代面貌是王国维的《人间词话》所无法比拟的。王国维的《〈红楼梦〉评论》在中国美学的现代化道路上迈出了重要的一步,但是他的《人间词话》又回到了传统美学的模式。到了朱光潜这里,已经没有回头的余地。朱光潜的《诗论》完成了中国美学从传统形态向现代形态的转变。

---

① 朱光潜:《诗论》,"抗战版序",第 1 页。
② 同上文,第 1 页。

第七章　宗白华的美学

宗白华(1897—1986)，曾用名宗之魁，字白华、伯华，江苏常熟人。1918年毕业于上海同济大学语言科，1920—1925年留学德国，先后在法兰克福大学和柏林大学学习哲学和美学。回国后，担任中央大学、南京大学和北京大学教授。在美学研究和新诗创作方面做出突出贡献。出版诗集《流云小诗》，美学著作《美学散步》、《艺境》，重要译著《判断力批判》，1994年安徽教育出版社出版《宗白华全集》。

近些年来，宗白华的美学思想引起了学术界的广泛重视。在宗白华的美学中，古典与现代，西方与东方，理论思考与人生体验等等困扰当今美学界的诸多矛盾，似乎都得到了较好的解决，也许这就是宗白华的美学能有如此持久的魅力的原因所在。

宗白华的著述不算太多，但要理解他的思想却并不容易。这一方面与他所采用的"散步"方法有关。宗白华说："散步是自由自在、无拘无束的行动，它的弱点是没有计划，没有系统。看重逻辑统一性的人会轻视它，讨厌它，但是西方建立逻辑学的大师亚里士多德的学派却唤作'散步学派'，可见散步和逻辑并不是绝对不相容的。"[①]从这段话中可以看出，

---

① 《美学的散步(一)》，载《宗白华全集》第三卷，第284页，合肥：安徽教育出版社，1994年。

宗白华的散步既是自由自在的，又是有逻辑的。要在自由自在的散步中把握它的逻辑必然，当然不是一件容易的事情。

更重要的问题是，宗白华的美学为什么要采取散步的方法？散步方法同理论内容之间有没有必然的联系？是方法影响了内容，还是内容决定了方法？通过对这些问题的思考，我们发现，宗白华美学中有一个更加深刻的生命哲学基础，正是因为这个潜在的理论基础，宗白华的美学才呈现出散步的方法论形态。相应地，只有把这个潜在的理论基础发掘出来，我们才能更好地理解宗白华的美学。

更有趣的是，在宗白华等人借用柏格森等西方生命哲学来发展中国生命哲学和美学时，西方生命哲学却在突然间迅速衰落。西方生命哲学为什么会突然衰落？中国生命哲学为什么会进而发展为生命美学？诸如此类的问题，在我们理清宗白华的美学思想之后，或许会有较明确的答案。

第一节　生命哲学的兴起与衰落

什么是生命哲学？一般说来，生命哲学（Lebensphilosophie）指 19 世纪中期至 20 世纪初德国和法国兴起的一种哲学思潮。生命哲学不再追求关于完满生命经验的纯粹理论知识，转而追求生命的意义、价值和目的，尤其是以基于情感和直觉的哲学反抗严格抽象的哲学，力图确立作为无所不包的整体的"生命"在所有哲学思想中的优先权，这种"生命"只能通过从内部的直接体验才能得到理解。

欧洲兴起的这种生命哲学思潮，可以追溯到 18 世纪中期对启蒙运动的理性主义的反动，在哈曼（Hamann）和赫尔德（Herder）等人的著作中，突出强调了情感和当下直接性以及真理中的生命经验，试图寻找一种在理性抽象之下或之前的统一原则，赋予"生命"超过"纯粹的知识理解"的优先地位，并树立了一系列的根本对立：生命与死亡、具体与抽象、有机与机械、动力与静止等等。这些思想对谢林和早期黑格尔的唯心主义以及德国浪漫运动中体现的现代生命哲学产生了很大的影响。尤其是德国浪漫主义将哲学与生命、诗与思等同起来的构想,具有典型的生命哲学的特征。

德国生命哲学在叔本华和尼采那里得到了更为集中的表现。叔本华将意志作为唯一统一原则的观念,成了后来生命哲学家将生命理解为无所不包的形而上学范畴的先驱和样板,这种生命哲学采取了非理性的形而上学姿态来反抗理性主义。与此相反,尼采则试图根据其对生命的作用来解释真理,坚持人类对知识要求具有动态的、历史的和冲突的特征。

法国最重要的生命哲学家,也是生命哲学的集大成者,当属亨利·柏格森。柏格森将时间视为生命经验的观点,反过来对 19 世纪末和 20 世纪初的德国哲学产生了极大的影响。柏格森的思想具有典型的活力论特征,对当时盛行的科学机械主义进行了强有力的反对。在柏格森看来,生命不能用机械和物理的语言来解释,生物学能够比物理学提供更好的理解生命的范畴。①

柏格森生命哲学的影响不仅遍及欧洲,而且几乎波及全世界。正如皮特·冈特所描述的那样:"柏格森的哲学把握了他那个时代的精神。1913 年,他在纽约露面,预示了一个十分重要的事件的来临。关于他的'新哲学'的文章每天都见诸报端;哲学家、艺术家、神学家们热烈地争论着他的观点。幸运的纽约人匆匆赶去听他的讲演,通往哥伦比亚大学的路上挤满了人,以致造成了交通阻塞——当时的一位权威人士认为,这在新世界的历史上还是第一次。……在法国引起的同样关注已经标志着柏格森的发迹。他的演讲挤满了由记者、学生、时髦主妇组成的国际听众大军……听众开始提前两、三个小时来到演讲厅,这给教授的演讲带来了问题:当座位上爆发出激烈的争吵时,有人规劝说:'女士们,先生

---

① 上述有关生命哲学的一般叙述,参考《劳特来杰哲学百科全书》"生命哲学"条,见 Jason Gaiger, "Lebensphilosophie," *Routledge Encyclopedia of Philosophy*, vol. 5 (London: Routledge, 2000), pp. 487–488.

们,在柏格森先生演讲前,我要求你们静下来听我说几句话。'最后,有人半开玩笑半认真地建议在巴黎歌剧院举行柏格森的演讲。结果,这位哲学家只好用停止公开演讲来解决这个问题。"①

从皮特·冈特的描述中可以看到柏格森哲学在欧美的盛行状况,但是柏格森哲学在极盛之后迅速衰落,的确也是一种非常特殊的案例。皮特·冈特总结了两个原因:第一个原因是第一次世界大战导致的文化灾难,使柏格森的进化乐观主义显得非常不合时宜,"如果柏格森的思想几乎作为一个时代的象征广为流传的话,那么它也是这个时代没落的牺牲品"。第二个原因是柏格森为他的著作与当时舆论结盟而不得不付出代价,柏格森获得的广泛社会声誉,反而使得他在有影响的哲学圈子内不能得到公平的对待。通俗化既可以让哲学迅速传播,也可以让它迅速消亡。②

但是,皮特·冈特所列举的这两个理由,并不构成柏格森在中国哲学界迅速衰落的原因。首先,中国从鸦片战争以来就一直处于落后挨打的局面,迫切需要诸如柏格森之类的生命哲学来振奋民族精神。其次,中国接受西方哲学的初期,中国哲学界对西方专业哲学的解读存在一定的困难,对于柏格森那种经过媒介通俗化的思想倒比较容易接受。因此,在柏格森生命哲学迅速衰落的 30—40 年代,在中国却形成了一股受柏格森哲学启发的生命哲学思潮。宗白华的美学就是这股生命哲学思潮的一个重要组成部分。

第二节　宗白华美学的生命哲学背景

20 世纪 30—40 年代出现的生命哲学思潮,是宗白华生命美学的哲学背景。当时的哲学家,或从现实需要出发,或从理论推演入手,纷纷倡

---

① 皮特·冈特:《柏格森》,游悦译,载《超越解构:建设性后现代哲学的奠基者》,第 183—184 页,北京:中央编译出版社,2002 年。
② 参见皮特·冈特《柏格森》,第 185 页。

导生命哲学,从而形成了具有广泛影响的生命哲学思潮①。当时的现实情况是,中国饱受列强欺凌,尤其是日本侵略者发动侵华战争之后,中华民族到了生死存亡的关键时刻,迫切需要激发和凝聚整个民族的生命力量。生命哲学思潮的流行,顺应了这一时代要求。如方东美在抗日战争全面展开的 1937 年,就曾应邀在南京中国广播电台举行题为"中国人生哲学精义"的广播讲座,力赞中华民族的生命智慧,以唤起国人的爱国之心和生命热情。从学术上来讲,当时已经经历了从"西学东渐"到"东学西渐"的转变。一些向西方寻求真理的有识之士,在目睹了西方文明的种种弊端之后,反而加深了对中国古老文明的珍爱。西方人在经历了第一次世界大战之后,也意识到了自身文明的缺陷,转而景慕东方的生命智慧。他们发现,东方文明与西方文明的最大区别在于,东方文明是以生命哲学为基础,把宇宙看做有生命的机体,以和平的心境爱护现实,美化现实;西方文明把宇宙看做机械的物质场所,任意加以利用、改造和征服,对落后的民族也不例外,从而导致冲突和战争。这种转向,从宗白华自德国写回来的一封信中,可以看得非常清楚。信中说:"我以为中国将来的文化决不是把欧美文化搬来了就成功。中国旧文化中实有伟大优美的,万不可消灭。譬如中国的画,在世界中独辟蹊径,比较西洋画,其价值不易论定,到欧后才觉得。所以有许多中国人,到欧美后,反而'顽固'了,我或者也是卷在此东西对流的潮流中,受了反流的影响了。"②被宗白华称作"顽固"的确实大有人在,如梁启超从力图用西方文化来救助国人到希望中国青年用自己的文化去救助洋人的转变,就是其中最典型的一例。通过这样一场东西文化大对流之后,一些思想家意识到,最终能拯救世界文明的,还是中国古老的生命哲学。由于生命哲学既顺应了

---

① 当时的哲学家都有一个信念,那就是希望通过复兴中国哲学来复兴中华民族。如冯友兰在谈到他的《新理学》时曾经说:"这本书被人赞同地接受了,因为对它的评论都似乎感到,中国哲学的结构历来没有陈述得这样清楚。有人认为它标志着中国哲学的复兴。中国哲学的复兴则被人当作中华民族的复兴的象征。"见冯友兰:《中国哲学简史》,第 372 页,北京:北京大学出版社,1985 年。

② 《自德见寄书》,载《宗白华全集》第一卷,第 336 页。

中国现实的需要,又是一种世界潮流,因此迅速流行开来。

这次生命哲学思潮有两个理论源头。一个是西方的,即柏格森的生命哲学;一个是中国的,即《周易》中的生命哲学思想。如前所述,柏格森是 20 世纪初西方最有影响力的思想家,他的生命哲学不仅在西方轰动一时,而且对中国思想界的影响也是无人能及。梁漱溟、熊十力、冯友兰、朱光潜、宗白华、方东美、唐君毅、牟宗三等等,无不深受柏格森的影响。三四十年代的生命哲学思潮,最初正是受到了柏格森的启发。不过中国生命哲学同柏格森的生命哲学仍然有较明显的区别,它们对"生命"的理解有较大的差异。相对来说,中国生命哲学中的"生命"更有秩序、有条理。许多哲学家都把思想渊源追溯到《周易》,追溯到"天地之大德曰生"、"生生之谓易"、"生生而有条理"、"天行健,君子以自强不息"等思想。《周易》和阐发儒家生命哲学思想的宋明理学,成了这次生命哲学思潮的理论源泉。

在这次生命哲学思潮中,熊十力和方东美是其中的主要代表。熊十力于 1932 年出版《新唯识论》文言文本,全面系统地演绎了他的生命哲学。在熊十力的哲学体系中,翕辟、能变、恒转的宇宙本体,即是一种刚健的、向上的生命力。正如周辅成所说,熊十力"觉得宇宙在变,但变决不会回头、退步、向下,它只是向前、向上开展。宇宙如此,人生也如此。这种宇宙人生观点,是乐观的、向前看的。这个观点,讲出了几千年中华民族得以愈来愈文明、愈进步的原因。具有这种健全的宇宙人生观的民族,是所向无敌的,即使有失败,但终必成功"[1]。

方东美于 1933 年出版《生命情调与美感》一书,开始阐发他的生命精神本体论,并指出中国人的生命精神同西洋人的区别,即中国人多将生命精神寄于艺术,而西洋人则多寄于科学。1937 年,方东美先后发表《哲学三慧》、《科学哲学与人生》、《中国人生哲学精义》等论文、著作和讲

---

[1] 周辅成:《熊十力的人格和哲学体系不朽》,载《回忆熊十力》,第 135 页,武汉:湖北人民出版社,1989 年。

演,全面表述了他的生命哲学思想。方东美认为,不仅是人,整个宇宙万物都有一种内在的生命力量,一切现象里面都藏有生命,"生命大化流行,自然与人,万物一切,为一大生广生之创造力所弥漫贯注,赋予生命,而一以贯之"①。同时认为,对这种普遍生命的理解,中国古代哲学家最有智慧,只有他们"知生化之无已"②。

宗白华与方东美同为中央大学哲学系的教授,并且有很好的交往。据宗白华的儿子回忆,宗白华与方东美常常相互串门聊天。熊十力也在中央大学短期授课,在中央大学有一批追随者(如唐君毅等),同时与方东美有更早的交情。在这种环境下,宗白华当然能很快、很深入地了解熊、方二人的思想并且受到他们的影响。

在这里需要指出的是,宗、方二人更多的可能是互相影响。从出版的《宗白华全集》来看,宗白华的生命哲学思想似乎有更早的渊源。宗白华于 1918 年即参与"少年中国学会"的筹备工作,那时他谈得最多的是青年的人生观问题,力主一种奋斗生活和创造生活。1919 年发表《谈柏格森"创化论"杂感》,介绍柏格森的生命哲学。1920 年,宗白华赴德留学,在随后写回的书信中,仍然透露出对乐观的、向前的、充满爱和生命力的生活的向往。同年发表《看了罗丹的雕刻以后》一文,明确把"生命"当做万物的本体。30 年代初,发表一系列关于歌德的文章,极力赞扬浮士德式的生命精神。到了发表于 1932 年的《徐悲鸿与中国绘画》,宗白华的生命哲学和以生命哲学为基础的美学已基本成熟。由此可以推测,宗白华的思想也可能对方东美产生过影响。宗、方二人之所以常常串门谈天,与他们哲学观点上的相似不无关系。

第三节　宗白华对生命本体的理解的演进

宗白华对生命本体的理解有一个不断演进的过程,大致说来,以 30

---

① 方东美:《中国哲学精神及其发展》,第 98 页,台北:成均出版社,1983 年。
② 方东美:《哲学三慧》,第 18 页,台北:三民书局,1987 年。

年代为界,可分为前后两个时期,前期主要接受西方的生命哲学观点,把"生命"理解为一种外在的创造活力,后期又回到中国哲学,把"生命"理解为内在的生命律动。

宗白华在1919年前后写了大量文章,鼓吹一种积极向上的人生观,并期望以这种人生观来改造旧老的中国。这种人生观的理论基础主要是柏格森的生命创化论和达尔文的生物进化论。1919年11月,宗白华发表《谈柏格森"创化论"杂感》,介绍柏格森创化论,并明确指出:"柏格森的创化论中深含着一种伟大入世的精神,创造进化的意志。最适宜做我们中国青年的宇宙观。"①同年7月,在给"少年中国"同党康白情等人的一封书信中,宗白华说:"我们青年的生活,就是奋斗的生活,一天不奋斗,就是过一天无生机的生活。现在上海一班少年,终日放荡佚乐,我看他都是一班行尸走肉,没有生机的人。我们的生活是创造的。每天总要创造一点东西来,才算过了一天,否则就违抗大宇宙的创造力,我们就要归于天演淘汰了。所以,我请你们天天创造,先替我们月刊创造几篇文字,再替北京创造点光明,最后,奋力创造少年中国。我们的将来是创造出来的,不是静候来的。现在若不着手创造,还要等到几时呢?"②基于这种人生观,宗白华对当时的妇女问题发表了一些非常进步的看法,呼吁妇女解放,尤其强调妇女要有"强健活泼之体格"。他说:"女子天性多好静而恶动。中国女子尤甚。娇养无事,习于偷懒,则不惟体格日趋于弱,而精神道德,尤易堕落。中国女子无强健活泼之精神,故国多文弱无用之文士,而乏雄伟智勇之英雄,民族日坠于退却因循,而无勇往进取之气概。夫惟体魄强者,乃有强健之精神,高尚之道德。今中国女子皆以娇弱为贵,待养于父夫,将来安能任社会之义务以与男子争平等之权利乎?"③特别是在《中国青年的奋斗生活和创造生活》一文中,宗白华全面地阐发了他早期的人生观,宗白华说:"我们人类生活的内容本来就是奋

---

① 《宗白华全集》第一卷,第79页。
② 《致康白情等书》,载《宗白华全集》第一卷,第41页。
③ 《理想中少年中国之妇女》,载《宗白华全集》第一卷,第85页。

斗与创造,我们一天不奋斗就要被环境的势力所压迫,归于天演淘汰,不能生存;我们一天不创造,就要生机停滞,不能适应环境潮流,无从进化。所以,我们真正生活的内容就是奋斗与创造。我们不奋斗不创造就没有生活,就不能生活。"①

如果说宗白华早期的这些谈世界观的文章,对生命本体的阐释还相当随意,甚至还没有明确提出生命本体的观点的话,到了 1921 年发表的《看了罗丹雕刻以后》和 1932 年发表的《歌德之人生启示》两篇文章中,宗白华不仅提出了"生命本体"的观点,而且对生命本体的特点作了明确的阐述。

在《看了罗丹雕刻以后》这篇文章中,宗白华极力突显了"动象"、"生命"、"精神"等等(在宗白华的文本中这三者的含义基本一致),把它们看做一切"美"的根源和自然万物的本体。宗白华说:"大自然中有一种不可思议的活力,推动无生界以入于有机界,从有机界以至于最高的生命、理性、情绪、感觉。这个活力是一切生命的源泉,也是一切'美'的源泉。""自然无往而不美。何以故?以其处处表现这种活力故。""'自然'是无时无处不在'动'中的。物即是动,动即是物,不能分离。这种'动象',积微成著,瞬息万变,不可捉摸。能捉摸者,已非是动;非是动者,即非自然。照像片于物象转变之中,摄取一角,强动象以为静象,已非物之真象了。况且动者是生命的表示,精神的作用;描写动者即是表现生命,描写精神。自然万象无不在'活动'中,无不在'精神'中,无不在'生命'中。艺术家想借图画、雕刻等以表现自然之真,当然要表现动象,才能表现精神、表现生命。这种'动象的表现',是艺术最后的目的,也就是艺术与照片根本不同之处了。"宗白华还直接叙述罗丹的思想说:"'动'是宇宙的真相,惟有'动象'可以表示生命,表示精神,表示那自然背后所深藏的不可思议的东西。""自然中的万种形象,千变万化,无不是一个深沉浓郁的大精神——宇宙活力——所表现。这个自然的活力凭借着物质,表现出

---

① 《宗白华全集》第一卷,第 92 页。

花,表现出光,表现出云树山水,以至于鸢飞鱼跃、美人英雄。所谓自然的内容,就是一种生命精神的物质表现而已。"其实宗白华这时受罗丹影响所理解的"动"更多的还只是一种外在的"运动",而不是后来作为宇宙本体的"生动"。这一点从他对艺术家如何表现"动象"的分析中可以得到证明。宗白华援引罗丹的话说:"你们问我的雕刻怎样会能表现这种'动'象? 其实这个秘密很简单。我们要先确定'动'是从一个现状转变到第二个现状。画家与雕刻家之表现'动象'就在能表现出这个现状中间的过程。他们要能在雕刻或图画中表示出那第一个现状,于不知不觉中转化入第二现状,使我们观者能在这作品中,同时看见第一现状过去的痕迹和第二现状初生的影子,然后,'动象'就俨然在我们的眼前了。"①这种"从第一个现状转变入第二个现状"的"动"只是事物的运动,同后来宗白华所强调的中国绘画中的"气韵生动"有着本质的区别。

在《歌德之人生启示》一文中,宗白华盛赞歌德积极奋进,自强不息的人生态度,认为歌德的生命情绪"完全是沉浸于理性精神之下层的永恒活跃的生命本体"②。当然,宗白华也发现了歌德的生活不全是非理性的生命倾泻,其中也有秩序、形式、定律和轨道,在向外扩张的同时也有向内的收缩和克制,从而使歌德的生命获得了平衡③。但在这种动静平衡中,宗白华肯定"歌德的生活仍是以动为主体,个体生命的动热烈地要求着与自然造物主的动相接触,相融合"④。

从宗白华这些比较成熟的表达中,我们可以看到,宗白华早期对生命本体的理解,主要是受西方思想特别是柏格森、达尔文、罗丹和歌德等人的影响。这时的生命本体主要被理解为一种潜在的、处于理性下层的生命力,这种生命力是宇宙万物的本源,"动"或者"运动"是它的基本特点。相对来说,宗白华更侧重用这种生命本体来构筑他的人生观,而不

---

① 《宗白华全集》第一卷,第 325—328 页。
② 《宗白华全集》第二卷,第 7 页。
③ 同上书,第 9—11 页。
④ 同上书,第 20 页。

是美学观。

需要指出的是,宗白华在全面接受西方思想的时候,仍然保持着清醒的批判精神。在《我的创造少年中国的办法》一文中,宗白华就指出:"我们不像现在欧洲的社会党,用武力暴动去同旧社会宣战,我们情愿让了他们,逃到深山旷野的地方,另自安炉起灶,造个新社会,然后发大悲心,再去援救旧社会,使他们也享同等的幸福。"①在谈到歌德对人生的启示时,除了强调他表现了西方文明自强不息的精神外,也注意到他同时具有东方乐天知命宁静致远的智慧②。

然而,在同样发表于1932年的几篇文章中,宗白华对生命本体的理解却有了根本的变化。这种变化主要表现在三个方面:首先是思想根源上发生了变化,即由西方生命哲学转向了中国生命哲学;其次是思想本质上的变化,即由西方式的"动"、"运动"转向了中国式的"气韵生动";第三是思想领域的变化,即由人生观转向了艺术观。

在《介绍两本关于中国画学的书并论中国的绘画》一文中,宗白华首先将中西美学思想中对生命本体的不同理解对照起来,他说:"文艺复兴以来,近代艺术则给予西洋美学以'生命表现'和'情感流露'等问题。而中国艺术的中心——绘画——则给与中国画学以'气韵生动'、'笔墨'、'虚实'、'阳明阴暗'等问题。"③"生命表现"与"气韵生动"的具体区别又是什么呢?照宗白华的理解,近代西方绘画所表现的生命精神是向着这无尽的世界作无尽的努力,中国绘画中的生命精神则是虽动而静,是一种"深沉静默地与这无限的自然,无限的太空浑然融化,体合为一"。宗白华明确把后一种"动"称作"生命的动"④。在《徐悲鸿与中国绘画》一文中,宗白华进一步突出了中国绘画所表现的独特的生命精神,他说:"华贵而简,乃宇宙生命之表象。造化中形态万千,其生命之原理则一。故

---

① 《宗白华全集》第一卷,第36页。
② 《宗白华全集》第二卷,第1—2页。
③ 同上书,第43页。
④ 同上书,第44页。

气象最华贵之午夜星天,亦最为清空高洁,以其灿烂中有秩序也。此宇宙生命中一以贯之之道,周流万汇,无往不在;而视之无形,听之无声。老子名之为虚无;此虚无非真虚无,乃宇宙中混沌创化之原理;亦即图画中所谓生动之气韵。"①

明确把西洋式的"运动"与中国式的"生动"进行对比,并肯定中国式的"生动"是宇宙生命本体的真实显现,或者说,肯定"生动"的价值要高于"运动"的价值,这是 30 年代后宗白华对生命本体的基本认识。在《论中西画法的渊源与基础》一文中,宗白华对中西绘画所表现的不同境界作了简明的区分,并指出了这两种不同的境界各自的哲学基础。宗白华认为,中国画所表现的境界特征,根基于中国民族的基本哲学,即《周易》的宇宙观,把"生生不已的阴阳二气织成一种有节奏的生命"看做宇宙的本体。中国画的主题"气韵生动",就是"生命的节奏"或"有节奏的生命"。画家于静观寂照中,求返于自己深心的心灵节奏,以体合宇宙内部的生命节奏。西洋画的境界,其渊源基础在于希腊的雕刻与建筑。以目睹的具体实相融合于和谐整齐的形式,是他们的理想。他们的宇宙观是主客观对立的。"人"与"物","心"与"境"的对立相视,或欲以小己体合于宇宙,或思戡天役物,伸张人类的权力意志②。

在《中西画法所表现的空间意识》一文中,宗白华指出,西洋画所表现的空间意识中体现了"物与我中间一种紧张,一种分裂,不能忘怀尔我,浑化为一"③。"而中国人对于这空间和生命的态度却不是正视的抗衡,紧张的对立,而是纵身大化,与物推移。中国诗中所常用的字眼如盘桓、周旋、徘徊、流连,哲学书如《周易》所常用的如往复、来回、周而复始、无往不复,正描出中国人的空间意识"④。

从宗白华后来的一系列文章中可以看出,他更重视中国哲学中的生

①《宗白华全集》第二卷,第 50—51 页。
② 同上书,第 109—110 页。
③ 同上书,第 146 页。
④ 同上书,第 148 页。

命精神。不过值得注意的是,宗白华在转向同情中国文明时,并不是像大多数新儒家那样,对西方文明进行全面的、严厉的批判,对中国文明则盲目地大加赞扬,而是采取一种中间的、温和的态度,吸收它们的优点,扬弃它们的缺点。这种态度,从宗白华写于1946年的《中国文化的美丽精神往那里去?》一文中可以看得很清楚:

> 中国民族很早发现了宇宙旋律及生命节奏的秘密,以和平的音乐的心境爱护现实,美化现实,因而轻视了科学工艺征服自然的权力。这使得我们不能解救贫弱的地位,在生存竞争剧烈的时代,受人侵略,受人欺侮,文化的美丽精神也不能长保了,灵魂里粗野了,卑鄙了,怯弱了,我们也现实得不近情理了。我们丧尽了生活里旋律的美(盲动而无序)、音乐的境界(人与人之间充满了猜忌、斗争)。一个最尊重乐教、最了解音乐价值的民族没有了音乐。这就是说没有了国魂,没有了构成生命意义、文化意义的高等价值。中国精神应该往哪里去?
>
> 近代西洋人把握科学权力的秘密(最近如原子能的秘密),征服了自然,征服了科学落后的民族,但不肯体会人类全体共同生活的旋律美,不肯"参天地,赞化育",提携全世界的生命,演奏壮丽的交响乐,感谢造化宣示给我们的创化秘密,而以厮杀之声暴露人性的丑恶,西洋精神又要往哪里去? 哪里去? 这都是引起我们惆怅、深思的问题。①

由于有了对中西精神的批判性反思,宗白华对生命本体的理解有了新的变化。他一方面强调出中国文化中长期被忽视的生命精神,把宇宙的生命本体理解为强烈的"旋动"和"力";另一方面又不因此舍弃中国文化特有的圆融、静谧与和谐。由此宗白华得到了对生命精神的独特的理解,即宇宙生命是一种最强烈的旋动,显示一种最幽深的玄冥。这种最

---

① 《宗白华全集》第二卷,第405—406页。

幽深的玄冥处的最强烈的旋动,既不是西方文化中的向外扩张的生命冲动,也不是一般理解的中国文化中的消极退让。它是一种向内或向纵深处的拓展。这种生命力不是表现为对外部世界的征服,而是表现为对内在意蕴的昭示,表现为造就"一沙一世界,一花一天国"的境界。

第四节　以生命哲学为基础的宗白华美学

我们可以说宗白华的美学建立在生命哲学基础之上,但由于他对生命本体有不同的理解,在他前后期的思想中,有两种不同形态的生命哲学,这就需要首先辨明,作为宗白华美学基础的,究竟是哪种形态的生命哲学?

我们在前面已经指出,宗白华早期接受西方的生命哲学主要是为了建立一种积极向上的人生观,以改造旧老的中国,建立强健的"少年中国";后期从中国哲学中发掘的生命精神,才是他的美学和艺术观的基础。因此,我们可以说,作为宗白华美学基础的生命哲学,是中国式的生命哲学。对这个判断,我们将从以下两个方面作进一步的说明。

宗白华晚年在反思他的人生历程时,曾经说他"终生情笃于艺境之追求",并且说:"诗文虽不同体,其实当是相通的。一为理论的探讨,一为实践之体验。"①由此可知,宗白华的美学追求,可以分作理论探讨和实践体验两方面。我们的说明也就从这两方面入手。

实践体验主要表现为早期的诗歌创作。20年代初,宗白华在德留学期间创作了大量的白话新诗,后结集为《流云》和《流云小诗》出版,在当时引起了极大的反响。在创作新诗的同时,宗白华也发表一些关于新诗的评论。如:

> 向来一个民族将兴时代和建设时代的文学,大半是乐观的,向前的。……所以我极私心祈祷中国有许多乐观雄丽的诗歌出来,引

---

① 《艺境》前言,载《宗白华全集》第三卷,第 623 页。

我们泥途中可怜的民族入于一种愉快舒畅的精神界。从这种愉快乐观的精神界里,才能培养成向前的勇气和建设的能力呢! ……我自己受了时代的悲观不浅,现在深自振作。我愿意在诗中多作"深刻化",而不作"悲观化"。宁愿作"骂人之诗",不作"悲怨之曲"。①

我愿多有同心人起来多作乐观的,光明的,颂爱的诗歌,替我们民族性里造一种深厚的情感底基础。我觉得这个"爱力"的基础比什么都重要。"爱"和"乐观"是增长"生命力"与"互助行动"的。"悲观"与"憎怨"总是灭杀"生命力"的。中国民族的生命力已薄弱极了。中国近来历史的悲剧已演得无可再悲了。我们青年还不急速自己创造乐观的精神泉,以恢复我们民族生命力么? ……何必推波逐浪,增加烦闷,以灭杀我们青年活泼的生命力?②

把这些评论与诗作比较起来看,我们可以发现其中有着明显的不一致性。在《流云》小诗中,我们很难看到"乐观雄丽"的诗篇。根据对《流云》小诗的统计,表示乐观进取的生命精神的意象,如"光"、"日"(含"太阳")、"海"、"云"(含"流云"、"白云")等,只有十来个,而带有抑郁、悲怨情感色彩的意象,如"夜"、"梦"、"月""星"等,却接近 90 个,且根本没有他所提倡的"骂人之诗"。由此我们可以断定,宗白华的理论主张和创作实践之间存在着一定的矛盾。而造成这种矛盾的主要原因,便是早年的政治主张同长期积淀的民族文化心理及个人性情之间的矛盾。宗白华早年认同西方生命哲学思想,旨在以之唤起国人奋发昂扬的生命热情,改造旧老的中国,建立雄健的"少年中国",这是宗白华 20 年代一贯的政治主张,在诗歌评论中,也不免打上这种政治主张的印记。但这种政治主张一方面有别于中国文化固有的精神气质,另一方面也不符合宗白华本人的性格特征,而诗歌创作受个人的性情和民族文化的精神气质的影响,要远远大于受一时的政治主张的影响。宗白华回忆当初的创作情景

---

① 《恋爱诗的问题——致一岑》,载《宗白华全集》第一卷,第 432—433 页。
② 《乐观的文学——致一岑》,载《宗白华全集》第一卷,第 434—435 页。

时说:"横亘约摸一年的时光,我常常被一种创造的情调占有着。黄昏的微步,星夜的默坐,大庭广众中的孤寂,时常听见耳边有一些无名的音调,把捉不住而呼之欲出。往往是夜里躺在床上熄了灯,大都会千万人声归于休息的时候,一颗战栗不寐的心兴奋着,寂静中感觉到窗外横躺着的大城在喘息,在一种停匀的节奏中喘息,仿佛一座平波微动的大海,一轮冷月俯临这动极而静的世界,不由许多遥远的思想来袭我的心,似惆怅,又似喜悦,似觉悟,又似恍惚。无限凄凉之感里,夹着无限热爱之感。似乎这微妙的心和那遥远的自然,和那茫茫的广大的人类,打通了一道地下的深沉的神秘的暗道,在绝对的静寂里获得自然人生最亲密的接触。我的《流云小诗》,多半是在这样的心情中写出的。往往在半夜的黑影里爬起来,扶着床栏寻找火柴,在烛光摇晃中写下现在人不感兴趣而我自己却借以慰藉寂寞的诗句。"①从这段自白中可以看出,宗白华的诗歌创作完全是在一种创造情绪下进行的,受诗兴的感发,而不受观念的限制,创作的目的是"慰藉寂寞"而不是宣扬政治主张。

由于宗白华的诗歌创作较少受到政治主张的限制,因此,影响他创作的主要因素是个人性情和影响个人性情的民族文化气质。从宗白华的回忆中可以看出,他从小养成的是闲和恬静的性格。宗白华回忆说:"我很小的时候喜欢一个人在水边石上看天上白云的变换";"尤其是在夜里,独自睡在床上,顶爱听那遥远的箫笛声,那时心中有一缕说不出的深切的凄凉的感觉";上中学时,"同房间里的一位朋友,很信佛,常常盘坐在床上朗诵《华严经》。音调高朗清远有出世之概,我很感动。我欢喜躺在床上瞑目静听他歌唱的词句,《华严经》的词句优美,引起了我读它的兴趣。而那庄严伟大的佛理境界投合我心里潜在的哲学冥想";"唐人的绝句,像王、孟、韦、柳等人的,境界闲和静穆,态度天真自然,寓浓丽于清淡之中,我顶喜欢"。②宗白华的这种性格与中华民族的精神文化气质

---

① 《我和诗》,载《宗白华全集》第二卷,第 154 页。
② 同上书,第 149—151 页。

有密切的关系。宗白华说："中国的学说思想是统一的、圆满的，一班大哲都自有他一个圆满的人生观和宇宙观。所以不再有向前的冲动，以静为主。"①宗白华的性情就是受了这种"以静为主"的文化气质的影响。这种"以静为主"的性情直接影响到他的诗歌创作，从而造成了宗白华理论主张同创作实践之间的矛盾。这个矛盾的实质，是静观、圆融的中国文化气质同中华民族受屈辱、受欺凌的时代现状之间的矛盾；是宗白华恬静闲和的性情同他奋斗救世的理想之间的矛盾。宗白华在创作实践中明显的静谧甚至悲怨的情感倾向，刚好说明艺术创作受文化传统、个人性情的影响，要远远大于受某种外在目的或理论主张的影响。由此，我们可以得出结论，就艺术实践来说，作为宗白华美学基础的，是中国的生命哲学，而不是西方的生命哲学。

现在，我们要进一步考察，宗白华的美学理论是否也是建立在中国生命哲学之上。尽管宗白华早年用西方生命哲学改造人生观的时候，也常常强调要用"唯美的眼光"、"艺术的观察"来解救烦闷和丰富生活②。但宗白华并没有进一步揭示这种"唯美的眼光"、"艺术的观察"同"奋斗的生活"和"创造的生活"之间的必然关系。也就是说，宗白华还没有自觉地把美学同他的生命哲学联系起来。

到了写作《看了罗丹雕刻以后》，宗白华开始自觉地把他的美学建立在生命哲学的基础之上。在这篇文章中，宗白华不仅把"生命"作为宇宙万物的本体，而且赋予了艺术表现这种本体的特殊地位。宗白华援用罗丹的理论，认为绘画、雕刻等艺术能表现作为宇宙本体的"动"，而照片（如果不经过特别的处理）则不能。艺术之所以能够表现这种"动"，是在于艺术能够表现事物从第一个现状到第二个现状之间的转变。其实宗白华这里的说明并不充分。因为事物从第一个现状到第二个现状之间的转变只是事物的物质运动形式，而不是事物内在的精神和生命，在表

---

① 《自德见寄书》，载《宗白华全集》第一卷，第 336 页。
② 见《青年烦闷的解救法》、《怎样使我们生活丰富？》，载《宗白华全集》第一卷，第 193—196、206—209 页。

现这种物质运动形式时,艺术并不具备特别的优越性。只有在表现事物内在的精神与生命时,艺术那不可替代的特殊地位才会显现出来。

在《徐悲鸿与中国绘画》一文中,随着宗白华对生命本体的理解由西方式的"运动"转向中国式的"生动",由外在的物质运动形式转向内在的精神生命形式,他对艺术显现宇宙生命本体的特殊地位的说明就更为充分了。在这篇文章中,"动"成了"气韵生动"之"生动",而不是从一个现状转变入另一个现状之"运动"。表现"生动"的方法不是抓住运动中极富有暗示性的顷刻,而是运用"简练"与"布白"的方法。宗白华说:"生动之气笼罩万物,而空灵无迹;故在画中为空虚与流动。中国画最重空白处。空白处并非真空,乃灵气往来生命流动之处。且空而后能简,简而练,则理趣横溢,而脱略形迹。"①由此我们可以说,照片与绘画的区别在于,绘画能"空",能"简",而照片(如果不经过特殊的处理)则不能,而不是绘画比照片更能抓住运动中极富暗示性的顷刻(因为在这一点上,照片与绘画实在是没有质的区别)。现在的问题是,"空"、"简"为什么就可以表现"生动"、"精神",从而使绘画成为艺术作品? 宗白华说:"美感的养成在于能空,对物象造成距离,使自己不沾不滞,物象得以孤立绝缘,自成境界。"并且强调"更重要的是心灵内部方面的'空'"②。显然这种解释受了流行一时的"心理距离说"的影响。宗白华的深刻处在于,他不仅强调这种因"心灵内部距离化"而造成的"空"可以使对象呈现为孤立绝缘的"美"的对象,而且能显现对象的本来面目。因为被还原为"空"、"虚"的主体只是以最自然因而也最真实的眼光来看事物,在这种最真实的观照中,事物显现出它最原本的面貌,显现出它那被掩盖的内在的生命与精神。也就是说,在日常生活中,事物的生命本体多半被掩盖起来了,艺术通过"简"、"空",脱略缠绕在事物上的滞碍,洗尽掩盖在事物上的尘滓,从而使事物显现出其本真的"生命"。由此,艺术在表现宇宙生

---

① 《宗白华全集》第二卷,第 51 页。
② 《论文艺的空灵与充实》,载《宗白华全集》第二卷,第 349—350 页。

命本体方面的特殊地位便显现出来了。

从上面的分析中可以看出，只有把生命本体理解为内在的精神，理解为中国式的"气韵生动"，艺术在表现这种生命本体上的优先地位才能得到充分的解释。如果把生命本体理解为外在的物质运动形式，艺术就不具备表现这种生命本体的优越性。因此，从理论探讨的角度，我们也能证明宗白华的美学是建立在中国生命哲学的基础之上的。

现在的问题是，这样一种生命本体，不是也可以用哲学沉思来把握吗？为什么要用美学，特别还要用艺术实践来体验呢？这个问题，开始触及到宗白华建立以生命哲学为基础的美学的本质问题。只有弄清这个问题，我们才能理解宗白华美学的深刻性，才能正确地确立宗白华美学在整个生命哲学思潮中的位置。

宗白华最初是专门研究哲学的，在他 20 岁的时候，便发表了介绍叔本华哲学的文章，随后又有介绍康德、柏格森等西方著名哲学家的文章，对西方哲学有比较深刻的理解。是什么原因促使宗白华转向美学和文艺实践呢？我们从《三叶集》中，宗白华给郭沫若的一封信中可以找到答案。宗白华说："以前田寿昌在上海的时候，我同他说：你是由文学渐渐的入于哲学，我恐怕要从哲学渐渐的结束在文学了。因我已从哲学中觉得宇宙的真相最好是用艺术表现，不是纯粹的名言所能写的，所以我认将来最真确的哲学就是一首'宇宙诗'，我将来的事业也就是尽力加入做这首诗的一部分罢了。"①从这里可以看出，宗白华之所以转向美学，转向文艺，完全是因为他对哲学有了深透的理解，认为哲学不足以承担它为自己设定的表现宇宙真相的任务，也就是说，哲学的目的和哲学的方法之间存在着内在的矛盾，用哲学方法最终不可能实现哲学的目的。实现哲学最终目的的不是哲学，而是文艺。

现在的问题是，为什么哲学不可以实现自己设定的目的？不是有许多哲学家在高谈阔论哲学的最高境界吗？我们能说这些哲学家对哲学

---

① 《宗白华全集》第一卷，第 240 页。

缺乏深刻的认识吗？当然不能。哲学有各种各样的形态，不同的哲学家对宇宙人生的本质有不同的认识。在某种认识上，哲学的方法和目的之间有矛盾，但在另一种认识上它们之间又是不矛盾的。宗白华之所以认为哲学不能表现宇宙的真相，那是因为他把哲学理解为"名言"，把宇宙的真相理解为"生命"。名言是僵化的、有限的，生命是活泼的、无涯的，以僵化的名言述说活泼的生命，当然只能是隔靴搔痒。宗白华早年研究哲学时，就碰到了这种困惑。在《科学的唯物宇宙观》一文中，宗白华说："唯物宇宙观所最难解说的就是精神现象与生物现象（生理现象）。现在有了生物进化论的发明，我们就可以将精神现象与一切生物现象的元理统归纳到那个'生物进化原动力'上去了。这精神现象的谜和生物现象的谜都合并到一个'生物进化原动力'的谜上了。我们只要证明这'生物进化原动力'是件什么东西，就可推断精神与生命是件什么东西。"[①]但是，这"生命的原动力"或"生物进化的原动力"又是一件不可实证不可确知的东西，"现代科学家还不能将原始动物的生活现象都归引到物质运动，他也不能从无机体物质的凑合造出一个生活的动物来。总之，这生命原动力的谜，还没有人能解。精神现象的谜也没有人能解。科学唯物宇宙观也就搁浅在这两个'宇宙谜'上"[②]。

科学、哲学不能解开的"宇宙谜"，文学却可以解开。在《新文学底内容——新的精神生活内容底创造与修养》一文中，宗白华说："我以为文学底实际，本是人类精神生活中流露喷射出的一种艺术工具，用以反映人类精神生命中真实的活动状态。简单言之，文学自体就是人类精神生命中一段的实现，用以表写世界人生全部的精神生命。所以诗人底文艺，当以诗人个性中真实的精神生命为出发点，以宇宙全部的精神生命为总对象。文学的实现，就是一个精神生活的实现。文学的内容，就是以一种精神生活为内容。这种'为文学底质的精神生活'底创造与修养，

---

① 《宗白华全集》第一卷，第 129—130 页。
② 同上书，第 131—132 页。

乃是文人诗家最初最大的责任。"①宗白华还把艺术同哲学、科学、道德、宗教等进行比较，发现只有艺术能深入生命节奏的内核，表现生命内部最深的"动"。宗白华说："人类在生活中所体验的境界与意义，有用逻辑的体系范围之、条理之，以表达出来的，这是科学与哲学。有在人生的实践行为或人格心灵的态度里表达出来的，这是道德与宗教。但也还有那在实践生活中体味万物的形象，天机活泼，深入'生命节奏的核心'，以自由谐和的形式，表达出人生最深的意趣，这就是'美'与'美术'。所以美与美术的特点在'形式'、在'节奏'，而它所表现的是生命的内核，是生命内部最深的动，是至动而有条理的生命情调。"②

由此，宗白华为生命本体找到了最恰当的显现途径，同时也为艺术和美找到了最后的根源。艺术和美之所以有价值，就在于它们能够充分地显现宇宙的生命本体。科学不能揭示宇宙的生命本体，因为科学总是试图"说""不可说"，"捉摸""不可捉摸"，艺术之所以能够表现它，因为艺术不去"捉摸"，而是表现、象征，让它自己说话。宗白华说："这种'真'（作为宇宙生命本体的'真'）不是普遍的语言文字，也不是科学公式所能表达的真，这只是艺术的'象征力'所能启示的真实。"③由于艺术、美具有哲学所缺乏的象征力，能充分显示哲学无法言说的生命本体，这就决定了宗白华必将从哲学转向文艺、转向美学。

宗白华后来的美学著述，大多是从这种生命本体上立论的。在1934年发表的《论中西画法的渊源与基础》一文中，宗白华指出："中国画的主题'气韵生动'，就是'生命的节奏'或'有节奏的生命'。伏羲画八卦，即是以最简单的线条结构表示宇宙万相的变化节奏。后来成为中国山水花鸟画的基本境界的老、庄思想及禅宗思想也不外乎于静观寂照中，求返于自己深心的心灵节奏，以体合宇宙内部的生命节奏。"④在宗白华看

①《宗白华全集》第一卷，第186页。
②《论中西画法的渊源与基础》，载《宗白华全集》第二卷，第98页。
③《略论艺术的价值结构》，载《宗白华全集》第二卷，第72页。
④《宗白华全集》第二卷，第109页。

来,存在一种宇宙的生命节奏,这种宇宙的生命节奏可以与人心深处的心灵节奏相体合。中国艺术,特别是中国画,就是以这种相体合的生命节奏为究竟对象的。宗白华说:"每一个伟大的时代,伟大的文化,都欲在实用生活之余裕,或在社会的重要典礼,以庄严的建筑、崇高的音乐、闳丽的舞蹈,表达这生命的高潮、一代精神的最深节奏……建筑形体的抽象结构、音乐的节律与和谐、舞蹈的纹线姿势,乃最能表现吾人深心的情调与律动。吾人借此返于'失去了的和谐,埋没了的节奏',重新获得生命的中心,乃得真自由、真生命。美术对于人生的意义与价值在此。"①从这里可以看出,在体现宇宙的生命节奏上,艺术具有无可替代的优越性。

1944 年宗白华发表了他的重要文章《中国艺术意境之诞生》(增订稿),在这篇论文中,宗白华认为中国艺术的最高境界是舞的境界,这种境界"是艺术家的独创,是艺术家从他最深的'心源'和'造化'接触时突然的领悟和震动中诞生的"。宗白华说:"尤其是舞,这最高度的韵律、节奏、秩序、理性,同时是最高度的生命、旋动、力、热情,它不仅是一切艺术表现的究竟状态,且是宇宙创化过程的象征。……只有舞,这最紧密的律法和最热烈的旋动,能使这深不可测的玄冥的境界具象化、肉身化。在这舞中,严谨如建筑的秩序流动而为音乐,浩荡奔驰的生命收敛而为韵律。艺术表演着宇宙的创化。"②宗白华认定有一种宇宙的生命律动,即所谓"宇宙真体的内部和谐与节奏",当人的心灵还原到虚静状态时,就会同这种宇宙生命一起律动,宗白华称赞"李、杜境界的高、深、大,王维的静远空灵,都根植于一个活跃的、至动而有韵律的心灵"③,这种活跃的心灵也就是宇宙的生命。所有艺术,都根植于艺术家的活跃至动的心灵,进而都根植于宇宙生命律动,宇宙的"生生的节奏是中国艺术境界的

---

① 《宗白华全集》第二卷,第 99 页。
② 同上书,第 369 页。
③ 同上书,第 377 页。

最后源泉"①。在这篇文章中,宗白华多次用到"宇宙创化过程"、"宇宙灵气"、"宇宙的深境"、"宇宙的情调"或"宇宙的意识生命情调"等等,它们都可以看做是对宇宙的生命本体的描述。在宗白华看来,宇宙的真际就是生命②,对宇宙生命的最好表现不是战争,而是音乐、舞蹈。宗白华说:"音乐不只是数的形式构造,也同时深深地表现了人类心灵最深最秘处的情调与律动。……音乐是形式的和谐,也是心灵的律动,一镜的两面是不能分开的。心灵必须表现于形式之中,而形式必须是心灵的节奏,就同大宇宙的秩序定律与生命之流演进不相违背,而同为一体一样。"③音乐之所以是艺术的最高境界,因为它同大自然既生生不息又符合秩序的生命律动刚好吻合。甚至可以这么说,整个宇宙生命的"天籁"本身就是一部宏壮的交响曲。

第五节 中国传统美学对现代美学的突破

将艺术、美落实在宇宙的生命本体之上,这是宗白华美学最为深邃的地方。它一方面为审美、艺术找到了自明的基础,另一方面也看到了艺术、美学对哲学的贡献。有生命本体作为审美、艺术的基础,就不需要任何外在的理由来确保审美、艺术存在的合理性。换句话说,审美、艺术的价值在于它们能有效地显现宇宙的生命本体。同时,由于有审美、艺术把人类经验还原到它们的起源部位上,哲学就会因此而变得方向明确和条理清楚④,抽象的哲学概念就会拥有生动的经验内容。

宗白华美学之所以采取散步的方法,也正因为它有一个生命哲学基础。因为宇宙的生命本体在本质上是不可言说的,用抽象的名言把捉不到活生生的生命本体,用自由自在的散步,也许是接近生命本体的最好

---

① 《宗白华全集》第二卷,第 368 页。
② 同上书,第 371 页。
③ 《哲学与艺术》,载《宗白华全集》第二卷,第 54 页。
④ 参见杜夫海纳:《美学与哲学》,孙非译,第 8 页,北京:中国社会科学出版社,1985 年。

方法。因此,宗白华采用散步方法,不完全是出于个人的喜好,其中有深刻的思想渊源。

由于宗白华认识到哲学方法与目的之间的深刻矛盾,转而以艺术、美学显示哲学所无法接近的生命本体,这就使得宗白华美学在整个生命哲学思潮中具有与众不同的意义。遗憾的是,这些年来对在生命哲学思潮中成长起来的现代新儒家的研究,却很少注意到宗白华当时的思考所具有的独特价值;而西方后现代哲学对柏格森思想的重新发掘,也忽略了宗白华从中国哲学中发掘的生命哲学思想对柏格森生命观念的修正。由此,一种从宗白华来看柏格森的工作将是非常有意义的。

不过,我们这里并不急于承担起这项有意义的工作。因为对我们来说,更有意义也更紧迫的工作,是从宗白华的美学中去发掘突破现代西方美学的可能性。让我们再回到前面曾经反复论述过的前现代、现代和后现代的符号学区分:前现代的能指与所指都属于所指或存有领域;后现代的能指与所指都属于能指或标记领域;现代的能指属于能指或标记领域,所指属于所指或存有领域。这种符号学结构的不同,将前现代、现代和后现代中艺术与现实的三种不同关系清晰地突现出来了。在前现代社会中,艺术与现实同属于现实的领域;在现代社会中,艺术属于艺术领域,现实属于现实领域;在后现代社会中,艺术与现实同属于艺术领域。

根据我们对前现代、现代和后现代的这种结构主义符号学区分,宗白华美学究竟属于哪种形态的美学?

首先,宗白华美学与西方现代美学有着明显的不同。尽管宗白华也在一定程度上受到西方现代美学的"无利害性"、"审美自律"、"为艺术而艺术"等观念的影响,但如同前面考察所显示的那样,宗白华美学的核心在于赋予审美和艺术以表现宇宙生命本体的崇高地位。也就是说,在宗白华看来,审美和艺术是"有用"的。从艺术具有表现生命本体的优先性来看,艺术不仅有用,而且是直接有用的。

但现代美学不主张审美和艺术的这种直接有用性。在现代美学的符号学结构中,艺术和审美属于能指或标记领域,它只能间接地代表属于所指或存有领域中的生命本体。在阿多诺所构想的那种特别而精致的现代美学中,艺术也具有揭示真理的作用。但这种艺术显示真理的作用是通过否定辩证法来实现的,艺术既不直接歌颂现实也不直接批判现实,总之艺术为了确保它的自律性而并不干预现实,艺术对真理的揭示正是通过它与不体现真理的现实的完全不同而实现的。更清楚地说,由于异化的现实并不是真理的体现,而艺术又刚好与现实无关(无论是正面的关系还是反面的关系),因此艺术通过否定的否定(现实否定真理,艺术否定现实)刚好回到了对真理的肯定。① 从这种意义上说,阿多诺美学中的艺术也不是直接有用的。总之,宗白华美学既不同于以康德为代表的传统现代美学,也不同于阿多诺为代表的激进现代美学。

如果说宗白华美学不同于现代美学,那么是否可以说它更接近后现代美学呢?对这个问题的回答也明显是否定的。宗白华美学与后现代美学的差异甚至要超过它与现代美学的差异。后现代美学的一个重要思想,就是取消存有领域的存在,将一切(无论是能指还是所指、艺术还是现实)都纳入标记领域,而宗白华却主张存在着属于存有领域的宇宙本体,这显然是与后现代精神完全相背离的。

宗白华美学既不同于现代美学,又不同于后现代美学,那么是否可以说它就是前现代美学呢? 好像也不能这么说。事实上,"前现代"这个概念是由"后现代"规定出来的,由于有了后现代概念,才有了与之不同的现代和前现代概念。在后现代所规定的前现代概念中,有一个完全不变的存有领域,比如宇宙本体。艺术作为表现宇宙本体的符号,完全依附于这个本体,自身没有独立地位。由于本体与表现本体的艺术之间没有截然分开的鸿沟,艺术与本体之间的关系就不是代表或再现关系,而是直接呈现关系,艺术本身仿佛就成了本体。从这种意义上来说,由于

---

① 关于阿多诺美学将现代主义作为否定的真理的详细说明,见杨小滨《否定的美学——法兰克福学派的文艺理论和文化批评》,第 137—168 页。

宗白华强调艺术可以直接呈现本体,因此它更接近于这种前现代美学。但是,宗白华美学又具有截然不同于这种前现代美学的地方:在宗白华那里,宇宙的本体不是静止不变的本质,而是生生不息的生命,是可以变化和发展的。因此又不能简单地将宗白华美学归结到前现代美学的范畴。

宗白华美学就是这样一种不服从前现代、现代和后现代划分的美学,我们可以将它视为基于中国传统美学基础上的、对西方流行的前现代、现代和后现代划分的一种突破。

为了进一步理解中国传统美学对这种划分的突破,我们可以更一般性地考察中国哲学在这种划分中的情形。

基于前面反复论述的那种结构主义符号学的区分,当代西方出现了基础主义(foundationalism)和反基础主义(anti-foundationalism)之间的论争。尽管基础主义有许多不同的形式,但有一点是它们所共同主张的,即强调有某种(或某些)根本的东西,它可以作为一切认识和价值判断的最后准则,所有认识和价值体系都依据这个基础建立起来,而这个基础本身不依赖任何东西,它是自明的或者是以某种不同于一般认识和价值判断的方式(如特殊的直观)显现的。广而言之,任何事物都有某种根本的东西作为其自身同一性(identity)的基础,事物的现象可以千变万化,但它们的根基永恒不变。反基础主义则极力反对上述基础主义的主张,认为根本没有任何超越的、根本的东西作为认识和价值判断的基础,没有任何不变的东西可以用来维持事物的同一性,甚至主张事物根本没有一成不变的同一性。前现代和现代思想都属于基础主义,因为它们断定永恒不变的存有领域的存在。后现代思想是典型的反基础主义,因为它取消了一成不变的存有领域。

根据我们上述简要勾勒的基础主义与反基础主义的区分,中国哲学究竟属于基础主义还是反基础主义?我想,对于这个问题我们可以得出三种截然不同的答案:(1)中国哲学具有基础主义特征;(2)中国哲学具有反基础主义的特征;(3)中国哲学既非基础主义又非反基础主义。

由于中国哲学承认存有领域的存在,因此很容易将它归结为基础主义,因为基础主义正是独断存有领域的存在,并用存有领域决定标记领域的意义与价值。鉴于中国哲学不仅认可存有领域而且将整个标记领域都纳入存有领域,从而从总体上取消标记领域的存在,因此可以说中国哲学不仅是基础主义而且是最极端的基础主义。这种极端的基础主义常常表现在有关"道"的描述中。"道"常常被理解为终极实在,被理解为世界上万事万物的意义和价值的根源,被理解为宇宙万物的"根基";不仅如此,得道之人的一言一行、一举一动都被认为是"道"的直接呈现,从而将本来属于标记领域的东西如语言,也都纳入了存有领域,换句话说,在得道之人的世界里,根本没有标记,只有存有。这种思想在中国传统的儒道释三种不同形态的思想中都有非常明显的表达形式。

但是,如果据此断定中国哲学为基础主义或极端的基础主义恐怕会招致大多数中国学学者的反对,因为尽管中国哲学明显推崇存有领域,但它又主张这个存有领域不是固定不变的,相反主张它是不断变易的、幻化生成的。基础主义之所以为基础主义,不仅因为它独断存有领域的存在,而且因为它独断存有领域是最终的、永恒不变的真实。就中国哲学肯定存有领域的角度来看,可以说它是基础主义,但从中国哲学主张存有领域是不断变易的角度来看,它又不是基础主义。其实,在梅勒的符号学结构图式中,我们除了发现存有结构与代表结构具有某种相似性之外(它们共同肯定存有领域的存在),还发现存有结构与标记结构具有某种相似性:它们都取消了符号与意义、能指与所指之间的代表与被代表关系,从而将分别属于两个不同世界的东西归结为同一个世界的东西。标记结构的后现代哲学通过取消存有领域而将世界上所有事物都归结为语言符号,而存有结构的前现代哲学通过取消标记领域而将世界上所有事物都归结为具有实质性的存在物。从这种意义上说,标记性的后现代哲学与存有性的前现代哲学一道,共同构成了与代表性的现代哲学的对立。没有符号与意义、能指与所指之间的代表与被代表关系,就无所谓本体与现象的区分,基础从而也就失去了其作为认识和价值的最终根源的意义。存有结构的前现代哲学与标记结构的后现代哲学在结构上的这种相似性，使它似乎又具有反基础主义的特征。这种特征同样在传统的儒道释那里都有非常清晰的表达。比如，同样在对"道"的描述中，它既可以是宇宙万物的根基，又可以直接等同于宇宙万物本身，因为"道"常常被理解为"无"(non-presence)，"道"作为"无"的最大特征就是不做任何限制，让宇宙万物如其所是地存在。

如果说 20 世纪以来的基础主义与反基础主义的争论实质上相当于前现代和现代哲学与后现代哲学的争论，因为前现代和现代哲学都承认存有领域的存在，而后现代哲学则取消了存有领域。尽管梅勒根据他结构主义符号学的分析，将中国哲学断定为前现代哲学，但中国哲学并不能被等同为基础主义，当然也不能被等同为反基础主义。① 中国哲学缺乏现代哲学那种清晰的代表性结构，无法突现本体与现象之间的区分，进而无法突现基础的特殊意义。尤其是中国哲学将宇宙万物都归结为存有领域，从而使得世界上的每件事物、生命中的每个片刻都具有同样真实的意义，它们之间不存在代表与被代表的关系，不存在真实与虚假的关系，这种思想在庄子、禅宗以及儒家有关"时中"的论述中表现得尤其明显。比如，在"庄子梦蝶"的故事中，就明确表达了不同生命形态同样真实的思想。庄子与蝴蝶处于庄子生命过程中的不同阶段，它们之间是完全孤立的，不发生任何联系，就像生与死一样。庄子用这个故事想要告诉我们，不能用生命的某个片段来掩盖另一个片段的意义与价值，不能用宇宙间的某个事物来掩盖另一个事物的意义与价值，生命中的每个片段、宇宙间的每个事物，都有自己完满而独立的价值，生命就是由这样不同的、但同样真实的片刻组成的。② 庄子的这种思想在孟子的"时

---

① 梅勒：《冯友兰新理学与新儒家的哲学定位》，《哲学研究》，1999 年第 2 期，第 54—55 页。

② 参见 Hans-Georg Möller, "Zhuangzi's 'Dream of the Butterfly': A Daoist Interpretation," in *Philosophy East & West*, 1999(4).

中"和僧肇的"物不迁"的论述中得到了更为精致的表达，①它们共同构成中国哲学的"空灵"的特征。

但是，我们并不能因此就将中国哲学与反基础主义的后现代哲学等同起来。虽然中国哲学与后现代哲学在符号学结构上存在某种类似性，但它们的差异似乎更为明显。简要说来，后现代哲学将所有的事物都归结为虚拟的标记领域，使人类的一切行为都变成没有根基的游戏，成为远离现实的语言游戏。与后现代哲学的这种游戏态度相反，中国哲学尤其强调"真""诚"。如果没有"诚"，人生就不成其为人生，世界就不成其为世界，如同《中庸》反复强调的那样："诚者，自诚也；而道自道也。诚者，物之终始，不诚无物。是故君子诚之为贵。诚者，非自诚己而已也，所以成物也。成己仁也，成物知也，性之德也，合内外之道也，故时措之宜也。"中国哲学对真诚的强调，使它比后现代哲学要严肃得多。在中国哲学看来，哲学绝不是虚幻的语言游戏，它是性命攸关的人生事业。

中国哲学对基础主义和反基础主义的共同背离，使之反过来成了审视西方哲学的"第三只眼睛"，似乎能够看见西方哲学背后那种主宰它却又为它所看不见的思维结构。简单说来，中国哲学从基础主义与反基础主义、分析与解构、现代与后现代的对立中，看到了西方哲学的一个共同特征：出于专业竞争的压力，为追求新异的知识而违背熟悉的常识，进而使哲学成为与生活无关的形而上学。

尽管作为基础主义与反基础主义的代表的分析与解构都标榜反对传统的形而上学，但它们却都有意无意地落入了其极力避免的形而上学的窠臼。分析独断所有事物都有自身的内在本质，仿佛我们不把握到事物背后的逻辑本质，就无法真正理解事物；解构则暗中采取一种普遍联系的形而上学姿态，将事物的本质扩展到与所有其他事物的联系之中，从而在事实上取消了事物的同一性。按照这两种哲学构想，我们根本不

---

① 具体论述参见彭锋"Aesthetic Experience as the Present Experience"，"美学：东方与西方"国际美学会议（2002 年北京）论文。

可能理解事物,因为事物的本质要么深深地在它背后要么远远地在它之外。但是,我们常人的确都能理解事物,能够健康生活;更具讽刺意味的是,哲学家的生活似乎一点也不比常人幸福。从中国哲学的角度来看,分析与解构、基础主义与反基础主义都是对事物的不自然的理解,都是专业哲学家为了标新立异而抽象出来的对世界的极端看法。

事实上,我们对事物的理解常常会表现出不同的情形:有些事物仿佛毋需说明就能直接理解,对另一些事物的理解则需要深入的、进一步的解释,还有一些事物可能经过长时间的思考、广泛的辩论,仍然不得其解,这在很大程度上取决于我们的生活情境和目标。生活本身是复杂多样的,它能够包容对事物的不同理解。我们绝不需要将所有事物还原到它们的逻辑原子上才能真正理解它们,更不必在将一个事物的所有不同东西全部穷尽之后才能真正理解这个事物,这两种对事物理解的极端形式事实上既不可能也不必要。

为了突现西方哲学以知识为中心的形而上学姿态的极端性,我们不妨将它与中国儒家哲学的中道观进行简要的比较。儒家哲学十分崇尚"时中"。《中庸》记载孔子的话说:"君子中庸,小人反中庸。君子之中庸也,君子而时中。小人之中庸也,小人而无忌惮也。"这里的"时中",照孟子后来的发挥,"中"并不是固定在两端之间的中心点上,"中"是随时而变的,需要根据周围的具体情形进行当下的决断。"时中"不仅叫人时时守"中",而且叫人时时度"中"。《孟子·尽心下》云:"杨子取为我,拔一毛而利天下不为也。墨子兼爱,摩顶放踵为之。子莫执中。执中为近之;执中无权,犹执一也。所恶执一者,为其贼道也,举一而废百也。"照孟子所说,杨子的"为我"和墨子的"兼爱"都是两端。子莫能够"执中","执中"比"过"和"不及"两端要好一点,但"执中"还须有"权",如果"执中无权",还是执著于固定的一点上,还是一种极端。尽管它是中间的一点,是一个居中的极端,但还是有害于变动不居的"道"①。

---

① 关于"中"的分析,参见冯友兰《中国哲学史新编》第一册第 141—144 页,第二册第 83—84 页。

在孔孟的这种中庸思想中,包含了四种不同的哲学立场:作为两个极端的"过"与"不及"、固定在两端之间的中心点上的另一个极端的"执中",以及在两端之间不断权衡定夺的"时中"。我们可以将分析和解构看做两个极端,将在处于分析与解构之间的、以罗蒂为代表的新实用主义视为固执于中间点的另一极端。罗蒂不仅主张解释的普遍存在和不可穷尽,而且主张所有事物都具有自己的特性,从而将分析与解构完全调和起来。不过罗蒂所主张的事物的特性,不像分析那样,是由事物的不变的本质构成的,而是由绝对的偶然性和专断的特殊性构成的。因此,舒斯特曼指出:"这种由理查德・罗蒂强力鼓吹的实用主义,不管怎么说,似乎进入了一个倒转的反本质主义的本质主义,强调'个性和偶然的普遍性和必然性'。"①罗蒂的反本质主义,由于对个性和偶然性的过分强调,反而成了另一种本质主义,一种反本质的本质主义。这与孟子所说的"(子莫)执中无权,犹执一也",有着惊人的相似。②

分析、解构和罗蒂的新实用主义,它们在反对传统的形而上学的同时,自身却不知不觉地陷入了某种极端、某种固执之中,从而限制了个人自由选择的空间和不断权衡定夺的机能,使人变得既不自由又不敏感。在中国哲学中,我们可以看到一种完全不同的情形:既赞赏整体,又尊重差异;既反对事物基于本质上的同一性,又反对事物毫无确定性;既主张偶然,又看到必然……在西方哲学看来完全矛盾的东西,在中国哲学中可以共同存在并取得某种程度上的和谐,如同我们在一些中国农村家庭可以看见同时供奉观音菩萨、太上老君和毛主席像一样。

我们还可以借用舒斯特曼的术语将中国哲学的这种立场概括为包括性的析取立场(inclusive disjunctive stance),他说:"'非 p 即 q'的观念,可以被多元论地理解为包括或者一个或者二者的选择(就像在标准的命题逻辑和日常生活的普通场合中那样,一个人可以选择不止一个东

---

① Richard Shusterman, *Pragmatist Aesthetics: Living Beauty, Rethinking Art*, p.83.
② 具体分析参见"《实用主义美学》译者导言",见舒斯特曼《实用主义美学》,北京:商务印书馆,2002年。

西,例如,酒或者水或者二者)。当然,'非此即彼'的析取也有排除的意思,其中一个选择严格地排除另一个,就像生活和逻辑中有时真的所做的那样。但是,采用实用主义的包括性的[析取]立场,我们应该姑且认为:选择的价值能够以某种方式被调和与实现,直到我们有了好的理由解释它们为什么相互排斥。这似乎是在追求生活的多重价值中,充分重视我们的好处的最佳方式。不幸的是,由于析取的排除意义似乎更为精确和惹人注目,它经常在哲学理论中获得无意识的统治地位,激发思想的二元习惯,其中肯定一个选择必然要否定另一个选择,一个人可以拥有酒或者水,但不能二者都有。"①

在这种意义上,我们可以说中国哲学的立场比较接近于实用主义的立场,哲学的最终目的不是为了获取纯粹知识,而是为了幸福生活。为了幸福生活,为了解决人生的不同困惑,我们需要利用不同的哲学资源。如果从逻辑上看,这些不同的资源可能是相互矛盾的,因而无法形成确定可靠的知识;但如果从生活上看,它们却可以发挥不同的作用,并在帮助我们不断走向美好生活的途径中克服不同的困惑。我认为后者正是中国哲学中非常丰富而现代西方哲学中相当缺乏的一个方面。②

中国哲学在西方前现代、现代和后现代区分的语境中所表现出来的这种独特性,中国哲学所表现的这种丰富的多元性,追根究底在于中国哲学主张存在着生动变化的生命本体。这种生命本体在宗白华美学中表现得尤其明显。因此,我们可以说,宗白华美学为我们理解中国传统美学对西方这种前现代、现代和后现代区分的理论模式的突破提供了重要的启示意义。

---

① Richard Shusterman, *Pragmatist Aesthetics: Living Beauty, Rethinking Art*, p. xi.
② 有关中国哲学在当代西方哲学语境中的特殊位置的讨论,参见彭锋《基础主义还是反基础主义?——对中国哲学的一种解读》("东亚思想与文化"国际学术会论文集,韩国釜山,2002 年 9 月)、《从生活方式和谈论方式来理解诸子哲学》("汉学研究方法论"国际学术会议论文集,韩国汉城,2003 年 8 月)。

第八章　冯友兰的美学

冯友兰(1895—1990),字芝生,河南南阳人,1915 年入北京大学哲学门,1924 年毕业于哥伦比亚大学大学哲学系,获博士学位,历任中州大学、广东大学、燕京大学、清华大学、北京大学教授,在哲学本体论、认识论、伦理学、美学和中国哲学史等方面取得了重要研究成果。尽管冯友兰没有专门的美学著作,但是在《心理学》、《新原人》、《新知言》以及《中国哲学史》等著作中蕴涵大量美学论述和深刻的美学思想。冯友兰的全部著作,收入《三松堂全集》,由河南人民出版社出版。

第一节　冯友兰美学的三个层次

从 20 世纪 30 年代起,冯友兰开始构建他的哲学体系,从 1938 年至 1946 年,陆续发表《新理学》、《新事论》、《新世训》、《新原人》、《新原道》、《新知言》,统称"贞元六书"。冯友兰也将自己的哲学体系称为"新理学"。①

---

① 不加书名号的新理学,指的是冯友兰在 20 世纪 40 年代建立起来的整个哲学体系,不仅局限于《新理学》这一本书。冯友兰说:"新理学这个名字,在我用起来,有两个意义。一个意义是指我在南越、蒙自所写的,商务印书馆 1939 年所出版的那部书。另外一个意义是指我在 40 年代所有的那个哲学思想体系。……用不同的符号表明这个区别,以《新理学》表明前者,以'新理学'表明后者。"(冯友兰:《三松堂自序》,第 234 页,北京:人民出版社,1998 年。)

"新理学"是中国现代哲学史上最有现代意味和创新精神的哲学体系之一。它在将中国传统儒家思想纳入现代世界哲学话语中,起了开创性的作用。[①] 这个哲学体系涉及本体论、认识论、伦理学、宗教学、历史哲学、政治哲学、文化哲学、美学等哲学分支学科,在这些分支学科方面都蕴涵许多深刻的思想。但是,近年来对冯友兰哲学思想的研究,多数局限在他的本体论和认识论即狭义的哲学上,其他哲学分支学科的思想没有得到应有的重视。之所以造成这种局面,主要是因为哲学分支学科的划分造成了不必要的壁垒,冯友兰被定位为狭义的哲学家而非美学家、伦理学家,他在本体论、认识论和哲学史方面的思想遮蔽了他在美学、伦理学、宗教哲学等方面的思想。

不可否认,冯友兰的美学思想从属于他的哲学思想,是构成他的哲学体系的一部分。审美和艺术,只是冯友兰哲学所处理的一种现象,这种现象与政治、社会、经济、历史等现象之间没有本质区别。这是冯友兰从他的哲学立场上来看审美和艺术,也就是所谓的"在艺术外讲艺术"。冯友兰说:"若在艺术外讲艺术,则艺术亦是一类物,亦有其理,此理可称为本然艺术。艺术亦有许多别类,如音乐、绘画、雕刻、文学等,每一别类艺术,又各有其理。例如音乐有本然音乐,画有本然底画。即对于每一题材之各种艺术作品,亦各有其本然样子。"[②]这里的许多"亦"字,表明艺术同冯友兰哲学体系中处理的其他事物完全一致。换句话说,冯友兰的本体论发明了一个处理宇宙万物的"套子",艺术同其他许多事物一样,都可以放进这个套子之中。这种讲美学的方法,虽然涉及审美和艺术,

---

[①] 梅勒(Hans-Georg Moeller)认为:"在当代新儒学的发展中,新理学的哲学眼界较之熊十力一系正统儒家似乎更合乎时代。所以在我看来,以新理学为典范对于儒家思想在当代哲学的发展中加以定位是适宜的。我也认为,冯友兰的新理学并不是新儒学的某种旁系/支,而是它的先锋。新理学是构成新儒家与现代哲学之间少有的联接点之一。""当代新儒家不能够在当代世界哲学的讨论中起重要作用的原因之一,恐怕就在于熊十力一系传统主义有众多的追随者,而冯友兰改革主义的儒学却没有得到进一步的发展。"(H. G. 梅勒:《新儒家与后现代主义》,北大讲演稿。)
[②] 冯友兰:《三松堂全集》第四卷,第 170 页,郑州:河南人民出版社,1986 年。

但审美和艺术只是用来说明他的哲学思想的一类例子,最终要说明的是他的哲学思想。冯友兰的美学思想多数属于这种类型,它构成冯友兰美学的外围或者表面层次。

冯友兰美学思想还有一个内在层次,即所谓在"在艺术内讲艺术"。"在艺术内讲艺术"则把艺术当做一种特别的事物,揭示它与其他事物之间的本质差异。这部分思想最能体现美学的特征,它是冯友兰美学思想中最纯粹的部分。

上述两个层次的思想都直接与美学有关。

在"新理学"哲学体系中,有一些思想虽然不是直接讨论美学问题,却具有重要的美学意义。比如,冯友兰在讨论天地境界时,常常用诗的境界作为例证;在讨论形上学的方法时,把诗当做讲形上学的"负的方法"。这些思想,似乎是在艺术或美学之内讲哲学,或者说,是在用讲艺术或美学的方法讲哲学,它们的美学意义甚至超过了那些直接与美学有关的思想。这是冯友兰美学思想最引人入胜的部分。

由此,我们可以将冯友兰的美学思想区分为三个层次:在美学之外讲美学;在美学之内讲美学;在美学之内讲哲学。在这三个层次上,冯友兰都发表了一些独具特色的见解。

第二节 艺术作品的本然样子

"艺术作品的本然样子",是冯友兰用他的哲学"套子"来"套"艺术时所得到的一个重要观念。按照冯友兰的哲学,所有的事物都有它们的"本然的样子"。在道德方面,有所谓本然办法;在义理方面,有所谓本然义理和本然命题。与此相应,在艺术方面,有本然的艺术作品。冯友兰说:"每一个艺术家对于每一个题材之作品,都是以我们所谓本然底艺术作品为其创作标准。我们批评他亦以此本然的作品为标准"。①

---

① 冯友兰:《三松堂全集》第四卷,第 171 页。

那么,什么是"艺术作品的本然样子"? 所谓"艺术作品的本然样子",按照冯友兰的理解,并不是"作品","因为它并不是人作底,也不是上帝作底。它并不是作底,它是本然底"①。这种本然的艺术作品在音乐方面是"无声之乐",在诗歌方面是"不著一字之诗",在小说方面是"无字天书"。不符合这种"本然样子"的艺术作品,是坏的艺术作品;近乎这种"本然样子"的,是好的艺术作品;合乎这种"本然样子"的,是最好的艺术作品。② 这里所说的"艺术作品的本然样子",实际上指的是艺术作品所遵循的"理"或"标准"。

冯友兰指出,"艺术作品的本然样子"可以因题材、工具、风格等不同而多种多样。他说:"诗或画对于每一题材,因风格不同,可有许多别类,每一别类又有一本然样子,譬如以'远山'为一诗之题材,专就诗说,对于此题材有一本然样子;雄浑一类之诗,对于此题材,有一本然样子;秀雅一类之诗,对于此题材,有一本然样子;以至富丽或冲淡一类之诗,对于此题材,又各有一本然样子。"③由此,涉及"本然样子"的"一"与"多"之间的关系问题。按照冯友兰的观点,艺术作品只能是某种作品,所以有"多""种""本然样子";但从这些艺术作品所属之"类"来看,它们又是"一""类"作品,多少得符合这类作品的"本然样子"。④

按照冯友兰的这种理论,"艺术作品的本然样子"不是"作品",因此根本就不存在如何创作和欣赏它的问题,只存在如何判断实际的艺术作品是否符合"艺术作品的本然样子"的问题。对此,冯友兰给出了两个方面的答案:一个是"从宇宙之观点说"给出的答案;一个是"自人之观点说"给出的答案。

---

① 冯友兰:《三松堂全集》第四卷,第171页。
② 同上书,第173页。
③ 同上书,第178页。
④ 冯友兰以画为例说:"专就画说之本然样子,无论如何,在实际上是画不出底。因为实际上所有之画,都是这种画、那种画,没有只是画、空头底画。不过此本然样子在实际上虽画不出,而所有实际上对于此题材之画,都必多少有合于此本然样子,不然即不成其为画"(冯友兰:《三松堂全集》第四卷,第177—178页)。

冯友兰说:"从宇宙之观点说,凡一艺术作品,如一诗一画,若有合乎其本然样子者,即是好底;其是好之程度,视其与其本然样子相合之程度,愈相合则愈好。自人之观点说,则一艺术作品,能使人感觉一种境,而起与之相应之一种情,并能使人仿佛见此境之所以为此境者,此艺术即是有合乎其本然样子者。其与人之此种感觉愈明晰,愈深刻,则此艺术作品即愈合乎其本然样子。"①

事实上,"从宇宙之观点说"试图给出评判艺术价值的客观标准,"自人之观点说"则给出评判艺术价值的主观标准。从上面的引文来看,"从宇宙之观点说",并没有给出任何判断艺术作品是否合于其本然样子的信息。在这方面冯友兰并没有做出深入的、有实际内容的研究。不过,冯友兰提出的问题是非常有意义的,尤其是对于我们怎样欣赏艺术作品有重要的启示意义,可以与当代西方美学形成多种呼应关系。我这里仅举三个例子。

第一个可以与冯友兰的"艺术作品的本然样子"的构想形成呼应关系的,是瓦尔顿所说的范畴感知。

在《艺术范畴》一文中,瓦尔顿证明正确的艺术欣赏依赖范畴感知。②本书第十一章第四节对此有详细的讨论,这里就不重复了。冯友兰所说的"艺术作品的本然样子",在某种程度上可以说相当于瓦尔顿所说的"正确的艺术范畴"。不过,瓦尔顿的"正确的艺术范畴"不是一个空洞的主张,它有了实际的内容。由此看来,如果对冯友兰的"从宇宙之观点说"做出适当的发展,它也可以给出判断艺术作品是否符合其本然样子的许多具体的信息。更明确地说,如果我们将与艺术有关的历史的、实践的知识注入"艺术作品的本然样子"之中,冯友兰的这一主张就不仅在理论上更加完善,而且在具体的审美和文艺批评实践上,也会发挥更大的作用。

---

① 冯友兰:《三松堂全集》第四卷,第 180 页。
② 以下讨论参见 Kendall L. Walton, "Categories of Art," *Philosophical Review* (1970), pp. 334 - 367。

第二个可以与冯友兰的"艺术作品的本然样子"的构想形成呼应关系的，是卡利关于绘画本体的构想。

20世纪美学家对艺术作品的本体论很感兴趣。随着研究的深入，美学家们发现不同的艺术作品的本体论地位不同。比如，同一个音乐作品可以有多个演奏的副本，每个副本都可以是原作。像音乐这样的艺术就是多体艺术。但是，同一幅绘画却不可以有多个副本，任何绘画副本都不可能是原作。像绘画这样的艺术就是单体艺术。一些美学家对于绘画与音乐享有不同的本体论地位感到不满，他们认为既然绘画与音乐同为艺术，就应该分享同样的本体论地位。于是，有人力图证明音乐像绘画一样，也是单体艺术。这种主张可以称之为殊相一元论，其中戴维斯的主张最为激进。在戴维斯看来，所有艺术作品在根本上都是行为，音乐作品是每次演奏行为，它们都是不可重复的。还有一种共相一元论，把绘画看成是像音乐一样的多体艺术。斯特劳森就持这种看法。

在斯特劳森看来，绘画和雕塑也是类型（type），而不是物体或者物理对象（physical object）。绘画和雕塑之所以被当做物体或者物理对象，原因只是在于"复制技术的实际缺乏，我们不能将复制品等同于艺术作品。如果有了这种复制技术，绘画原作的意义就只是像诗歌手稿所具有的意义那样。不同的人在同一时间的不同地方可以看到完全一样的绘画，就像不同的人在同一地方的不同时间可以听到完全一样的四重奏一样"[1]。根据斯特劳森，如果人类能够发明一种技术，制作出与原作完全一样的绘画和雕塑副本，那么绘画和雕塑就像文学、音乐和蚀刻版画等多体一样，可以有许多不同的殊型（token）、例子或副本，从而就转变成了多体艺术。

与斯特劳森不同，卡利力图从另一个角度证明绘画像音乐一样也是多体艺术。卡利不是力图证明绘画像版画一样，可以有诸多可以作为原

① Peter F. Strawson, *Individuals: An Essay in Descriptive Metaphysics* (London: Methuen, 1964), p.231.

作的副本,而是力图证明同一种绘画行为可以有不同的执行,换句话说我们看到的绘画作品实际上只是某种绘画行为的副本。如果用类型(type)和殊型(token)这两个概念来区分,根据卡利的主张,不是绘画原作是类型,对原作的精确复制是殊型,而是某种绘画行为是类型,对于这种行为的不同执行是殊型。对于卡利来说,艺术作品既不是艺术家生产出来的一件物理作品如绘画作品,也不是演奏家所做出的一次演出,还不是画家绘画或演奏家演出所遵循的某种抽象的结构,无论是颜色和形状的结构还是声音的结构,而是艺术家达到那种结构的行为和方式。总之,艺术作品是艺术家通过某种探索路径对某种无论是语言、声音、颜色或者其他什么东西的结构的发现。同一种结构,如果用不同探索路径去发现,就是两个不同的作品;结构本身不是作品,作品是艺术家发现结构的行为,不同的作品可以具有同样的结构。我们对艺术作品的欣赏,不仅是欣赏作品的结构,而且是欣赏艺术家发现作品的方式,欣赏艺术家实现他的目标的成就,用卡利的话来说,"欣赏艺术作品就是欣赏某种成就"①。运用同样的结构,艺术家可以达到不同的成就,从而形成不同的作品。卡利指出:"不同的作品可以具有同样的结构。如果是这样的话,将作品区别开来的就是作曲家或者作者达到这种结构的不同环境。"②为了说明这里的问题,卡利采用了列文森的一个例子:"勃拉姆斯 1852 年的钢琴奏鸣曲作品 2 号是他早期的作品,明显受到李斯特的影响,这是任何一个感觉良好的听众都能够辨认出来的。但是,贝多芬写的一件在声音结构上与之完全一样的作品,却不可能具有受到李斯特影响这种特性。贝多芬的作品所具有的梦幻性质却是勃拉姆斯的作品所没有的。"③由此可见,如果只看最后的结果,而不考虑产生这种结果的行为,就无法将勃拉姆斯与贝多芬区别开来,就无法形成对他们的作品的正确欣赏。

---

① Gregory Currie, *The Ontology of Art* (New York: St. Martin's Press, 1989), p.72.

② Ibid. , p.65.

③ Jerrold Levinson, "What A Musical Work Is," *Journal of Philosophy*, Vol. 77 (1980), p.12.

由此,卡利将艺术作品称之为行为类型(action-type)。卡利说:"艺术作品是艺术家为发现作品结构而采取的一种行为类型。"①由于艺术作品是某种行为类型,因此艺术家既不是创作艺术作品,也不是发现艺术作品,而是通过某种"探索"行为揭示作品的结构。艺术家对作品结构的探索和诱发,不仅受到艺术家的思想的影响,而且受到艺术史语境的影响。根据一般的类型-殊型理论,音乐作品是类型,对作品的演奏是殊型;版画模板是类型,印刷出来的版画是殊型;绘画原作是类型,忠实的复制(就像斯特劳森主张的那样)是殊型;如此等等。但是,按照卡利这种特殊的类型-殊型理论,由于作品的类型是行为,因此作品的殊型也应该是行为。进一步说,根据卡利,欣赏艺术作品不是欣赏某人创作出来的某个东西,不是欣赏这个东西的特性,而是欣赏创作这个东西的行为过程。作为创作结果的绘画、演奏等等只是通达艺术创作行为的路径。在这种意义上,卡利的主张与杜威和克罗齐比较接近。克罗齐在谈到杜威的美学时曾经说:"没有艺术性的'东西'(thing),只有艺术性的行事(doing),一种艺术性的生产(producing)。"②

根据卡利,艺术作品的类型是一种行为模型,艺术作品的殊型是对行为模型的表演或者执行(performance),不仅音乐艺术如此,所有艺术都是如此。就绘画来说,也可以有类型与殊型的区别。这种区别不是斯特劳森所设想的原作与精确复制品之间的区别,而是理想的行为类型(action-type)与这种行为类型的具体实施也就是行为殊型(action-token)之间的区别。由此,卡利将所有的艺术作品都统一为一种行为类型,无论绘画还是音乐,莫不如此。

卡利的这种主张,与上述提到的戴维斯在许多方面基本一致。他们的不同在于:戴维斯强调艺术作品是某种特殊的创作行为,这种创作行为只是一次性的,不可以被复制。换句话说,戴维斯希望将所有艺术作

① Gregory Currie, *The Ontology of Art* (New York: St. Martin's Press, 1989), p.75.
② Benedetto Croce, "On the Aesthetics of Dewey," *The Journal of Aesthetics and Art Criticism*, Vol.6 (1948), p.204.

品都视为不可重复的事件,都是行为殊型。对于绘画之类的单体艺术来说,戴维斯的这种主张遇到的挑战并不太大。最大的挑战来自像音乐之类的多体艺术,只有将所有音乐都视为不可重复的即兴音乐,戴维斯的理论才能成立,但事实并非如此。卡利强调艺术作品是某种理想的创作行为,即行为类型,这种创作行为可以被不同地执行,就像音乐乐曲可以被不同地演奏一样。与戴维斯不同,卡利的这种主张遇到的挑战主要来自绘画之类的单体艺术。在艺术史上,我们很难发现不同的具体绘画行为只是对同一种理想的绘画行为的执行。

卡利的这种理想的行为类型的构想,与冯友兰的"艺术作品的本然样子"的构想非常类似。理想的行为类型本身不是作品,依据理想的行为类型所做出的实际的行为才是作品。理想的行为类型,是评判艺术作品即实际行为的优劣的标准。

第三个可以与冯友兰的"艺术作品的本然样子"的构想形成呼应关系的,是杜夫海纳的纯粹美学的构想。

受到康德的认识论的启发,杜夫海纳提出了他的纯粹美学的构想。根据康德的认识论,世界是通过先验直观形式和先验范畴向我们显示出来的现象。杜夫海纳认为,同感性世界通过先验直观形式、知性世界通过先验知性范畴向我们显现一样,审美世界是通过先验情感范畴向我们显现的。换句话说,我们只有通过先验情感范畴,才能感受到艺术作品的审美世界。杜夫海纳这里所说的情感范畴,就是我们美学原理中所说的审美范畴。杜夫海纳明确说:

> 这些研究涉及的东西(即情感范畴)有时称为审美范畴,有时称为审美类型,有时称为审美价值,如美、崇高、漂亮、雅致,等等(而这个经常使用的"等等"就足以表明思考的局限性。思考由于无法列出准确的审美价值表,往往满足于把审美价值同其他价值进行比较)。这就是我们所说的"情感范畴"。我觉得这个名字最为贴切。①

----

① 杜夫海纳:《审美经验现象学》,第505页。

杜夫海纳认为,情感范畴决定了审美主体和审美对象。比如,"轻快"这个范畴,决定了作为音乐家的莫扎特和莫扎特的音乐;"雄强"这个范畴,决定了作为音乐家的贝多芬和贝多芬的音乐;如此等等。杜夫海纳进一步构想,只要我们弄清了所有的情感范畴,我们就掌握了审美的所有可能性,就掌握了艺术作品的所有风格。杜夫海纳将有关情感范畴的研究称之为纯粹美学。但是,杜夫海纳承认,纯粹美学只是一个美好的愿望,在事实上"一种纯粹美学不可能最终构成"①。因为情感范畴是与人有关的范畴,它们不像与物有关的科学范畴那样确定,同时情感范畴在数量上是无限的,随着人类历史的发展而不断展开,因此以情感范畴为研究对象的纯粹美学事实上是不可能的。

尽管杜夫海纳构想的纯粹美学事实上是不可能的,但是他所构想的情感范畴对艺术作品和审美经验仍然可以起规范作用。这就像冯友兰的"艺术作品的本然样子"一样。究竟有多少种"艺术作品的本然样子",在事实上我们也是无法知道的,同时每种"艺术作品的本然样子"究竟是什么样子,事实上也不可能知道,但是对于现实的艺术创作和艺术评价,"艺术作品的本然样子"仍然可以起规范作用。

尽管冯友兰从客观方面,即"从宇宙之观点说",对"艺术作品的本然样子"并没有详细的论述,对于它如何规范艺术创作和艺术评价也没有太多的论述,但是通过与当代西方美学有关思想的比较,我们可以看到冯友兰的这种构想具有极大的理论潜力。

与"从宇宙之观点说"不同,冯友兰从主观方面,即"自人之观点说",给出了判断艺术作品是否符合"艺术作品的本然样子"的许多重要的信息。按照冯友兰的说法,一件艺术作品是否符合它的本然样子,关键要看它是否能够让人感觉到"境",是否能够激起人们的"情"。更重要的是,是否能使人感觉到的"境"与激发起来的"情"契合无间。情境契合的作品,就是符合"艺术作品的本然样子"的作品。在中国古典美学中,情

---

① 杜夫海纳:《审美经验现象学》,第 529 页。

境契合实际上指的就是意境。因此，也可以说，判断艺术作品是否符合其本然样子，主要看它是否有意境。显然，冯友兰从主观方面即"自人之观点"来讨论"艺术作品的本然样子"时所发表的观点，已经超出了"在艺术外讲艺术"的层次，进入了"在艺术内讲艺术"的层次。

第三节　对"意境"的独特理解

冯友兰在美学之内讲美学，主要体现在他从"在艺术内讲艺术"的角度，对艺术的本质所发表的许多很有价值的见解，其中最重要的是他对艺术作品的"意境"所做出的独特的理解。冯友兰的有关论述，对于我们今天把握意境，仍然具有重要的启示意义。

冯友兰对"意境"的独立理解，集中体现在对"境"的理解上。按照美学界的通常看法，"境"往往指的是人的感觉的对象世界，在中国古典美学中与"景"的含义比较接近。正如叶朗指出的那样：

"景"这个范畴的出现，显示了我国古代气韵说和意象说这两大学说的合流的趋向。而意境说正是在气韵说和意象说合流的基础上产生的。所以，由"应物象形"到"景"的推移，同唐五代诗歌美学中"象"的范畴向"境"的范畴的推移，是属于同一个思想进程，标志着中国古典美学的意境说的诞生。[1]

一般说来，意境指的是艺术作品所表达的情境交融的艺术世界，具有生动形象的特点。尽管"境"不仅指"象"，而且指"象外"，因而具有超越的特征，但是"象外"并不是抽象的存在，"象外"仍然是"象"，即所谓"象外之象"。正如叶朗指出的那样：

唐代美学家讲的"境"或"象外"，也不是"意"，而仍然是"象"。"象外"，就是说，不是某种有限的"象"，而是突破有限形象的某种无

---

[1] 叶朗：《中国美学史大纲》，第248页，上海：上海人民出版社，1985年。

限的"象",是虚实结合的"象"。……总之,"象"与"境"("象外之象")的区别,在于"象"是某种孤立的、有限的物象,而"境"则是大自然或人生的整幅图景。"境"不仅包括"象",而且包括"象"外的虚空。"境"不是一草一木一花一果,而是元气流动的造化自然。①

但是,冯友兰所说的"境"指的不是具体的"物"、"象"或者"象外之象",而是指某种抽象的"性",即事物的超越的本质或者本性。冯友兰说:

> 好底艺术作品,必能使赏玩之者觉一种情境。境即是其所表示之某性,情即其激动人心,所发生与某种境相应之某种情。好底艺术作品,不但能使人觉其所写之境而起一种与之相应之情,且离开其所写,其本身亦即可使人觉有一种境而起一种与之相应之情。②

"境"的抽象特征,在冯友兰对"止于技"的艺术与"进于道"的艺术的区分中,可以看得更加清楚。所谓"止于技"的艺术,只是表示某个事物的特点,而不能表示某类事物所共有的某"性"之特点,就像讽刺画或者速写画那样。冯友兰说:

> 画讽刺画者,或画速写画者,常将以事物所特有之点,特别放大,使观者见之,特别注意,不过此种作品,对于观者所生之效力,只能使观者觉其所欲表示之特点,乃系属于一个体,即一件事物者,而不是属于某类,即某类事物者。换言之,此种画只表示某一事物之特点,而不表示某一类事物所有性之特点,所以只能使观者见此某事物之个体,而不见其所以属于某类之某性。艺术之至此程度者,只是技,而不能进于道。③

与"止于技"的艺术不同,"进于道"的艺术不着重表示某个事物的个

---

① 叶朗:《中国美学史大纲》,第 268—270 页。
② 冯友兰:《三松堂全集》第四卷,第 169 页。
③ 同上书,第 167 页。

体特点,而是要表示某个事物所属的类的特点。事物所属的"类",有点类似于柏拉图所说的"理念",是抽象的或者超越的存在。冯友兰说:

> 进于道之艺术,不表示一事物之个体之特点,而表示一事物所以属于某类之某性之特点。例如善画马者,其所画之马,并非表示某一马所有之特点,而乃表示马之神骏之性。杜甫《丹青引》谓曹霸画马:"一洗万古凡马空。"凡马是实际底马,而善画马者所画之马,乃所以表示马之神骏之性者,所以其马不是凡马。不过马之神骏之性,在画家作品上,必藉一马以表示之。此一马是个体;而其所表示者,则非此个体,而是其所以属于某类之某性,使观者见此个体底马,即觉马之神骏之性,而起一种与之相应之情,并仿佛觉此神骏之性之所以为神骏者,此即所谓藉可觉者以表示不可觉者。①

由此可见,在冯友兰心目中,艺术与哲学目标一样,方法不同。艺术与哲学的目标,都在于"理"。但是,在冯友兰的哲学体系中,"理"是可思,而不可感的。只有实际的事物才是可以感觉的。艺术的独特之处,就在于"能以一种方法,以可觉者表示不可觉者,使人于觉此可觉者之时,亦仿佛见其不可觉者。艺术至此,即所谓技也而进乎道矣。"② 由于艺术的目的,是以可感觉的个体事物,表达该事物所属的种类的共性或者共相,因此艺术与哲学的目标没有什么不同,它们都是以超然的态度静观事物的共相。冯友兰说:

> 哲学家与艺术家,对于事物之态度,俱是旁观底,超然底。哲学家对于事物,以超然底态度分析;艺术家对于事物,以超然底态度赏玩。哲学家对于事物,无他要求,惟欲知之。艺术家对于事物,亦无他要求,惟欲赏之玩之。哲学家讲哲学,乃欲将其自己所知者,使他人亦可知之。艺术家作艺术作品,乃欲将其自己所赏所玩者,使他

---

①② 冯友兰:《三松堂全集》第四卷,第167页。

人亦可赏之玩之。①

共相是不可感觉的,是抽象的、超越的。所谓"境",就它指的是某一事物所属某类之某性来说,它是抽象的、超越的、不可感觉的。艺术的特别之处,就在于它能够写"境",能够显示事物的不可感觉的"性",能够用可感觉者显示不可感觉者。冯友兰认为这是诗与历史区别的关键所在。"历史之目的在于叙述某事,而历史诗之目的在于表示某事之某性"②。

对"境"作如此理解,可以方便地将艺术与历史区分开来,但很难将艺术与哲学区分开来,因为照冯友兰的理解,哲学也要表示事物背后的"性"和"理"。冯友兰列举了哲学与艺术的许多共同点,但艺术毕竟不同于哲学。艺术与哲学的不同之处在于:"哲学是对事物的心观,艺术是对事物的心赏或心玩。心观只是观,所以纯是理智的;心赏或心玩则带有情感。"③在冯友兰看来,艺术与哲学对待事物的态度是一致的,均是旁观的、超然的;"观"与"赏"的对象是一致的,均是事物背后的"性"和"理";区别仅在于观与赏在方式上有所不同。艺术的心观要带有情感,或者说会激起相应之情。因此,判断一个作品是否是艺术作品,是否"符合艺术作品的本然样子",主要是看它能否感动人心。"所谓感动者,即使人能感觉一种境界,并激发其心,使之有与之相应之一种情。能使人感动者,是艺术作品;不能使人感动者,而只能使人知者,其作品之形式,虽或是诗、词等,然实则不是艺术。"④

由此,冯友兰给出了两个评判艺术作品好坏的标准。一个是"艺术作品的本然样子",是纯客观的;一个是艺术作品所引起的感动,是纯主观的。冯友兰认为这两个标准并不矛盾。因为有许多理,其中都蕴涵有可能的主观成分。可能的主观成分,不是实际的主观成分。实际的主观成分带有主观任意的色彩;可能的主观成分,则是理中所必然含有的主

① 冯友兰:《三松堂全集》第四卷,第167—168页。
② 同上书,第173页。
③ 同上书,第167页。
④ 同上书,第180页。

263

观成分。冯友兰认为,"美"就包含"可能的主观成分"。冯友兰说:

> 所谓美之理,其中亦涵有可能底主观的成分。若完全离开主观,不能有美,正如完全离开主观,即不能有红色。有美之理,凡依照此理者,即是美底;正如有红色之理,凡依照此理者,即是红底。此即是说:凡依照美之理者,人见之必以为美;正如凡依照红色之理者,人见之必以为是红底。此是从宇宙之观点说。若从人之观点说,凡人所谓美者,必是依照美之理者,正如凡人谓为红者,必是依照红之理者。此所谓人,是就一般人说。人亦有不以红色为红色者,此等人我们谓之色盲。亦有对于美之美盲。色盲之人不以红色底物是红,无害于一红色底物之是红。美盲之不以一美底事物是美,无害于一美底事物之是美。①

由此可见,冯友兰所谓"主观",指的是对"理"的正常的主观反应。这种主观反应是普遍可传达的。

我们前面已经指出,所谓纯客观的标准,事实上是很难实施的,因为并没有一个"艺术的本然的样子"现实地存在着。可以具体实施的标准,倒是主观的标准,因为欣赏者是否感觉某种境,是否起了一种与之相应的情,欣赏者自己明白,当然也只有欣赏者自己明白。但是,欣赏者之感觉到某种境与起某种相应之情,均不是主观任意的行为,而是由艺术作品所必然引发的,是普遍可传达的,因而与客观标准并不矛盾。

在《新理学》中,冯友兰对意境的探讨,是与对一件艺术作品是否符合其"本然样子"的判断结合在一起的,有意境的作品就是合乎或近乎"本然样子"的作品。"境"指的是艺术作品所描述的事物所属某类之某性;"意"指的是人欣赏此物之性时所激起的相应之情。冯友兰对"意境"的这种理解,与美学界对"意境"的一般理解有些不同。

冯友兰对"意境"的理解有一个发展过程。在后来的著述中,冯友兰

---

① 冯友兰:《三松堂全集》第四卷,第182页。

对"意境"的理解更加接近美学界对于"意境"的通常理解。比如,在《中国哲学史新编》第六十九章中,冯友兰对王国维的美学做了专题研究。冯友兰倾向于赞同王国维对意境的理解。在对王国维的美学思想做了梳理之后,冯友兰对于"意境"做了一个概括性的说明:"在一个作品中,艺术家的理想就是'意',他所写的那一部分自然就是'境'。意和境浑然一体,就是意境。"①"所谓意境,正是如那两个字所提示的那样,有意又有境。境是客观的情况,意是对客观情况的理解和情感。"②在这里,冯友兰没有再强调,客观的情况或者自然一定要是普遍的"性"。冯友兰的这种理解基本符合王国维的原意,同时与学术界的一般观点比较接近。

但是,王国维对意境的理解也有偏颇。正如叶朗指出的那样,王国维使用"境"这个概念,"并不具有中国古典美学赋予'境'这个概念的那种特定的涵义(即'境生于象外')。因此,他说的'意'与'境'的统一,实际上还是'意'与'象'、'情'与'景'的统一。"③

简要地说,把"境"理解为"某一事物所属某类之某性",有些过于抽象;把"境"理解为"艺术家所写的那部分自然",有些过于具体。冯友兰对于意境的理解,已经涉及它的具体层面和抽象层面,但是对于如何将这两个层面结合在一起的问题,仍然有待深入探索。

冯友兰在接受王国维的思想时,并没有完全放弃他先前的观点。尽管王国维没有对"境"与"象"做仔细的甄别,但他也强调艺术对超越有限物象的普遍性的追求。冯友兰在阐释王国维的美学思想时,特别强调了王国维的这个主张:"夫美术之所写者,非个人之性质,而人类全体之性质也。"④冯友兰认为,这是王国维美学的重大原则。根据这个原则,艺术要表达的意境自然不是个人的情意和个别的景物,而是一种普遍的情理和物性。

---

① 冯友兰:《中国哲学史新编》下,第547页,北京:人民出版社,1999年。
② 同上书,第549—550页。
③ 叶朗:《中国美学史大纲》。
④ 王国维:《红楼梦评论》,《王国维文集》第一卷,第19页,北京:中国文史出版社,1997年。

在对王国维的美学做完阐述之后,冯友兰写了一个"附记"。之所以写这个附记,原因如冯友兰自己所说:"我在写这一章的时候,受到了不少的启发,也做了不少的引申。因其不是王国维所说的,所以不便写入正文,但也许有助于人们理解王国维,所以另为附记。"①由此可见,附记中的思想基本上可以看做是冯友兰自己的美学思想。

在这个附记中,冯友兰谈了自己对意境的经验:1937 年中国军队退出北京后,日本军队进驻北京前的几个星期,他和清华校务会的几个人守着清华。在一个皓月当空、十分寂静的夜晚,一同在清华园中巡察的吴正之说:"静得怕人,我们在这里守着没有意义了。"冯友兰说他当时忽然觉得有一些幻灭之感,后来读到清代诗人黄仲则的两句诗:"似此星辰非昨夜,为谁风露立中宵。"觉得这两句诗所写的正是那种幻灭之感,反复吟咏,更觉其沉痛。②冯友兰还描述了其他一些经验,目的是证明有同类经验的人有相同的感受。冯友兰说,传说中的伯牙弹琴,钟子期能听出其志在高山或志在流水,这个"志"字也应当作意境解。对于一个艺术作品其技巧的高下是很容易看出的,对于其意境那就比较难欣赏了。钟子期能欣赏伯牙弹琴的意境,所以被伯牙引为平生知音。③

冯友兰这个附记非常重要,体现了他对意境的准确把握。"意境"中的"境"的确不是抽象的"性"或"理",但也不是有限的物象,而是一种有限与无限统一的"大象"。在《新理学》中,冯友兰限于他的哲学思想的统一性,将"境"理解为普遍的"性"或"理";在《中国哲学史新编》中,受到王国维的影响,冯友兰将"境"理解为客观自然。这两种理解都没有抓住意境的本质。但是,在这个附记中,冯友兰结合自己的亲身经验,对"意境"做出了准确的理解。"意境"是一种源于具体物象的感发,如皓月、梅花的感发,所引起的一种人生感、历史感、宇宙感。附记中就描绘了冯友兰在特定的情境中所感受到的人生感、历史感、宇宙感。冯友兰把这种感

---

①② 冯友兰:《中国哲学史新编》下,第 555 页。
③ 同上书,第 556 页。

受称之为"意境"之感受。由此可见,"意境"既不是抽象的、不可感的"性"或"理",也不是具体的"物"或"象",而是二者的结合所生成的一种崭新的境界。

第四节　人生境界的美学维度

冯友兰曾经说:"就止于技底诗及有些哲学家的形上学说,形上学可比于诗。就进于道底诗及真正底形上学说,诗可比于形上学。"①正因为诗可比于形上学,冯友兰常常用诗来讲他的哲学。这样就进入了冯友兰美学的第三个层次:在美学之内讲哲学。这个层次的美学思想,集中体现在冯友兰人生境界理论中的美学维度上。

在《新原人》一书中,冯友兰集中阐发了他的人生境界理论。这是他在完成《新理学》之后理论上的必然延伸。尽管《新原人》写在《新事论》、《新世训》之后,但实为继《新理学》之作。② 简单地说,《新理学》探讨的是哲学之所是,《新原人》探讨的是哲学之所用。按照冯友兰的理解,哲学的任务不是增加关于实际的知识,而是提高人的精神境界。③ 因此人生境界理论便构成了冯友兰哲学的"之所用"部分。

人生境界,也就是人生的意义世界。冯友兰说:"人对于宇宙人生底觉解的程度,可有不同。因此,宇宙人生对于人底意义,亦有不同。人对于治愈后人生在某种程度上所有底觉解,因此,宇宙人生对于人所有底某种不同底意义,即构成人所有底某种境界。"④同一件事情,因不同的觉解而有不同的意义;同一个世界,因不同的觉解而呈现出不同的境界。冯友兰根据觉解的不同层次,大体区分了四种不同的人生境界:自然境界、功利境界、道德境界、天地境界。值得注意的是,冯友兰不但没有区

---

① 冯友兰:《三松堂全集》第五卷,第 265 页,郑州:河南人民出版社,1986 年。
② 冯友兰:《三松堂全集》第四卷,第 551 页。
③ 冯友兰:《中国哲学简史》,第 8、389 页。在冯友兰的文本中,人生境界、精神境界、心灵境界等词语的含义基本相同。
④ 冯友兰:《三松堂全集》第四卷,第 549 页。

分出审美境界,而且在具体的论述中也没有涉及审美境界。^① 这就容易给人造成这样的误解:冯友兰在《新原人》中没有发表美学思想,他的人生境界理论中没有美学维度。更进一步的误解是:根据冯友兰的人生境界理论,审美在提高人生境界的过程中没有多大的作用。但是,随着研究的深入,我们发现,如果不从美学的角度,便很难全面地理解冯友兰的人生境界理论,尤其是其中的天地境界理论。这就证明,冯友兰的人生境界理论中有一个潜在的美学维度。如果我们进一步把冯友兰集中论述人生境界的著作同他的少数美学论文结合起来看,就会发现所谓天地境界在很大程度上就是审美境界。下面我们将从天人合一、负的方法和风流人格三个方面来进行论述。

　　1. 天人合一与情景合一

　　天地境界是冯友兰人生境界理论中的最高境界。冯友兰说:"在天地境界中底人的最高造诣是,不但觉解其是大全的一部分,而并且自同于大全",^②因此天地境界又可以称之为"同天境界"。"同天"说的是人与宇宙的同一,因此也就是"天人合一"。

　　这里的"天人合一",首先不是指人在物质躯体上有什么变化,有限的躯体永远也不可能与无限的宇宙同一。天人合一,主要指的是精神的合一,是人的精神所能达到的一种境界。"所以自同于大全者,其肉体虽只是大全的一部分,其心虽亦只是大全的一部分,但在精神上他可自同于大全。"^③

　　由于人在精神上已经完全自同于"大全",因此"大全"是不可思议也无暇思议的。因为有思议必有思议的对象。思议的对象即是外,有外则非"合内外之道"矣。旁观的人,如思议此种境界,其所思议的此种境界,必不是此种境界。既然"大全是不可思议的。同于大全的境界,亦是不

---

① 这一点可以与宗教境界相比,尽管冯友兰没有将宗教境界单独列为一个层次,但对宗教境界仍有明确的、深入的分析。详见冯友兰:《三松堂全集》第四卷,第625—626页。
② 冯友兰:《三松堂全集》第四卷,第632页。
③ 同上书,第633页。

可思议的"①,那么,我们怎样才能知道我们是否同于"大全"? 我们在同于大全之后又以怎样的方式存在呢?

关于第一个问题,冯友兰的解释是:"不可思议者,仍须以思议得之,不可了解者,仍须以了解解之。以思议得之,然后知其是不可思议底。以了解解之,然后知其是不可了解底。"②这种解释只是指明了追求同天境界的路径,并没有提供衡量是否达到同天境界的标准。因为它没有说明最终由思到不可思,由解到不可解之间的界限是怎么超越的。由思达到不可思的境界,本身就是一个悖论。这个悖论说明:在追求天地境界的过程中,思只是必要的准备工作的方式而不是享取最终成果的方式;相反,为了获取最终成果,思如同捕鱼之筌、猎兔之蹄,是需要断然抛弃的东西。

假设由思可以达到不可思的境界,或者对怎样超越由思到不可思之间的界限问题姑且存而不论,但在达到不可思的境界之后,人生又以怎样的方式在世呢? 冯友兰用了一系列相互矛盾或者说辩证的语言来描述这种在世方式。

无知而有知。同天境界是不可思议的,因此我们对同天境界是无知的。但这种无知不同于自然境界中的无知。冯友兰说:"同天的境界,虽是不可思议了解底,在其中底人,虽不可对于其境界有思议了解,然此种境界是思议了解之所得。所以在天地境界中底人,自觉其在天地境界中,但在自然境界中底人,必不自觉其是在自然境界中。如其自觉,其境界即不是自然境界。在天地境界中的人,自觉其是在天地境界中。就此方面说,他是有知底。在同天的境界中的人不思议大全,而自同于大全。就此方面说,在此中境界中底人,是无知底。"③

无"我"而有"我"。冯友兰把"我"区分为"有私"和"主宰"二义。从"有私"的角度来看,在天地境界中的人是"无我"的,因为自同于大全的

---

①② 冯友兰:《三松堂全集》第四卷,第635页。
③ 同上书,第635—636页。

人,"我"与"非我"的区别,对于他已不存在。从"主宰"的角度来看,在天地境界中的人是"有我"的,因为自同于大全,并不是"我"的完全消灭,而是"我"的无限扩大。在此无限扩大中,"我"即是大全的主宰。① 因此,同天境界中的人不仅有"我",而且有大"我"。

有为而无为。"有为而无为"也可以表述为"顺理应事"。"应事"是"有为","顺理"是"无为"。值得注意的是,冯友兰对"事"与"理"的理解与一般所谓的"事"与"理"有一定的区别。"此所谓理,是关于伦职底理。此所谓事,是关于尽伦尽职底事。"②也就是说,"理"指的是日常生活中待人接物的"情理",不是科学所谓的事物的规律;"事"指的是日常生活中的待人接物,不是一般所谓的事件或事业。

冯友兰用一系列相互矛盾的语言来描述天地境界,说明天地境界在根本上是神秘的、不可言说的。在这种意义上,天地境界不是西方传统认识论哲学所追求的境界。天地境界中的天人合一不是西方哲学所谓的思维与存在的合一。在西方哲学中,比如在黑格尔那里,思维与存在的同一不仅可以凭借思维认识到,而且只有在纯粹的哲思中才能完全把握得到。这种在纯思中达到的思维与存在的同一还不是冯友兰所说的不可思议的同天境界。天地境界也不是或者超出了中国传统人伦思想,特别是儒家思想所追求的境界。在儒家思想中,天人合一中的"天"更多指的是有道德意义的"天理",还不完全是作为生活世界的"天地"。显然,冯友兰对儒家思想中这种道德意义上的天人合一是情有独钟的。一方面,尽管冯友兰对天地境界与道德境界作了严格的区分,但我们仍然可以看到,冯友兰所说的"天"更多地带有义理色彩,缺少生活情趣。这恐怕是冯友兰不能在其理论中明确地分立审美境界的主要原因。但另一方面,天地境界毕竟不同并超越于道德境界,这就使它多少能够突破道德义理的范围,具有一定的生活情趣。因此,冯友兰说:"事物的此种

---

① 冯友兰:《三松堂全集》第四卷,第 636 页。
② 同上。

意义(指人在天地境界中所领悟到的事物的新意义),诗人亦有言及之。"①冯友兰同意天地境界也可以称之为"舞雩境界"。② 舞雩境界即是审美境界。

张世英明确用"天人合一"来描述审美境界。他说:"审美意识是人与世界的交融,用中国哲学的术语来说,就是'天人合一',这里的'天'指的是世界。人与世界的交融或天人合一不同于主体与客体的统一之处在于,它不是两个独立实体之间的认识论上的关系,而是从存在论上来说,双方一向就是合而为一的关系。"③张世英还说:"婴儿在其天人合一境界中,尚无主客之分,根本没有自我意识,这种原始的天人合一,我把它叫做'无我之境';有了主客二分,从而也有了自我意识之后,这种状态,我称之为'有我之境';超越主客二分所达到的更高一级的天人合一,应该是一种'忘我之境'。审美意识都是一种忘我之境,也可以说是一种物我两忘之境。"④我们可以在冯友兰和张世英的"境界"理论之间发现一种类比关系。张世英的"无我之境"可以类比于冯友兰的自然境界,"有我之境"可以类比于功利境界和道德境界,"忘我之境"可以类比于天地境界。由此,在冯友兰那里作为哲学境界的"天地境界",就成了张世英这里作为审美境界的"无我之境"。

把"天人合一"理解为"情景合一",在中国古典美学中可以找到强有力的支持。"情景合一"是中国古典诗歌美学中的重要观点。这种观点在王夫之的诗歌评点中得到了最集中、最明确的阐发。⑤ 在王夫之看来,意象是诗歌的本质特征,意象的基本结构是"情景合一"。"情景合一"并不需要借助一种外在的力量才能实现;"情景合一"是由情、景各自的本

---

① 冯友兰:《三松堂全集》第四卷,第 630 页。
② 同上书,第 448 页。
③ 张世英:《天人之际——中西哲学的困惑与选择》,第 199 页。
④ 同上书,第 202 页。
⑤ 参见叶朗:《中国美学史大纲》,第 453—460 页,上海人民出版社,1985 年。

质特征决定的。王夫之所理解的"情"是"景中情","景"是"情中景";①脱离了"情","景"就成了虚景,脱离了"景","情"就成了虚情。② 按照王夫之对"情"、"景"的这种规定,"情"、"景"本来就是合一的,所以王夫之说:"夫景以情合,情以景生,初不相离,唯意所适。截然两橛,则情不足兴,而景非其景。"③又说:"情景名为二,而实不可离。神于诗者,妙合无垠。巧者则有情中景,景中情。"④

这种"情"、"景"相互蕴涵而合一的思想,是以"天人合一"为基础的。在王夫之看来,"情景合一"是在审美感兴中自然契合生成的,⑤而审美感兴又具有还原功能,可以将人还原到与世界本然的合一状态,所以说在兴发状态下自然生成的"情景合一"是以人与世界本然的合一关系为基础的。但我们想进一步指出的是,"天人合一"最自然、最直接表现为"情景合一",或者说,审美活动是"天人合一"最理想的展现场所。当通过审美还原将功利、目的、概念全都放进括号里之后,主体剩下的只是"情感",对象剩下的只是"景象"。这种"情景交融"的世界是通过审美还原呈现出来的世界,是我们"生活世界"的最基本的形式。

由于"天人合一"最直接表现为"情景合一",因此"天人合一"最好理解为一种生活境界而不是抽象的关系、原则。由于日常生活中充满了功利、目的、概念等因素,本然的"情景合一"的"生活世界"被遮蔽起来了;只有在艺术,特别是天才艺术那里,这种被遮蔽的然而又是本然的"生活世界"才得到重新展示。

如果把天地境界理解为审美境界,在天地境界中如何对它有所觉解的难题就能得到较好的解释。诚然,审美境界是不可思议的,我们不可

---

① 王夫之说:"景中生情,情中含景,故曰:景者情之景,情者景之情也。"(《唐诗评选》卷四岑参《首春渭西郊行呈蓝田张二主簿》评语)

② 王夫之说:"情不虚情,情皆可景;景非虚景,景总含情。"(《古诗评选》卷五谢灵运《登上戍鼓山寺》评语)

③《姜斋诗话》卷下,载《清诗话》上册第十七,第11页,上海古籍出版社,1978年。

④《姜斋诗话》卷下,载《清诗话》上册第十四,第11页。

⑤ 参见叶朗:《中国美学史大纲》,第459—460页。

能通过思虑知道是否处于审美境界之中,但我们却可以通过一种无所原由的快适的情感,"知道"是处在审美境界中。因为我们在对这种无所原由的审美愉悦反思时只能找到唯一的原因,那就是人与世界本来就是亲密无间的。是这种无所原由的快适情感(也就是我们通常所说的审美愉悦)把不可思虑的天人合一呈现给我们的意识。这种无所原由的快适就是冯友兰所说的忘情之乐。冯友兰说:"忘情则无哀乐。无哀乐便另有一种乐。此乐不是与哀相对底,而是超乎哀乐底乐。"①正是这种无所原由的快适,表明我们处在"与万物混杂中感受到人与世界的亲密关系的这一点上"②。由此,在审美境界中的存在样态也可以被描述为一种位于根源部位的存在,或者说本然的存在。在审美或天地境界中的人并不要做一番特别的事业,只是自然地做事,自然地生活;在这种自然的生活中领略到一种不同寻常的意味。③

2. 负的方法与审美还原

我们不仅可以从冯友兰有关"天地境界"的描述中直接挖掘出其中的美学内涵,而且通过对冯友兰达到"天地境界"的"负的方法"的分析,也可以显示出其中的美学维度。

既然天地境界是不可以思虑的,单凭思虑就不可以达到天地境界。因此,冯友兰指出,"真正形上学的方法有两种:一种是正底方法;一种是负底方法。正底方法是以逻辑分析法讲形上学。负底方法是讲形上学不能讲,讲形上学不能讲,亦是一种讲形上学的方法"④。值得注意的是,冯友兰把诗也当做是用"负的方法"讲形上学。冯友兰说:"诗并不讲形上学不能讲,所以它并没有'学'的成分。它不讲形上学不能讲,而直接以可感觉者,表现不可感觉,只可思议者,以及不可感觉,亦不可思议者。这些都是形上学的对象。所以我们说,进于道底诗'亦可以说是'用负底

---

① 冯友兰:《三松堂全集》第五卷,第 354 页。
② 杜夫海纳:《美学与哲学》,孙非译,第 8 页,北京:中国社会科学出版社,1985 年。
③ 冯友兰:《三松堂全集》第四卷,第 643 页。
④ 同上书,第 173 页。

方法讲形上学。"①如果仔细分析,诗同"负的方法"还是有所区别的。负的方法讲形上学不是什么,"但若知道了它不是什么,也就明白了一些它是什么"②。这种"明白"并不是由所讲的直接显示的,而是需要一种另外的反思或觉悟才能得到,而这种另外的反思或觉悟刚好是需要进一步说明的。因此"负的方法"虽然可以使人明白不可思议者是什么,但还不是必然地使人明白它是什么。诗不同于"负的方法",诗不说不可思议者不是什么,而是以可感觉者直接显现不可思议者。在这种意义上可以说,诗是一种形上学的"正的方法",而且是唯一的能通达不可思议者的"正的方法"。尽管冯友兰并没有强调诗的这方面的作用,但从他承认诗可以显现不可思议者这一点来说,我们的发挥并不至于离题太远。

现在的问题是:诗怎么可以显现不可思议者? 在讨论诗作为一种负的形上学的方法时,冯友兰从三方面涉及了这个问题:诗用可感觉者表显不可感觉、不可思议者;诗用暗示的方法;诗用名言隽语的形式。③ 对冯友兰的这些结论都还可以问为什么,但冯友兰本人并没有继续追问。因为冯友兰并没有把它当做问题来思考,而是当做事实来接受。美学刚好是对这些不加怀疑的事实提问。

诗能够用可以感觉者来表显不可思议者,表明可感觉者与不可思议者之间并不是截然分裂的,而是有一种本然的"亲缘"关系。之所以说是本然的,因为诗,更广泛一点可以说审美,显示的是人与世界的本源关系,显示的是一种基本的生活世界。在这种生活世界中,可感觉者与不可思议者是融为一体、不可分割的。诗或审美的作用不是解释、说明这个世界,而是把人们带到、使人们想起这个世界,让人们在这个世界中自己领悟不可思议者。诗用可感觉者表显不可感觉、不可思议者,因为诗并不直接诉说不可感觉、不可思议者,而是用可感觉者唤起一种可想象的生活,让读者在想象的生活中直接领悟不可思议者。不可思议者之所

---

① 冯友兰:《三松堂全集》第五卷,第 265—266 页。
② 冯友兰:《中国哲学简史》,第 393 页,北京大学出版社,1985 年。
③ 冯友兰:《三松堂全集》第五卷,第 266—268 页。

以可以被领悟到,因为在通过审美还原所达到的基本生活世界中,不可思议者同可感觉者本是水乳交融、密不可分的。诗用暗示,这种暗示其实也是暗示那种生活世界。冯友兰说:"好底诗必富于暗示。因其富于暗示,所以读者读之,能引起许多意思,其中有些可能是诗人所初未料及者。"①这些意思也只有在读者通过审美还原达到天人合一的境界之后才会自然涌起。

如果我们把天地境界当做形上学不可感觉、不可思议的对象(严格说它不能被称为对象),获取这种对象的唯一正确有效的方法便是诗或审美,这是由天地境界不可思议的性质和审美特有的还原功能所决定的。反过来也可以说,由于审美是达到天地境界的最有效的途径,天地境界自然可以最恰当地理解为审美境界。

3. 风流与人格美

天地境界作为审美境界,还可以由达到天地境界所成就的人格表现出来。冯友兰把通过审美还原驻留在天地境界中的人格称之为"风流",同时认为"风流是一种所谓人格美"②。冯友兰之所以把风流称做美,因为风流同美一样都是只可以直观领悟不可以言语传达的东西。③ 冯友兰从下面四个方面论述了构成真风流的条件。④

就第一点说,真名士,真风流底人必有玄心。玄心可以说是超越感。超越是超过自我。超过自我则可以无我。真风流底人必须无我。这同天地境界中的人无我而有我的思想是一致的;同时也符合审美活动具有超越性的特征。⑤

就第二点说,真风流底人,必须有洞见。所谓洞见,就是不借推理,专凭直觉,而得来底对于真理的知识。显然,这里的真理并不是科学真

---

① 冯友兰:《三松堂全集》第五卷,第 268 页。
② 同上书,第 346 页。
③ 同上书,第 347 页。
④ 冯友兰关于"真风流"的论述见《三松堂全集》第五卷,第 348—355 页。
⑤ 叶朗主编:《现代美学体系》,第 228—231 页,北京:北京大学出版社,1988 年。

理,而是生活世界中的情理;科学真理不借助推理是很难得到的,人情物理却很容易被直观所把握。这种"洞见"也就是美学中讨论得最多的审美直觉。①

就第三点说,真风流底人,必须有妙赏。所谓妙赏就是对于美的深切底感觉。这里的妙赏也就是美学所说的用审美的眼光或态度来对待整个世界。正是由于有这种妙赏,我们才可以说宇宙的人情化和人生的艺术化。

就第四点说,真风流底人,必有深情。这种深情并不是个人的儿女私情,而是超越自我之后,对宇宙人生的深切的同情。所以冯友兰称之为有情而无我。这种超越的情感也不是日常生活中最基本的哀乐,或者说一种更深切的哀乐。从其极致来说,超越的情感是忘情。忘情则无哀乐。无哀乐便另有一种乐。日常生活中的哀乐总是有什么与之相对,即总是对于什么的哀乐;忘情之乐在根本上与物无对,是一种没有原由的对整个宇宙人生的大乐。这种没有原由之乐也就是美学中常常讨论的审美愉悦。②

根据上述分析,把风流当做一种人格美是十分贴切的。在历史上众多的风流人物中,冯友兰最推崇陶渊明和程明道。冯友兰特别喜欢陶渊明的诗:"结庐在人境,而无车马喧。问君何能尔,心远地自偏。采菊东篱下,悠然见南山。山气日夕佳,飞鸟相与还。此中有真意,欲辨已忘言。"他从中领悟到:"这诗所表示底乐,是超乎哀乐的乐。这首诗表示最高的玄心,亦表现最大的风流。"③冯友兰还特别欣赏程明道的诗:"云淡风轻近午天,傍花随柳过前川。时人不识予心乐,将谓偷闲学少年。"他从中看到程明道的境界,似乎更在邵康节之上,其风流亦更高于邵康节。④ 陶渊明、程明道的风流能通过诗表现出来,冯友兰能通过他们的诗

---

① 叶朗主编:《现代美学体系》,第209—217页,北京:北京大学出版社,1988年。
② 同上书,第231—237页。
③ 冯友兰:《三松堂全集》第五卷,第354页。
④ 同上书,第355页。

直观到他们的风流,说明不可言说的风流同诗、审美有一种天然的关系。冯友兰把风流当做一种人格美,可以启示我们更加深入地理解风流同审美人生之间的关系。

通过上述分析,我们可以看到,冯友兰所谓"天地境界",与其理解为哲学境界,不如理解为审美境界。天地境界的不可思议的性质从根本上要求一种与之相应的审美的在世方式。在这里,审美不能理解为一种抽象的认识活动,而应该理解为通过还原达到的基本的生活样态。只有在这种自然地做事、自然地生活中,主体与客体(如果可以说主客体的话)才能完全敞开,呈现其全部可能性;主体才能真正自同于大全。诗不诉说不可说者,只是展示这种可想象的生活样态;诗不告诉人们什么是大全,却让人们自同于大全。自同于大全的人格必然成就为真正的风流,成就为一种人格美。

第五节　冯友兰美学与维特根斯坦美学之比较

冯友兰三个方面的美学思想,有两个方面是直接说出来的,可以说是用"正的方法"讲的美学;有一个方面不是直接说出来的,可以说是用"负的方法"讲的美学。有关"艺术作品的本然样子"和"意境"的论述,属于用"正的方法"讲美学的范围;有关"人生境界"的论述,属于用"负的方法"讲美学的范围。其实,冯友兰美学的许多深刻思想,体现在他用"负的方法"讲的美学之中。如果我们只是关注他用"正的方法"所讲的美学,有许多重要的思想就会遭到忽视。

冯友兰美学的这种情况,与维特根斯坦美学的情况非常类似。有关冯友兰与维特根斯坦之间的简要的比较研究,不仅有助于我们理解冯友兰美学,而且有助于我们理解维特根斯坦美学。冯友兰与维特根斯坦之间有许多相似的地方,尤其是他们都对"负的方法"和"不可说"感兴趣。冯友兰与维特根斯坦有过一面之交,并且似乎在"不可言说"的问题上很投机。冯友兰回忆说:"我想起 1933 年我在英国,到剑桥大学去讲演,碰见了维特根斯坦。他请我到他住的地方去吃下午茶,颇觉意味相投。当时没有谈什么专门问题,但是谈得很投机。我觉得他也是对不可思议、不可言说的问题有兴趣。"①

维特根斯坦自己关于美学究竟说了些什么?根据后人整理出版的材料,维特根斯坦关于美学居然还说了不少。为了讨论的方便,我将它们大致分成两类:借用冯友兰的术语来说,一类是用"正的方法"肯定地或正面地说出的;一类是用"负的方法"否定地或隐含地说出的。笼统地说,用"正的方法"说出来的有:(1)美学是一种艺术批评,它所进行的工作是根据规则提供理由……像法庭上的辩论一样;(2)艺术像游戏一样,是一个"家族相似概念"。用"负的方法"说出来的有:伦理学与美学是一回事,关注神秘的领域,都是不可说的。

当代分析美学发展了维特根斯坦用"正的方法"说出来的思想,在艺术定义和艺术概念分析方面表现得尤其活跃;而维特根斯坦最有魅力的美学思想是他用"负的方法"表现出来的,直接影响了新实用主义关于艺术生活的构想。对于维特根斯坦美学的这两方面的区分,通过对冯友兰美学的研究可以看得更加清楚;当然,反过来通过维特根斯坦的美学视野,也可以更好地理解冯友兰的美学。总体说来,维特根斯坦美学中两个方面的对立,代表了西方现代美学与后现代美学的对立。分析美学从维特根斯坦用"正的方法"说出来的思想中发展起来的美学,属于现代美学,而新实用主义从维特根斯坦用"负的方法"说出来的思想中发展起来的美学,属于后现代美学。

当代分析美学对艺术概念的分析,主要受了维特根斯坦"家族相似"概念的影响。在维特根斯坦看来,"艺术"只是一个"家族相似"概念,不同的艺术作品之所以被称作艺术,不是因为有一个明显的特征为所有艺术作品所共有、同时又能够将它们同其他非艺术的东西区别开来,而是因为它们之间一些交叉重叠关系。按照维特根斯坦的这个看法,艺术是

---

① 冯友兰:《三松堂自序》,第 258 页,北京:人民出版社,1998 年。

不可定义的。

　　分析美学家韦兹对维特根斯坦的这种思想做了深入的发挥、论证和系统化的工作。在韦兹看来,对艺术的定义在逻辑上是根本不可能的,因为艺术作品之间根本没有定义所必须依据的任何共同性质。我们之所以能够将"艺术"一词运用到一个新的或不熟悉的对象上去,原因并不像传统美学理论所想象的那样,依据了一个共同的艺术本质,而是根据这个新的、不熟悉的作品与其他公认的艺术作品之间的交叉重叠关系,即家族相似关系,来判断它是(或不是)艺术作品。韦兹更进一步的地方在于:他不仅指出艺术不可定义的现象,而且指出了造成这种现象的根本原因。他通过对艺术史的全面考察之后认识到:艺术是一个在本质上开放和易变的概念,一个以它的原创、新奇和革新而自豪的领域。因此,即使我们能够发现一套涵盖所有艺术作品的定义的条件,也不能保证未来艺术将服从这种限制;事实上完全有理由认为,艺术将尽自己的最大努力去亵渎这种限制。总之,"艺术的特别扩张和冒险的特征",使对它的定义是在"逻辑上不可能的"。[①]

　　在韦兹否定任何艺术定义的可能性的分析中,实际上也肯定了一点,即艺术总是创新的。创新成了所有艺术作品特别是优秀艺术作品所共有的一项价值。但这种分析所剩下来的东西即创新,仍然不能成为定义所有艺术所需要的本质性的东西,因为(1) 它将那些非创新的、一般性的艺术作品排除在艺术范围之外;(2) 它也没有成功地将那些创新的非艺术作品排除出去。

　　考虑到如果将艺术视为某种价值会带来不可避免的争论,迪基采取了另一种定义思路:如果所有艺术作品不具有共同性质,那么它们也许具有共同的产生过程。如果真是这样,我们就可以从艺术作品产生的"程序"角度对它们进行定义。根据这种思路,迪基提出了在分析美学中

[①] Morris Weitz, "The Role of Theory in Aesthetics," *Journal of Aesthetics and Art Criticism* 16 (1955), pp. 27 – 35.

具有广泛影响的"艺术制度理论"。迪基自己对这个定义前后有许多不同表述,但除了一些语言细节上的差异外,其基本思想并没有根本性差异。① 学术界一般比较认可这个定义:"一个艺术作品在它的分类意义上是(1) 一个人造物品(2) 某人或某些人代表某个社会制度(艺术界)的行为已经授予它欣赏候选资格的一组特征。"②

尽管这个定义在分析美学界产生了巨大的影响,同时也的确在某种程度上反映了当今西方发达资本主义国家艺术制度的实际,但它仍然在许多方面受到强力挑战。首先,迪基的定义动机是将所有艺术作品包括进来,将所有非艺术的东西排除出去,③但这个极灵活的定义仍然不能完全囊括今天被视为艺术作品的所有东西,比如某些非人造物品如一段原木或一块天然石头也被视为艺术作品,但它们被这个定义排除在外,因为它们不满足第一个条件。其次,所有艺术作品都需要被某人或某些人代表某个社会制度赋予它们欣赏的候选资格,也很值得质疑。因为很多时候(特别是历史上)人们欣赏艺术作品并不需要它事先被确定具有候选的欣赏资格。再次,也是最重要的一点,某人或某些人代表某个制度怎样确定艺术作品的欣赏资格? 他或者他们根据什么确定这个人造物具有候选欣赏资格而另一个则不具有? 显然迪基将什么是艺术的问题,隐含到或者转换为什么是艺术的候选资格问题。这种隐含或转让具有极大的欺骗性。表面看来它似乎解决了决定什么是艺术的核心问题,事实上它只不过将这个问题推给了艺术界,让艺术界去决定,至于艺术界究竟怎么决定,似乎就成了另外一个跟艺术定义无关的问题。

---

① 迪基"艺术制度理论"的不同表达形式,参见他自己的总结性论文"The Institutional Theory of Art," *Theories of Art Today*, Carroll (ed.)(Madison: The University of Wisconsin Press, 2000), pp. 93 - 108。

② George Dickie, *Art and the Aesthetic: An Institutional Analysis*(Ithaca, N. Y.: Cornell University Press, 1974), p. 34.

③ 舒斯特曼将这种类型的定义称之为"包装 wrapper"定义,旨在表现得既不过宽也不过窄,将所有艺术作品完全地覆盖,而将所有非艺术作品彻底地排除。见 R. Shusterman, *Pragmatist Aesthetics: Living Beauty, Rethinking Art*, p. 40.

事实上,激发迪基用"艺术界"来定义艺术的是另一个美学家丹托。丹托首先使用"艺术界"这个词语,并将它用来定义艺术作品。但他从根本上反对艺术制度理论,因为它缺乏历史的深度。在迪基的定义中,似乎任何东西都可以是艺术作品或不是艺术作品且跟艺术作品本身丝毫没有关系,而是跟一种完全外在于艺术作品的社会制度有关,似乎是社会制度的独断。但一个东西,如丹托最著名的例子沃霍尔的布利洛盒子,是艺术作品,另一个完全一样的东西,如一个与沃霍尔的布利洛盒子完全一样的盒子,则不是艺术作品,这里需要解释。因此解释是艺术作品作为艺术作品存在的至关紧要的因素,而解释本身总是根据"艺术理论的氛围、艺术史的知识"做出的。① 丹托所说的"艺术界",并不像迪基后来所篡改的那样,指一种外在的社会制度,而是指与艺术作品息息相关的"一种历史、一种理论的氛围"②。

尽管丹托的定义似乎比迪基的更具有艺术学院气息,但它仍然属于一种"包装"理论,即试图最大限度地将所有被称作艺术作品的东西囊括在艺术的名义下,而将被认为是非艺术的东西排除在外。根据丹托的这个定义,尽管加上了理论和历史的解释,但事实上还是所有东西都可以是艺术作品也可以不是艺术作品。虽然其中起决定作用的不是外在制度,但也不是作品本身,而是与艺术作品关系较近的根据艺术理论和艺术史的解释,因而与迪基的理论在总体上属于同一种类型。

丹托的"艺术界"理论虽然在某种程度上对迪基理论的纯他律化方向是一个很好的抑制,但他的"艺术界"只是一个由理论、历史知识等组成的抽象世界,而人们在"艺术界"中的具体操作显然比这要丰富、复杂得多,尤其是不能忽视迪基所揭示的社会制度的作用,因此最近许多美学家倾向于将迪基和丹托的"艺术界"理论结合起来,把它们统一到一种社会和文化的历史实践之中,出现了艺术即实践的定义。其中以沃尔特

① Arthur Danto, *The Transfiguration of the Commonplace*: *A Philosophy of Art* (Cambridge: Harvard University Press, 1981), p.135.
② Arthur Danto, "The Artworld," *Journal of Philosophy*, 61 (1964), p.580.

斯托夫和卡若尔最为著名。在他们看来,将艺术定义为实践比将艺术定义为艺术作品具有更大的覆盖面,因为它不仅覆盖了作为实践产品的艺术作品,而且覆盖了作为实践主体的作者和欣赏者,覆盖了艺术创作与欣赏的活动形式和特殊情景。①

与中国某些学者主张的"实践美学"中的宏观实践理论不同,这种艺术实践理论更侧重具体艺术实践活动的细节和复杂性。在他们看来,实践是一个相互连接的活动复合体,它要求经过训练得到的技巧和知识,旨在实现某些内在于实践的目的。正因为实践受内在目的指引,因此它们受自己结果的内在原因和标准支配,而不容易被公式化。由于这些内在原因、标准和目的不是严格地定义了的,因此一个实践将包含一个当时有关它们的解释和相对合法性的大范围辩论。这可能导致许多相互竞争的结果,并导致对实践的内在目的、原因和标准的扩展或者修正。尽管一个实践有这些变化,尽管它分有不同的本质,它依然结合在一起,作为一个独特的整体,一个特定的贯穿着共同历史的实践。②

将艺术定义无穷后退为实践,的确可以具有最大的包容性和解释力,但是,也正因为如此,它很少具有自己的特殊性,因为任何人类活动都可以放到实践中来解释。艺术是实践,科学也是实践,宗教、政治、经济等等更是实践。如此宽泛的定义实际上等于什么也没说。就是这种艺术即实践的主张者卡若尔最后也不得不承认,人们对这种无穷后退的艺术定义的兴趣正在衰退。③ 而对艺术定义兴趣的衰退,表明了分析哲学进入美学的最后一条途径已经走到尽头。

总之,当代英美分析美学是依据维特根斯坦用"正的方法"说出的思想发展起来的,与维特根斯坦用"负的方法"所暗示的东西完全无关。在我看来,维特根斯坦对美学的真正贡献,正在于他用"负的方法"所暗示

---

① 参见 Noël Carrol, "Art, Practice and Narrative," *Monist* 71 (1988), 140 - 56; N. Wolterstorff, "Philosophy of Art after Analysis and Romanticism".
② R. Shusterman, *Pragmatist Aesthetics: Living Beauty, Rethinking Art*, p.42.
③ 见 Noël Carrol, *Theories of Art Today*, p.4.

的和实践的。

　　对维特根斯坦在《逻辑哲学论》6.421中加上括号的插入语"伦理学和美学是一回事",学术界有许多不同的理解。舒斯特曼综合维特根斯坦的其他文本,认为维特根斯坦至少希望从下列三个方面表达伦理学与美学在根本上一致的观念:第一,二者都包含超越地、"从外面"、用"一种它们以整个世界作为背景的方式"看事物。在美学中,"艺术作品是那个从本质上来看的对象……[而在伦理学中]好的生活是那个从本质上来看的世界。这是艺术和伦理学之间的联结点"。第二,伦理学和美学二者都关注"神秘的"领域,不仅因为它们的陈述(既非经验的又非逻辑的命题)属于不可说,而且因为二者都采用了超越的总体视野,他将这种视野同神秘的和"绝对价值"联系起来。第三,二者在根本上都关注幸福。像"艺术的观看事物方式……[伦理学]用一种愉快的眼光观看世界",由于"艺术是令人愉快的",因此伦理学总体上是"愉快或不愉快"的问题;"这就是全部。可以说:不存在善或恶"。①

　　维特根斯坦神秘地加上括号说出来的这个命题,究竟具有怎样的意义,或者说,究竟可以作怎样的发展? 显然对这个命题的发展者,不是分析美学家,而是新实用主义者。一个发展方向以罗蒂为代表,强调伦理学的审美化;另一个发展方向以舒斯特曼为代表,强调艺术的生活化。

　　在后现代生活中,伦理生活的审美化或趣味伦理,似乎成了主要趋势。这个时代的著名形象不是英勇的男子或贞洁的女人,而是那些被意味深长地称道的"美人"。人们模仿基督的愿望比模仿麦当娜的艳妆和时尚要弱得多。简要地说,这种所谓伦理学的审美化或趣味伦理指的是:"在决定我们对怎样引导或塑造我们的生活和怎样评估什么是好的生活的选择上,审美考虑是或应该是至关紧要的、也许最终是最重要的。"②这种伦理学的审美化,通过将审美确立为美好生活的正确伦理理

---

① R. Shusterman, *Pragmatist Aesthetics : Living Beauty, Rethinking Art*, p.236.
② Ibid., p.237.

想、首选模式和估价标准，使维特根斯坦"伦理学和美学是一回事"这个含糊的格言终于丰满起来。

罗蒂的审美化伦理生活是一种彻底的私人伦理生活，一种"私人完善"和"自我创造"，一种受"扩展自身的欲望"、"拥抱越来越多的可能性的欲望"和摆脱自身"继承的形象"的限制的欲望——一种以"对新异经验和新异语言的审美求索"表达的欲望——所激发的生活。① 换句话说，审美满足、自我丰富和自我创造，不是通过生活中的实际经验来追求，而是通过采用"新的道德反省语汇"，以便用一种更有吸引力和更丰富的方式塑造我们的行为和自我形象的特征的较羞怯的选择来追求的。② 总之，罗蒂的个人审美化伦理，是通过新异的语言叙述来实现的，而与现实生活的改造无关。在罗蒂看来，"一个人的愿望和希望的更丰富、更完满的明确表述方式的发展"，可以使得"那些愿望和希望自身——因此是某人自身——更丰富和完满"。③ 审美目的不再是"稳定地看事物和完整地看它们"，而是通过不断新异的"可选择性叙述和可选择性词汇"来看它们和我们自己。④ 那些以令人喘不过气来的速度制造和占有不断变化的词汇的"异常个体"，能够"将他们的生活变成艺术作品"，而这种自我创造的作品必须是完全原创的，既不是"某种已经被认同的东西的模仿或复制"，甚至也不是对先前创造的"一流的变更"。⑤

罗蒂设想的这种审美生活的大师主要有两种，一种是古怪的"讽刺家"（或文学批评家），一种是"十足的诗人"。前者通过无止境的玩语言游戏的把戏、专注于自我描述的"多样化和新异性"，以实现自我的丰富；后者通过自我描述语言的原创性，以实现自我的创造。尽管这两种审美

---

① 参见 Rorty, "Freud and Moral Reflection," in J. H. Smith &·W. Kerrigan (eds), *Pragmatism's Freud: Moral Disposition of Psychoanalysis* (Baltimore: Johns Hopkins University Press, 1986), p.11,15。

②③ Ibid., p.11.

④ Ibid., p.9.

⑤ Rorty, "Freud and Moral Reflection," p.11.

生活大师之间,存在着明显的差异和冲突,①但罗蒂还是想把他们统一在伦理-审美追求的名下,即都旨在通过极大限度地使用新异语言重新描述自我,以实现自我丰富和自我创造。

尽管罗蒂将自我的同一性完全打散在多样和新异的自我描述语言中,但在令人眼花缭乱的语言背后,他又承认一个根本性的东西,即痛苦。换句话说,世界上所有的东西,都可以被我们变化的语言叙述所征服,唯独痛苦和相关的残暴力量除外。它们构成我们这个世界最基本的、不可改变的现实。在罗蒂看来,痛苦"是非语言的",而且几乎威胁着要驱逐作为人最共同的要素的语言。"联接……[个体]和族类的其他成员的,不是共同的语言而是对痛苦的敏感,特别是那种残暴者不与人类共享的特殊种类的痛苦"、一种罗蒂在语言上识别但作为语言丧失的痛苦。②

由此,在有关自我的语言叙述的创造性和多样性之外,罗蒂的审美生活又多了一种对残暴和痛苦的敏感。换句话说,自我叙述的多样性、创造性和对痛苦的敏感三者,构成罗蒂伦理-审美生活的主要内容。

对罗蒂的这种伦理-审美生活的构想,可以从两方面进行批评。首先,既然罗蒂独断非语言的痛苦普遍存在,为什么不可以断定非语言的愉快普遍存在? 从美学史上来看,审美生活中对非语言的愉快的体验,似乎远远多于对痛苦的体验,以至于愉快成为许多美学家用来判别审美经验的重要标准。③ 其次,审美生活是否仅限于语言叙述之内? 显然,审美经验包含许多与事物直接打交道的行为,不止语言叙述行为。更重要的是,通过语言叙述的新异性和丰富性所构成的自我,很难说是伦理生

---

① 对二者之间的差异的分析和对它们的批评,参见 R. Shusterman, *Pragmatist Aesthetics : Living Beauty, Rethinking Art*, pp. 246 – 250。

② Rorty, *Contingency, Irony, and Solidarity* (Cambridge: Cambridge University Press, 1989), p. 65,92,94,177.

③ 在康德那里甚至是唯一标准。在《判断力批判》中,康德把愉悦看做审美判断的质的规定性,这表明在康德看来,愉悦是审美的本质特性。具体论述参见《判断力批判》上卷,宗白华译,第 46—54 页,北京:商务印书馆,1987 年。

活的主体。照我们通常理解,伦理生活中的主体,应该是实践主体,而不只是叙述主体;伦理生活应该在全方位的日常生活中,而不只是停留在叙述语言中;伦理生活的目的应该真实地改变世界和我们自己,而不是在语言叙述中的改变。舒斯特曼在批评罗蒂的这种伦理-审美生活的构想时指出:"罗蒂对愉快的否定,使他的美学令人生厌地抽象和沉闷。它保持了太多清教徒和资本主义美国的产物;因为它不是旨在丰富感觉满足甚或更一般地旨在愉快(一个他几乎从不提及的观念),而是旨在生产和堆积令人透不过气来的新词汇和新叙事。它更像一种诗学、一种勤勉制作的理论,而不像一种全身享受的美学。"①

事实上,罗蒂对审美生活的误解,反映了一个长期存在的对艺术的偏见。在所谓艺术自觉之后,人们总习惯上把艺术看做一种独立自足的东西,看做一种完全脱离日常生活的高雅而超越的行为。这种行为只涉及对生活的再现或表现之类的叙事,而不涉及生活本身。尤其是在西方美学的现代性发展进程中,为了确保艺术的独立自足性,甚至将艺术孤立为对叙事的叙事,将艺术完全从现实生活的限制中解放出来,成为纯粹的语言符号的狂欢。似乎只有那种完全脱离生活的纯粹艺术,才有希望被称之为高级艺术。

显然,罗蒂对审美生活的理解,受到这种高级艺术体制的误导,从而将审美生活仅仅理解为语言叙述的创造与冒险。只有破除这种高级艺术体制的偏见,将艺术重新放回我们的实际生活中,审美生活才有可能是一种真正的生活,才有可能直面现实的局限和从现实中得到真实的回报。舒斯特曼正是从这条思路,来发挥维特根斯坦的"伦理学和美学是一回事"。

舒斯特曼仔细考察了高级艺术体制形成的历史。在他看来,高级艺术并不是因为它们具有审美上的优越性而高级,而完全是一种体制的产物;更明确地说,是现代性的美学意识形态的产物。如果考察那些被高

___
① Richard Shusterman, *Pragmatist Aesthetics: Living Beauty, Rethinking Art*, p.259.

级艺术体制排除在外的通俗艺术,如美国黑人的爵士、摇滚和说唱,就会发现真正排除通俗艺术的理由并不是美学的,而是政治的和种族的。舒斯特曼还发现,这些美国黑人艺术在其起源的时候(未被商业传媒体制所包装和同化的时候),不只是底层黑人生活的真实反映,而就是黑人生活的一种真实形式。①

对这些黑人艺术的欣赏方式不能只限于沉思,而必须全身心地投入和参与,尤其是身体方面的参与。舒斯特曼由此追溯到现代美学的奠基者鲍姆嘉通那里,发现美学的最初定义中就包含了全方位的感性经验。就丰富人的感性经验来说,通俗艺术同高级艺术相比毫不逊色。

如果审美不只是孤立在语言和思想领域,而是深植于人们现实的感性生活之中,那么维特根斯坦所暗示的伦理-审美生活,就有可能成为一种真正的生活形式。由于现实和身体的限制,这种审美生活不像罗蒂的讽刺家和诗人那样,可以无止境地冒险和创造,它必须有所节制和服从规范。当然它也不像古典艺术那样,是从某项原则或观念中生长出来的。它似乎是某种界于二者之间的东西。

有什么根据让我们同情新实用主义对维特根斯坦美学的发挥而贬抑分析美学?除了分析美学严重脱离审美经验和艺术实践之外,我们从维特根斯坦本人的生活中,也可以找到有力的证据。已经有许多证据表明,维特根斯坦对哲学的追求至少可以分为专业的和生活的两个方面。具体落实到美学上,其生活上的追求显然要胜过专业上的兴趣。维特根斯坦用他的生活所实践的,才是他的美学的精髓。如果我们采用冯友兰的术语,将维特根斯坦对美学的专业追求称之为"正的方法",对美学的生活追求称之为"负的方法",那么其"负的方法"的意义要远远胜过其

---

① 舒斯特曼对通俗艺术的美学辩护参见 *Pragmatist Aesthetics：Living Beauty, Rethinking Art* 第 7 章"形式与感人爵士乐：通俗艺术的美学挑战"；对说唱的辩护参见该书的第 8 章"作为美的艺术的说唱"。舒斯特曼是最早对说唱进行学术辩护的人。

"正的方法"。①

维特根斯坦最直率地表达过他对哲学专业的厌恶和轻蔑,称那些"哲学杂志撰稿人"只是报道哲学,而不是过着哲学的生活。据说,维特根斯坦只是为了获得英国的公民资格,才担任剑桥大学的哲学教职,因为他的犹太人身份已经不适合居住在纳粹德国吞并的奥地利。作为哲学教授,维特根斯坦并不寻求招募更多的学生,反而经常规劝和怂恿他们远离学院哲学,去追求更值得的职业。维特根斯坦尤其推崇医学,因为它对生活有实实在在的好处。与此相较,哲学就变得特别空虚和无聊。维特根斯坦自己经常将哲学训练视为摆脱学院哲学"毫无生气"的空洞的治疗。他说:"我不能创办一所学校,因为我真的不想被仿效。至少不要被那些在哲学期刊上发表论文的人所仿效。"②

维特根斯坦所希望的仿效和影响,是在人们对生活的思考和引导中、在人们的行为举止中、在将哲学实践作为一种生活方式之中。他不想人们延续他的逻辑研究,而是希望最终招致"人们生活方式的改变,使得所有这些问题显得多余"③。他希望传达一种怎样哲学地生活的样式,而不只是传达哲学命题的内容。维特根斯坦曾经说:我的演讲进行良好,它们将永远不会更好。但它们会留下什么影响? 我在帮助人们吗? 毫无疑问,我只不过像一个伟大的演员,在给他们演出悲剧的角色。他们所学的是不值得学习的;我所制造的个人印象不起任何作用。他还发问:如果一个人不能安顿好首要的、最重要的东西——怎样过一个好的和幸福的生活,解决哲学问题又有何用?④ 在维特根斯坦看来,"好好生活"是哲学的最高指令。

---

① 下述有关维特根斯坦的审美生活的宏观描述,参见 Richard Shusterman, *Pragticing Philosophy: Pragmatism and the Philosophical Life* (New York: Routledge, 1997), pp. 20 - 21, 25, 32 - 33.

② Wittgenstein, *Culture and Value* (Oxford: Blackwell, 1980), p. 61.

③ Ibid., p. 61.

④ Ray Monk, *Ludwig Wittgenstein: The Duty of Genius* (London: Penguin, 1990), pp. 506 - 507.

维特根斯坦不仅这样说,而且这样做了。现在的问题是:维特根斯坦的哲学生活跟审美有什么关系? 能够说他在实践一种审美生活吗?

一些传记作家们已经显明:维特根斯坦的哲学目的,远远超出了给他赢得声誉的技术化理论。即使他早期最逻辑化的著作,也在根底上受到伦理关切的激发。他给奥地利朋友描述《逻辑哲学论》说:"这本书的观点是一种伦理学的。"①当然,他也明确说了"伦理学与美学是一回事"。而在《文化与价值》中,他对一种美学样式的哲学和生活的认可更为明确。他明确地说:"当我说哲学其实应该只有像写诗一样写作时,我想我已经总括了我对哲学的态度。"因为像"艺术家的作品"一样,哲学家的思想可以成功地"从本质上把握世界",可以提供一个他于其中视"其生活为一件艺术作品"的景象。② "在哲学中工作——在许多方面就像在建筑中工作一样——真是一件凭借自身的工作。凭借某人的解释。"③但这种工作不单单是思想的工作,因为对生活之谜的哲学解答,不是命题的认识,而是变革的实践。"你在生活中所看见的对问题的回答,是一种使得成为问题的东西消失的生活方式"。④ 由于"幸福生活"是哲学的目标,而"美是产生幸福的东西"、"以幸福的眼光观看世界"的艺术又以美作为它的"目的",⑤因此,维特根斯所谓的幸福生活或美好生活,在很大程度上可以说是一种审美生活。

维特根斯坦的哲学生活不仅是一种审美生活,而且是一种以感觉经验为中心的审美生活。换句话说,维特根斯坦的哲学生活不是通过自我语言叙述的创造与丰富实现的,而是通过感觉和身体经验的丰富性实现的。它更接近舒斯特曼所理解的审美生活,而与罗蒂的发挥无关。

① 见 Paul Engelman, *Letters from Ludwig Wittgenstein, with a Memoir* (Oxford: Blackwell, 1967), pp. 143 – 44.

② Wittgenstein, *Culture and Value*, pp. 4 – 5, 24.

③ Ibid., p. 16.

④ Ibid., p. 27.

⑤ Wittgenstein, *Notebooks 1914—1916*, 2nd (Chicago: University of Chicago Press, 1979), pp. 75, 86.

在维特根斯坦的思想中，身体似乎成了他的哲学生活理想的一个重要部分。维特根斯坦认为："人的身体是人的灵魂的最好图像"①；而且身体的激情有助于灵魂的建构，而重塑灵魂正是哲学的任务。因此，维特根斯坦说："是我的灵魂与它的激情一道，就像与它的血和肉一道一样，需要被拯救，而不是我的抽象的精神。"②就像芒克（R. Monk）在维特根斯坦的传记中所揭示的那样，对青年维特根斯坦来说，"肉欲与哲学思考不可分割地纠在一起——充满激情的激发的身体上和精神上的显现"。当他的新哲学思想被分享的时候，他"只能同握着他的手的人交谈"。③

关于维特根斯坦的非语言经验，芒克还揭示了一个非常有意义的事实：这个伟大的语言哲学家"直到他四岁的时候才开口说话"④。显然，很难说"缺乏语言"的维特根斯坦这么长时间都没有有意义的经验或理解。因此，将有意义的经验或理解完全限制在语言层面上是难以成立的。正如舒斯特曼所指出的："这种长时间的前语言经验，可以解释维特根斯坦对语言界限的热切关注，暗示出连接《逻辑哲学论》中的逻辑与神秘的中心直觉的根源——不能说出的、自我显现的真理观念，它们不能由命题严格地表达而只能显示，而对我们的经验却至关重要。"⑤

维特根斯坦颂扬那些能够有意义地拥有、但不适宜说出却为所有认识提供必要经验背景的东西。他说："也许不能说出的（我发现神秘和不能表达的），是凡是我们能够表达且有意义的东西的背景。"⑥身体经验是一种就要触及的神秘的、但又不可用命题说出的东西。"纯粹身体的，可以是不可思议的"⑦。

---

① Wittgenstein, *Philosophical Investigation*, II(Oxford: Blackwell, 1967), p.178.
② Wittgenstein, *Culture and Value*, p.33.
③ Ray Monk, *Ludwig Wittgenstein: The Duty of Genius*, p.117, 243.
④ Ibid., p.12.
⑤ Richard Shusterman, *Pragticing Philosophy: Pragmatism and the Philosophical Life*, p.32.
⑥ Wittgenstein,*Culture and Value*, p.16.
⑦ Ibid., p.50.

即使后期维特根斯坦转向更灵活和更有包容性的语言游戏，早期可说与不可说的区分似乎不那么重要了，但他仍然继续认可非语言经验的重要性，尤其是它在生活的审美和宗教维度中的重要性。在对语言界限的探究中，维特根斯坦似乎对那些超越语言界限之上的东西的价值更为敏感。他指出，哲学家"撞击语言边界"、"撞击我们的牢笼的墙壁"的倾向，也许是"绝对没有希望"和生产语言上的废话，但它表现了对语言牢笼之外的某种真正宝贵的东西的高贵渴望。这种语言之外的东西，是维特根斯坦"本人不得不深深尊重"的东西。①

　　冯友兰对可说与不可说的区分、在生活中实践他不可说的哲学境界、对哲学境界与审美的密切关系的认识，以及切身的审美体验和对风流人格的追求，等等，在很多方面都启发了我对维特根斯坦美学的上述把握。而对维特根斯坦美学的研究，反过来加深和巩固了我对冯友兰美学的理解。这种比较研究的目的，不是证明某种关系的存在，而是给出一种新的理解和比较双方的路径。

---

① Wittgenstein, "A Lecture on Ethics," *Philosophical Review*, 74 (1965), p.11.

第九章　中国美学的回归

　　中国美学的现代性进程，一个重要的方面体现为西方现代美学在中国的传播。在本书第二章中，我们对于抗日战争前西方美学在中国的传播做了一个简要的梳理。当然，中国美学家并没有仅仅满足于传播西方美学。在最初因接触西方美学而产生的那阵子兴奋之后，中国美学家开始回到自己的传统。《人间词话》表明了王国维的回归，《诗论》表明了朱光潜的回归，《中国艺术意境之诞生》表明了宗白华的回归。这种回归不是偶然现象，而是一股潮流。就像宗白华感叹的那样："所以有许多中国人，到欧美后，反而'顽固'了，我或者也是卷在此东西对流的潮流中，受了反流的影响了。"①宗白华这里所说的"顽固"，就是向中国传统美学和艺术的回归。除了王国维、朱光潜和宗白华之外，在邓以蛰、滕固和马采那里，我们也可以看到这种回归。这些美学家早年均出国留学，深受西方美学的影响。但是，在他们学术的鼎盛时期，都转向了中国美学。这不能不说是中国美学现代性进程中的一个特殊现象，值得深入的研究和总结。

---

① 宗白华：《自德见寄书》，载《宗白华全集》第一卷，第 336 页，合肥：安徽教育出版社，1994 年。

第一节 邓以蛰的美学

邓以蛰(1892—1973),安徽怀宁人,著名美学家和书法家,清代大书法家邓石如五世孙。1905 年入安徽芜湖公学学习,1907 年东渡日本,入东京宏文学院、早稻田中学学习日语,至 1911 年止。1917 年赴美,入哥伦比亚大学学习,专攻哲学和美学,从大学读到研究院,1923 年回国。自 1923 年起,先后任教于北京大学、厦门大学、清华大学,1952 年院系调整,回到北京大学哲学系。邓以蛰长期教授美学和美术史,重要的美学著述有《艺术家的难关》、《画理探微》等,全部著述收入《邓以蛰全集》,1998 年由安徽教育出版社出版。刘纲纪将邓以蛰的美学研究区分为两个阶段,他说:"作为一个美学家和美术史家,邓以蛰的贡献主要表现在两个方面。一是在'五四'运动以后的几年间提倡新文艺,二是从三十年代初起研究中国书画的历史及其美学理论。"[①]换句话说,在 20 年代,邓以蛰做的工作以传播西方美学为主;从 30 年代开始,邓以蛰的研究重点发生了转移,由传播西方美学转向了研究中国传统美学。

邓以蛰对于西方美学的研究成果,集中体现在 1928 年出版的文集《艺术家的难关》中。文集《艺术家的难关》收集了邓以蛰 1926 年发表于《晨报副刊》的一系列重要文章,其中包括同名文章《艺术家的难关》、《诗与历史》、《戏剧与雕塑》、《戏剧与道德的进化》、《民众的艺术》等。刘纲纪在整理邓以蛰的文献时指出,"从中我们可以看出,邓以蛰当时在美学上是受着温克尔曼、康德、席勒、黑格尔、柏格森诸人影响的,其中又以黑格尔的影响为最深。"[②]不过,如果说对邓以蛰的美学产生直接影响的,应该要数 20 世纪初期在美学界影响巨大的形式主义,尤其是克莱夫·贝尔的"有意味的形式"的思想。邓以蛰自己在回顾《艺术家的难关》时就

---

① 刘纲纪:《中国现代美学家和美术史家邓以蛰的生平及其贡献》,载《邓以蛰全集》,第 442 页,合肥:安徽教育出版社。
② 刘纲纪:《中国现代美学家和美术史家邓以蛰的生平及其贡献》,载《邓以蛰全集》,第 442 页。

明确指出：

> 在《艺术家的难关》头一篇里，大意是说艺术需要冲过本能、人事、知识(这些我都包含在"自然"这个范畴中)这些关口，进到纯形式世界里，才能洗去柏拉图所给艺术的"自然影子(现象世界)的影子的模拟者"的符号。而所谓纯形式世界亦不过是康德的"自由美"和柏尔(Clive Bell)的"有意义的形相"的结合体。所以我说：纯形式主义所以决定艺术的意义，"犹之乎侠客义士的信条、战争的使令能决定行为的价值"一样。于是，我就给艺术排了队：日用器皿、建筑、音乐、中国的书法应该坐镇纯形式世界的大本营；雕刻、绘画做先锋，"因为这两种艺术最易得同人类的舒服畅快的感觉与肤浅平庸的知识交绥的。"文学最为狡猾，只合当殿军。①

《〈艺术家的难关〉的回顾》一文，发表于 1959 年 5 月号的《美术》杂志，距离《艺术家的难关》一文发表已有 33 年之久。邓以蛰回顾时，除了引文有些差异之外，意思基本一致。文中提到的"柏尔"今译为"贝尔"，凭借1914 年出版的《艺术》一书，在 20 世纪上半期的美学界和艺术界产生了巨大的影响。在美国留学的邓以蛰，受到他的影响也不奇怪。对于邓以蛰来说，艺术的本质，不在本能、人事和知识，而在纯形式，用贝尔的话来说，就是"有意味的形式"。这种形式，是艺术家创造出来的，可以引起我们同情地反应的"绝对的境界"。邓以蛰说：

> 所谓艺术，是性灵的，非自然的；是人生所感得的一种绝对的境界，非自然中变动不拘的现象——无组织、无形状的东西。
>
> 如此，艺术为的是组织的完好处，形式的独到处了。所谓绝对的境界，就是完好独到的所在。……这真是人类性灵独造的绝对的境界了。真实的现象，是艺术的笔画刀脚，但不是它的形状。它的

---

① 邓以蛰：《〈艺术家的难关〉的回顾》，载《邓以蛰全集》，第 394—395 页。

形状,是感情的擒获,是性灵的创造,官能又争不去它的功劳了。①

邓以蛰将艺术视为心灵的创造,这种看法与黑格尔的看法一致。但是,与黑格尔不同的是,邓以蛰强调心灵创造的结果是完好独到的形式。将艺术等同于感情擒获的形式,这种看法更接近贝尔的形式主义主张。根据对艺术的形式主义看法,邓以蛰最推崇的艺术是音乐、建筑、器皿之构形,后来又加入了书法,因为它们"都是人类的知识本能永难接近的:它们是纯粹的构形,真正的绝对的境界,它们是艺术的极峰"②。绘画、雕刻和文学,因为不能表达这种纯粹的形式,被邓以蛰排除在纯粹的艺术大本营之外。邓以蛰对艺术门类的这种评价,与黑格尔也不相同。在黑格尔那里,艺术史按照象征型、古典型到浪漫型的路线进化。古典型艺术被视为最完美的艺术,浪漫型艺术被视为最高级的艺术。古典型艺术的典型是雕塑,浪漫型艺术的典型是诗歌,它们都不在邓以蛰所说的纯粹的艺术大本营里。被邓以蛰归入纯粹的艺术大本营的建筑,在黑格尔那里只是处于象征型艺术阶段,是最低级的艺术形式。由此可见,邓以蛰关于艺术的形式主义思想,与黑格尔的关系并不密切,而是像他自己承认的那样,受到了康德的"纯粹美"和贝尔的"有意味的形式"的影响。

在《诗与历史》一文中,邓以蛰对于诗与历史的关系,发表了独特的看法。按照邓以蛰的看法,诗与历史,都处于印象与知识之间,它们的不同之处仅在:"历史的形式,事迹之外,还需要事迹的时地的正确;诗则只要事迹的具有的经验就够了,时地虽隐含在内,却不求纪实上的苛责。无论如何,二者的内容,只是一个了。"③

有人认为,邓以蛰关于诗与历史的关系的这种看法,受到黑格尔的影响。比如,钱文愚和石萍就主张:"黑格尔与邓以蛰都认为,诗和历史

---

① 邓以蛰:《艺术家的难关》,载《邓以蛰全集》,第43页。
② 同上书,第44页。
③ 同上书,第47页。

的内容是一致的,区别仅在于形式。"①其实,邓以蛰这里的观点,并不是受黑格尔的影响,因为黑格尔从来就没有断言诗与历史在内容上是一致的。相反,黑格尔明确指出,历史不仅在形式上而且在内容上都不是诗性的,而是散文性的。黑格尔说:

> 连最完美的历史著作毕竟不属于自由的艺术,甚至用诗的词藻和韵律来写成历史著作,也不因此就变成诗。因为历史著作不仅在写作方式上,尤其在历史内容上,都是散文性的。②

邓以蛰将诗与历史等同起来的看法,其渊源不在黑格尔,而在克罗齐。这一点从邓以蛰证明诗与历史同一的论述中可以看得出来:

> 为什么诗与历史,在人类的知觉上所站的地位是同一的呢?历史上的事迹,是起于一种境遇(situation)之下的。今考人类(个人或群类)内行为,凡历史可以记载的,诗文可以叙述的,无一不是以境遇为它的终始。它的发动是一种境遇的刺戟,它的发展,又势必向着一种新境遇为旨归。发展的经过,或由感情潜入理性,(根据知识)再归到行为的实现,例如经济的行为;或不经过理性的考量,直接由感情激发出的行为,例如善恶的行为。③

这段文字中的思想和术语,是从克罗齐的哲学中转述过来的。克罗齐将人类文化活动分为科学与艺术两大领域,并明确指出历史属于艺术领域,尤其与文学关系密切。历史属于艺术的领域,因为历史和艺术都是对现实的再现。科学不是对现实的再现,科学要将从现实中得来的数据普遍化为概念。历史不做这种普遍化的工作,也没有普遍化的历史概念。借用皮尔斯的术语来说,科学的对象是类型(type),历史的对象是殊型(token)。所谓类型指的是一个符号在重复书写或朗读中保持不变

---

① 钱文愚、石萍:《黑格尔对邓以蛰美学思想的影响》,《湖南科技学院学报》,2011年第2期,第71页。
② 黑格尔:《美学》,载《朱光潜全集》第十六卷,第35页,合肥:安徽教育出版社,1990年。
③ 邓以蛰:《诗与历史》,载《邓以蛰全集》,第46—47页。

的那个方面,所谓殊型指的是对这个符号的每一次书写或朗读。比如两次重复书写"人是万物之灵",它们所指向的那个同一的东西就是类型,而每次书写都是不同的殊型。用沃尔海姆的例子来说,《尤利西斯》是类型,我手里的这本《尤利西斯》是殊型。类型是抽象的概念,殊型是具体的事例。历史只是叙述人物与事件,无需将它们纳入一般的概念之下,讲述事实是历史的唯一目的,因此历史不是科学。历史属于艺术。科学断定事物是什么,艺术想象事物如何出场。科学和艺术可以有同样的对象,但它们呈现的样态非常不同。比如,剧作家笔下的麦克白面对的是观众,在犯罪学家那里麦克白面对的是法庭。犯罪学家用他那一套抽象的科学概念去解释麦克白所犯的谋杀罪,剧作家在他的戏剧艺术中再现麦克白的谋杀罪。历史只是叙述,而不做抽象的理论化的工作。历史叙述与艺术再现不同的地方在于,就像亚里士多德早已指出的那样,历史讲述已经发生的事,艺术再现可能发生的事。[①] 邓以蛰强调艺术和历史的对象是在境遇之中,目的是为了突出它们的具体性,突出它们在特定的时空之中。殊型是在境遇之中的,类型是超越境遇的。

克罗齐还将所有的科学分为两类四科:理论科学的大类下,包含以美为研究对象的美学和以真为研究对象的逻辑学。实践科学的大类下,包含以善为研究对象的伦理学和以效用为研究对象的经济学。克罗齐的这种分类在哲学史上不太常见。在上面的引文中,邓以蛰将人的行为分为经济的行为和善恶的行为,这明显受到克罗齐的影响。

在邓以蛰 20 年代发表的著述中,还有一篇值得注意,即《以大观小》,发表于 1925 年 3 月 24 日的《大公报》,后来以"论艺术之'体'、'形'、'意'、'理'"为题作为《画理探微》一文的第二部分,发表于 1942 年出版的《哲学评论》第 10 卷第 2 册。在这篇文章中,邓以蛰对中国艺术发展的规律做了高度概括性的探索,他所做的工作类似于西方艺术史哲学。

---

① 关于克罗齐有关历史与艺术之关系的论述的详细分析,见 Brian Copenhaver and Rebecca Copenhaver, "How Croce Became a Philosopher: to Logic from History by Way of Art," *History of Philosophy Quarterly*, Vol. 25, No. 1 (2008), pp. 75 - 94.

在黑格尔、里格尔、沃尔夫林等美学家和艺术史家那里,我们可以看到类似的研究成果。

在邓以蛰看来,中国艺术的发展史,是按照体、形、意、理的次序进化的。最初是形体一致,接着是形体分离。在形体分离之后,艺术再依据生动、神、意境的次序进化。

所谓"体",指的是艺术的物质载体,它不是自然物,而是人工制品,最初与"形"结合在一起形成最初的艺术样式,后来"形"从"体"中分离出去,"形"成为纯艺术,"体"就变成了工艺。邓以蛰说:

> 吾兹所谓体者乃艺术之体。艺术之体,非天然形体之体,乃指人类手所制作之一切器用之体如铜器,漆器,陶瓷,石玉之雕琢,房屋之装饰以及建筑等皆是矣。是此体也,实导源于用,因用而制器,盖即器体之体耳,但必纯由人类之性灵中创造而有美观者方为艺术之体。要其非天然中形体之体,自始固然。①

邓以蛰把中国艺术中"形体一致"的时期确立在商周。邓以蛰说:"固兹以商周为形体一致时期,秦汉为形体分化时期,汉至唐初为净形时期,唐宋元明为形意交化时期。"②在"形体一致"时期,形要受到体的限制。在商周时期的各种器物上的纹样,"艺人想象之力固属惊人,然其图案之方式要为器体所决定。"③艺术由"形体一致"向"形体分离"的进化,源于艺术家挣脱"体"的束缚,追求创造和想象的自由。邓以蛰说:

> 艺术自求解放,自图不为器用所束缚,于是花纹日趋于繁复流丽以求美观。故曰形体分化,更由抽象之图案式而入于物理内容之描摹,于以结束图案画之方式,而新方式起焉。此新方式为何? 即生命之描摹也。汉代艺术,无论铜玉器之雕琢,陶漆器之画绘,石刻型塑,一皆以生命之流动为旨趣,如禽兽之有四神,人物之有西王

---

① 邓以蛰:《画理探微》,载《邓以蛰全集》,第198页。
② 同上书,第199页。
③ 同上书,第199—200页。

母,东王父,及东汉石刻之种种动作之状,其普遍亦犹三代之纯形图案无往而不是。其截然与三代不同,凡使史家疑为外来影响之所致。其实由艺术自由解放之迹如饕餮之角脱器体而出,与猎壶之以田猎之景为饰诸点而观之,殊觉自然。盖艺术至此不自满足为器用之附属,如铜器花纹至秦则流丽细致,大有不恃器体之烘托而自能成一美观;至汉则完全独立,竟为物理自身之摹写矣;又不满足纯形之图案既空泛而机械,了无生动,因转而拟生命之状态,生动之致,由兹生矣。形之美既不赖于器体;摹写且复求生动,以示无所拘束,故曰净形。净形者,言其无体之拘束耳。①

严格说来,只有到达"净形"阶段,才有纯粹的艺术。在此之前,夹杂实用目的的器物,还不能称之为纯粹艺术。进入纯粹艺术之后,艺术按照"生动"、"神"、"意境"和"气韵生动"等方向发展。对于它们各自的特征以及转折的关键点,邓以蛰都有精彩的描述,在这里就不再复述。我们感兴趣的问题是,邓以蛰对中国艺术发展规律的这种把握,显然是在西方美学和艺术史哲学的影响下得出的。那么,邓以蛰究竟受到哪些西方美学家和艺术史家的影响呢? 有人认为,邓以蛰受到黑格尔艺术类型演进思想的影响。我们对此并不否认。但是,如果仔细分析,我们会发现邓以蛰的思想中还有艺术史家里格尔和沃尔夫林的影子。里格尔将艺术发展的动力视为"艺术意志"的推动,沃尔夫林对于线条与色彩的区分,并依照它们的关系来解释不同的艺术风格,都影响到邓以蛰对中国艺术史发展规律的把握。比如,邓以蛰对"画"与"绘"的区分,尽管在中国古代文献中可以找到依据,但是与沃尔夫林将线条与色彩区别开来的思想应不无关系。

总之,在 20 年代,邓以蛰以一种更加深入的方式,传播了黑格尔、克罗齐等等西方美学家的思想。我们之所以说邓以蛰的方式更加深入,原因在于他不像吕澂、范寿康、陈望道等人那样,只是转译西方美学家的思

---

① 邓以蛰:《画理探微》,载《邓以蛰全集》,第 200 页。

想，而是结合中国艺术的实际，把西方美学中的一些重要观点用活了。

进入 30 年代以后，邓以蛰更加侧重中国艺术的研究，发表了《书法之欣赏》、《画理探微》、《六法通论》、《辛巳病余录》等著述，逐渐摆脱了西方美学的影子，进入对于中国美学和艺术的独立思考。当然，由于有了西方美学的视角，邓以蛰的中国美学研究自觉或不自觉地采取了比较的方法。在《画理探微》最后一部分，邓以蛰从比较的角度，对中国画之所以重视写意和意境等特征做出了清晰的说明：

> 西画绘也，绘以颜色为主；国画画也，画以"笔画"为主。笔画之于画犹言词声韵之于诗，故画家用笔，亦如诗人用字。布颜图曰："用笔之用字最为切要"，此之谓也。赵孟頫尝问士气画于钱舜举，钱曰："隶体耳。"隶之犹言作隶字耳。故作画通于写字，亦有时不曰画而曰写。画家所写者何？盖写其胸中所寓之意象耳。非如西画之绘物象也。所画既非物象，故不重体圆。至于国画之价值，可分两等，一等出于画家之笔墨自身，如吾人判断书法然也。程伊川论写字曰："即此是学"。此者笔画表现之谓也；古人云："心正笔正"，又曰："书如其人"，盖其人有一种风韵，则其书亦有此种风韵。伊川之"此"，当亦兼此风韵而言，故即此是学，犹言即此是价值也。士气、逸格等价值，多属于此类也。又有一等价值，则为画之有一种宇宙本体之客观的实在存焉。此实在为何？即董广川所谓"天地生物特一气运化尔"之一气，所谓自然者是也。故曰气韵生动。此等价值乃画之最大成功，价值之极诣也，所谓神品庶足当之，区区个体之阴影，何足算哉？①

即使在今天看来，邓以蛰关于国画的这两种价值的认识，仍然显得非常清晰和深刻。这是因为邓以蛰既有深厚的国学功底，又有全面的西学修养，再加上在书画创作方面的极高造诣，他对中国书画美学的认识，

---

① 邓以蛰：《画理探微》，载《邓以蛰全集》，第 224—225 页。

自然比一般美学家要清晰和深刻得多。特别是邓以蛰在中国艺术史方面的思考,对于我们今天梳理中国艺术史,仍然有重要的启示意义。邓以蛰在中国美学和中国艺术学领域发表的许多洞见并没有得到学术界的重视,这对于中国美学史和中国艺术史研究来说,无疑是一大遗憾。

第二节　滕固的美学

滕固(1901—1941),出生于江苏宝山县月浦镇(现属上海市),著名的美术史家、美学家、文学家。1918 年毕业于上海图画美术学校,开始文学创作活动。1919 年秋赴日本留学,1920 年考入东洋大学。1924 年东洋大学毕业,任教于上海美专,讲授艺术论课程。1930 年赴德国留学,就读柏林大学哲学系,研究艺术史。1932 年获得柏林大学艺术史博士学位,回国后潜心考古和艺术史研究。1933 年任金陵大学教授。1938 年任国立艺术专门学校校长兼教务主任。1940 年任教于重庆中央大学,讲授古代艺术。

自 1921 年起,滕固发表大量美学和艺术学的著述,其中中国美术史研究方面的成果具有开创性的意义。

滕固的主要著述有《诗歌与绘画》(1920)、《柯洛斯美学上的新学说》(1921)、《威尔士的文化救济论》(1922)、《何谓文化科学》(1922)、《艺术学上所见的文化之起源》(1923)、《艺术家的艺术论》(1923)、《体验与艺术》(1923)、《诗画家》(1923)、《艺术与科学》(1924)、《中国美学小史》(1926)、《艺术之节奏》(1926)、《气韵生动略辨》(1926)、《艺术之质与形》(1926)、《关于院体画和文人画之史的考察》(1931)、《唐宋绘画史》(1933)、《唐代式壁画考略》(1934)、《霍去病墓上石迹及汉代雕刻之试察》(1934)、《六朝陵墓石迹述略》(1935)、《燕下都半规瓦当上的兽形纹饰》(1936)、《南阳汉画像石刻之历史的及风格的考察》(1937)等。滕固还发表过译著,如 Takacs 的《汉代北方艺术西渐的小考察》(1935)、蒙德留斯著的《先秦考古学方法论》(1937)、戈尔特式密德著的《美术史》

(1938)。滕固还从事文学创作,发表短篇小说集《壁画》(1924)、中篇小说《银杏之果》(1924)、诗文合集《死人之叹息》(1924)、短篇小说集《迷宫》(1926)、短篇小说集《平凡的死》(1928)、中篇小说《睡莲》(1929)、短篇小说集《外遇》(1930)。① 滕固的理论性文字由沈宁收集整理为《滕固艺术文集》,2003 年由上海人民美术出版社出版。

滕固在日本和德国留学期间,受到当时欧洲和日本学者的影响。滕固喜欢当时流行的美学家克罗齐的思想,曾发表《柯洛斯美学上的新学说》一文介绍克罗齐美学。对于美学的学科性质,他采用了当时流行的李凯尔特将自然科学与文化科学区分开来的主张,认为美学属于文化科学。在《艺术与科学》一文中,滕固写道:

> 科学的责任是在按照论理去整理经验的事实。以科学的方法去研究美与艺术,则美学与艺术学当然成立了。科学的分类历来不一。据最近 Richert 的主张,以为自然科学与文化科学,二者在质料上形式上都是根本对立的,它们的方法因而不同:——所谓自然科学是用普遍化(Generalisation)的方法,剔去异质的东西,在普遍的法则上用功夫的。美学与艺术学是哲学的科学。哲学是归类于文化科学的,那末研究美学艺术学应该用文化科学的方法。——这是显而易见的。②

滕固引用李凯尔特将自然科学与文化科学区别开来的目的,是为了确立美和艺术的研究方法。当时有一场"人生观论证",有人主张用自然科学的方法来研究美和艺术,有人认为美和艺术是神秘的,不可分析的,超越科学之上的。滕固承认美和艺术是可以分析的,但不能用自然科学的方法,只能用文化科学的方法。"美是可以分析的,美术品也是可以分析的,这是美学艺术学早已明诏我们的了。这种分析在文化科学的方法

---

① 参见沈宁:《滕固艺术活动年表》,《美术史研究》,2001 年第 3 期。
② 滕固:《滕固艺术文集》,沈宁编,第 20 页,上海人民美术出版社,2003 年。

上去努力,原是正道。"①

我们之所以不能用自然科学的方法来研究艺术,原因在于艺术的本质是"动",这种源自生命的律动,是用自然科学的方法不能穷尽的。滕固说:

> 艺术的要素是一个"动"字,并非单单表出受动的感觉,——是表出内面的动——生命就是动;——是表出内面的生命。这种动作就是创造,是生命的创造。……总之艺术是个性的自由;人生观是意志的自由。两种同样是价值的创造;是论理的绳墨所量不尽的。②

鉴于艺术的特征"是论理的绳墨所量不尽的",因此"艺术批评的标准是随着艺术品而定的,决不能用普遍的法则了事。一作家有一作家的个性,一国文化有一国文化的特质,这是我们都知道的"③。滕固对艺术和美的这种认识,明显受到当时西方美学的影响,特别是生命哲学的影响。

正因为艺术是有个性的,非普遍的,因此滕固特别强调"体验"在艺术创作和欣赏中的重要性。"所谓体验,不管学问上义解分歧,以我看来,一个艺术家聚精会神去咀嚼一切,体会一切,一切都被艺术家人格化了,这就是体验。"④值得注意的是,滕固这里所说的体验,除了在形式上规定为"聚精会神去咀嚼一切,体会一切"之外,在内容也有他的导向:体验的内容不是快乐,而是痛苦,是苦闷。滕固以说书人柳敬亭为例,说明体验的内容是痛苦。滕固说:

> 柳敬亭的说书,下了这一番工夫,借历史传说中主人公的歌哭,发他自己要歌哭的;他的一歌一哭,就是他全人格的流露。像柳敬亭的艺术,恰是所谓"苦闷的象征":他生当乱世,身遭王国破家,于

---

① 滕固:《滕固艺术文集》,第21页。
② 同上书,第22—23页。
③ 同上书,第22页。
④ 同上书,第62页。

是没入苦闷的漩涡中,在历史传说的主人公中,发现了自己,接触着真的人生,那末形之于色,发之于言,他的艺术也成功了。①

从滕固举的例子中可以看出,只有遭遇痛苦的时候,才能接触真的人生。因此,滕固所说的"体验",并不是佯装的体验生活,而是切身的痛苦遭遇,是身陷苦闷的漩涡。只有通过痛苦体验,让人遭遇真的生活,才有可能创作出真的艺术。滕固说:"现在我们所求的艺术,不在何派何主义的臭气,在把自我装入的艺术,我们若是不跃入苦闷的漩涡,怕不会发现真的艺术吧。"②

当然,痛苦和苦闷并不是艺术的目的。滕固之所以强调苦闷的漩涡,原因是只有通过痛苦的体验,人才能遭遇真的生活。因此,重要的不是苦闷,而是真实。借助真实,滕固将西方生命哲学家所推崇的"动"与中国美学中的"气韵生动"联系起来。滕固说:"'气韵生动'这四字,无非指天地间鸿濛的气体,微妙的韵律,万物生生不息的动态。艺术家将天地间的气体,绵缦于自己的胸中;将韵律震荡于自己的心中;万物也生动于自己的脉络中,于是发于楮墨,发于丝竹,发于色彩,无往而非大艺术品了。"③

在对"气韵生动"的阐释中,滕固发现它与立普斯的移情说有内在的关联。从谢赫首倡"气韵生动",到清代方薰对它的推崇,滕固简要地勾勒了"气韵生动"学说的发展历程。他特别赞同方薰在《山静居论画》中的说法:"气韵生动,须将生动二字省悟;能会生动,气韵自在;气韵以生动为第一义,然必以气为主,气盛则纵横挥洒,机滞无碍,其间韵自生动。杜老云:元气淋漓幛犹湿,即是气韵生动。"滕固对这段文字做了这样的评述:"照他的意思:万事万物的生动之中,我们纯粹感情的节奏(气韵),也在其中。感情旺烈的时候,这感情的节奏,自然而然与事物的生动相

---

① 滕固:《滕固艺术文集》,第 62 页。
② 同上书,第 63 页。
③ 同上书,第 62 页。

结合的了。事物是对象,感情是自己;以自己移入对象,以对象为精神化,而酿出内的快感。这是与 Lipps 的感情移入说(Einfuhlungs theories)同其究竟的了。"①

同样推崇"气韵生动",邓以蛰侧重"气韵",滕固侧重"生动";邓以蛰由"气韵"通向"意境",滕固由"生动"通向"节奏"。对于邓以蛰来说,气韵和意境是艺术的最高追求;对于滕固来说,生动和节奏是艺术的终极究竟。滕固说:

> 节奏(Rhythm),并非起自艺术,但艺术完成节奏。宇宙运行,即有自然而然的节奏;人生感应宇宙运行的法度,而作周旋进展的流动,亦即存有自然而然的节奏;艺术体验宇宙与人生的生机,以此表现于作品上,更具有自然而然的节奏。艺术中的音乐,最能实现这种自然而然的节奏;所以 Parter 说:"一切艺术,常归趋到音乐的状态。"换句话说,一切艺术都要保持音乐的状态,而完成这种自然而然的节奏。②

在滕固看来,艺术对节奏的追求,不分古今中外,也不分门类媒介。"音乐借助绘画,建筑借助绘画雕刻,诗歌雕刻借助色彩,其所互相依借的助力就是节奏之力。"③由此,滕固断言:"艺术失去了节奏,不成其为艺术。人生失去了节奏,不成其为人生。宇宙失去了节奏,不成其为宇宙。在这一点上,我敬仰 Nietzsche 的高唱音乐的文化。"④

滕固关于艺术本质的思考,在总体上与宗白华的主张接近。他的美学的研究方法,也多采取中西比较的方法,这一点与宗白华也一致。不过,与宗白华不同的是,美学只占滕固全部研究的一小部分。滕固的大部分研究工作,是在艺术学领域,尤其是在艺术学中的艺术史领域。滕固希望借助西方艺术史研究方法,写出一部中国艺术史。关于艺术学,

---

① 滕固:《滕固艺术文集》,第 66 页。
② 同上书,第 371 页。
③④ 同上书,第 374 页。

滕固说：

> 从来艺术的研究，如 Ruskin，Pater，Tolstoy 辈，或一时代的，或局部的，或片段的，总是阐明艺术的本质或价值，我们都称作艺术论（Kunstthoerie）；其在历史的研究，阐明时代精神与宗教思想变迁等，我们都称作艺术史（Kunstgeschichte）；还有与艺术论近似的，比较有统系的研究也曾自标为艺术哲学（Kunstphilosophie）。Crosse 以为艺术论就是艺术哲学，因为艺术哲学范围广一点，可以包含艺术论。现在所谓艺术学，就是包括艺术史与艺术哲学而成的；并合历史的事实，哲学的考察，而为科学的研究，所以艺术学才成独立的一种科学，占文化科学中的一位置了。①

在这段引文中，滕固将艺术学独立成一门文化科学的原因，以及艺术学所包含的内容，都做了清晰的说明。尤其是对于人们容易混淆的艺术学与美学的区别，滕固也有清晰的认识。他说："平常我们以为艺术的研究，总不出乎美学的范围，但是艺术学并不是美学；美学固然关系艺术的一种学问，所以不能全然区别，究竟不能混说为同样的，这是我们要辨明白的。Lange 以为美学是美的学问（Lehre vom Schoene），研究艺术与自然的美（Das Schoene in der Kunst und Natur），就是一切美的对象（All Schoene Gegenstaend）为研究范围。所谓美的对象，这里已分为二种：自然美与艺术美。在这一点上，可以看出艺术学与美学的分歧处。"② 这里滕固明确了美学与艺术学在研究对象和范围上的不同。美学研究美，范围既可以是艺术也可以是自然。艺术学研究艺术，艺术不等于美，或者说美只是艺术的一个特征，艺术学的范围只在艺术领域，不涉及自然和社会生活。艺术学与美学不仅在研究对象和范围上有所不同，而且在研究方法上也不尽一致。美学属于哲学领域，主要用哲学思辨的方法，而艺术学可能更青睐人类学的方法。滕固发现，"现代艺术学上的特

---

① 滕固：《滕固艺术文集》，第 243—244 页。
② 同上书，第 243 页。

色,是一种人类学的研究(Ethnologisch Methode)——将各时代,及文化阶级上的各民族之艺术比较研究。"①美学中有艺术学的部分,人类学中也有艺术学的部分,"所以艺术学的任务,自美学人类学的成分中撤出一部分来,让艺术学去担负。"②

照滕固的说法,艺术学包括艺术史和艺术哲学。他的研究重心在艺术史,而不是艺术哲学。1925 年,滕固完成《中国美学小史》。他把中国美术史分为生长时代、混交时代、昌盛时代、沉滞时代。表面上看来,滕固的这种四阶段划分,与诗论家对诗歌历史的正变盛衰的阶段划分有些类似。但是,它们在实质上非常不同。滕固是持进化论观点,大多数诗论家是持循环论观点。首先,滕固所说的生长时代,与诗论家所说的"正"很不相同。尽管"正"不如"盛"那么壮大,但是"正"有标准和正统的意思,而没有生长和萌芽的意思。正因为如此,诗论家很容易陷入复古主义。其次,滕固所说的混交时代,也不同于"变"。"混交"突出了外来文化的影响,在"变"中则没有这层意思,或者不够明显。"混交"是一个典型的生物进化论术语,滕固明确表示赞同混交进化的观点。滕固说:

> 历史上最光荣的时代,就是混交时代,何以故? 其间外来文化侵入,与其国特殊的民族精神,互相作微妙的结合,而调和之后,生出异样的光辉。文化的生命,其组织至为复杂。成长的条件,果为自发的、内面发达的,然而往往趋于单调,于是要求外来的营养与刺激。有了外来的营养与刺激,文化生命的成长,毫不迟滞地向上了。在优生学上,甲国人与乙国人结婚,所生的混血儿女,最为优秀,怕是一例的吧!③

这种推崇混交优生的进化论观点,对于崇尚正统的中国诗论家来说,是相当陌生的。因此,滕固的这种阶段划分,与中国传统诗论中的阶

① 滕固:《滕固艺术文集》,第 245 页。
② 同上书,第 244 页。
③ 同上书,第 77—78 页。

段划分,在性质上非常不同。这种不同,还体现在对"沉滞时代"的看法
上。在传统诗论家那里,"衰"就意味着衰落、倒退。但是,滕固明确指
出,"沉滞时代,决不是退化时代"①。对于出现"沉滞时代"的原因,滕固
做了这样的解释:

> 历史上一盛一衰的循环律,是不尽然的;这是早经现代史家所
> 证明的了。然而文化进展的路程,正像流水一般,急湍回流,有迟有
> 速,凡经过了一时期的急进,而后此一时期,便稍迟缓。何以故? 人
> 类心思才力,不绝地增加,不绝地进展,这源于智识道德艺术的素养
> 之丰富;一旦圆熟了后,又有新的素养之要求;没有新的素养,便陷
> 于沉滞的状态了。②

从这段文字可以看出,滕固在写《中国美术小史》的时候,在总体上持文
化进化论的观点,反对倒退论和循环论的观点。停滞并不是倒退,而是
原地踏步。没有新的素养的加入,文化就会原地踏步。

此外,在叙述每个时代的艺术时,滕固总是依照建筑、雕塑和绘画的
顺序。这种安排,与中国传统的艺术学非常不同。在中国传统艺术学
中,画论、书论相当发达,关于建筑和雕塑的论述不很多见。滕固没有提
及书法,这可能是受到西方艺术观念的影响。附带提及,滕固将建筑、雕
塑、绘画归入美术的领域,而将艺术的领域扩大到包括音乐和文学在内。
无论在美术领域,还是在一般艺术领域,滕固都很少论及书法。滕固依
据建筑、雕塑和绘画的顺序来讲美术史,也是受到西方进化论的艺术史
观的影响。比如,黑格尔将全部艺术划分为象征型、古典型和浪漫型三
个阶段,依次由低级向高级发展。象征型艺术的典型是建筑,古典型艺
术的典型是雕塑,绘画属于浪漫型艺术。滕固依照建筑、雕塑和绘画的
次序来叙述,或许受了黑格尔这种艺术等级区分的影响。

滕固另一部重要的美术史著作,是 1933 年出版的《唐宋绘画史》。

---

① 滕固:《滕固艺术文集》,第 88 页。
② 同上书,第 87—88 页。

这是滕固留学德国回来之后发表的,在许多方面都超过了《中国美术小史》。不过,该书的初稿应该在滕固去德国留学之前就写好了。滕固在"弁言"中写道:

> 这小册子的底稿,还是四年前应某种需要而写的。我原想待直接材料,即绘画作品多多过目而后,予以改订出版。可是近几年来因生活的压迫,一切都荒废了;这机会终于没有降临给我。目前在浪游中,什么都谈不到;以后能否有这个机会,亦很渺茫。偶然披阅国内最近所出版的关于绘画史的著述,觉得这小册子中尚存一些和他们不同的见解。因此略加增损,把它印刷出来,以俟贤者指教。①

这段文字表明,《唐宋绘画史》的初稿写作时间应该不晚于 1929 年,那时滕固还没有启程去德国留学。滕固在书中引用日本学者的观点和方法,是很自然的事情,而不像一些学者所猜测的那样,是一个有趣的现象。沈玉在比较滕固的两部美术史著作时指出:

> 在这里,我们发现了一个有趣的现象:作为正统的德国艺术学派的承继者,滕固却是吸取了日本著名学者伊势专一郎的《支那绘画史》中的观点和方法,关于这点从其引用伊氏对中国绘画史的分期方法中即可见到。我们知道,日本在明治维新后,全盘吸收的是西学中的德国模式,日本近代思想渊源于德国。滕固既汲取日本模式之精髓,又得德国模式之正统,是否可以这么认为:滕固从日本留学回国后又前往德国继续求学,正是他的求知求新欲望促使他去寻找知识与思想的更深源头呢?②

正是因为日本全盘吸收德国模式,滕固在日本留学时就已经熟悉德国艺术史学家的观点和方法。滕固在留学德国之后,对原稿只略加增

---

① 滕固:《滕固艺术文集》,第 113 页。
② 沈玉:《滕固绘画史学思想探究——对滕固两部绘画史著的考察与比较》,《文艺研究》,2004 年第 4 期,第 126 页。

损,因为他在德国学到的东西与他在日本学到的东西并不矛盾。

在《唐宋绘画史》中,滕固对艺术史研究的方法论有了明确的认识。首先是强调物证。滕固开篇就指出:"研究绘画史者,无论站在任何观点——实证论也好,观念论也好,其唯一条件,必须广泛地从各时代的作品里抽引结论,庶为正当。"①滕固感叹在中国研究绘画史的不易,因为我们没有西方那样的美术馆,要看到各个时代的作品太不容易。其次,改变方法。滕固说:

> 中国从前的绘画史,不出二种方法,即其一是断代的记述,他一是分门的记述。凡所留存到现在的著作,大都是随笔札记,当为贵重的史料是可以的,当为含有现代意义的"历史"是不可以的。绘画的——不是只绘画——以至艺术的历史,在乎着眼作品本身之"风格发展"(Stilentwicklung)。某一风格的发生、滋长、完成以至开拓出另一风格,自有横在它下面的根源的动力来决定。一朝一代的帝皇易姓实不足以界限它,分门别类又割裂了它。断代分门,都不是我们现在要采取的方法。我们应该采用的,至少是大体上根据风格而划分出时期的一种方法。②

滕固赞同日本学者伊势专一郎的观点,将中国绘画史分为中古(邃古至纪元712年)、中世(自713至1320年)和近世(自1321年至今)三个阶段。"这个划分,将朝代观念全然打破……且时代和风格的发展,了如指掌。"③根据这种划分,滕固所研究的唐宋绘画,属于中世。对于唐宋绘画内部的发展,滕固是这样来划分的:

> 我讲前半是这样分法:(一)前史及初唐;(二)盛唐之历史的意义及作家;(三)盛唐以后;(四)五代及宋代前期。讲后半又是这样分法:(一)士大夫画之错综的发展;(二)翰林图画院述略;(三)馆阁

---

① 滕固:《滕固艺术文集》,第113页。
② 同上书,第114页。
③ 同上书,第116页。

画家及其他。其着眼点,就是盛唐是如何来的,又如何进行过去的,又如何有了院体画的波折,而达于丰富复杂的。在绘画史上,是整整地指出中世时期的生长和圆满。①

从这段文字中可以看出,尽管滕固有意识地采用"风格发展"的方法来研究唐宋绘画史,但这种研究方法似乎并没有贯穿到底。前半部分的分类仍然有断代的痕迹,后半部分仍然有分门的痕迹。

如何叙述中国艺术史,这是一个至今仍然令人困惑的问题。无论用进化论的观点,还是用风格学的方法,都不容易写出一部好的中国艺术史。其中的原因恐怕在于中国艺术传统与西方艺术传统本来就不相同,用写西方艺术史的观念和方法来写中国艺术史,就会碰到许多困难。滕固没有解决这个难题,但是他的研究工作让我们对这个问题有了更加清晰的认识。

第三节　马采的美学

马采(1904—1999),字君白,别号采真子,1904 年出生于广东海丰。1921 年由本县公费派送日本留学,1923 年考入东京第一高等学校特别预科,获得国家公费。1924 年转入日本第六高等学校,1927 年毕业后考入京都帝国大学文学部哲学科,攻读美学和美术史,1931 年入东京帝国大学大学院继续深造,1933 年毕业。回国后任教于中山大学,从事美学和艺术学的研究和教学。1952 年因院系调整,调至北京大学哲学系教授美学。1960 年中山大学复办哲学系,返回中山大学任教。

马采是中国现代美学和艺术学研究的开拓者之一,对于康德、费希特、席勒、黑格尔等德国美学家的思想有深入研究。主要著述和译作收入《哲学与美学文集》和《艺术学和艺术史文集》。马采特别重视年表的编写,编有《世界哲学史年表》、《中国美学美术史年表简编》、《西方美学

---

① 滕固:《滕固艺术文集》,第 117 页。

史年表简编》等。50 年代后,马采专注中国美学和中国艺术史研究,发表《顾恺之研究》、《中国美学思想漫话》等重要著作。

除了大量的译介之外,马采对于西方美学的吸收,主要体现在他编写的美学讲义之中。马采将他三四十年代讲授美学的讲稿整理成《美学断章》,收入《哲学与美学文集》。

《美学断章》可以说是一部标准的教科书,由四部分组成。现发表的有三个部分:关于"美学",关于"美",美学思想历史发展概况。原本还有一个部分是关于"艺术",因为篇幅所限,在收入《哲学与美学文集》时临时抽出没有发表。由此可见,马采心目中的美学教科书,是由美学、美、艺术和美学史四个部分组成的,在结构上与吕澂的《现代美学思潮》相似,不过在内容上《美学断章》要显得更加清晰和严谨。

在关于"美学"部分中,马采首先考察了"美学"一词的语源和定义。马采对美学的定义是:

> 美学,顾名思义,是研究审美的或美的(aesthetic)事实的学。换言之,即最广义的美之研究。而在此审美的事实中,最重要的是美术,却是无论任何人都承认的。但由于对它的重视的程度不同,因而对于美学研究的范围,生出广狭两样的见解。一部分学者把其研究的局面,只限于美术一方,认为美学就是美术学;反之,大多数学者都认为美学的对象,当然要以美术的研究为重点,但同时还必需包含自然美及历史美。①

马采将"aesthetic"不加区分地译为为审美的或美的,认为美学研究的对象是审美的或美的事实,这一点对于我们理解汉语"美学"这个术语很有启发。"aesthetic"的本义是感性认识,马采对此当然知道。在追溯它的词源时,马采指出它"原本希腊语 aisthesis,即感觉或知觉之义"②。在明知"aesthetic"原本是感觉之义的情况下,还将它译为"审美的"或"美的",

---

①② 马采:《哲学美学文集》,第 227 页,广州:中山大学出版社,1994 年。

说明"美学"这个术语中的"美"字用的并不是它的本义,它不是对"beauty"或者"the beautiful"的翻译。马采这里用的"美术",应该是"fine art"的翻译,是包括音乐、绘画、戏剧等在内的大艺术,而不是今天所说的造型艺术。

关于美学的研究方法,马采列举了三种,即心理学、社会学、哲学的方法。这种看法,与吕澂等人介绍的美学研究方法完全一样。三种研究方法会导致三种不同的美学,它们之间差别很大,以至于给人以三个不同的学科的印象。美学研究应该将它们统一起来。但是,因为时代和地区的不同,美学研究方法有不同的侧重。马采说:

> 回顾古来美学的变迁,由于时代不同,地区不同,其研究中心亦随着转移的事,却是不可否认的事实。古代及中世,以上诸研究只是片段的考察,而到了近世,应该则倾向心理的研究,法国倾向社会的研究,德国则以其哲学的赅博和深邃为其特色。而最近一般倾向,又排弃哲学的考察,主张事实的研究,而以心理的研究为最盛,社会的研究亦渐露其端绪。①

马采这里的观察非常准确,将美学研究方法的变迁视为时代和地区的影响的结果,这种看法可以让我们对于美学的多元研究方法保持开放的态度。

在关于"美"的部分中,马采阐述了五个方面的内容:美的概念、美的态度、美的判断、美的标准、美的范畴。

关于美的概念,马采区分了广义的美和狭义的美。狭义的美,就是"beauty"或"the beautiful"。马采对它做了这样的说明:

> 狭义的"美"是指在印象引起我们产生美的态度的时候,给予我们精神上毫无遗憾的满足,纯粹的快感的该印象的性质。因此,崇高、悲壮、滑稽等混有恐怖、嫌忌、悲哀等不快之感的美的范畴,不加

---

① 马采:《哲学美学文集》,第 230 页。

入其中。这样的纯粹的快感或满足,是在这印象的性质,对于我们的本性完全和谐的时候产生的。[①]

除了这种狭义的用法,美还有一种广义的用法,这种广义的用法直到现代美学才流行开来。马采说:

> 美学作为哲学的一部门,是美的根本原理的理论的考察。这里所谓"美"这个概念,从广义上说,就是把我们的心放在所谓美的态度的状态而产生的印象的性质。在这场合,崇高、悲壮、滑稽等美的范畴都包含在这"美"之中,常常被称为美的变形(modification)。古来在学术上不见有这种广义的用法。古代希腊末期,除了狭义的美之外,还承认有"崇高",但这两者只不过是相对而言。18世纪的学者荷谟、伯克、康德也是如此。但到了康德以后的思辨的美学,便常常说到作为包括所有美的范畴的概念的"美",因此便发生了"美"的广狭二义的用法。现时的美学家中有认为,在"美"这个词中,连悲壮、滑稽也包括在内,未免违背用语法,而且在思想上容易引起混乱,故常用Aesthetisch("美的")一词来取代这广义的"美"。[②]

马采将"Aesthetisch"翻译为"美的"值得商榷。如果把它翻译为"审美的"或者"审美对象",就可以避免更多的歧义。但这不妨碍马采对于广义的美与狭义的美的区分的清晰性,这种清晰区分对于美学研究非常重要。

关于美的态度,马采基本上采用了康德的观点,将精神的作用分为知、情、意,认为美的态度主要限于情的领域。马采说:

> 美的态度(英 aesthetical attitude;德 aesthetisches Verhalten)就是我们玩赏或创作"美"(广义的美)的事物时所持的态度。这种态度在玩赏或创作时虽有多少差异,但大体上有其共同点。它和精

---

① 马采:《哲学美学文集》,第235页。
② 同上。

神的其他态度,即实践的(伦理的和宗教的)态度和理论的(学术的)
态度有别。①

在讨论"美的态度"时,马采并没有提及当时影响极大的心理距离说,而
是将自己的讨论局限在康德的美学之内。

关于美的判断,马采区分了两个方面:

> 一是作为美的对象的知的方面的内容,与其他知的作用(感觉、
> 知觉、观念等)一样进入到美的态度。……二是作为美的对象或美
> 的态度的附加物,判断和我们的美的活动发生关系。例如看见《涅
> 槃图》,便识别其为释迦;读到《浮士德》,便说它使吾心深受感动,都
> 是这个意味的美的判断。如果加以详细观察,第一例是关于对象的
> 理解,第二例是关于美的对象或美的态度的价值。前者称之为理解
> 判断,后者称之为价值判断。②

理解判断建立在客观认识的基础上,价值判断与主体的趣味有关。价值
判断的普遍有效性,成为美学的一大难题。马采指出:"把美的价值判断
作为事实来处理时,直接成为这判断的标准的,是各人的趣味。素朴的
美的价值判断,以自己的趣味为规准来判断完美的对象及其他美的态
度。但个人的趣味有其内部的矛盾,互相不同。于是,反省便利用比较
及其他方法,对价值判断加以修炼,给予个人的趣味以普遍性。把美的
价值判断,在某些意义上归于最后的一致,是艺术批评家和规范美学的
任务。"③

美的判断需要美的标准,根据马采,美的标准的普遍性可以从两个
方面获得:

> 一个是证明一切人都依照此标准的事实,以建立事实的普遍性

---

① 马采:《哲学美学文集》,第 239 页。
② 同上书,第 241—242 页。
③ 同上书,第 243 页。

（Faktische Allgemeinheit）。另一个是通过提出人类的根本要求（或理想），演绎出美的标准，从而证明规范的普遍性（Normative Allgemeinheit）。前者表明美的标准事实上是各人共通的，故其适用只限于对美的对象是规范的。后者表明美的对象不但站在规范之下，而且各个美的要求，换言之，即玩赏的趣味或美的判断也被命其必须遵循这个标准。故此美的标准不但适用于自然和艺术等对象，而且在心理上对评价者的主观也能适用。事实上，美的标准的普遍性大部分是在规范里成立的，故美的标准可以看做包含上述两个方面。①

根据马采的主张，美的标准不完全是事实问题，也有理想的问题。换句话说，美的标准是人们因为追求共同的理想而形成的。今天的生物学美学或者进化论美学，喜欢从遗传基因中去找美的标准，这种标准就是建立在事实的基础上的。不过，也有一些思辨美学家，认为在美的问题上本来没有什么标准可言，只是由于人类有共同的理想，因此在美的判断上形成了标准。如果从时间的角度来看，基于遗传基因的普遍性在时间上指向过去，基于共同理想的普遍性在时间上指向未来。

关于美的范畴，马采的观点与通行的美学原理教科书有所不同。除了优美、崇高、滑稽、悲壮等公认的美的范畴之外，马采还列举了感官美和感动美。感官美包括粗野、蛊惑、艳丽、风雅、朴素、婉柔等。感动美包括哀愁等。②

在西方美学史部分，马采介绍也比较全面，从古希腊到近现代的重要美学家都有介绍。总之，马采的《美学断章》尽管是根据散失的讲稿整理而成，其中关于艺术的部分还没有包括在内，但就已经发表的内容来看，它已经是一部比较完整的美学原理教科书了。

马采对于美学的另一个贡献，在于从美学中分出了艺术学或一般艺

---

① 马采：《哲学美学文集》，第 244—245 页。
② 同上书，第 245—253 页。

术学。40年代，马采发表六篇艺术学散论，对艺术学的核心问题做了论述。马采开宗明义，对艺术学做了一个这样的界定："艺术学或一般艺术学，就是根据艺术特有的规律去研究一般艺术的一门科学。"[①]马采还将艺术学分为特殊艺术学和一般艺术学。特殊艺术学包括各种艺术史（建筑史、音乐史、戏剧史及其他），各种艺术博物馆学（建筑博物馆学、音乐博物馆学、戏剧博物馆学及其他），各种艺术学（建筑学、音乐学、戏剧学及其他）。一般艺术学包括艺术体系学、艺术心理学、艺术社会学、艺术哲学。[②]

尽管艺术学在当时还是一个新鲜事物，遭到一些人的非议和反对，但是马采认为独立建设艺术学的必要性是毫无疑义的。由于美学研究的领域过于宽泛，没有多少美学家能够胜任覆盖全部领域的研究。将艺术学从美学中独立出来，既是美学限制研究对象的需要，也是各门类艺术研究的需要。马采指出：

> 就是美学者自己，也不得不提出限制研究对象范围的要求，主张以艺术为研究对象的艺术学，应该获得独立。这可说是学术发展上的必然规律，如诗学、音乐学、建筑学、修辞学等等，既已各自成为独立的特殊科学，有其悠久的历史，故对于站在这些科学之上，综合这些科学的成果的艺术学（一般艺术学），自应允许其享有平等的地位，如像数学和物理学之介于逻辑学和其他自然科学之间，艺术学也应该作为联系美学和其他特殊艺术学的一门科学，不失其独立存在的根据。[③]

马采要辩护的，是一般艺术学的独立。特殊艺术学如诗学、音乐学、建筑学、修辞学等等已经独立，而且有很长的历史和大量的成果。在特殊艺术学之上，应该有一门学科来统领。美学由于范围太广已经不适宜扮演

---

① 马采：《艺术学与艺术史文集》，第1页，广州：中山大学出版社，1997年。
② 同上书，第19页。
③ 同上书，第1—2页。

这个统领的角色,于是一般艺术学应运而生。马采关于一般艺术学的构想,对于当前的艺术门类的独立和艺术学理论的建设,无疑有重要的借鉴意义。

马采的美学和艺术学,绝大部分来自现代德国美学。除了分析和介绍之外,马采本人并没有什么建树。50 年代以后,马采开始转向中国美学和中国艺术史的研究,并且获得了重要的成果。1952 年院系调整,马采进入北京大学哲学系。在北大,马采开设了"黑格尔以后的西方经验主义美学"、"中国美学思想"等课程。马采将关于中国美学思想的讲稿整理成《中国美学思想漫话》于 1988 年出版,后又收入《艺术学与艺术史文集》之中。

《中国美学思想漫话》由八篇讲稿组成,涵盖魏晋之前的中国美学。尽管这些讲稿显得有些零散,但其中也有不少精彩的洞见,也体现了马采美学研究的特点。比如,在第一篇"从几个文字看我国古代审美观念的形成和发展"中,马采通过对于美、善、喜、乐、文、绘、音、章等字中所体现的审美意识的分析,简要地概括了中国古代审美观念的特点。美和善表明,古代中国人最初的美感,"不是诉诸于视觉(觉得好看)或诉诸于听觉(觉得好听),而是诉诸于味觉(觉得好吃),这可以从'美'、'善'等字用'羊'的字构成来得出这一结论"[1]。但是,美感不会停止在味觉上,还要向更高级的感官领域发展。"进一步发达的美感来源于听觉和视觉这两个高级器官,从文字上看,首先似乎是听觉。'喜'、'乐'这种表示快感的文字,在语言学上都和音乐有关系。"[2]"文"、"绘"等字表现了视觉美感。"音"、"章"等字表现了今天属于不同门类的艺术之间的合作。马采在考察完"章"字的变迁后指出:

> 从这个字的变迁,可以看出古人很早就意识到音乐、美术、文学三者的艺术联系。音乐与文学在诗歌中早已表现出了它们本源的

[1] 马采:《艺术学与艺术史文集》,第 87 页。
[2] 同上书,第 88 页。

密切关系,但音乐与美术的联系也同时被意识到,这不能不说是惊人的进步。这对于研究我国古代审美意识的发展是很有启发性的,同时也是值得关注的。①

马采的美学研究,特别重视资料的整理。比如,在第八篇"中国画学思想上的六法论"后面,还附录了"历代画家论'气韵'"。马采收集了谢赫之后的31位作者的43条资料,为后人研究"气韵"这个概念做好了资料上的准备。

《顾恺之研究》,是马采的中国美学史和中国美术史研究的一个成功个案。马采的顾恺之个案研究,包括对顾恺之的生平和事迹考证,顾恺之年表整理,顾恺之艺术成就评价和美学观点分析,以及《画云台山记》的空间结构和《维摩诘》图像的流传和图样的演变这两个专门问题研究。马采这些以考证和分析为基础的理论研究,仍然值得今天的中国美学研究者借鉴。马采通过研究得出的一些结论,对于我们理解中国美学和美术的某些重要问题具有重要的启示意义。比如,通过对《画云台山记》的分析,马采发现"顾恺之画记所经营的空间构成是以上、中、下三层次和东、西两方位为规准的,而古代道家神仙之说可说是这个规准的思想基础"②。马采进一步将顾恺之确立的空间结构与中国山水画中的"三远"观念联系起来,从而廓清了"三远"观念的源头。马采说:

> 由顾恺之所显著强调的山水画的神仙特点,成了后世山水画的一个规准,而从画的空间经营来看,后世所谓"高远山水"的构成,就是由此发展起来的。它和由俯视画法发展起来的所谓"平远山水",以及由透视画法发展起来的"深远山水",形成了中国画学上空间经营最基本的三大准则。③

马采还发现,这三大准则都是在六朝时期确立起来的。顾恺之确立

① 马采:《艺术学与艺术史文集》,第90页。
② 同上书,第254页。
③ 同上书,第252页。

了高远准则,稍后的宗炳和王微分别确立了深远准则和平远准则。"要怎样才能把广阔高大的山水实景展现在狭小的画面上呢?这就需要作者运用一番巧思了。顾恺之采取了过去用上下表示远近的经营方法,并把它具体化,宗炳却依照透视的画法,解决了这个问题。"①马采从《画云台山记》中找到了顾恺之的空间结构的证据,从《画山水序》中找到了宗炳的空间架构的证据。在《画山水序》中,宗炳的确有类似透视法的论述:"且夫昆仑山之大,瞳子之小,迫目以寸,则其形莫睹,迥以数里,则可围于寸眸。诚由去之稍阔,则其见弥小。今张绢素以远映,则昆阆之形,可围于方寸之内。竖划三寸,当千仞之高;横墨数尺,体百里之迥。"马采在引用这段文字之后,赞叹"宗炳就这样在西洋透视画法发明前一千年,说出了透视画法的秘诀"②。

与顾恺之和宗炳不同,王微的空间结构确立了"平远"的法则。马采说:

> 照《画云台山记》和《画山水序》所说的判断,宗炳和顾恺之的空间结构是根据不同的准则的。顾恺之是在汉代以来用上下表示远近的基础上发展起来的,眼的角度是以仰视为基准的,是后世所谓"高远"的过渡。而宗炳都是穿过景物的后面,由此展开了后世的所谓"深远"。

> 王微的空间结构又与他们两人不同,从他在《叙画》中所说"古代之作画也,非以案城域,辩方州,标镇阜,划漫流"几句话来看,可以想象他的画是以绘地图一样的俯视为基准,并由过去实用的俯瞰图过渡到艺术的"平远"。③

马采的研究,揭示了六朝时期艺术家们的创作和理论总结,在中国山水画发展史上的重要地位。马采的研究成果和文献整理,为我们理解六朝时期美学的风貌提供了重要的依据。

---

① ② ③ 马采:《艺术学与艺术史文集》,第253页。

第十章　丰子恺的美学

我们在导论中论述的中国美学的现代转型有两条途径:一条是中国美学内部的现代性要求,这种要求体现为自律美学向他律美学的转向。另一条是受到西方现代美学影响的转向,即通过绕道西方现代美学发现了中国传统美学的自律特征。第二条途径的结果,是中国传统美学与西方现代美学的契合。由此,中国美学的现代进程,体现为不断回溯传统的进程。这一点在王国维、蔡元培、邓以蛰、朱光潜、宗白华等美学家那里已经有所发明,但是只有到了丰子恺那里,这个特征才得到集中的体现。

丰子恺(1898—1975),原名丰润,又名丰仁,浙江桐乡石门镇人。著名画家、散文家、翻译家、艺术教育家。1914 年入浙江省立第一师范学校,1919 年创办上海专科师范学校,1921 年东渡日本考察,后任上海开明书店编辑,任教于上海大学、复旦大学、浙江大学,解放后任上海中国画院院长。丰子恺 1919 年起发表文章,在五十多年里撰写和翻译了大量美学和艺术教育著作,并力图将美学理论、艺术创作和人生实践结合在一起,形成他那独具特色的艺术人生。

第一节　东西艺术的跨时代汇通

　　丰子恺发现中国传统美学与西方现代美学的汇通,不是经由美学的路径,而是经由艺术的路径。丰子恺之所以能够对中西方艺术的特征有如此准确的把握,与他本人是艺术家不无关系。在1930年发表于《东方杂志》的《中国美术在现代艺术上的胜利》一文中,[①]丰子恺写道:

　　　　东西洋文化自古有不可越的差别。如评论家所论,西洋文化的特色是"构成的",东洋文化的特色是"融合的";西洋是"关系的","方法的",东洋是"非关系的","非方法的"。故西洋的安琪儿要生了一对翼膀而飞翔,东洋的仙子只要驾一朵云。

　　　　这传统照样地出现于美术上,故西洋美术与东洋美术也一向有这不可越的差别。然而最近半世纪以来,美术上忽然发生了奇怪的现象,即近代西洋美术显著地蒙了东洋美术的影响,而千余年来偏安于亚东的中国美术忽一跃而雄飞于欧洲的艺术界,为近代艺术的导师了。这有确凿的证据,即印象派与后期印象派绘画的中国画化,欧洲近代美学与中国上代画论的相通,俄罗斯新兴美术家康定斯奇(Kandinsky)的艺术论与中国画论的一致。[②]

　　丰子恺对于中国传统绘画与西方现代绘画之间的相似性的认识,尤其是对于它们共同的价值的认识,有一个发展过程。在1920年发表的《忠实之写生》一文中,丰子恺批评了中国画的因袭陋习,褒扬了西洋画的写生方法。他说:

　　　　西洋画者,研究宇宙间自然之美者也。写生画者,按自然美而描写之者也。故学西洋画而不习写生,皆非真正研究美术,是习画匠者也。乃中国画店,有小学中学师范画学临本之发行,而学校沿

---

① 后作为附录收入《绘画与文学》,1934年由上海开明出版社出版,题为"中国美术的优胜"。
② 丰子恺:《丰子恺文集》艺术卷二,第514页,杭州:浙江文艺出版社、浙江教育出版社,1990年。

用之，以为习画必用范本。积习已久，未闻有人开说以示反对者，推其原故，一因临画易动人目，人见五色灿烂，皆以为美，而竟叹其进步之速；二因中国之教育家大都藐视图画一科为虚文而莫之措意，此皆吾国美育不讲之故也。①

丰子恺由中国画因袭临摹、不研究自然的陋习，进而感慨中国缺乏美育，由此可见他也具有五四新文化运动时期知识分子共有的对中国文化的批判态度。在1927年发表的《中国画的特色》一文中，丰子恺对于中国画的认识已经非常深入，对于中西绘画的不同特征的把握也比较中肯。比如，在对中西绘画的特征做了全面的分析之后，丰子恺得出概括性的结论说："中国画是注重写神气的。西洋画是注重描实形的。中国画为了要活跃地写出神气，不免有时牺牲一点实形；西洋画为了要忠实地描出实形，也不免有时抹杀一点神气。"②对于中西绘画的优点与缺点，丰子恺也能够有比较客观的分析。丰子恺说："论到画与诗的接近，西洋画不及中国画；论到剧的趣味的浓重，则中国画不及西洋画。中国画妙在清新，西洋画妙在浓厚；中国画的暗面是清新的恶称空虚，西洋画的暗面是浓厚的恶称苦重。"③但是，在这种表面公平的客观分析中，丰子恺对中国画的偏见依然存在。因为丰子恺认为，与西洋画比，中国画毕竟不够纯粹。丰子恺从两种类型的绘画开始说起：

> 绘画，从所描写的题材上看来，可分两种：一种是注重所描写的事物的意义与价值的，即注重内容的。还有一种是注重所描写的事物的形状，色彩，位置，神气，而不讲究其意义与价值的，即注重画面的。前者是注重心的，后者是注重眼的。④

"注重心的画"，有中西方的人物画和大部分中国山水画。"这等画

---

① 丰子恺：《丰子恺文集》艺术卷二，第5页。
② 丰子恺：《丰子恺文集》艺术卷一，第43页。
③ 同上书，第42页。
④ 同上书，第34页。

都注重所描写的事象的意义与价值,在画的内面含蓄着一种思想,意义,或主义,诉于观者的眼之外,又诉于观者的内心。"①

"注重眼的画",有西方的大部分风景画,所有静物画,中国画中的花卉、翎毛、蔬果等等。"这等画的目的不在所描写的事物的意义与价值。只要画面的笔法,设色,布局,形象,传神均优秀时,便是大作品。"②

尽管丰子恺认为这两种绘画的价值高低不能一概而论,但是在总体上他倾向于"注重眼的画"优于"注重心的画",因为前者比后者更加纯粹,是绘画的正格。丰子恺说:

> 这两种绘画,虽然不能概括地评定其孰高孰下,孰是孰否,但从绘画艺术的境界上讲起来,其实后者确系绘画的正格,前者倒是非正式的、不纯粹的绘画。什么缘故呢?绘画是眼的艺术,重在视觉美的表现。极端地讲起来,不必有自然界的事象的描写,无意义的形状,线条,色彩的配合,像图案画,或老画家的调色板,漆匠司务的作裙,有的也能由纯粹的形与色惹起眼的美感,这才是绝对的绘画。……不问所描的是什么事物,其物在世间价值如何,而用线条,色彩,构图,形象,神韵等画面的美来惹起观者的美感,在这论点上可说是绘画艺术的正格。③

丰子恺这里对于"注重眼的画"的辩护,与贝尔对于有意味的形式的辩护,有许多相似的地方。贝尔的《艺术》发表于1914年,在当时的美学界和艺术界产生了极大的影响,善于吸收最新研究成果的丰子恺对于贝尔的观点或许有所耳闻。贝尔在《艺术》中对形式主义绘画进行了辩护,强调形式本身所具有的形而上的意味,反对用形式来再现任何内容。贝尔因此贬低文艺复兴大师们的艺术,而推崇现代主义绘画,因为前者具有明显的再现内容,后者展示颜色与形状自身的意义。前者拿绘画做手段,后者将绘画当目的。丰子恺明确反对将绘画做手段,认为"拿绘画做

---

①②③ 丰子恺:《丰子恺文集》艺术卷一,第35页。

手段,或者拿绘画来和别种东西合并,终不是纯粹的正格的绘画"①。丰子恺接着说:"中国与西洋虽然都有这两类的绘画,但据我所见,中国画大都倾向于前者。西洋画则大都倾向于后者,且在近代的印象派,纯粹绘画的资格愈加完备。"②

不过,需要注意的是,在《中国画的特色》一文中,丰子恺还没有坚决地将"注重眼的画"视为艺术发展的方向。尽管丰子恺认为,"注重眼的画"是纯粹的绘画、正格的绘画,但他并没有因此就主张艺术应该全面转向形式主义,而是在形式与内容上持一种折中调和的态度。丰子恺说:

> 这两种倾向孰优孰劣,孰是孰非呢? 却不便分量地批判,又不能分量地批判。在音乐上也有同样的情形……纯音乐与标题乐,各有其趣味,不能指定其孰优孰劣,孰是孰非。同样,绘画的注重形式与注重内容也各有其价值,不能分量地批判,只能分论其趣味。……纯粹的绘画,纯粹的音乐,好比白面包,屡入文学的意义的绘画与音乐好比葡萄面包。细嚼起白面包来,有深长的滋味,但这滋味只有易牙一流的味觉专家才能领略。葡萄面包上口好,一般的人都能喜欢吃。拿这譬喻推论绘画,纯粹画趣的绘画宜于专门家的赏识,屡入文学的意义的绘画适于一般人的胃口。③

丰子恺将艺术中的高低区别,先进与落后的区别,转变成了趣味的区别:纯粹绘画适合专家趣味,非纯粹绘画适合公众趣味。丰子恺自己的意见,是要在形式与内容之间、纯粹与非纯粹之间寻求一种适度的平衡。他说:

> 我的意见,绘画中屡入他物,须有个限度。拿绘画来作政治记载,宗教宣传,主义鼓吹的手段,使绘画为政治、宗教、主义的奴隶,而不成为艺术,自然可恶! 然因此而绝对杜绝事象的描写,而使绘

---

① ② 丰子恺:《丰子恺文集》艺术卷一,第36页。
③ 同上书,第38页。

画变成像印象派作品的感觉的游戏，作品变成漆匠司务的作裙，也太煞风景了！人生的滋味在于生的哀乐，艺术的福音在于其能标新这等哀乐。有的宜乎用文字来表现，有的宜乎用音乐来表现，又有的宜乎用绘画来表现。这样想来，在绘画中描点人生的事象，寓一点意思，也是自然的要求。看到印象派一类的绘画，似乎觉得对于人生的观念太少，引不起一般人的兴味。因此讴歌思想感情的一类中国画，近来牵惹了一般人的我的注意。①

从这段文字中可以看出，丰子恺是基于一般人的立场，来辩护中国画，批判印象派。不过，这里也蕴涵着这个意思：如果从专业或专家的角度来看，丰子恺承认现代印象派高于传统中国画。也就是说，在这个时候，无论是基于一般人的立场，还是从专家的眼光来看，传统的中国画与现代的印象派都没有走到一起来。到了 1930 年发表《中国美术在现代艺术上的胜利》时，这种情况发生了彻底的改变。丰子恺在总结中西绘画的特征的基础上，对于它们之间的优劣做出了明确的判断。丰子恺说：

西洋画与中国画向来在趣味上有不可越的区别。用浅显的譬喻来说：中国画的表现如"梦"，西洋画的表现如"真"。即中国画中所描表的都是这世间所没有的物或做不到的事，例如横飞空中的兰叶，一望五六重的山水，皆如梦中所见，为现实世界所见不到的。反之，西洋画则（在写实派以前）形状、远近、比例、解剖、明暗、色彩，大都如实描写，望去有如同实物一样之感。又中国画的表现像旧剧，西洋画的表现像新剧。即中国画中所描的大都是"非人情"的状态，犹之旧居中的穿古装，用对唱，开门与骑马都只空手装腔。反之，西洋画中所描的大都逼近现世的实景，犹之新剧中的穿日常服装，用日常对话，用逼真的布置。②

---

① 丰子恺：《丰子恺文集》艺术卷一，第 38 页。
② 丰子恺：《丰子恺文集》艺术卷二，第 515 页。

对于中西绘画的这种区别,丰子恺在不同的文章中反复强调。1927年发表的《中国画的特色》、《中国画与西洋画》、《西洋画的看法》等文章中,都有差不多相似的表达。但是,接下来丰子恺做的这个价值判断,确实此前的文章中不曾出现过的。丰子恺说:

> 讲到二者的优劣,从好的方面说,中国画好在"清新",西洋画好在"切实";从坏的方面说,中国画不免"虚幻",西洋画过于"重浊"。这也犹之"梦"与"旧剧"有超现实的长处,同时又有虚空的短处;"真"与"新剧"有确实的长处,同时又有沉闷的短处。然而在人的心灵的最微妙的活动的"艺术"上,清新当然比切实可贵,虚幻比重浊可恕。在"艺术"的根本的意义上,西洋画毕竟让中国画一筹。所以印象派画家见了东洋画不得不惊叹了。①

丰子恺根据大量史实证明印象派受到中国画的影响,同时指出中国画对后印象派的影响更大。他从线的雄辩、静物画的独立、单纯化和畸形化四个方面,对于中国画对后印象派的影响做了详细的分析。② 由此,传统中国画与后印象派超越了时空的局限,走到了一起。丰子恺不仅发现了传统中国艺术与现代西方艺术的跨时空的汇通,而且找到了传统中国美学与现代西方美学的切合点。

第二节 气韵生动的现代寓意

中国现代美学家在经过西方现代美学的洗礼之后,都发现中国传统美学具有不容忽视的价值,而且与西方现代美学有高度的相似性,完全可以用它来解释西方现代艺术实践。其中中国传统美学对气韵生动的推崇,成为中国现代美学家将中国传统美学与西方现代美学连接起来的桥梁。在邓以蛰、朱光潜、宗白华、滕固等人那里,我们都发现了气韵生

---

① 丰子恺:《丰子恺文集》艺术卷二,第 515 页。
② 丰子恺:《丰子恺文集》艺术卷一,第 524—527 页。

动所发挥的桥梁作用。不过,在从西方现代美学角度来证明中国传统美学的先进性这一点上,丰子恺态度最为鲜明。在对现代西洋画的中国画化现象做出描述和分析之后,丰子恺指出:"更进一步,更可拿西洋现代的美学说与俄罗斯康定斯基的新画论来同中国上代的画论相沟通,而证明中国美术思想的先进。"①

丰子恺熟谙西方现代美学的重要学说,从他的论述中,可以看到对立普斯的移情说、闵斯特堡的孤立说、托尔斯泰的表现说、康定斯基的精神说、贝尔的形式说等等的借鉴。与吕澂和范寿康等人纯粹译介西方美学不同,丰子恺能够从艺术家的角度,用心体会这些西方的美学理论,并且结合自己的创作和欣赏实践来检验这些理论,因此丰子恺关于这些理论的介绍,从来都不是孤立的,而是与他关注的艺术问题紧密结合在一起的。对于西方现代绘画与中国传统绘画的契合,丰子恺希望从中国传统美学和西方现代美学的角度进行解释。由此西方现代绘画与中国传统绘画之间的相似,引发了丰子恺对于西方现代美学与中国传统美学之间的相似的思考。他从这两种不同的美学系统中,各选取了一种有代表性的学说:移情说和气韵生动说。丰子恺说:

> 近世西洋美学家黎普思(立普斯)(Theodor Lipps)有"感情移入"(Einfuehlungtheorie)之说。所谓"感情移入",又称"移情",就是投入自己的感情于对象中,与对象融合,与对象共喜共悲,而暂入"无我"或"物我一体"的境地。黎普思,服尔开忒(Volkert)等皆竭力主张此说。这成了近代美学上很重大的一种学说,而惹起世界学者的注意。

> 不提放在一千四百年前,中国早有南齐的画家谢赫倡"气韵生动"说,根本把黎普思的"感情移入"说的心髓说破着。②

丰子恺结合中国历代画论家关于气韵生动的论述,逐一说明了它与

---

①② 丰子恺:《丰子恺文集》艺术卷二,第528页。

立普斯的移情说的关联。我们可以将丰子恺的叙述整理为如下几个方面。

第一,与艺术创作的本体论有关。气韵生动说假定气韵本体论,即假定包括人在内的世界万物,有共同的生气充斥其间,作为宇宙万物生命的依据。丰子恺引《芥舟学画编》说:"天下之物,本气所积成。即如山水,自重冈复岭,以至一木一石,无不有生气贯其间。"①丰子恺将这种充斥宇宙万物之中的生气,称之为绝对精神,也称之为神,泛神论意义上的神。丰子恺解释说:"唯一绝对的精神,是创造这世界,显现世界中的一一的个物的。神在所创造的个物中普遍地存在着,神决不是超越世界而存在的。神'遍在'于世界中,但是'内在'于世界中的。"②

气韵生动说需要假定这种作为宇宙万物本体的生气或神的存在,移情说不一定要假定它们的存在,因为移情说可以是将主体的精神移入对象之中,就像丰子恺自己解释的那样:

> "感情移入"既是美的观照的必要的内在条件,又是移入自己于对象中,移入感情活动于对象中的意义,则我们的美感的一原因,必然是对象的精神化。黎普思以人间精神的内的自己活动为美感的有力的原因,这活动被客观地移入于对象中,我们发见或经验到这情形,即得美感。这样说来,在对象的精神化一事中,可酿出快感;我们因了对象而受感动,因了被移入的精神而受感动,换言之,即自己受得自己所移入的。这正是黎普思的情感移入说而来的美感。③

主体将自己的情感移入对象之中而感受到自己的情感,是主体为自己的情感所感动。就像立普斯所说的那样:

> 审美的欣赏并非对于一个对象的欣赏,而是对于一个自我的欣赏。它是一种位于人自己身上的直接的价值感觉,而不是一种涉及

---

① 丰子恺:《丰子恺文集》艺术卷二,第 539 页。
② 同上书,第 537 页。
③ 同上书,第 534—535 页。

对象的感觉。毋宁说,审美欣赏的特征在于在它里面我的感到愉快的自我和使我感到愉快的对象并不是分割开来成为两回事,这两方面都是同一个自我,即直接经验的自我。①

根据立普斯的移情说,我们在审美活动中实际上是被自己的情感所感动,对象如同镜子,把我们投射过去的情感反射回来,让我们能够认识到自己的情感。立普斯的这种学说可以不用假定泛神论。但是,立普斯的理论的最大缺陷是,审美对象的特征得不到任何说明。它尤其不能解释,为什么某些事物通常引起某类情感,而不能引起所有的情感。换句话说,它不能解释格式塔心理学所处理的异质同构问题。在丰子恺心目中,中国传统美学中的气韵生动学说,比立普斯的移情理论还要深刻。丰子恺说:"创作的内的条件中最不可缺的,不是'感情移入',而必然是由感情移入展开而触发绝对精神的状态。东洋艺术上早已发现的所谓'气韵生动',大约就是这种状态了。"②气韵生动所触及的创作状态,"是黎普思的'感情移入'说所不能充分说明的,非常高妙的境地。……这种心境,是创作的内的条件,这可说是由感情移入的状态更进一步的。"③

那么,这究竟是一种怎样的心境呢?根据立普斯的移情说,主体将感情移入对象,再由对象反射回来,在这个过程中,主体始终在自己的情感状态之中。移情作用发生前后的区别或许只是在于不同的觉解:在移情活动发生之前,主体对于自己的情感状态并没有清醒的认识;在移情活动发生之后,借助对象的反射,主体认识到了潜在于自己内心深处的情感。就像科林伍德的表现理论那样,在表现之前的情感是一种朦胧的冲动,经过表现之后的情感才被主体认识到是何种形式的情感。丰子恺从气韵生动理论中读到的创作状态有些不同。主体将自己的情感移入对象之中,与对象形成共鸣,进而深入到一种超越主客体的境界,触及作

---

① 立普斯:《论移情作用》,载《古典文艺理论译丛》第八期,第 40 页,北京:人民文学出版社,1964 年。
② 丰子恺:《丰子恺文集》艺术卷二,第 535 页。
③ 同上书,第 533 页。

为主客体的共同的根基的生气。换句话说,这种作为宇宙万物的共同根基的生气,不是主体根据自己的自由意志可以随意达到的,而是需要在主客体的相互启发、诱导、合作等作用下,共同达到的。由此,在气韵生动理论中,对象就不只是起镜子的反射作用,而是与主体一道进入一种更加深入的境界。"这意义用'情感移入'说来解释,到底不能充分说出。必须感到自然物象总非吾人所有,而其自身具有存在的意义,方才可以说自然为心的展开的标的。自然为我们的心的展开的标的,而促成我们的心的展开,于是自然与我们就发生不可分离的关系了。"[1]丰子恺正是在这种意义上说,气韵生动学说比移情说还要深刻。

第二,与艺术创作的功夫论有关。尽管生动的气韵是宇宙万物的本体论基础,但不是任何人都可以轻而易举地体会到它。丰子恺说:"虽说绝对者'遍在'又'内在'于世界之中,但并非无论何人都可容易地认知的。要在个物中看出其创造者,必须用功夫。在自己中感到绝对者的生动,是用功夫的最便利的方法。"[2]丰子恺这里不仅指出对气韵生动的认识,需要下一番功夫,而且说明了下功夫的特殊方法,即向内的自我修养方法,而不是向外的客观认识方法。

早在 1920 年发表的《画家之生命》一文中,丰子恺就对画家特殊的修养方法做了阐述。他说:

> 绘事非寻常学问可拟也。研究之法,因之与他事不同。凡寻常学问,若能聪明加以勤勉,未有不济者。独于学画则不可概论。天资、学力二者固不可缺,然重于此者尚多。盖一画之成,非仅模仿自然,必加以画家之感兴,而后能遗貌取神。故画者以自然物之状态,由画家之头脑化之,即为所成之艺术品也。是以同一自然物也,各人所画趣味悬殊。因各人之头脑不同,即各人之感兴不同,故其结

---

① 丰子恺:《丰子恺文集》艺术卷二,第 536 页。
② 同上书,第 537—538 页。

果亦遂不同也。①

由此可见,画家的修养,关键不是向外认识世界,也不是一味地锤炼技术,而是涵养自己的"感兴"。所谓感兴,如果用现象学美学的术语来说,就是审美还原,即将主体还原到本真的存在状态。② 只有将主体还原到本真状态之后,才能感觉到本来就潜伏在自己之中的那个"生的本体"。生的本体本来就处在万物之中,也潜伏在自我之中,我们之所以不能认识到它,原因是各种利害考虑的遮蔽,将这些遮蔽去除之后,生的本体就会自然澄明,而无需向外求索。向外求索,如同骑驴找驴,注定不会有结果。

在1922年发表的《艺术教育的原理》一文中,丰子恺将艺术与科学对立起来,表明不能用科学研究的方法来研究艺术。由此也可以说,为什么艺术的修养与其他领域的修养非常不同。丰子恺说:

> ……科学所示的,并不是事物的真相。譬如一块石,科学者把它打得粉碎,分出云母长石来,科学者以为是明示石的真相了,其实石是石,云母长石是云母长石,它们是两件事物,不过有关系的,决不是长石云母可以说明石的真相的;又如科学者依定理测知水是由汽变成的,水再冷将变成冰的,这也不是水的真相,是水的未来和过去的变化或者水的原因结果。原来最高的真理,是在乎晓得物的自身,不在乎晓得它的关系或过去未来或原因结果,所以物的真相,便是事物现在映在吾人心头的状态,便是事物现在给予吾人心中的力和意义。③

丰子恺认为,科学揭示的知识,并不是事物的真相。相反,揭示事物真相的,是艺术。丰子恺说:

---

① 丰子恺:《丰子恺文集》艺术卷二,第533页。
② 关于将感兴理解为审美还原,在《诗可以兴:古代宗教、伦理、哲学与艺术的美学阐释》(合肥:安徽教育出版社,2003年)中有详细的阐述。
③ 丰子恺:《丰子恺文集》艺术卷一,第13页。

> 因为艺术是舍过去未来的探求,单吸收一时的状态的,那时候只有这物映在画者的心头,其他的物,一件也不混进来,和世界一切脱离,这事物保住绝缘的(isolation)状态,这人安住(repose)在这事物中;同时又可觉得对于这事物十分满足,便是美的享乐,因为这物与他物脱离关系,纯粹的映在吾人的心头,就生出美来。①

按照丰子恺这里的说法,艺术揭示的不仅是事物的真相,而且是事物的美态,真与美在艺术中是合二为一的。真与美之所以能够合二为一,原因在于艺术能够接近潜伏在宇宙人生中的本体。科学之所以不能揭示真相,原因在于它离开了本体,向过去与未来、原因与结果中去求索了。关于科学与艺术的区分,丰子恺做了一个总体性的说明:

> 概括艺术和科学的异同,可说:(1)科学是连带关系的,艺术是绝缘的;(2)科学是分析的,艺术是理解的;(3)科学所论的是事物的要素,艺术所论的是事物的意义;(4)科学是创造规则的,艺术是探求价值的;(5)科学是说明的,艺术是鉴赏的;(6)科学是知的,艺术是美的;(7)科学是研究手段的,艺术是研究价值的;(8)科学是实用的,艺术是享乐的;(9)科学是奋斗的,艺术是慰乐的。二者的性质绝对不同,并且同是人生修养上不可偏废的。②

总之,艺术是一种特别的事物,必须用特别的态度来对待它。丰子恺说:

> 艺术不是技巧的事业,而是心灵的事业;不是世间事业的一部分,而是超然于世界之表的一种最高等人类的活动。故艺术不是职业,画家不是职业。故画不是商品,不是实用品。故练画不是练手腕,是练心灵的。看画不是用眼看的,是用心灵看的。③

---

① 丰子恺:《丰子恺文集》艺术卷一,第14页。
② 同上书,第15—16页。
③ 同上书,第84页。

艺术的目的是揭示生的本体，而不是认识外部事物，因此艺术修养不同于科学探究。艺术修养不仅需要功夫，而且修养的方向也不能错误。丰子恺还说：

> 故欲得此心境，必须费很大的苦心，积很多的努力。艺术家的一喜一忧，都系维在此一道上。宋郭熙《林泉高致》中说："凡落笔之日，必于明窗净几焚香。左右有精笔妙墨。盥手涤砚，如见大宾，必神静意定，然后为之。"《东庄论画》中说："未作画前，全在养兴。或睹云泉，或观花鸟，或散步清吟，或焚香啜茗。俟胸中有得，技痒兴发，即伸纸舒毫。兴尽斯止，至有兴时续成之。自必天机活泼，迥出尘表。"董其昌也说要"读万卷书，行万里路"。这显然比"感情移入"说更展进一步。这是更积极的，自成一说的，即所谓客观地发现的。①

我们这里不厌其烦地引用丰子恺的论述，目的是想说明他经由西方现代美学的移情说达到了对中国传统美学的深刻认识。尽管中国传统美学强调的艺术修养是针对主体的修养，但是这种修养的目的不是将主观的情感移注到对象上，而是力图超越主客体的分裂，深入到一个比主观更主观，比客观更客观的状态，用现象学美学家杜夫海纳的术语来说，这是一种比真实更真实的世界，可以称之为"前真实"（pre-real）的世界。在杜夫海纳看来，由于功利、概念和目的的遮障，人们信以为真的这个世界其实并不真实。在人们用功利、概念和目的来把握世界之前，已经在感觉中遭遇到世界，并且获得了关于世界的原初理解，这就是现象学家们称道的"先见"（foreknowledge），一种在概念理解之前的感觉领会。如果说在我们对世界的概念理解中，世界显现出它的"真实"（real）面貌的话，那么在我们的感觉领会中，世界显现出来的面貌则比"真实"还要真实，杜夫海纳称之为"前真实"（pre-real）。绘画的目的，不是对"真实"世

---

① 丰子恺：《丰子恺文集》艺术卷二，第534页。

界的再现,而是对"前真实"世界的昭示,进一步是对那个"前-前-真实"(pre-pre-real)的"造化"(Nature)的逼近。绘画的永恒魅力正在于此。①在这个世界中,主体的真实就是对象的真实,因为主体与对象浑然相处,不可分别。因此,艺术经由主观,达到了客观。

通过与西方现代美学的比较,丰子恺将中国传统美学中一些深刻的洞见揭示出来,并赋予了它们以现代意义。中国美学的现代性进程于是走上了一条回归之路,这可能是那些一味向西方学习的美学家们始料未及的。

第三节　新艺术的构想

丰子恺发现西方现代艺术与中国传统艺术的关联,进而经由西方现代美学发现了中国传统美学的永恒价值。在对康定斯基的艺术和理论有了深入的研究之后,丰子恺确信:"在一方面看来,他是从近代音乐得到暗示的,实在可谓近代精神的勇敢的选手;但是在他方面看来,他的画论与中国的气韵生动说有这样密切的关系,因此更可确知'气韵生动'一说,不问时之古今,洋之东西,永为艺术创作的重要的条件。"②

按理,丰子恺应该坚守这个超越古今东西的艺术原理。但是,社会的现代性进程是如此的迅猛,以至于在人们头脑中根深蒂固的东西方对立的观念将彻底打破,由此由西方现代艺术和美学回归中国传统艺术和美学的愿望,可能不切实际。艺术将会按照另一个方向发展,它不是回归传统,而是超越现代西方与传统中国的契合,进入一个崭新的领域。这个领域,也就是中国传统美学内在的现代性冲动所展望的领域,即他律艺术和他律美学的领域。丰子恺对这种新美学和新艺术已经有所触及,在1934年发表的《将来的绘画》一文中,丰子恺表达了他对未来艺术

① Mikel Dufrenne, *In The Presence of the Sensuous* (Atlantic Highlands, NJ: Humanities Press, 1990), pp. 139 - 154.
② 丰子恺:《丰子恺文集》艺术卷二,第542页。

的构想,这种构想建立在他对现代社会的认识的基础之上。丰子恺说:

> 现今的世间,自然科学昌明,机械发达,而交通日趋便利以来,东西洋的界限渐渐地在那里消灭。有的东西早已不分东洋西洋了,例如轮船、火车、电报、电灯等,原是西洋的东西,但是现在普遍地流行于世界,不认它们为西洋独有的东西,为的是这种东西最便利于人生,比世间一切舟、车、通信方法,照明方法都要进步。就被全世界所采用了。艺术上也是如此:例如音乐,绘画,建筑。东洋虽然也有固有的技术,也曾经发达过。但是在现代,都不及西洋的发达而合于现代人的生活。所以现在的西洋音乐法,已成为世界音乐法,被全世界的学校的音乐科所采用了。现代的西洋画法,已成为世界的画法,被全世界的学校的图画科所采用了。现代的西洋建筑术,也将成为世界的建筑术,"洋房"这名称将渐渐地被废除了。故赛尚痕(今译塞尚)一派的画法,其实也不完全是西洋画法,不妨认之为现代的世界的画法,照这画派的展进状态看下去,将来一定还要发达,同时东西洋画风和合的程度一定还要进步,即东洋的"印象强明"与西洋的"形体切实"两特色,将更显著地出现在将来的绘画中。①

按照丰子恺这里的构想,将来的艺术是世界艺术,无所谓东西洋的区别。从当时的情况来看,是西洋艺术占有优势,因为整个现代文明都是西洋占有优势。这种占有优势的西洋艺术,就是世界艺术。占有优势的西洋文明,就是世界文明。不过,一旦西洋艺术变成了世界艺术,就不再具有西洋艺术的身份,可以自由地吸收任何有助于艺术发展的因素。同样的道理,一旦西洋文明变成了世界文明,它就失去了西洋文明的特征,可以自由吸收任何有助于文明发展的因素。东西方的区别在消失,这是人类文明发展的必然趋势。适应这种趋势的新艺术究竟是一种怎

---

① 丰子恺:《丰子恺文集》艺术卷三,第20页。

样的艺术呢？丰子恺的答案是带有前瞻性的。在他看来，这种新艺术就是"大众艺术"，是"新写实主义"。对于当时方兴未艾的现代主义运动，在丰子恺看来它们也已经过时了。丰子恺说：

> 此前（指二十世纪初）流行的所谓"新兴艺术"，如立体派、未来派、构图派等以圆形记号为题材的绘画，在今天都成过去的东西。现在的绘画，向着"新写实主义"的路上发展着。新写实主义所异于从前的旧写实主义（十九世纪末法国 Courbet［库尔贝］等所倡导的）者，一言以蔽之：形式简明。换言之，就是旧写实主义的东洋化。①

对于这种新艺术，丰子恺举了许多例子加以说明。比如，在绘画领域体现为版画、宣传画、商业广告画，它们"单纯明快，短刀直入"。在建筑领域，体现为追求实用功能，采取简单朴素的形式，取消繁琐的装饰。在文学领域，体现为用现实社会的现象为主题，取纯化洗练的笔法，以大众教育为目的。在戏剧领域，体现为舍弃古风的心理描写，采取简洁明快的性格描写，务求场面转换的多样与快速，以集中观众的注意力。② 一言以蔽之，丰子恺所设想的新艺术，就是所谓的"大众艺术"。丰子恺说：

> 今后世界的艺术，显然是趋向着"大众艺术"之路。文学上早已有"大众文学"的运动出现了。一切艺术之中，文学是与社会最亲近的一种。它的表现工具是人人日常通用的"言语"。这便是使它成为一种最亲近社会的艺术的原因。故一种艺术思潮的兴起，往往首先在文学上出现，继而绘画、音乐、雕刻、建筑都起来响应。故将来世界的绘画，势必跟着文学走上大众艺术之路，而出现一种"大众绘画"。大众绘画的重要条件，第一是"明显"，第二是"易解"。向来的西洋画法，其如实的表现易解而欠明显。向来的东洋画法，其奇特的表现明显而欠易解。兼有西洋画一般的切实和东洋画一般的强

---

① 丰子恺：《丰子恺文集》艺术卷三，第23页。
② 同上书，第21—22页。

明的绘画,最易惹人注目,受人理解,即其被鉴赏的范围最大,合于
大众艺术的条件。①

丰子恺最终没有沿着西方现代形式主义和中国传统气韵生动的路
子,将艺术带入玄冥之境,或者说,将艺术建立在某种形而上的假定之
上,从而赋予艺术某种神秘的意味,就像贝尔所做的那样。他给艺术指
明的方向是大众艺术,一种消解深度追求广度的艺术。丰子恺做出这个
预言的时候,正是西方现代主义运动达到高潮的时候,在艺术中追求神
秘性、深奥性、个人性达到了登峰造极的地步。丰子恺没有追随西方的
现代主义运动,而是做出了自己的大胆预测。从艺术史上来看,丰子恺
的预测,在二十年之后由波普艺术的兴起应验了。

本雅明(Walter Benjamin)1936 年出版了他的《机械复制时代的艺
术作品》,一方面感叹大批量的机械复制摧毁了艺术的膜拜价值,艺术作
品不再具有神秘的灵光;另一方面发现一种新的价值出现了,这就是展
示价值。艺术作品复制越多,得到展示的机会越多,它的价值越大。艺
术作品的展示价值与膜拜价值,是根据完全不同的方式来确立的,其中
就包含着大众艺术与精英艺术之间的对立。本雅明还发现,尽管机械复
制导致艺术作品灵光消逝,但是它可以成为无产阶级革命的工具,在革
命的宣传工作中发挥巨大作用。通过与政治的结合,艺术作品业已失去
的灵光,在某种程度上又有可能赎回。本雅明的理论不是针对中国的艺
术实践,但是却与在中国发生的一场艺术运动形成了呼应关系,这场运
动就是从 20 年代末开始的现代版画运动。作为现代版画运动的重要推
手,鲁迅就看好版画的宣传功能,"当革命时,版画之用最广,虽极匆忙,
顷刻能办"②。对于版画的这种功能,丰子恺也有明确的认识。在 1933
年发表的《绘画与文学》一文中,丰子恺写道:

现代的大众艺术,为欲"强化"宣传的效果,力求"纯化"艺术的

---

① 丰子恺:《丰子恺文集》艺术卷三,第 20 页。
② 鲁迅:《〈新俄画选〉小引》,载《鲁迅全集》第 7 卷,第 363 页,北京:人民文学出版社,2005 年。

形式,故各国都在那里盛行黑白对比强烈的木板画。又因机械发达,印刷术昌明,绘画亦"大量生产化",不重画家手腕底下的唯一的原作,而有卷筒机上所产生的百万的复制品了。①

中国艺术家和美学家,在本雅明阐明机械复制时代的艺术作品的特征之前,已经在自觉地利用这种特征,让艺术加入革命潮流之中。

我们前面反复指出,中国美学的现代性进程有两个方向:一个是从中国传统美学的内在要求出发,表现为由自律美学向他律美学演进。另一个是受到西方现代美学的影响,表现为对传统自律美学的回归和确认。从丰子恺的美学中,我们可以看到他在这两个方向之间切换。中国美学现代性进程中的矛盾,在丰子恺美学中得到了明显的体现。

---

① 丰子恺:《丰子恺文集》艺术卷二,第 495 页。

第十一章　蔡仪的美学

蔡仪(1906—1992),原名蔡南冠,湖南攸县人。1922 年入长沙长郡中学,1925 年入北京大学预科,1929—1937 年赴日本留学,先后在东京师范学校和九州帝国大学学习。回国后开始美学和文学理论研究,任教于上海大厦大学、杭州艺术专科学校、华北大学、中央美术学院,1953 年调入中国科学院社会科学部任研究员。1943 年出版《新艺术论》,1946 年出版《新美学》。1981 年上海文艺出版社出版《美学论著初编》上下册,收集了蔡仪的重要美学著述。

坦率地说,蔡仪美学让今天很多中国现代美学史研究者感到不知道如何处理是好。对蔡仪美学不乏很高的褒扬,也有不屑一顾的贬斥。就是对蔡仪美学十分同情的研究者也承认:"在中国现代美学思想史上,蔡仪显然是重要的美学家。任何一部研究这一段美学史的著作都不会不提到蔡仪和他的《新美学》。然而,放在中国马克思主义美学发展历程中而较为准确地评价蔡仪美学思想,却似乎仍然是一个棘手的难题。"①

如果说将蔡仪的美学思想放在中国马克思主义美学发展历程中都

---

① 钱竞:《中国马克思主义美学思想的发展历程》第 4 卷,第 231 页,北京:中央编译出版社,1999 年。

难以准确地评价的话,那么将它放在整个中国现代美学的发展历程中就更难评价了;如果还想进一步将它放在中西交汇的视野中来看,要对它做出准确的评价就是难上加难了。不过,好在我们研究的目的不是给蔡仪和其他中国现代美学家做出准确的评价,不是给他们盖棺定论,而是增进对他们的理解,尤其是充分利用他们的思想资源来解决我们目前所面临的美学困惑,因此我们的研究似乎并没有碰到这种困难。不过,我想进一步指出的是,人们之所以在怎样评价蔡仪美学上遇到难题,原因在于我们有可能在还没有弄清楚蔡仪美学的事实的情况下就急于进行评价。因此,我们这里的工作不是评价蔡仪的美学,而是力图进一步弄清楚蔡仪的美学,并将它纳入当代美学的新视野下来进行重新理解。

第一节　《新艺术论》的主要内容

1941 年,由于"皖南事变"的影响,蔡仪所在的政治部文化工作委员会也完全停止了工作,于是他就从研究对敌宣传工作,转向了研究艺术理论,而且是把学术研究工作当做政治任务来做。1942 年秋天,蔡仪完成了《新艺术论》,并在重庆商务印书馆出版。在这本著作中,蔡仪对艺术的本质做了深入的思考,并在此基础上给艺术下了一个定义:"艺术就是作者对于现实从现象到本质作典型的形象的认识,而技巧地具体地表现出来的。"[1]

客观地说,蔡仪关于艺术的这个定义,还是具有较强的区别力的,能够将艺术从许多事物中区分出来。首先能够将艺术与现实区别开来。艺术是对现实的认识,但不是现实本身。蔡仪列举了现实与艺术的四点不同:(1)现实是繁杂的,艺术是纯粹的;(2)现实是变幻的,艺术是固定的;(3)现实的本质是晦暗的,艺术让现实的本质得到显露;(4)现实给予人们的印象是分歧的,艺术让现实给人的印象变得一致。[2] 从这四个

---

[1] 蔡仪:《美学论著初编》上,第 22 页,上海:上海文艺出版社,1982 年。
[2] 同上书,第 5—6 页。

区别中可以看出,艺术比现实更加高级,更有价值。因为描述艺术的词语"纯粹"、"固定"、"显露"、"一致",不仅是在分类的意义上指出艺术所具有的特征,而且在评价的意义上给艺术以正面价值,它们比描述现实的词语"繁杂"、"变幻"、"晦暗"、"分歧"包含的价值更高。蔡仪的艺术定义,不仅要将艺术与现实区别开来,而且要证明艺术要比现实好。蔡仪对于艺术与现实的区别做了一个总体说明:

> 艺术虽然是反映现实的,可不是反映现实的单纯的现象,而是反映现实的现象以至本质;换句话说,就是将现实典型化,使我们对它有一致的认识。这便是艺术和现实的关系,也便是艺术和现实的相异之点。①

艺术是对现实的认识,要把握现实的本质,科学也是对现实的认识,也要把握现实的本质,就对现实的本质认识这个角度来说,艺术与科学没有什么不同。艺术与科学的区别又在哪里呢? 蔡仪从认识过程和认识内容两个方面来进行区分:

> 第一,就认识现实的意识活动的过程来说,科学的认识主要是凭借以感性为基础的智性作用来完成的;艺术的认识是主要是凭借受智性制约的感性作用来完成的。
>
> 第二,就意识活动对现实所认识的内容来说,科学的认识主要是以一般包括着个别;艺术的认识主要是以个别显现着一般。②

由于科学认识与艺术认识在这些方面的区别,它们在传达认识的形式上也有所不同:科学是理论的、抽象的,艺术是感性的、形象的。为此蔡仪提出了"形象思维",用它作为艺术认识现实的方式,并以此区别于科学的抽象思维:

> 这种概念的具象性,在我们意识里浮现显明的形象,我们一般

---

① 蔡仪:《美学论著初编》上,第9页。
② 同上书,第11—12页。

称为想象,而进行艺术创造时的想象则是艺术的想象。因此艺术的想象,便是借概念的具象性,阐明已知的东西和已知的东西的关联,已知的东西和未知的东西的关联,也就是借这种具体的概念进行形象的思维。这形象的思维,不是单纯的智性的东西,却是可以诉之感性的东西了;也不是单纯的个别的形象,却是一般的属性特征的概括。因此艺术的认识的过程,主要是受智性制约的感性来完成的;艺术的认识的内容,是以个别显现着一般。①

还有一种人类活动与艺术类似,那就是技术,而且艺术也需要技术,通常还跟技术纠缠在一起,难解难分。蔡仪认为,艺术尽管需要技术,但艺术的关键是对现实的认识,艺术在表达认识的时候需要技术,但没有认识,再好的技术也不是艺术。"艺术决不是单纯的技术,因为技术是由反复练习而获得的,而艺术则是对于现实的认识的表现。"②

艺术认识是蔡仪艺术理论的关键。蔡仪认为,艺术认识是对现实的典型把握,或者说将现实典型化。因此,艺术认识不同于现实。这种想法与克罗齐的艺术直觉说有一定的类似性。克罗齐认为,艺术是形象的直觉,是将混乱的感觉印象统一为整体的意象。直觉的意象不是对现实的被动反映,而是从现实中突显出来的新事物,因此克罗齐也称直觉是创造。既然直觉的意象,不等于现实,那么意象中多出来的东西就有可能是源自主体的内容,从这种意义上说,直觉也是表现。③ 蔡仪的艺术认识或者典型中,也包含现实中没有的东西,它们可能来自主体的改造。蔡仪说:

> 艺术的认识已不是单纯的个别现实事物的认识,而且同时也是个别现实事物的艺术的改造,换句话说,是客观现实事物的艺术的典型化。不过这种对于客观现实事物的艺术的改造,是艺术中的改

---

① ② 蔡仪:《美学论著初编》上,第 14 页。
③ 关于克罗齐美学思想的分析,见朱光潜《西方美学史》,第 616—639 页,北京:人民文学出版社,2002 年。

造,也就只是意识中的改造,不是客观现实事物本身的改造。然而由此可以知道,艺术的认识中也就有主观对于客观现实事物的改造的契机,也由此可以知道,艺术能够促进人们对于客观现实的改造的要求,鼓舞人们从事于客观现实的改造。认识和实践是不可分割的。①

如果我们不考虑内容,只着眼于形式,就会发现蔡仪的艺术认识与克罗齐的艺术直觉没有什么不同,它们都是一种艺术活动,不同的地方主要体现在活动的结果上:克罗齐认为艺术直觉的结果是意象,蔡仪认为艺术认识的结果是典型。鉴于蔡仪说的艺术改造只是在意识中的改造,他说的典型也就是存在于内心之中的心理对象,而不是存在于外部世界的物理对象。这一点与克罗齐的观点一致。借用郑板桥的术语来说,无论克罗齐所说的意象,还是蔡仪所说的典型,它们都是"胸中之竹",而不是"眼中之竹"。

郑板桥在对"眼中之竹"与"胸中之竹"做出区分之后,还提出了"手中之竹"。他的原话是这样的:

> 江馆清秋,晨起看竹,烟光日影露气,皆浮动于疏枝密叶之间。胸中勃勃遂有画意。其实胸中之竹,并不是眼中之竹也。因而磨墨展纸,落笔倏作变相,手中之竹又不是胸中之竹也。总之,意在笔先者,定则也;趣在法外者,化机也。独画云乎哉!②

根据郑板桥,从"眼中之竹"到"胸中之竹"是一个创造过程,因为"胸中之竹并不是眼中之竹"。从"胸中之竹"到"手中之竹"也是一个创造过程,因为"手中之竹又不是胸中之竹"。从这里可以看出,艺术有两个阶段的创造。克罗齐否认第二个阶段的创造,因为只要直觉到意象,整个艺术创造活动就完成了。将"胸中之竹"转变为"手中之竹"只是一般性

---

① 蔡仪:《美学论著初编》上,第45—46页。
② 转引自叶朗《中国美学史大纲》,第546页,上海人民出版社,1985年。

的劳动,而不是艺术创造。在这一点上蔡仪与克罗齐接近。蔡仪将从
"胸中之竹"到"手中之竹"的过程,称之为"艺术的表现"。在蔡仪的艺
术理论中的现实、典型和表现,可以大致对应于郑板桥的"眼中之竹"、"胸
中之竹"和"手中之竹"。尽管蔡仪没有明确否认从"胸中之竹"到"眼
中之竹"的过程是艺术创造的一部分,他明确指出,"艺术创作的全过程都
是典型创造的过程,不仅认识的阶段关系着典型的创造,而且表现的阶
段也关系着典型的创造"①。但是,从他将"艺术的表现"视为对"艺术的
认识"的摹写来看,把"艺术的表现"称之为劳动也未尝不可,因为里面实
在没有多少创造的成分。蔡仪说:"艺术的认识是艺术的表现的根源,而
艺术的表现是艺术的认识的摹写。"②摹写也就是描写。

尽管摹写也有可能包含创造的成分,描写也可以受到主体的眼光和
选择的影响因而是主观的,但是它们在总体上还是倾向于客观性、被动
性,因而通常与创造形成对照。对此,蔡仪也应该是了解的。因此,他对
描写做了一个特殊的规定:

> 所谓描写是什么呢? 我们认为描写的根本意义就是具体的表
> 现。也许有人把描写一词当做别的意义使用吧,但是我们这种用法
> 原是合乎一般的习惯。如在文章上那种不是具体的表现方法,一般
> 是成为叙述;而在绘图上不是具体的表现,一般是所谓图解。对叙
> 述及图解而言便是所谓描写,所谓我们规定描写的根本意义就是具
> 体的表现,并不是特殊的用法。③

从这段文字中可以看出,蔡仪是通过与"叙述"和"图解"的对照,来
突显"描写"的特殊性。它的特殊性就是"具体的表现",而"叙述"和"图
解"就有可能是抽象的表现。如果将"叙述"和"图解"当做抽象的表现,
因而属于非艺术的范围,那么就只剩下"摹写"或"描写"属于艺术,由此

---

① 蔡仪:《美学论著初编》上,第 124 页。
② 同上书,第 53 页。
③ 同上书,第 125 页。

艺术之中的模仿与创造的区别,再现与表现的区别就都不能成立了。

对于"描写",蔡仪从三个方面来概括它的特征:

第一,描写是有主次之分的,有所取舍,不是什么东西都值得描写。决定什么东西值得描写,不是主观喜好,而是创造典型的需要。这种要求,就将描写与自然主义式的照搬区别开来了。蔡仪说:

> 艺术的表现固然要具体,但不是艺术中所出现的一切的事物都要表现得淋漓尽致,也不是随作者高兴要怎样具体地表现便怎样具体地表现;那种毫无意义的烦琐的表现,或者毫无轻重宾主之分的一视同仁的表现,是形式主义、自然主义的表现方法,这两种方法,都足以破坏典型之所以为典型。而描写原是要表现典型的。因为具体的形象,它的条件、属性原是无限的,我们要表现这具体的形象,原不能、也不必将所有的各个属性、条件,平敷列举,只要择其典型之所以为典型的属性、条件,尤其是最本质的特征特别详尽鲜明地表现出来,这就是典型所要求的表现,即是描写。①

第二,描写不仅是表现对象,而且要表现主体。蔡仪说:

> ……所谓描写的根本意义虽是具体的表现,但描写的意义却不止于具体地表现对象,同时还必然表现对象和我们的关联,也就是……所谓主观精神对于认识中形象的影响。因为描写是具体的表现,描写的对象又是意识中的具体的形象。原来我们的意识活动对于具体的东西,一方面是反映它的形象,另一面在反映时还发生一种对于所反映的形象的反作用,其中尤其是由意识的兴奋而生的所谓感情。因此我们的意识所反映的具体的形象,已经不是单纯的客观的形象,而是客观的形象反映于主观的映象,它已经渗透着了我们的这种精神的影响。所以要表现意识中的具体的形象,同时也

---

① 蔡仪:《美学论著初编》上,第 129 页。

就要表现我们主观精神对于这形象的影响。①

正因为描写跟主体有关,蔡仪区分了"离心的描写"与"求心的描写"。如果描写是要忠实地再现外部世界中的对象,就应该剔除主体的干扰,就像科学研究那样,不受主观信仰和个人感情的影响,"离心的描写"就是理想的描写。但是,由于描写不仅是描写对象的特性,还要描写主体的感受,因此"离心的描写"就是不合格的,而需要"求心的描写"。"艺术的表现方法,唯有是求心的描写,不是离心的描写。"②

尽管蔡仪强调了描写不是被动地再现艺术认识,强调艺术的表现是"求心的描写",而不是"离心的描写",但是"描写"如何不同于"认识"并没有被揭示出来。因为"描写"对于"现实"所损益的内容和方法,与"认识"对"现实"所损益的内容和方法,基本一致,于是艺术创造,就可以止于艺术的认识,艺术的表现就只是一般性的劳动,并无创造性可言。如果真是这样的话,蔡仪对于艺术本质的认识,更接近克罗齐,而不是郑板桥。

总之,如果我们将艺术活动区分为"眼中之竹"、"胸中之竹"、"手中之竹"三个环节或要素的话,关键的问题是它们如何能够统一起来成为整体。对于这三个环节或要素之间的统一,仅用辩证法来解决是不够的。

第二节 《新美学》的主要内容

《新艺术论》完成之后,蔡仪开始考虑美学问题。1944 年底完成《新美学》的写作,1946 年由群益出版社出版。当时的研究条件非常艰苦,蔡仪很难找到研究资料。在《新美学》的序中,蔡仪写道:"当前文化资材的贫乏,犹如物质资材的贫乏,在我写时,手边仅有三数本浅薄的和美学有

---

① 蔡仪:《美学论著初编》上,第 130 页。
② 同上书,第 140 页。

关的书。虽然两三年来曾写信或跑腿到些可能有这种书的地方去买,去借,但是都无所得。"①蔡仪后来回忆起当时的情形,还说了一些细节:

> 我的确曾经跑到沙坪坝中央大学请人介绍找哲学系系主任方东美先生借日文的或英文的美学名著或美学史著作。他告诉我外文书都还没有开箱,无法出借。也曾托朋友到成都旧书店去买或到四川大学去借,也没有得到。可是在 1945 年春天另一位朋友却从四川大学为我借来了 Osmaston 英译的黑格尔《美学》四大册,这时《新美学》早已完稿,也就不想再改动它了。②

我对蔡仪参考的那三数本书特别好奇,因为二三十年代编译的基本美学教科书,内容基本大同小异,都是由欧美美学著作的日译本转译过来的。而蔡仪的《新美学》和《新艺术论》的观点和方法与那些教科书都非常不同,如果没有新的参考资料,真是了不起的创造。

《新美学》的最大特点,是富有批判精神。蔡仪将以往的美学都称之为旧美学,对它们采取了全面的批判。在《新美学》的序中,蔡仪开头就说:"旧美学已完全暴露了它的矛盾,然而美学并不是不能成立的。因此我在相当困窘的情况中勉力写成了这本书。"③

在《新美学》的开篇,蔡仪简要地介绍了美学的历史,明确将鲍姆嘉通的著作名称译为《感性学》,并且在注释中做了说明:"《感性学》原名 Aesthetica,Aesthetics 一词由此而来。Aesthetics 今人有译之为美学者,而其实源出于希腊文 Aisthetikos,义为'感性学'或'感性之学',意译为审美学尚说得过去,若译为美学则失其原义了。"④在二三十年代编译的美学著作中,也提到美学的词根是感性认识,但是,像蔡仪这样明确将它译为"感性学",而且指出"美学"的译法失其原义的,很少见到。

---

① 蔡仪:《美学论著初编》上,第 183 页。
② 同上书,第 11 页。
③ 同上书,第 183 页。
④ 同上书,第 184 页。引文根据 1946 年群益出版社出版的《新美学》稍有订正。

在美学的研究方法问题上，吕澂、范寿康、陈望道等人在译介美学的时候，已经让学术界熟悉了美学研究的三种方法，即从哲学、心理学和社会学的角度来研究美学，形成了哲学美学、审美心理学和艺术社会学的区分。蔡仪基本上接受了这种区分，不过他用的术语稍微有些不同，他称之为形而上学的美学、心理学的美学和客观的美学。鉴于蔡仪所说的客观的美学，指的是"从艺术来考察美"[①]，即从社会学、人类学、进化论等角度来研究艺术，将它称之为艺术社会学也未尝不可。对于这三种研究方法或途径，蔡仪都提出了批评，因为它们"或者只由主观意识去考察美，或者只由艺术去考察美，但是艺术的美是凭借主观意识所创造的，而主观意识的美感又是客观存在的美的反应，所以结果都失败了"[②]。由此，蔡仪提出了他的新美学的研究途径：

> 我认为美在于客观的现实事物，现实事物的美是美感的根源，也是艺术美的根源，因此正确的美学的途径是由现实事物去考察美，去把握美的本质。
>
> ……
>
> 美既在于客观事物，那么由客观事物入手便是美学的唯一正确的途径。[③]

不过，蔡仪又主张美学不能仅仅局限于研究现实美，"美学的领域，若只限于客观现实的美，而不顾及客观现实的美和主观意识的相互关系，那么美学几乎是不可能的。"[④]在这个基础上，蔡仪主张美学仍然可以去研究美感和艺术，就像旧美学所做的那样。由此，全部美学的问题，就变成了客观现实的美、美感和艺术三大领域。蔡仪说：

> 总之，美学全领域的三方面，美的存在、美的认识和美的创造，三者的相互关系，第一是美的存在——客观美，第二是美的认

---

① 蔡仪：《美学论著初编》上，第 192 页。
②③ 同上书，第 197 页。
④ 同上书，第 199 页。

识——美感,第三是美的创造——艺术。美的存在是美学全领域中最基础的东西,唯有先理解美的存在然后才能理解美的认识,然后才能理解美的创造。①

蔡仪这里对现实美的强调容易造成一种这样的误解:现实美是艺术美的原型,或者现实美比艺术美更高级。蔡仪反复强调艺术美比现实美高级。这一点与他在《新艺术论》中对现实与对现实的认识即艺术之间的区分是一致的。现实是"繁杂的"、"变幻的"、"晦暗的"、"分歧的",而艺术是"纯粹的"、"固定的"、"显露的"、"一致的"。用蔡仪常用的"典型"一词来说,现实是非典型的,艺术是典型的。或者说艺术比现实更典型。现在的问题是:我们的认识如何才能将现实从非典型状态转变为典型状态?我们如何将非典型的现实转变为典型的艺术?也许是为了解决这里的问题,蔡仪提出了"现实美"的概念。这里的现实美与《新艺术论》中"现实的典型"是一回事。由此,我们在艺术与现实二分的框架中,出现了一个新的成分,即"现实美"或者"现实的典型"。有了这个新的成分之后,就不再是一分为二,而是一分为三:现实、现实美、艺术。用《新美学》中的术语来说,就是事物、典型的事物(或者事物的典型)、艺术。事物的典型或者现实的典型,就是现实美。

蔡仪之所以要在事物之间区分一般的事物和典型的事物,目的是为艺术美或者艺术典型寻找来源。让我们先来看看什么是现实美或者事物的典型。我们先引一段蔡仪的原文:

> 任何客观的个别事物,一方面是当作个别的事物而存在,另一方面又是当作种类的具现者而存在。因为离开了个别便没有种类,而不属于任何种类的个别事物也是没有的。也就是说任何客观的个别事物之中,固然有它个别的东西,同时又有它所属的种类的东西,换句话说,任何个别事物是个别的东西和种类的东西的统一。

———————
① 蔡仪:《美学论著初编》上,第205页。

而美的事物则不仅是个别的东西和种类的东西的统一，而是个别的
东西显现着种类的东西。所谓显现不用说是显著地表现，这句话是
站在我们鉴赏者的立场来说的，而站在客观事物本身来说，便是个
别的东西之中完全地丰富地具备着种类的属性条件。它的个别的
属性条件，是以种类的属性条件为基础的，是决定于种类的属性条
件的，于是个别的属性条件和种类的属性条件一致而毫无矛盾。这
时候种类的属性条件才不是空洞的抽象的，是渗透于个别的属性条
件而表现的；这时候个别事物才丰富地完全地而且纯粹地具备着种
类的普遍性于个别性之中。就这一点来说，孟子所谓"充实之谓
美"，是非常正确的，而荀子所谓"不全不粹之不足以为美"，也是很
有道理。①

根据蔡仪这里的说法，所有个体事物都是个别与一般（种类）的结合，如
果有某个个体事物能够特别地体现一般种类，这个事物就是该类事物的
典型，就是事物的美或现实的美。蔡仪在讨论自然美的时候所举的例
子，能够让我们对他这里说的事物的典型有更清楚的认识。蔡仪说：

即以我们人类来说，人的身材不是常人一样，或太高或太低；颜
色不是常人一样，或太白或太赤，这便不是以种类的一般性为优势
的，是不美的。反之如宋玉所说的东家处子，"增之一分则太长，减
之一分则太短；着粉则太白，施朱则太赤"，她的身体颜色都是合乎
天下楚国"臣里"的女子的一般性，是以种类的一般性为优势的，所
以是美的。同样，树木显现着树木种类的一般性的那支树木，山峰
显现着山峰一般性的那座山峰，它们的当作树木或山峰是美的。这
样的人体的美，树木的美，山峰的美，便是自然美。其他一切自然物
都可能有以种类的一般性为优势的，也就是可能有美的。②

① 蔡仪：《美学论著初编》上，第246—247页。
② 同上书，第341页。

这种以种类一般性为优势的事物,就是典型的事物、美的事物。如果这种事物是天生的自然物,就是自然美;如果是人们有意识地制作的事物,就是社会美;如果是人们为了美的目的而制作的事物,就是艺术美。蔡仪说:

> 我们知道自然美是自然的必然。社会美虽然渗透着个人的意志自由,但是主要的是社会的历史的必然;也就是说,从美的产生条件来看,一切现实美的产生都是客观的必然,不是根据美的认识而创造的,为着美的目的而产生的。唯有艺术美便相反,是根据美的认识而创造的,为着美的目的而产生的,也就是艺术美是人们意志自由的创作。①

包括自然美和社会美在内的现实美,都不是人们有意识地创造为美的事物的。从这个意义上来说,它们是碰巧地成了美的事物,附带地成了美的事物。至于它们为什么会成为美的事物,蔡仪没有深入地解释。因为这个问题对于澄清蔡仪的美学思想没有直接关系,我们在这里也就存而不论了。

这种不为根据美的认识而创造的、不是为着美的目的而产生的现实美,尽管不如根据美的认识而创造的、为着美的目的而产生的艺术美那么高级,但是它们却是艺术创造需要的美的认识的来源。换句话说,艺术家通过认识现实中的美,形成美的认识或者美的观念,再依据这种美的观念,创造出艺术美。尽管现实美没有艺术美那么高级和纯粹,但是现实美却是美的观念的来源。离开了现实美,创造艺术美所需要的美的观念就成了空中楼阁,成了美的幻想。

现在的问题是:为什么美的观念一定要从现实美中产生呢?为什么不可以从艺术美中产生呢?比如,通过学习和研究前人的艺术,也可以形成美的观念,说不定比从现实美中提炼美的观念更加容易,因为艺术

---

① 蔡仪:《美学论著初编》上,第363页。

美毕竟要高于现实美。蔡仪对这个问题有所认识。在他看来，这就是艺术遗产的问题。蔡仪承认，在美的修养方面，艺术的遗产可以产生极大的影响，"但艺术遗产影响个人的美的修养，影响个人的美的观念，其结果并不一定是好的，有时也是坏的"①。蔡仪据此批判国画的因袭传统的风气：

> ……唐宋之际的前人，由于现实的限制只能表现那样的现实的美，但在他们却是表现了真正的现实的美，也创造了真正的艺术的美。而在今日的国画家，他们所应当表现的真正的现实的美已经不同了，应当创造的艺术的美也当然不同了。然而他们以为国画是不能表现今日的现实的美，只能表现所谓国画的美。而这所谓国画的美的观念，原不是根据现实的美获得的，只是根据前任的画而获得的，固然任何人的美的观念，都多少不免因袭前人的，但因袭前人的美的观念和根据现实的美的观念，两者是适合而一致时，在个人的美的观念的构成上，是有好的影响、正的作用的；而因袭前人的美的观念和根据现实的美的观念不适合不一致时，在个人的美的观念的构成上，是有坏的影响、负的作用的。②

如果我们承认蔡仪的这种说法，学习前人艺术而获得的美的观念，有可能因为与研究现实而获得的美的观念不一致，因而前人的艺术不应该成为我们的美的观念的来源，那么我们也不一定能够得出结论说，现实美是美的观念的唯一来源，因为我们还可以学习当代艺术。在塑造我们的美的观念上，当代艺术有可能比现实美更有优势，因为一方面当代艺术从作为艺术的角度来说，它比现实美要高级，另一方面当代艺术因为是当代的从而不会像传统艺术那样与现实美相冲突。蔡仪没有论及当代艺术。我们很难想象他会怎样回应这里的问题。也许我们可以站在蔡仪的角度来做这样的设想：当代艺术家是怎样来形成他们的美的观

① 蔡仪：《美学论著初编》上，第308页。
② 同上书，第308—309页。

念呢？如果他们也是向当代艺术家学习，那么势必就会形成循环论证。为了摆脱这种循环，只有两个途径：一个是向现实学习，一个是向古人学习。向现实学习比向古人学习更为优先，这倒不是因为古人的艺术与现实矛盾时就一定要服从现实，而是因为古人也会存在如何获得美的观念的问题。古人获得美的观念的途径与今人一样，也只有两条：一条是向当时的现实学习，一条是向古人的古人学习。如此类推，一定会遇到一种没有古人的古人的情形。对于那些没有古人的古人来说，他们不能向古人学习，而只能向现实学习。正是在这种意义上，我们说向现实学习比向古人学习优先。这种设想，也许在逻辑上是成立的，但是不一定符合现实情况。现实情况往往是，我们的美的观念的形成，可能既受到现实的影响，也受到古人艺术的影响，还受到今人艺术的影响。当然，就美学作为一种规范的理论学科来说，我们可以只遵循逻辑，而不考虑现实。

在现实与艺术之间增加现实美和美的观念，不仅可以更加细致地解释艺术与现实的关系，更重要的是为了对美感做出说明。

蔡仪区分了美感与美的认识。美感要建立在美的认识的基础上，但美的认识不是美感。蔡仪说：

> 我认为美感的发生，是由于事物的美或其摹写和美的观念适合一致。而这所谓美的观念，又不是观念论的美学家或艺术理论家一样认为是根源于最高理念或绝对精神；相反的，它是根源于客观事物。换句话说，它是客观事物的摹写，也就是对于现实的认识。①

事物的美就是事物的典型，也就是自然美和社会美。对事物的美的摹写，就是艺术的典型，也就是艺术美。我们可以用审美对象来称呼它们。蔡仪认为事物的美是客观的，艺术的美是主观的，这种说法并不成立。作为审美对象，它们都是客观的。只是在对象的形成过程和原因上，即在美的根源上，有所不同而已。自然美不是人造物；社会美是人造

---

① 蔡仪：《美学论著初编》上，第 287 页。

物,但不是为了美的目的创造出来的;艺术美是为了美的目的创造出来的人造物。这三种物,不管它们的来源如何,只要存在了,就都是客观存在的。如果说艺术美因为是人创造的,因而含有主观因素,那么社会美也是人创造的,就也应该含有主观因素。将社会美与自然美合并起来,归之为客观的现实美,而将艺术美视为主观的,这种区分难以自圆其说。如果说现实美不是因为美的目的而偶然生成的,我们可以称之为无意识的美或者典型,那么以美为目的而创造出来的艺术美就是有意识的美或者典型的典型。现在的问题是,无论是对现实美还是艺术美的认识,都只是美的认识,而不是美感。这与通常所说的审美对象与审美经验的关系非常不同。按照通常所说的审美对象与审美经验的关系,现实美和艺术美属于审美对象,对于它们的认识属于审美经验,即美感。在审美对象与审美经验之间,插入美的认识,美感与美的认识区别开来,这种主张在美学史上比较少见。蔡仪说:

> 所谓美,美感和认识的关系,从来的哲学家虽然不是没有说到,但是说得很少;而且这所说的很少之点,也都是不正确的或不完全的。所以我们简直可以说,从来的认识论对于美的认识是疏忽了。然而,美的事物的能给予美感,不用说是通过认识关系,若在认识论上不能适当地予以解决,美感论及艺术论便难正确地建立。①

美的认识的结果不是美感,而是美的观念。我们前面已经澄清美的观念的来源,它可以是通过对现实的美的认识得来的,也可以是通过对古人的艺术和今人的艺术的借鉴得来的,抛开这些来源的渠道的不同,仅就美的观念本身来说,它是一个怎样的东西呢? 或者说它是一种怎样类型的存在呢? 蔡仪说:

> 美的观念既是事物种类性的反映,于是对于个别事物来说,它是根据其种类性而予以修正改造了的形象。这种形象的对于个别

---

① 蔡仪:《美学论著初编》上,第 287 页。

事物的改造,虽只是意识中的改造,而不是实际事物的改造,但是在这里已经包含着人们对于实际事物改造的契机了。①

这段文字表达了两个方面的意思:首先美的观念指的是事物的种类性,是一般或者概念。不过,它不是纯抽象的概念,而是具体的概念或者形象或者理想。其次,美的观念尽管以现实美为基础,但不是对现实美的机械反映,其中包含了改造,哪怕这种改造是在意识中进行的,是想象的改造而不是实际的改造。蔡仪也用"意象"、"意境"等术语来指称美的观念:

> 我们这里的所谓概念是现实事物的普遍性,必然性的反映,就是所谓理想。但是概念是有抽象性重的,也有具象性重的,这是概念的运动过程应有的现象。这种具象性重的概念,是事物的美的观念,同时也就是在艺术史上不断地为人所论及,而至今尚有不少文章在讨论的意象、意境。②

我们一般把意象、意境当做审美对象,认为它们是在审美经验中生成的。但是,蔡仪把它们理解为美的观念。美的观念不是美感的对象,而是美感的条件。美感是美的观念的充实,是精神欲求满足的愉快:

> 我们认为美感是根据着美的观念,但是美的观念,尤其是在日常生活中获得美的观念,往往是不自觉的,也就不是自我充足的。因为它不是自我充足而完全的,所以它常是在渴求着自我充足而完全。固然具体的概念是有和个别表象紧密结合的倾向,且有时能唤起新鲜活泼的感觉,只是人若不是固定观念的精神病者,日常生活中变化无穷的万物众象,也在意识里反映而变化无穷,所以这种形象,依然常是空洞、模糊而不自我充足的,也就常是渴求着自我

---

① 蔡仪:《美学论著初编》上,第300页。
② 同上书,第302页。

充足。①

美感是美的观念的充实。尤其是这种充实所伴随的精神状态，或者说是美的观念被美的事物充实时所产生的愉快，从另一个角度也可以说是美的观念与美的事物符合时所产生的愉快。"美的观念是意识把握着的客观事物的形象，可以说是认识的内容，而美感呢，则不能说是认识的内容，而是认识时的精神状态。两者虽然是相关的，却不是同一的。"②这里将美感与美的认识区别开来诚然不错，但是这里有两种美的认识，蔡仪没有做清楚的区别。一种是形成美的观念时的美的认识，可以称作第一次美的认识；一种是充实美的观念时的美的认识，可以称作第二次美的认识。美感发生在第二次美的认识。在第一次美的认识时，由于还没有形成美的观念，因此就不存在美的观念的充实，或者与美的观念的符合，因而也就不会出现因为充实和符合而产生的愉快。这种区别非常重要，因为在正常情况下，审美主体都已经有了美的观念，或者说美的观念问题是一个人类学要解决的问题，真正的美学问题不是美的观念的形成，而是美的观念的充实和符合。

美的观念可以有三种存在形式。第一种是抽象的存在。尽管美的观念不是抽象的概念，但是它仍然具有一定的抽象性，或者说空洞性。我们也可以称之为空的美的观念。第二种是由美的事物充实了的美的观念，我们可以称之为具体化的美的观念，这种具体化的过程就是美感过程，具体化的对象就是审美对象。第三种是表达了的美的观念，将具体化的美的观念摹写或者描述出来，就变成了艺术品，因此表达了的美的观念，就是艺术品。

对于美的观念的第一种存在形式，我们无需论述，因为它是抽象地存在于我们的头脑之中。对于第二种存在形式，我们需要检讨具体的充实过程和方式。蔡仪论及了两方面的充实或满足方式：

---

① 蔡仪：《美学论著初编》上，第312页。
② 同上书，第310页。

第一是美的观念虽然在平时往往是空洞而模糊的,但是它原有和个别表现结合的倾向,可以借以记忆联想为基础的想象,使它成为一个鲜明的形象,于是美的观念得以自我充足而完全,遂发生美感。

不过这样的由想象而使美的观念充足,成为一个鲜明的形象,引起美感。这时若把这鲜明而完整,栩栩如生的形象,用艺术的工具表现出来,便是艺术的创作。因此在艺术创作时,美的观念得以充足而完全,引起强烈的美感,创作者获得精神的愉快。

第二是和第一的方向相反,美的观念的渴求自我充实的欲望的满足,是由于外物所予的印象。这种外物之或为现实事物的美,或为艺术的美,都是一样的。这外物所予的印象,也就是意识获得的新的表象,与原有的美的观念相适合时,美的观念得以充足而完全,于是发生美感,美的情绪的激动。这种外物的美与美的观念愈一致,则美感愈强,一致性的大小,则是决定美感的强弱的一个条件。①

这两种方式,一种适合于创作,是由内及外式的;一种适合于鉴赏,是由外及内式的。第二种方式,存在于对自然美、社会美和艺术美的鉴赏之中。第一种如蔡仪已经指出的那样,是艺术创作的方式。但是,这种区分也不能绝对。考虑到蔡仪一再强调现实的美的根源性,艺术创作的方式可以是第一种方式和第二种方式的相加。艺术家用第二种方式接触现实美和艺术美,从中获得材料和启发,进入第二种方式的想象阶段,最后再将想象中鲜明的形象表现出来,成为艺术作品。于是,艺术创作过程,就包括了郑板桥所说的"眼中之竹"、"胸中之竹"和"手中之竹"三个阶段。

当然,也可以停留在纯粹的想象阶段,即在想象中实现美的观念的充实。蔡仪说:

---

① 蔡仪:《美学论著初编》上,第315页。

　　至于美的观念,虽是有和表象紧密结合的倾向,但往往没有个别表象那样形象鲜明,往往是空洞而模糊的,因此它不是自我充足的。这种空漠的美的观念,也能借以联想为基础的想象使它充实起来,成为一个鲜明的形象。这时想象所涉及的原也不过是这观念构成时有关的或类似的素材;因此美的观念的得以由想象而成为充足的显明的形象,这事也可以说是美的观念的反省。①

　　美的观念的反省,完全停留在想象中,既不同于由内及外式的创作美感,也不同于由外及内式的鉴赏美感。但是,美的观念的反省,与纯粹的空想不同。纯粹的空想与美的现实毫无关系。美的观念的反省与现实有关,因为美的观念是从现实美中获得的。但与现实关系更密切的,是由内及外式的创作美感和由外及内式的鉴赏美感。

　　总之,由于在审美对象与审美经验之间加入了美的观念,蔡仪的美学体系比常见的美学体系要复杂一些。这种复杂性一方面让我们对审美活动的理解更加深入,另一方面也造成了不必要的混乱,因为美的观念很容易与审美对象混淆起来。

第三节　美在典型之分析

　　蔡仪的美学主张,可以用"美在典型"来概括。蔡仪明确地说:

　　　　我们认为美的东西就是典型的东西,就是个别之中显现着一般的东西;美的本质就是事物的典型性,就是个别之中显现着种类的一般。②

　　　　总之美的事物就是典型的事物,就是种类的普遍性、必然性的显现者。在典型的事物中更显著地表现着客观现实的本质、真理,因此我们说美是客观事物的本质、真理的一种形态,对原理原则那

————————————

① 蔡仪:《美学论著初编》上,第305页。
② 同上书,第238页。

样抽象的东西来说,它是具体的。①

这就是蔡仪著名的"美在典型"说。不过,蔡仪的有关论述却显得相当混乱。根据我们的初步了解,造成混乱的关键在于蔡仪将认识活动与认识的起源混在一起了。这是中国现代美学中常见的混乱,它经常表现为将美的本质问题等同于美的根源问题。

所谓认识活动,最简单地说,就是用对事物的感觉材料将事物的概念充实起来。比如,我们对一张桌子的认识。我们用感官感受到桌子的各种感觉性质,这些感觉性质综合起来符合我们脑子中的桌子概念,所以我们认出它是一张桌子。这里说的是我们对这张桌子的认识活动。我们之所以能够认识这是一张桌子,其中最重要的原因是我们脑子里有了桌子的概念。我们在认出这张桌子之前,脑子里的桌子概念就已经存在了;如果没有桌子的概念,我们无论如何也认不出它是一张桌子。现在的问题是:我们是怎么拥有桌子的概念的呢?这就牵涉到认识的起源问题了。

关于概念究竟是怎么来的,或者说关于认识究竟是怎么起源的,不同哲学有不同的答案,有的说是先天具有的,有的说是后天习得的。但不管概念究竟是从哪里来的,我们在认出这是一张桌子时,事先已经有了桌子的概念了。蔡仪显然将我们认出这是一张桌子这种认识活动,混同为我们从这张桌子中认识到桌子的概念这种认识起源了。如果我们事先没有桌子的概念,我们从这张桌子中不可能认识到桌子的概念,即使是主张概念是后天习得的,那也是从很多桌子中抽象出来的,而不是从一张桌子上认识到的。

由此,我们可以区分三种不同的桌子:一种是桌子的概念,一种是桌子本身,还有一种是对桌子的认识或关于桌子的知识。

关于桌子的概念,它可以是先天具有的,也可以是后天习得的,它可以是十分抽象的(相当于蔡仪所说的"抽象性重的"),也可以是不够抽象

---

① 蔡仪:《美学论著初编》上,第 247 页。

的（相当于蔡仪所说的"具象性重的"）。① 抽象概念比较好理解，"具象性重的"概念就不太好理解了。我们可以用维柯的"想象性的类概念"来理解这种具象性重的概念。维柯认为，原始人还没有形成抽象的思维能力，不能形成抽象的类概念，只是用形象鲜明突出的个别事物来代表同类事物。这种用个别事物所充当的类概念就叫做"想象性类概念"，它有一定的普遍性，但终究是个别性的、具象性的，因此可以称之为"具象性重的概念"。比如，埃及人还没有形成"发明家"这个抽象的类概念，他们就用赫尔弥斯来代替，于是所有发明家都叫做赫尔弥斯。赫尔弥斯本人是个发明家，因此他是个别的；但是他又能够指称所有的发明家，因此他又具有普遍性。② 这种意义上的"想象性的类概念"是人的心智还不够发达时的产物。一旦人的抽象思维能力发育成熟，就不会使用这种"想象性的类概念"。不过，还有这样一种情况：即使人的心智能力得到了极大的发展，在一般活动中普遍采用抽象的类概念，但在审美和艺术活动中仍然会使用"想象性的类概念"，这就是"想象性的类概念"跟审美有关的原因。蔡仪强调美学的概念是"具象性重的概念"，不知是否也有这方面的考虑。

关于桌子本身，比如，我眼前的这张桌子，它与桌子的概念不同。桌子的概念是抽象的，桌子本身是具体的。具体的桌子本身的成与毁并不会对抽象的桌子概念产生任何影响。总之，具体的桌子是在时空中存在的东西，它有明确的起源，在将来的某一天还会消失，它是能够给我提供感觉材料的东西；但桌子的概念不具备这些特性。

对桌子的认识又不同。我们对眼前这张桌子的认识，它是结合了我脑子里的桌子概念和我对眼前这张桌子的感觉所得到的结果。

桌子概念、桌子本身和对桌子的认识（知识），这三个东西是不同的，而蔡仪将它们混在一起了，也许这就是造成他在论述美的本质和美的认识时出现混乱的原因。

---

① 蔡仪：《美学论著初编》上，第 302 页。
② 有关维柯的"想象性的类概念"的分析，见朱光潜《西方美学史》上，第十一章。

蔡仪主张美的事物就是典型的事物,显然他说的是事物本身,既不是事物的概念也不是事物的知识。典型的事物之所以是美的,是因为典型的事物更能体现这个事物所属的类概念。然而,当蔡仪说美的概念或美的观念的时候,他说的就不是事物本身了,而是事物的概念或事物的知识。当蔡仪说美的概念是"具象性重的"概念时,他这时所说的美指的是事物的概念或知识。这一点我们在维柯关于"想象性的类概念"的论述中看得非常清楚。想象性的类概念不是指事物本身,而是关于事物的概念。凡是关于事物的概念停留在用具象表现抽象、用个别表现一般的程度上,就是想象性的类概念。在维柯看来,这就是诗性智慧,就是美的。它跟所认识的事物本身是否美、是否典型毫无关系。比如,有一头美狮子名叫 A,我们还没有抽象的美狮子概念,于是将所有美狮子都叫做 A,这个 A 就是美狮子的"想象性类概念"或"具象性重的概念"。另有一头丑狮子名叫 B,我们还没有抽象的丑狮子概念,于是将所有丑狮子都叫做 B,这个 B 就是丑狮子的"想象性类概念"或"具象性重的概念"。就它们都是"想象性的类概念"或"具象性重的概念"来说,A、B 没有任何区别。如果说美的概念就是"具象性重的概念",它跟事物本身的美丑就没有任何关系。当蔡仪强调科学的认识得到的是"抽象性重的概念"、美的认识得到的是"具象性重的概念"时,他事实上将美看做一种特殊的认识活动的结果,而与认识对象无关。如同维柯所主张的那样,原始人的世界是诗的世界、美的世界,这并不是原始人的世界本身是美的,而是原始人的特殊认识能力从对世界的认识中得到了"想象性的类概念"或"具象性重的概念",得到了审美意象。当蔡仪说美的概念或美的观念的时候,他指的不是客观事物本身的美,而是对客观事物的认识结果。

蔡仪还有一种奇怪的看法,那就是美既不是指典型的事物,也不是指对事物的"想象性类概念"式的认识,而是指高级的抽象概念或者说高级的种类。由此,蔡仪主张生物美高于非生物美、动物美高于植物美、高等动物美高于低等动物美、人的美高于高等动物美等等。从这种意义上说,人的概念(类)美就高于动物的概念(类)美。这种概念美与事物本身美以及对事物的认识美是不同的，而且它们也经常是矛盾的。

蔡仪就是将这三种不同的美不加区分地使用，从而造成了他的美学中的混乱。

事实上，如果说美是典型，那么美的观念或概念就是典型，对美的认识就是认识出典型来。比如一头美狮子，它之所以是美的，是因为它体现了狮子的一般性，这种以个体体现一般的特征叫做典型。那么，现在对狮子的认识也可以区分为两种：一种是用狮子的概念来看这个典型的狮子，一种是用典型的概念来看典型的狮子，美的认识应该属于后一种而不是前一种。用狮子的概念来看这头典型的狮子，只是得到关于狮子的知识；用典型的概念来看这头典型的狮子，才得到关于典型即美的知识。这里无论是关于狮子的知识还是关于美的知识，都是非常明确的，都不同于看见狮子的"意象"。

第四节　卡尔松的肯定美学

尽管蔡仪美学存在诸多缺陷，但本文还是要力图显示它那相对合理的一面，尤其是力图将它带到新的美学语境之中。

蔡仪美学有一个重要的特征，那就是强调普遍性、客观性乃至科学性，这与以朱光潜为代表的心理学美学截然不同。我们可以将蔡仪的美学与近来引起争论的卡尔松的肯定美学进行比较，这样可以比较清楚地看出蔡仪美学中有哪些合理的因素，当然也会更清楚地看出有哪些明显的不足。

在进行比较研究之前，让我们先简要地描述一下卡尔松的肯定美学。

什么是肯定美学？简要地说，就是一种主张所有自然物都具有肯定的审美价值的美学。卡尔松说，我主张全部自然世界都是美的，"按照这种观点，自然环境，就它未被人类触及或改变的意义来说，大体上具有肯定的审美性质；例如它是优美的、精致的、浓郁的、统一的和有序的，而不是冷漠的、迟钝的、平淡的、不连贯的和混乱无序的。简而言之，所有未被人类玷污的自然，在本质上具有审美的优势。对自然世界的恰当或正确的欣赏,在根本上是肯定的,否定的审美判断是很少有的或者完全没有。"①我把这种主张概括为"自然全美"。

肯定美学的这种主张,初听起来难以置信。因为在我们习惯的对艺术的审美欣赏中,不仅有肯定的审美判断,同时有否定的审美批评。有些艺术作品具有很高的审美价值而被认为是伟大的,有些艺术作品没有什么审美价值而被认为是平庸的甚至一钱不值。就是在对一件伟大艺术作品的审美欣赏中,也不排除对其中某些部分或方面做出否定性的评价。因此,将所有对象全部判断为美的,这对具有审美鉴赏力的人来说,确实是不可思议的。

然而,据卡尔松的观察,肯定美学的这种观点,无论在过去还是现代,都有众多支持者。只不过他们只是表达自己的感受,没有给出强有力的论证,没有形成理论体系,所以没有引起特别的关注而已。卡尔松要做的工作,就是对这种观点进行强有力的科学证明。

在对"自然全美"进行科学证明之前,首先要确定什么是审美。现代美学曾经试图将美学的基础由"美是什么"的形而上学的追问,转向对审美经验的实际考察,仿佛审美经验是一种不证自明的事实。但当美学真正要面对审美经验的时候,却发现它并不是自明的事实。换句话说,要在一大堆复杂的经验事实中确立什么审美经验,并不是一件容易的事情。比如,在阅读《红楼梦》时所达到的"心醉神迷"与在网上遨游时的"忘乎所以"之间,究竟存在什么本质上的区别? 对这个问题的回答至少不像想象的那样容易。

但卡尔松并没有陷入对审美经验的细节讨论中,他采取了一种简便的处理方法:我们可以不知道审美经验在本质上究竟是什么,但我们可以有审美经验的榜样,即典型的对艺术作品的欣赏经验。卡尔松强调:有关自然审美的讨论必须参照艺术审美的榜样,否则就无法保证讨论的问题是在美学的范围之内。而关于艺术的审美欣赏,至少在西方美学界

---

① Allen Carlson, *Aesthetics and the Environment*: *The appreciation of Nature, Art and Architecture* (London and New York: Routledge, 2000), p.72.

形成了比较一致的看法：艺术作品的审美价值是客观存在的，它们只有在正确的审美欣赏方式中才能显现。当代美国美学家瓦尔顿对这种欣赏习惯作出了精要的理论总结。[①]

瓦尔顿认为，对艺术作品的正确的审美判断可以分为两个方面：首先是一件艺术作品实际具有的感知性质（类似于朱光潜所说的"物甲"）。其次是当艺术作品在它的正确的艺术范畴中被知觉时这些感知性质的感知状态（类似于朱光潜所说的"物乙"）。瓦尔顿认为，我们对一件艺术作品的审美判断，主要是根据它的感知状态（物乙）而不是感知性质（物甲）。在这种意义上，瓦尔顿与朱光潜的观点是完全一致的。瓦尔顿与朱光潜不同的地方在于：他明确认识到一件艺术作品的感知性质可以呈现为不同的感知状态，因为艺术作品可以在不同的艺术范畴中被感知，甚至可以在非艺术的范畴中被感知。在不同的范畴中被感知，艺术作品的感知性质会呈现出不同的感知状态，从而会影响到我们对艺术作品所做的审美判断[②]。

[①] 以下讨论参见 Kendall L. Walton, "Categories of Art," *Philosophical Review* (1970), pp. 334 - 367。

[②] 不可否认，朱光潜的思想中，对一个事物在不同的范畴中被感知而呈现出不同的感知状态，也有明确的认识。如他常用的例子"对一棵松树的三种态度"，就说明了同一棵松树因为不同的感知而呈现不同的感知状态，其中有的是美的（如画家眼中的松树），有的则不是（植物学家和商人眼中的松树）。但朱光潜的区分十分粗糙，只涉及美学范畴和非美学范畴的区分。瓦尔顿则认为，即使都是采用美学范畴，也有正确和错误的区分。这是当代分析美学家比较细致的地方。更重要的是，朱光潜在后期对"物甲"、"物乙"的讨论中，没有贯穿这一思想，以至于把"物甲"理解为客观存在的事物，把"物乙"理解为对客观存在的事物的主观反映，从而出现许多逻辑上的漏洞。在对"一棵松树的三种态度"的例子中，无论是商人、画家还是植物学家，他们都是根据自己的"范畴"来感知松树（物甲），因此他们都只是知觉到了"物乙"。而在后来的"物甲"、"物乙"的讨论中，仿佛只有画家在他的审美活动中看见的是"物乙"，而商人和植物学家则直接看见了"物甲"，从而标明只有审美活动是一种主观或主客观交融的活动，并导致他的论争对手对主观性的批判。如果坚持康德的认识论思想，则无论画家、商人还是植物学家，他们看见的都是松树的现象（物乙），而松树本身（物甲）是不可知的。如果不采取康德的认识论立场，而采用马克思主义哲学的认识论-反映论立场，则所有的认识都应该忠实地反映客观存在，审美也不能例外。朱光潜的矛盾在于：用马克思主义的反映论来解释审美之外的所有认识活动，唯独用康德的认识论来解释审美活动，从而必然出现逻辑上的困难。

一个作品，比如毕加索（Pablo Picasso）的《格尼卡》（*Guernica*），可以在不同的艺术范畴中被知觉。它可以被知觉为一幅绘画、一幅印象派绘画，或者一幅立体派绘画。根据艺术范畴的不同，一定的感知性质可以被称为常项、反项和变项。例如平面是上述三种艺术范畴共有的常项，色彩是三种艺术范畴共有的变项，但显著地具有像立体一样的形状，对第一种范畴（绘画）来说是变项，对第二种范畴（印象派绘画）来说是反项，对第三种范畴（立体派绘画）来说是常项。之所以会出现常项、变项和反项的感知状态，是因为采用了不同的艺术范畴。如果我们根据立体派绘画范畴来欣赏《格尼卡》，它那像立体一样的形状将被知觉为常项；如果我们根据印象派绘画范畴来欣赏它，同样的像立体一样的形状则被知觉为反项（或者有可能作为变项）。瓦尔顿的心理学主张是：这种感知状态影响到欣赏者的审美判断。"《格尼卡》是笨拙的"这个判断，当这幅画被看做是印象派绘画时是真的，因为它那像立体一样的形状被知觉为一种反项（或变项），从而给人一种笨拙的感觉。当这幅画在立体派绘画的范畴下被知觉时，这个同样的判断也许是错的，因为它那像立体一样的形状将被知觉为常项，它不但不引起笨拙的感觉，反而给人一种赏心悦目的美感。但是"《格尼卡》是笨拙的"这一判断究竟是对还是错呢？瓦尔顿的哲学主张是：它取决于当《格尼卡》在它的正确范畴中被知觉时的感知状态。在这种特殊规定的情况中，"《格尼卡》是笨拙的"这一判断是错的，《格尼卡》应该被正确地知觉为一幅立体派绘画；而对它那像立体一样的形状的感知状态不会引起笨拙的感觉。这里，关键的问题是如何决定立体派范畴是适合《格尼卡》的正确范畴。瓦尔顿指出，决定《格尼卡》被正确地知觉为立体派绘画有四个因素，它们是（1）它有相对多的被看做立体派的特征；（2）当被看做立体派绘画时它是一幅更好的绘画；（3）毕加索倾向于或希望它被看做立体派绘画；（4）立体派绘画的范畴较好地被诞生《格尼卡》的社会所确立和认识。瓦尔顿论证，这四种情形的概括性叙述就能中肯地决定任何艺术作品被知觉时所依据的范畴是否正确。

按照瓦尔顿的观点，为了确定像"《格尼卡》是笨拙的"这样的审美判断是否具有真的价值，不能像我们确定"《格尼卡》是彩色的"这一判断是否有真的价值那样，只是简单地看它就行了。重要的是，我们必须按照它的正确范畴来感知《格尼卡》。这就要求有两方面的知识：首先要有决定立体派为正确范畴的知识，也就是要有关于 20 世纪绘画艺术的特性和历史的实际知识。其次，要有怎样知觉《格尼卡》作为立体派绘画的知识，也就是要有一定的必须通过训练和经验获得的立体派绘画范畴和其他相关艺术范畴的实践知识或技能。

显然，瓦尔顿反对对艺术作品进行"范畴相对"的知觉，主张对一件艺术作品的正确知觉只能在唯一的正确范畴下进行。换句话说，对艺术作品可以有许多不同的欣赏方式，但只有一种是恰当的。这种恰当的欣赏方式必须能够揭示艺术作品所具有的审美性质和审美价值，由此在对艺术的审美欣赏中，必须有相关的知识，如艺术史的知识和艺术实践的经验。

瓦尔顿这个主张的实质是，为了欣赏一件艺术作品所具有的审美性质，必须要知道怎样观看它。知道怎样观看它，实际上指的是具有关于它是什么的知识和经验，知道将它放在怎样的范畴下面来观看。瓦尔顿否认无范畴的纯粹观看具有任何审美上的意义。比如，凡·高的《星夜》是一件动态的、充满活力的后印象派作品。然而如果将它看做一件德国表现主义作品，它就会显得更为宁静，有些柔弱，甚至黯淡无趣。为了恰当地欣赏它，欣赏它的动态和活力的特质，我们必须将它看做一件后印象派作品。这就需要关于后印象派绘画的知识和一些与后印象派绘画有关的学问，这种知识和学问一般是由艺术史和艺术批评提供的。

瓦尔顿的这种主张，在西方艺术理论界已经变得老生常谈，成了西方艺术批评中的常识和艺术欣赏的教条。为了确保自然审美是一种正确的审美欣赏，卡尔松主张采取瓦尔顿的观点，即对自然美的欣赏，也需要相关的知识，也需要把自然对象放在正确的范畴中进行恰当的感知。

卡尔松对这种对自然的恰当的审美欣赏做了这样概括性的阐述：首

先,像在艺术欣赏中的情形那样,自然对象和景观的审美特性决定于它们被怎样地欣赏。长须鲸是一种宏伟而优美的哺乳动物,但如果将它看做鱼,它就会显得更为笨重、畸形,甚至难看。同样的,优美而高雅的驼鹿,如果将它看做鹿就会很笨拙;伶俐迷人的美洲旱獭,如果将它看成棕鼠就会笨重而令人畏惧;精巧的向日葵,如果将它看成雏菊就会僵硬笨重。对景观来说,比如一块"宽大的泥沙地"可以具有不同的审美特质,你可以觉得它是"一种野生的令人愉快的空旷",也可以相反觉得它是"一种搅动不安的神秘",这取决于你将它看做是海滩还是将它看做为潮汐地。其次,像艺术欣赏中的情形一样,对自然对象和景观的恰当的审美欣赏,如欣赏它们的优美、神奇、高雅、迷人、伶俐、精巧,或"搅动不安的神秘",需要把它们放在正确的范畴中去感知。这就需要有关于他们究竟是什么的知识和其他一些与它们相关的东西的知识,在这些情形中主要是一些与生物学和地质学相关的东西。一般说来,这是由自然科学提供的知识。①

这就是卡尔松所主张的对自然的正确的审美欣赏。卡尔松还从相反的方面,为采取这种欣赏方式进行辩解说:"我们之所以要强调自然的审美欣赏与艺术的审美欣赏之间的相似性,因为如果不是这样就会面临一种两难的抉择:要么对艺术的欣赏是审美的,而同样的对自然的欣赏则不是审美的;要么即使它们都是审美,但在本质上或结构上仍然不同。这两种选择中的任何一种都是不可信的。在我看来,我们对自然的欣赏是审美的,而且在本质上和结构上都与艺术欣赏相似。唯一不同的是:在艺术欣赏中,相关范畴和知识是由艺术史和艺术批评提供的,而在自然的审美欣赏中是由自然史、由科学提供的。但这种区别不是意料之外的,因为自然不是艺术。"②

显然对"自然全美"观念的证明,关键并不在于确立与艺术相似的欣赏

---

① Allen Carlson, *Aesthetics and the Environment: The appreciation of Nature, Art and Architecture*, pp.89 – 90.

② Ibid., p.91.

方式。换句话说,即使采取了与艺术相似的欣赏方式,也不一定能够得出
"自然全美"的结论。因为即使当我们按照正确的艺术范畴来欣赏一件艺
术作品时,也会出现否定的审美评价,不能得出"艺术全美"的观念。为什
么当我们在正确的自然范畴下欣赏自然对象的时候,就一定能够得出全部
肯定的审美判断,从而有所谓的"自然全美"或者肯定美学呢? 根据正确的
范畴欣赏艺术作品和欣赏自然对象之间究竟有什么本质上的区别?

　　在卡尔松看来,问题的关键不在艺术欣赏与自然欣赏在欣赏活动上
有什么区别,而在于自然对象与艺术作品之间存在区别,在于正确的自
然范畴的确立与正确的艺术范畴的确立之间存在区别。自然对象是发
现的,艺术作品是创造的。艺术范畴是根据作品本身的特征和起源,如
它们的创作时间、地点、艺术家的意向以及他们所生活的社会的传统等
共同决定的。对具体的艺术作品来说,正确范畴的决定也取决于这些要
素。一件艺术作品所具有的审美特质的价值,在很大程度上是由那些适
合它们的正确范畴所决定的。例如《星夜》是一件后印象派作品,因此它
比看做表现主义作品时的审美效果要好。但这并不是说,我们为了得到
好的审美效果,可以标新立异地将某件不是后印象派的作品看做后印象
派的作品。《星夜》被看做后印象派作品,因为它本身就是一件后印象派
作品,我们将它看做后印象派作品时,能够显示它的审美特质从而获得
更好的审美效果。因此,在艺术欣赏中,对范畴和它的正确性的决定,一
般要先于或者独立于审美效果的考虑。这就有助于解释为什么艺术作
品没有必要都具有好的审美效果和为什么没有一种关于艺术的肯定美
学立场。由于艺术范畴的确立,独立于或先于艺术作品的审美效果的考
虑,因此即使按照它的正确范畴来欣赏它,一件具体的作品也可能没有
好的审美特质、没有好的审美效果,从而导致否定的审美评价。

　　卡尔松还教我们设想一种独特的"正确的"艺术范畴的确立方式,一
种完全主观的、私人的范畴确立方式:针对某件特殊的艺术作品所具有
的特质,设计一套与它完全符合的艺术范畴,当我们按照这套范畴来欣
赏这件作品的时候,因为它处处都符合范畴的理想,从而会产生好的审

美效果,不会导致否定的审美评价。瓦尔顿本人就设想过这种范畴的确立方式:假设事先存在一件平庸的艺术作品,我们再根据它的特质创造出一套适合于它的艺术范畴,似乎就能够将它从一件平庸的作品转变为伟大的杰作。但瓦尔顿认为,这种情况在实际上并不存在。

为什么创造范畴将平庸的作品变成杰出的作品,其结果不会真的使它变成杰作?这里的关键原因在于,在我们的世界中,无论这种范畴是怎样创造性地产生的,它们也不可能是适合于那些作品的正确范畴。因为一个适合于作品的正确范畴,在作品被创作时就已经被艺术家和他所在的社会共同决定了。换句话说,根本不存在先有艺术作品,然后再根据它创造出与之相应的艺术范畴的情形。因为艺术作品总是由人所创造的,人们在创造艺术作品时总是事先设想好了把它创造为某种形式的艺术作品;同时,人总是生活在一定的社会中,他所创作的作品总会受当时社会的艺术观念的影响,或者得到当时的人们的评论,因此,艺术作品在它被创作时与它相应的正确范畴就业已被确立了。

卡尔松还教我们设想一种这样的情形:有一个完全不同于我们这个世界的世界,在这个世界中,"艺术作品"根本不是创造的,而是发现的;"艺术家"根本没有必要用他们的天才和灵性去创作艺术作品,而是用它们去创作范畴以便使已有的作品在其中显现为杰出的作品。再进一步想象,范畴正确性的标准取决于它是否使作品显现为杰出作品,也就是说,如果作品显现为杰出的,所创造的范畴就是正确的,否则就是不正确的。在这个世界中,范畴的决定和它们的正确性完全取决于审美优势上的考虑;由此,所有作品将成为事实上的杰作。或者可以换一种说法,所有作品将在根本上具有审美优势,而且只要对它们进行恰当的欣赏就会如此。由此,我们想象的世界将具有关于艺术的肯定美学,"艺术全美"的观念也能够成立。①

---

① Allen Carlson, *Aesthetics and the Environment: The appreciation of Nature, Art and Architecture*, p.92.

显然,这种想象的世界事实上并不存在,因此不可能有"艺术全美"的观念,从而不存在关于艺术的肯定美学。但这种想象,有助于我们理解"自然全美"的观念,有助于证明关于自然的肯定美学是合理的。我们可以做这样一种类比:在我们这个世界上的自然对象和景观与我们那个想象世界中的艺术相类似,我们这个世界中的科学家与我们那个想象世界中的艺术家相类似。前一个类似是十分明显的:跟一般艺术作品不同,自然对象和景观不是由人们创作或制作的,而是被人们"发现"的。只有在它们被发现之后,才能进行描述、分类和做进一步理论化的工作。因此,自然对象和景观在某种意义上是给予的,而自然范畴是针对它们而创造的。在自然科学中,对象在先,范畴在后;不像艺术实践那样,范畴在先,作品在后。更重要的是,在自然科学中,范畴和对象是不可分离的,对象是在范畴中显现的,范畴是根据对象创造的;而在艺术实践那里,虽然作品是艺术家根据范畴来创造的,但一旦作品被创造出来之后,就与范畴脱离了。

"自然世界是发现的"这个事实,暗示出我们的科学家也可以像那个想象世界中的艺术家一样工作,他们都是由给予的对象开始,用他们的聪明才智替这些给予的对象创造范畴。然而,那个想象世界中的艺术家是根据审美标准来确定范畴的正确性的,从而使被给予的对象显现为杰出的作品。如果说我们的科学家仅仅像艺术家那样根据审美来判定范畴的正确性好像不太可信,但也许可信的是他们做了十分相似的事情。在科学进程中,审美在一定程度上扮演了标准的角色。例如,在对相互冲突的描述、分类和理论的判决中,美是其中的一个重要标准。当然,即使存在这样的事实,美也不是科学家确定描述、分类和理论的唯一标准。科学中的正确与美之间的关系是非常复杂和偶然的。

不过,科学与审美的关系也许更像这种情况:科学中的一个更正确的范畴,随着时间的流逝使得自然世界对于这种科学来说似乎变得更可理解和易于理解。科学要求某些特性来实现这个目标。这些特性包括秩序、整齐、和谐、平衡、张力和清晰性之类的性质。如果科学没有在自然世界中发现、揭示或者说创造这样的特性,并根据这些特性来解释这个世界,它就没有完成它的使命:使这个世界变得更可理解。它将留给我们一个不可理解的世界,就像那些我们视为迷信的五花八门的世界观所做的那样,留给我们一个在本质上不可理解的世界。在这些使世界变得更可理解的特质中,我们同样也可以发现美。因此,当我们在自然世界中经验这些性质的时候,或者按照这些性质来经验自然世界的时候,我们发现它们完全具有审美上的优越性。这并不令人感到吃惊,因为在艺术中,我们也是在诸如秩序、整齐、和谐、平衡、张力和清晰性之类的性质中发现美的。正因为这样,有人主张科学和艺术具有同样的基础或目标;也正因为如此,有人甚至宣称科学在某种意义上可以说是一种艺术工作。除此之外,在美与科学的正确之间的联系就不会清楚。这也许是生物学或文化在起作用;也许是人类进化或者人文主义信仰的结果;也许仅仅是我们的迷信的一种反映。但无论如何,这是我们发现科学在审美中的重要角色的唯一可能。①

按照卡尔松的这种设想,自然的确在根本上不可能是丑的,或者至少是为我们所认识的自然是全美的。这种观点至少得到了以下三个方面的保证:首先,科学家用一种美的形式或范畴,如对称、平衡等,发现自然;其次,自然只有显现在美的形式或范畴中才是可理解的,才可以进入我们的认识范围;第三,那些没有在美的形式中显现的自然,是混乱的、不可理解的,不能进入我们的认识世界,因此即使设想它们可能是丑的,也在我们的认识之外,我们也不知道它们丑的面目。自然在科学的美的形式和范畴中显现为美的,在科学的形式和范畴之外的自然即使是丑的,我们也不知道它们的丑。

---

① Allen Carlson, *Aesthetics and the Environment*: *The appreciation of Nature, Art and Architecture*, p. 93.

第五节　蔡仪的典型美学与卡尔松的肯定美学之比较

现在让我们对蔡仪的典型美学和卡尔松的肯定美学做一些比较考察。

首先,从事物本身的角度来看。蔡仪所谓的典型的客观事物,在卡尔松那里只是客观自然物。在蔡仪那里,典型的客观事物是美的,不典型的客观事物就是不美的或丑的。在卡尔松那里,客观自然物本身无所谓美丑,客观自然物的美丑取决于用怎样的范畴来观看它,如果用与之适宜的范畴来观看,它就是美的,反之就是丑的。总之,在蔡仪那里,典型事物是自身就美的,它的美与人们用怎样的范畴去观看它无关;卡尔松则不主张这种独立于观看之外的美的事物。

其次,从事物的概念来看。在蔡仪那里,认识事物的概念也有美丑之分,高级的类概念比低级的类概念美,如动物比植物美,人比动物美,等等;"具象性重的概念"比"抽象性重的概念"美。在卡尔松那里,没有"具象性重的概念"与"抽象性重的概念"之间的分别,只要是概念就都是抽象的。概念在类上的高低也不构成其美的原因,也就是说,概念本身是无所谓美丑的。

第三,从对事物的认识来看,蔡仪认为对美的事物的认识,只是对它的反映,可以从对美的事物或典型事物的感觉反映上升到概念反映再上升到观念反映,只有上升到对美的事物的观念反映阶段才真正认识到该事物的美的本质。卡尔松认为对事物的审美认识(或欣赏),只是将事物放在与之相适宜的范畴下进行感知,这种感知不存在由感觉上升到概念甚至观念的发展过程的问题,只存在是否合适的问题,如果对事物的感知是在它的正确范畴下进行的,就会产生一种处处合适的感觉,因而会说这个事物是美的;如果对事物的感知不是在它的正确范畴下进行的,就会产生一种处处都不合适的感觉,从而会说这个事物是丑的或笨拙的。

根据与卡尔松肯定美学的对比,蔡仪典型美学中的"美的概念"或"美的观念"的说法是最有问题的,因此在这里还需要做些特别的说明。蔡仪区分了高级概念与低级概念,但他在进行这种区分时依据了两个不同的标准:一个是依据进化论上物种的高低标准的区分。高级物种比低级物种更美,所以动物比植物美,人比动物美。一个是依据概念普遍性的大小标准的区分。普遍性大的概念比普遍性小的概念美,比如猛兽比狮子美,因为猛兽的普遍性更大,它除了能够包含狮子之外,还能够包含老虎。按照这种逻辑,兽比猛兽美,动物比兽美,生物比动物美,物比生物美……这两个标准之间有重合的地方,但更多的是相互矛盾。总之,无论根据哪种标准来确定"美的概念"或"美的观念",其结果都是十分荒谬的。

蔡仪的"美的观念"中还包含有理想的意思。"所谓美的观念,是意识对个别现实事物的修正改造、理想化"①。在卡尔松那里,范畴(大致相当于概念或观念)都带有理想的色彩,因为事物很难完全符合范畴,也正因为如此,符合范畴的事物才是美的事物。由此,如果观念或概念只是因为带有理想性而被认为是美的,那就没有必要特别标明"美的观念",因为所有观念都带有理想性,因而都是美的观念。观念美不美,既不在于它是否有理想性,也不在于它是否具有大的普遍性或在进化树上站得更高,而在于它是否与所观察的对象相适宜。

总之,按照卡尔松的肯定美学,事物本身无所谓美丑,关键在于把它放在什么样的范畴下来感知。观念或范畴本身也无所谓美丑,关键在于它是否适合被感知的对象。美丑的关键在于感知的是否合适。如果我们将蔡仪典型美学中的许多含混不清的地方忽略不计,我们可以以此类推得出这样的结论:事物本身有典型的事物和非典型的事物,典型的事物是美的。观念或范畴本身有理想的观念或非理想的观念,理想的观念是美的。由于对事物和概念做了两方面的区分,因此感知的结果就有四

① 蔡仪:《美学论著初编》上,第 237 页。

种而不是两种。在理想的观念下来感知典型的事物会得到合适的感知，这种合适的感知回过头来可以判断观念和事物是美的。在理想的观念下来感知非典型的事物会得到不合适的感知，不会由这种不合适的感知判断事物是美的。在非理想的观念下来感知非典型的事物，也有可能得到合适的感知，但这种合适的感知也不能回过头来判断观念和事物是美的。在非理想的观念下来感知典型事物，假使这种情况是可能的，那么它也不能产生合适的感知，不能由此判定该事物是美的。

经过这样的比较理解之后，蔡仪的典型美学就变得更加清楚了。尽管这种清楚有可能牺牲了它的丰富性，甚至是对它的误解，但只有经过这样的清晰描述和术语转换之后，蔡仪美学才有可能加入今天的美学讨论之中。

现在，让我们来看看蔡仪的典型美学对卡尔松的肯定美学有可能做出怎样的弥补。当然，在探讨蔡仪美学对卡尔松美学的弥补之前，首先应该揭示卡尔松美学的缺陷。卡尔松的肯定美学的证明，在逻辑上似乎是可以自圆其说的，但这并不等于说它就是绝对真理。事实上，就像众多对卡尔松的批评所揭示的那样，这种"肯定美学"中存在很多问题。这些问题主要出在它所假定的前提上。我们至少可以指出，在卡尔松的"自然全美"的科学证明过程中采用了两个互相连系的未加检验的教条：一个瓦尔顿的艺术欣赏模式的教条，另一个是康德的认识论的教条。

首先，瓦尔顿所描述的恰当的艺术欣赏方式是否真的是一种恰当的欣赏方式？如果是真的，它是否适合自然审美？自然审美是不是可以完全等同于艺术审美？它们之间有没有一些本质性的区别？这些问题都是值得进一步思考的。

的确，瓦尔顿所描述的艺术欣赏方式，是当前占主流地位的现代艺术的欣赏方式。但这种欣赏方式，只是众多艺术欣赏方式中的一种，不仅不能涵盖所有的艺术欣赏方式，而且其自身的正当性正在遭受质疑。在欣赏那些普通人不容易理解的现代艺术时，没有相关知识的确不可能有恰当的欣赏；但在欣赏一些明显具有美感的前现代作品或者通俗艺术时,可能更需要的不是一种旁观的考察态度,而是一种积极的投入,这时更多地考虑知识上的细节反而会影响审美经验的纯度和强度。对瓦尔顿的这种教条,目前至少已经出现了三个方面的反对:一个是以沃尔特斯托夫为代表的从艺术史和宗教艺术的角度所提出的反对;一个是以舒斯特曼为代表的从实用主义角度提出的反对;还有一个是以威尔什为代表的,从全球范围的普遍审美化角度所提出的反对。在他们看来,艺术的创作、欣赏和批评并不是某种特有阶层的专利,需要特别的专门知识,而应该是一种更普遍的行为经验。这种对现代艺术的专业化、实验化、脱离大众的趋向的反动,在最近的西方美学界变得越来越明显了。①

即使瓦尔顿所描述的欣赏模式符合艺术欣赏的实际,它是否就符合自然美的欣赏的实际呢? 这个问题并不像卡尔松想象的那样,是不需要思考的。事实上,对自然美的欣赏往往是一种直接的经验行为,是一种"解知识"的行为。根据中国传统美学的观点,只有完全投身于自然之中,而不是保持对自然的知识态度或把自然当做一个外在的对象,才有可能真正体验自然的无言大美。② 因此对自然的审美经验也许完全不同于对艺术作品的审美经验,特别是对现代专门化的艺术作品的审美经验。借用老子的话来说,对现代专门化的艺术作品的欣赏是"为学日益",需要不断增加专门的知识;对自然美的欣赏则是"为道日损",需要不断消解已有的成见。

瓦尔顿的这种对艺术的欣赏模式的教条,在根本上源于康德的认识论教条。康德认识论的核心在于:任何知识都是感觉经验在先验范畴中的综合显现。瓦尔顿将它改造为:任何对艺术的欣赏,都是它的感觉性

---

① 参见 Nicholas Wolterstorff, *Art in Action* (Carlisle: Solway, 1997); Richard Shusterman, *Pragmatist Aesthetics*: *Living Beauty, Rethinking Art*, Second Edition (New York and Oxford: Rowman & Littlefield Publishers, 2000); Wolfgang Welsch, *Undoing Aesthetics*, Translated by Andrew Inkpin (London: SAGE Pubications, 1997).
② 从中国传统美学的角度对卡尔松的批评参见彭锋 "Natural Beauty and a Review of Chuang Tzu's Aesthetics," in *Journal of the Faculty's Letter of Tokyo University: Aesthetics*, 2000.

质在其正确的艺术范畴中的显现。卡尔松也完全接受了康德的这种认识论教条，这不仅表现在他接受瓦尔顿对艺术欣赏的认识论模式上，而且表现在他对科学的看法上。卡尔松认为，科学就是给出自然赖以显现的范畴。没有通过科学工作所获得的范畴，自然是不可知的，或者只是混乱的杂多。是科学给予了自然以秩序、形式和理想，使自然成为知识对象，自然才进入我们人类世界。显然，卡尔松完全贯彻了康德的认识论思想。但问题是：是不是所有的人类活动都可以归结为科学认识活动，都可以归结为一种以先验范畴统摄感觉经验的活动模式。显然，人类经验要比这种单纯的认识活动复杂丰富得多。事实上，如果仔细阅读康德的哲学，我们可以发现一种比科学认识活动更为基础性的活动，这就是审美活动。威尔什将这种基于审美经验基础上的认识论，称之为认识论的审美化，并认为它最初是由康德在二百多年前开始的。康德"是第一个揭示我们的知识在要素和构成的意义上是审美地构造的。提出这种思想的地方不是习惯上与美学有关的《判断力批判》，而是《纯粹理性批判》，特别是'先验感性认识'。康德在作为揭示'经验可能的条件'和'经验对象可能的条件'的意义上，审慎而正确地将它称之为先验。它证明审美结构对我们的经验是必不可少的，因为它们是这种经验对象的构成"①。甚至可以这样说，在康德的哲学中，科学认识活动所依据的先验范畴，是在对自然的审美经验中产生或被诱导出来的。②

　　显然，在批评卡尔松的肯定美学所依据的两个教条上，蔡仪美学并不能提供更好的启示。但这并不等于蔡仪美学就完全不能加入肯定美学的讨论之中。坦白地说，正是因为对蔡仪美学有了初步的了解之后，我们才可以发现卡尔松美学其他方面的缺陷，也就是说，即使假定卡尔

① Wolfgang Welsch, *Undoing Aesthetics*, Translated by Andrew Inkpin (London: SAGE Pubications, 1997), p.38.
② 我曾经在一些地方批评过卡尔松的证明所依据的前提的错误，感兴趣的读者可以参见彭锋：《自然全美及其科学证明》，《陕西师范大学学报》，2001年第4期；"Natural Beauty and a Review of Chuang Tzu's Aesthetics," *Journal of the Faculty of Letters, The University of Tokyo, Aesthetics*, Vol.25 (2000).

松美学所依据的前提毫无问题,他所得出的结论也仍然有可以商榷的地方。

现在,让我们来检讨一下卡尔松美学最核心的困难究竟在什么地方。

卡尔松肯定美学的核心观点是:因为我们用来感知自然物的范畴是科学家根据自然物量体裁衣式地做出来的,所以当我们将自然物放在科学家为它量体裁衣式地设计的范畴中来感知的时候,自然物因为完全吻合我们用来感知它的范畴而给人一种完美无缺的感觉,从而让我们判断自然物是美的。我们假定卡尔松的这种论述完全正确,但似乎也不能得出他的结论:未被人类触及过的自然物在根本上全都是美的。为什么不能得出这种结论? 从逻辑上看这种结论的得出似乎是再自然不过的了,那么问题究竟出在哪里呢?

假设科学家的范畴就是为自然物量身定做的,这也不能得出所有这种自然物在根据这个范畴感知时会给人完美的感觉,原因在于(1) 同一类自然物中的个体之间是有差异的;(2) 科学家只是给一类自然物制定范畴,而不会给一个自然物制定范畴。同一类自然物中的个体之间是有差异的,这是经验告诉我们的事实,我们很难怀疑这个事实。如果承认这个事实,就一定会得出科学家只是给一类自然物制定范畴,而不是给一个自然物制定范畴的结论,否则同一类自然物就会有无限多个范畴,而事实上同一类自然物只有一个范畴。由于同一类自然物只有一个范畴,而同一类自然物中个体之间又是有差异的,而且我们只能个别地感知自然物,这样就会造成即使在正确的范畴下来感知自然物也不会得出结论说这种自然物中的所有个体都是完美的,因为有些个体可能更符合范畴而更完美,有些个体可能不太符合范畴而不太完美。以卡尔松所说的美洲鳄为例。显然,每只美洲鳄之间是不完全相同的。这是经验告诉我们的事实。因此,科学家不会给每一只美洲鳄制定范畴,而只是给美洲鳄这个类制定范畴。只要我们承认每只美洲鳄之间不是完全相同的,而美洲鳄的范畴又只有一个,那么我们就不可能得出结论说它们都是美的。因为即使我们将每只美洲鳄放在美洲鳄这个范畴下来感知,也会发现它们之间存在差异。而我们对美洲鳄的感知必须是一只一只或一群一群地感知,我们不可能直接感知美洲鳄这个类。这就表明当我们在美洲鳄的范畴下一只一只或一群一群地感知时,也会得出这样的结论:一些美洲鳄更符合美洲鳄的范畴因而是美的,另一些可能更不符合美洲鳄的范畴因而是丑的。

哪种或哪个美洲鳄因更符合美洲鳄的范畴而显得更美呢?卡尔松根本没有提出这样的问题,他的理论自然不能解决这个问题。尽管蔡仪的美学不是直接针对这个问题的,或者说不是直接源于这个问题的,但它恰好能够回答这个问题,那就是典型的美洲鳄更符合美洲鳄的范畴因而显得更美。因此,即使是根据美洲鳄的范畴来感知美洲鳄,也只有那些或那只典型的美洲鳄才能完美地符合美洲鳄的范畴从而给人以完美的感觉。

现在,让我们简单考察一下科学家是怎样制造美洲鳄这个范畴的,这样可能会更有助于我们理解典型的意义。

当科学家面对从来不认识的美洲鳄时,他怎样为它们量身定做范畴呢?由于他所见到的美洲鳄不是完全一样的,因此他要去掉它们之间的差异而保留它们之间的共性以便发现它们共有的本质。但是,科学家不可能调查所有的美洲鳄,因此他不可能将所有的差异都排除在外而发现所有美洲鳄所共有的本质。但是,尽管科学家不可能对所有美洲鳄都进行观察和统计,但他可以观察他所见到的典型的美洲鳄,通过对典型的美洲鳄的本质直观而不是通过对所有或尽可能多的美洲鳄的定量研究而获得美洲鳄的本质,并以此为基础制定美洲鳄的范畴。科学家这种由对典型事物的本质直观而发现该类事物的本质的能力,与审美直觉有着很大的相似性。因此,我们可以说,对典型的发现,通过典型直观到该类事物的本质,是与审美密切相关的,或者说审美在其中扮演了相当重要的角色。换句话说,审美活动如何从个别中看出一般来,就不仅具备了美学的意义,而且具备了科学发现的意义。

蔡仪美学对卡尔松美学的补充也许还可以体现在其他许多方面,但上述所描述的补充可能是最重要的。同时,通过与卡尔松美学的对比,我们可以看出蔡仪美学的哪些因素在今天仍然具有意义的,哪些因素是已经过时或者本身就是混乱不清的。这就是我反复强调的比较研究的目的在于增进比较双方的理解。对于这个问题,我们可以在前现代、现代和后现代区分的模式中看得更加清楚。

第六节 前现代与后现代的冲突

尽管蔡仪美学与卡尔松美学有些相似的地方,它们都强调审美是根据范畴对客观事物的认识,但这两种美学之间的差异是非常明显的。蔡仪美学与卡尔松美学之间的差异,在很大程度上就是前现代美学与后现代美学之间的差异。

从蔡仪强调美是客观事物的美,对美的认识是对客观事物的美的反映来看,他的美学是典型的前现代美学。根据我们前面对前现代、现代和后现代思想的区分,前现代思想独断存有领域的存在,而且主张描绘存有的符号或标记也属于存有领域,因此符号或标记不可能取得完全独立的地位。蔡仪主张美只是客观事物的美,这种客观事物的美完全属于存有领域。美感和艺术只是对这种客观存在的美的认识或反映,因此美感和艺术不可能获得独立地位,它们完全依附于客观存在的美,也属于存有领域。这跟现代美学的情况不同。现代思想虽然主张符号是存有的代表,艺术是客观事物的美的再现,但由于符号属于符号领域,存有属于存有领域,符号不受到存有的直接约束,因此符号可以获得自己的独立地位,也就是说,尽管艺术是对现实的美的再现,但由于艺术只属于艺术的领域,它就可以获得完全自律的地位。后现代的情况又不一样,符号与存有,艺术与现实又从新回到了同一个领域,艺术又突破了它的自律王国,但正如我们前面反复说明的那样,后现代艺术与现实是在一个完全不同于前现代的层次上的统一。

卡尔松美学作为环境美学或生态美学,是整个西方后现代思潮中的一部分,具有比较典型的后现代特征。后现代思想首先是取消存有领域的存在,卡尔松也不例外。卡尔松没有独断存在着客观事物的美,他甚至不承认有客观事物的存在。在卡尔松看来,一切事物都是透过范畴(无论是正确的还是不正确的)向我们显现的现象,不存在不透过范畴向我们显现却又被我们知道的事物本身。即使存在事物本身,如果它不在范畴中向我们显现,我们也不知道它为何物;它即使存在,对我们也毫无意义,或者说它的美丑对我们没有意义。卡尔松的这种思想,从他对自然全美的证明中可以看得非常清楚:自然物要么在科学家为它量体裁衣式地做出的范畴下显现为完美的自然物,要么就根本不显现,这对我们来说就好像它不存在一样。再明确一点说,根据卡尔松,同一个事物,可以在不同的范畴下来观看。在不同的范畴下观看,同一个事物会显现出不同的面貌。这些面貌之间没有真假的差别而只有美丑的差别。根据我们知道的事物事实上只是事物的面貌,而同一个事物可以显现出不同的面貌,因此卡尔松事实上否定了存在着完全独立于我们依据范畴的感知之外的同一个客观存在的事物。这与蔡仪反复强调客观事物本身的存在是完全不同的。

蔡仪的困难是:如果有一个完全独立于认识之外的客观事物存在,那么它究竟是怎样存在的呢?我们怎么知道它是如此这般地存在着呢?卡尔松的困难是:既然没有一个独立于范畴观看之外的客观存在的事物,我们依据什么来判断对它的感知所依据的范畴是正确还是不正确?的确,离开范畴我们不可能获得关于事物的知识,但这并不表明离开我们的范畴感知,该事物就不存在或者即使存在对我们也没有意义。因为除了根据一定范畴来认识事物之外,我们还有其他途径可以感受到事物的存在、可以感受到事物存在的意义。这是怎么可能的呢?事实上,我们除了将事物作为对象来认识之外,还有其他途径来理解和领会事物。甚至可以说,在我们将事物作为对象、用范畴来认识它之前,我们已经对事物有所领会,因为我们已经与事物一同存在了。无论我们是否获得关于事物的确切知识,事物已经在与我们共在时跟我们照面了。这种照面尽管还没有上升到有范畴或概念的明确认识,但我们毕竟对它已经有所领会。前现代美学所突出的人对世界的这种非范畴中介的领会,对后现代美学无疑是一个很好的补充,尽管蔡仪美学并没有很好地突出这一点。

参考文献

中文原著和文集

蔡仪:《美学论著初编》,上海:上海文艺出版社,1982年。

蔡元培:《蔡元培美学文选》,北京:北京大学出版社,1983年。

陈望道:《美学概论》,上海:民智书局,1927年。

邓以蛰:《邓以蛰全集》,合肥:安徽教育出版社,1998年。

范寿康:《美学概论》,上海:商务印书馆,1927年。

方东美:《中国哲学精神及其发展》,台北:成均出版社,1983年。

方东美:《哲学三慧》,台北:三民书局,1987年。

冯友兰:《三松堂全集》,郑州:河南人民出版社,1986年。

丰子恺:《丰子恺文集》,杭州:浙江文艺出版社、浙江教育出版社,1990年。

龚自珍:《龚自珍全集》,上海:上海古籍出版社,1999年。

胡适:《胡适文集》,北京:北京大学出版社,1998年。

黄忏华:《美学略史》,上海:商务印书馆,1924年。

黄霖:《中国文学批评通史近代卷》,上海:上海古籍出版社,1996年。

基维主编:《美学指南》,彭锋等译,南京:南京大学出版社,2008年。

蒋红、张焕民、王又如编著:《中国现代美学论著译著提要》,上海:复旦大学出版社,
   1987年。

靳希平:《海德格尔早期思想研究》,上海:上海人民出版社,1995年。

梁启超:《清代学术概论》,北京:东方出版社,1996年。

林风眠:《艺术丛论》,南京:正中书局,1936年。

罗荣渠:《现代化新论——世界与中国的现代化进程》,北京:北京大学出版社,

1993 年。

鲁迅:《鲁迅全集》,北京:人民文学出版社,1981 年。

卢善庆:《中国近代美学思想史》,上海:华东师范大学出版社,1991 年。

吕澂:《美学概论》,上海:商务印书馆,1923 年。

吕澂:《现代美学思潮》,上海:商务印书馆,1931 年。

马采:《哲学美学文集》,广州:中山大学出版社,1994 年。

马采:《艺术学与艺术史文集》,广州:中山大学出版社,1997 年。

聂振斌:《中国近代美学思想史》,北京:中国社会科学出版社,1991 年。

彭锋:《诗可以兴》,合肥:安徽教育出版社,2003 年。

钱竞:《中国马克思主义美学思想的发展历程》,北京:中央编译出版社,1999 年。

单世联:《反抗现代性:从德国到中国》,广州:广东教育出版社,1998 年。

舒新城编:《中国近代教育思想史》,上海:上海中华书局,1928 年。

滕固:《滕固艺术文集》,沈宁编,上海:上海人民美术出版社,2003 年。

王夫之:《船山全书》,长沙:岳麓书社,1998 年。

王国维:《王国维文集》,北京:中国文史出版社,1997 年。

王世儒编:《蔡元培先生年谱》上册,北京:北京大学出版社,1998 年。

徐复观:《中国艺术精神》,沈阳:春风文艺出版社,1987 年。

杨小滨:《否定的美学——法兰克福学派的文艺理论和文化批评》,上海:上海三联书店,1999 年。

叶朗:《中国美学史大纲》,上海:上海人民出版社,1985 年。

叶朗:《美学原理》,北京:北京大学出版社,2009 年。

叶朗:《胸中之竹——走向现代之中国美学》,合肥:安徽教育出版社,1998 年。

叶朗主编:《现代美学体系》,北京:北京大学出版社,1988 年。

叶朗总主编:《中国历代美学文库》,北京:高等教育出版社,2003 年。

叶燮:《原诗》,《中国历代美学文库》清代卷中,北京:高等教育出版社,2003 年。

叶秀山:《美的哲学》,北京:人民出版社,1991 年。

张辉:《审美现代性批判:20 世纪上半叶德国美学东渐中的现代性问题》,北京:北京大学出版社,1999 年。

张庆熊:《熊十力的新唯识论与胡塞尔的现象学》,上海:上海人民出版社,1995 年。

张世英:《天人之际:中西哲学的困惑与选择》,北京:人民出版社,1995 年。

中国蔡元培研究会编:《蔡元培纪念集》,杭州:浙江教育出版社,1998 年。

朱光潜:《朱光潜全集》,合肥:安徽教育出版社,1990 年。

宗白华:《宗白华全集》,合肥:安徽教育出版社,1994 年。

英文原著和文集

T. W. Adorno, *Aesthetic theory*, Translated by C. Lenhardt, London: Routledge

&. Kegan Paul, 1984.

Allen Carlson, *Aesthetics and the Environment : The Appreciation of Nature, Art, and Architecture* (London and New York: Routledge, 2000).

Gregory Currie, *The Ontology of Art* (New York: St. Martin's Press, 1989).

Arthur Danto, *The Transfiguration of the Commonplace : A Philosophy of Art* (Cambridge: Harvard University Press, 1981).

George Dickie, *Art and the Aesthetic : An Institutional Analysis* (Ithaca, N. Y. : Cornell University Press, 1974).

Mikel Dufrenne, *In The Presence of the Sensuous* (Atlantic Highlands, NJ: Humanities Press, 1990).

Paul Engelman, *Letters from Ludwig Wittgenstein, with a Memoir* (Oxford: Blackwell, 1967).

Luc Ferry, *Homo Aestheticus : The Invention of Taste in the Democratic Age*, Robert de Loaiza (trans.) (Chicago: University of Chicago Press, 1993).

Jürgen Habermas, *The Philosophical Discourses of Modernity* (Cambridge, Mass. : MIT Press, 1987).

Joseph Haven, *Mental Philosophy : Including the Intellect, Sensibilities, and Will* (Ann Arbor, Michigan: University of Michigan Library).

Immanuel Kant, *Critique of Judgment*, Werner S. Pluhar (trans.) (Hackett Publishing Company, 1987).

Ray Monk, *Ludwig Wittgenstein : The Duty of Genius* (London: Penguin, 1990).

Samuel Monk, *The Sublime : A Study of Critical Theories in XVIII-Century England*, 2nd edn (Ann Arbor: University of Michigan Press, 1960).

Paul Rabinow (ed.), *The Foucault Reader* (New York: Pantheon, 1984).

Richard Rorty, *Contingency, Irony, and Solidarity* (Cambridge: Cambridge University Press), 1989.

Peter F. Strawson, *Individuals : An Essay in Descriptive Metaphysics* (London: Methuen, 1964).

Jacques Taminiaux, *Poetics, Speculation, and Judgment : The Shadow of the Work of Art from Kant to Phenomenology*, translated by Michael Gendre (Albany: State University of New York Press, 1993).

Wladyslaw Tatarkiewicz, *History of Aesthetics* (Bristol: Thoemmes Press, 1999).

Dabney Townsend, *Hume's Aesthetic Theory : Taste and Sentiment* (London and New York: Routledge, 2001).

Dabney Townsend (ed.), *Aesthetics : Classic Readings from Western Tradition* (Beijing: Peking University Press, 2002).

Wolfgang Welsch, *Undoing Aesthetics*, translated by Andrew Inkpin (London: SAGE Publications, 1997).

Ludwig Wittgenstein, *Tractatus Logico-Philosophicus* (London: Routledge & Kegan Paul, 1963).

Ludwig Wittgenstein, *Culture and Value*, translated by Peter Winch (Chicago: The University of Chicago Press, 1980).

Nicholas Wolterstorff, *Art in Action* (Carlisle: Solway, 1997).

译著

艾布拉姆斯:《镜与灯》,郦稚牛等译,北京:北京大学出版社,1989 年。

柏格森:《时间与自由意志》,吴士栋译,北京:商务印书馆,1958 年。

杜夫海纳:《美学与哲学》,孙非译,北京:中国社会科学出版社,1985 年。

杜夫海纳:《审美经验现象学》,韩树站译,北京:文化艺术出版社,1992 年。

黑格尔:《美学》,朱光潜译,北京:商务印书馆,1979 年。

李普曼:《当代美学》,邓鹏译,北京:光明日报出版社,1989 年。

马克思:《1844 年经济学哲学手稿》,中央编译局译,北京:人民出版社,1985 年。

舒斯特曼:《实用主义美学》,彭锋译,北京:商务印书馆,2002 年。

舒斯特曼:《哲学实践》,彭锋等译,北京:北京大学出版社,2002 年。

韦尔施:《重构美学》,陆扬、张岩冰译,上海:上海译文出版社,2002 年。

席勒:《审美教育书简》,冯至、范大灿译,北京:北京大学出版社,1985 年。

伊格尔顿:《审美意识形态》,王杰等译,桂林:广西师范大学出版社,2001 年。

伊格尔顿:《二十世纪西方文学理论》,伍晓明译,西安:陕西师范大学出版社,1986 年。

中文论文

黄兴涛:《"美学"一词及西方美学在中国的最早传播》,《文史知识》,2000 年第 1 期。

黄兴涛:《明末清初传教士对西方美学观念的早期传播》,《文史知识》,2008 年第 2 期。

李素平:《魏源以"变易"为主轴的今文经学思想》,《北京市社会科学》,1999 年第 4 期。

梅勒:《冯友兰新理学与新儒家的哲学定位》,《哲学研究》,1999 年第 2 期。

潘公凯:《中国现代美术之路:"自觉"与"四大主义"——一个基于现代性反思的美术史叙述》,《文艺研究》,2007 年第 4 期。

彭锋:《无利害性与审美心胸》,《北京大学学报》,2003 年第 2 期。

彭锋:《分析美学对维特根斯坦的误解》,《文艺研究》,2002 年第 2 期。

英文论文

Arthur Danto, "The Artworld," *Journal of Philosophy*, 61 (1964).

Annie Becq, "Creation, Aestheitcs, Market," Paul Mattick (ed.), *Eighteenth-Century Aesthetics and the Reconstruction of Art* (Cambridge: Cambridge University Press, 1993).

Maudemairie Clark, "Friedrich Nietzsche," Edward Craig (ed.), *Routledge Encyclopedia of Philosophy*, New York and London: Routledge, 1998.

Noël Carrol, "Art, Practice and Narrative," *Monist* 71 (1988).

Paul O. Kristeller, "The Modern System of the Arts: A Study in the History of Aesthetics," in Peter Kivy (ed.), *Eassys on the History of Aesthetics* (Rochester: University of Rochester Press, 1992).

Hans-Georg Moeller, "Before and After Representation," *Semiotica* 143 - 1/4 (2003).

Richard Rorty, "Freud and Moral Reflection," J. H. Smith and W. Kerrigan (eds), *Pragmatism's Freud: Moral Disposition of Psychoanalysis* (Baltimore: Johns Hopkins University Press, 1986).

Jerome Stolnitz, "Of the Origins of 'Aesthetic Disinterestedness'," *The Journal of Aesthetics and Art Criticism*, vol.20 (1961 - 1962).

Kendall L. Walton, "Categories of Art," *Philosophical Review* (1970).

Morris Weitz, "The Role of Theory in Aesthetics," *Journal of Aesthetics and Art Criticism*, Vol.16 (1955).

Nicholas Wolterstorff, "Philosophy of Art after Analysis and Romanticism," *Journal of Aesthetics and Art Criticism*, Vol.46 (1986).

索　引